LA THÉORIE SENSORIELLE

LA THÉORIE SENSORIELLE

UNE ARCHÉOLOGIE DE LA PERCEPTION SENSORIELLE

I – Les Analogies Sensorielles

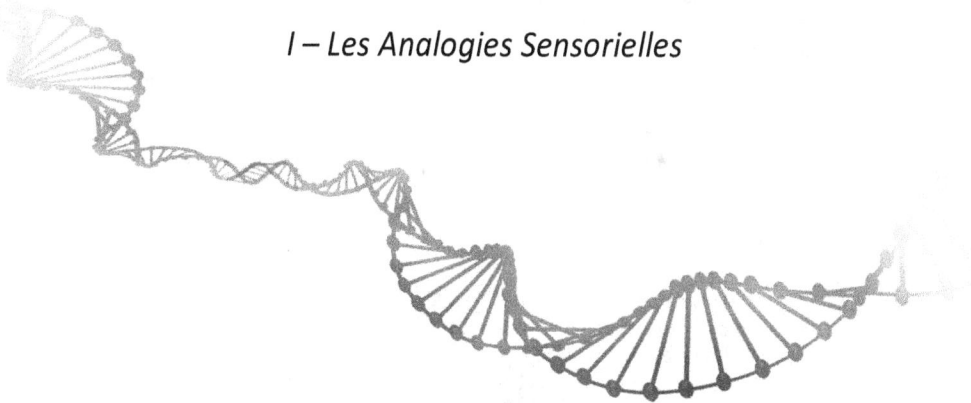

PHILIPPE ROI - TRISTAN GIRARD

Library of Congress Cataloging in Publication Data
Roi, P., 1959- ; Girard, T., 1969-
La Théorie Sensorielle – Une Archéologie de la Perception Sensorielle
I. Les Analogies Sensorielles / Philippe Roi et Tristan Girard.
Sont inclues les références bibliographiques et l'index
1. Archéologie et antiquité du Proche-Orient. 2. Anatomie, biologie
et neurologie humaine. 3. Analogie et science cognitive.
4. Histoire occidentale. 5. Physique et
ingénierie. I. Titre.

La Théorie Sensorielle
Tristan Girard - Philippe Roi
367 avenue Louise 1050 Brussels
theoriesensorielle@gmail.com
www.theoriesensorielle.com

Ouvrage édité et imprimé par First Edition Design Publishing
Aux États-Unis d'Amérique.
Dépôt légal à la Bibliothèque royale de Belgique.
2013 pour l'édition originale française.

ISBN : 978-1-50691-081-9 amztrade
ISBN : 978-1-62287-485-9 imprimé
ISBN : 978-1-62287-484-2 digital
LCCN : 2013957580

SOMMAIRE

Présentation et Remerciements

Comment le cerveau intègre-t-il les informations qu'il perçoit par les sens pour que nous puissions interagir avec notre environnement ? A-t-il élaboré un code pour traiter la masse colossale de données que tout être humain enregistre chaque jour au cours de sa vie ? Comment perçoit-il l'espace et le temps pour indexer ces informations ? Mais surtout, de quelle façon parvient-il à reconstruire, à partir des entrées sensorielles, une représentation du monde en schématisant l'organisation de ces données au point de pouvoir, dans certaines conditions, anticiper les événements ? Il est devenu crucial de pouvoir répondre à ces questions pour définir les règles d'intégration qui sont à la base des grandes fonctions sensorielles, cognitives et comportementales.

Une des difficultés majeures pour y parvenir réside dans le fait que cette schématisation sensorielle de l'information s'applique à tous les domaines. Elle peut donc être abordée de bien des façons. Toutefois, quel que soit l'intérêt que l'homme porte aux mathématiques, à la physique, à la biologie ou à l'économie, c'est avant tout à lui-même qu'il s'intéresse et à la technologie parce qu'elle structure son cadre de vie et fait partie des moyens qu'il sollicite spontanément pour agir. Cette considération nous a incités à consacrer le premier chapitre de cet ouvrage au moment où l'homme est passé du statut de chasseur-cueilleur à celui d'agriculteur-éleveur. Cette période, au cours de laquelle il commença à modifier son environnement en manipulant le vivant – *végétal et animal* – devait faire de lui un villageois, puis un urbain. Elle allait aussi libérer des flux démographiques qui aboutiraient à une transformation de la société au sein de laquelle une élite dominante allait procéder à l'élaboration d'un code de vie sociale auquel l'humanité est encore soumise.

Dans le deuxième chapitre, nous nous attarderons sur le 4e millénaire avant notre ère, période au cours de laquelle l'humanité néolithique s'est engagée sur une voie qui allait la conduire à un mode de vie urbain. L'agglomération qui se forme à cette époque est une société qui n'a plus rien de commun avec les premières communautés agricoles, ni même avec les chefferies qui leur ont succédé. La préhistoire cède la place à l'histoire et c'est un autre monde, un autre mode de vie politique et sociale qui se met en place. C'est au sein de cette société si profondément modifiée que sont faites sept inventions remarquables : l'araire, le moule à briques normalisé, l'écriture, la comptabilité, la harpe, le métier à tisser vertical et l'image de cônes. Ces inventions engendreront à leur tour sept concepts fondamentaux : l'agriculture, l'urbanisme, l'administration, l'économie, la communication, l'industrie et l'information, qui constituent les fondations sur lesquelles reposent toujours nos sociétés contemporaines. Nous essaierons alors de comprendre comment ces inventions ont pu être élaborées sur des modèles identiques à ceux qui permettent aux organes sensoriels de traiter l'information, malgré le fait qu'ils étaient à l'époque inaccessibles à la perception et à la compréhension.

Dans le troisième chapitre, nous aborderons l'ordre dans lequel ces sept inventions ont été réalisées et nous chercherons à comprendre si elles résultent d'une dynamique déterministe ou d'un système instable imprédictible, malgré leur simplicité apparente et le nombre restreint de leurs variables. Nous formulerons alors l'hypothèse selon laquelle ces inventions pourraient être le produit de l'analogie et de la catégorisation, nos travaux nous ayant conduits à envisager l'existence d'un processus d'analogies sensorielles. Pour le comprendre, nous devrons dépasser le cadre traditionnel des études de l'analogie. En effet, celui-ci privilégie la thèse selon laquelle l'analogie et la catégorisation sont fondées sur la ressemblance entre deux domaines, reléguant ainsi, loin de l'investigation expérimentale et de la simulation, les hypothèses s'articulant autour de l'interaction entre deux systèmes distincts comme les inventions urukéennes et les organes des sens. Puis, nous décrirons plusieurs évènements neuronaux non-conscients qui précèdent et influencent, selon nous, ce processus d'analogies sensorielles. Enfin, nous présenterons un modèle qui rend compte des mécanismes donnant naissance à l'invention, en démontrant que la source d'inspiration intuitive n'échappe pas à toute dénomination et possède une structure générique tout à la fois habilement dissimulée et pourtant aisément accessible.

Nous souhaitons attirer l'attention des lecteurs sur le fait que des archéologues et des historiens ont participé à la rédaction ou aux corrections des textes consacrés aux inventions urukéennes, mais qu'ils n'ont pas été consultés pour les analogies, puisque celles-ci sortaient de leur domaine de compétence. À l'inverse, des biologistes, des neurologues et des médecins spécialistes ont contribué à la rédaction ou aux corrections des analogies sensorielles, mais ne sont pas intervenus sur le plan archéologique ou historique, puisque celui-ci n'était pas de leur ressort. Enfin, nous avons demandé à chacun de ces spécialistes d'attester par écrit qu'il avait co-écrit, amendé ou modifié nos textes, non par manque de confiance en nous, ni pour profiter de leur notoriété, mais pour que nos lecteurs reçoivent l'assurance que nous n'avions pas tourmenté les faits afin qu'ils collent à notre théorie. Il était impossible en effet d'aborder autant de spécialités scientifiques sans requérir l'assistance de spécialistes. Lorsque nous ne les trouvions pas en France, nous allions les chercher aux États-Unis, en Allemagne et en Grande-Bretagne. Vous trouverez leurs attestations et leurs commentaires à la fin de cet ouvrage.

Ce livre a nécessité de nombreuses années de travail. Il n'aurait pu être écrit sans le soutien permanent de Thérèse Baillard, dont l'appui à tous les niveaux a été sans faille et sans lequel, au regard des contraintes imposées, le découragement nous aurait gagné. Nous lui exprimons notre gratitude et notre affection ainsi que nos remerciements pour ses relectures et ses commentaires toujours pertinents.

Nous remercions aussi chaleureusement pour leurs conseils, leurs corrections et leurs interventions, afin que nous puissions disposer du matériel et de la documentation indispensables à nos travaux : Margarete Van Ess, *Directrice Scientifique du Département Orient-Abteilung du Deutsches Archäologisches Institut à Berlin* avec laquelle nous avons rédigé le texte consacré à l'image de cônes ; Béatrice André-Salvini *Conservateur Général, Directeur du Département des Antiquités Orientales du Musée du Louvre* avec laquelle nous avons écrit le texte sur l'écriture ; André Holley, *Professeur Émérite de l'Université Claude Bernard à Lyon, ancien Directeur du Laboratoire de Physiologie Neurosensorielle au CNRS,* avec lequel nous avons rédigé l'analogie entre la comptabilité et le système olfactif ; Richard Dumbrill *Directeur de Iconea-University of London, Archéomusicologue du Bristish Museum,* qui nous a transmis ses connaissances sur la harpe urukéenne ; Alain Sans, *Professeur Honoraire de Neurobiologie Sensorielle à l'INSERM et à l'Université de Montpellier,* avec lequel nous avons rédigé les analogies du métier à tisser vertical et de l'horloge mécanique à foliot avec des cellules de type I et de type II du système vestibulaire ; Serge Picaud, *Directeur de Recherche INSERM, Chercheur à l'Institut de la Vision à Paris* avec lequel nous avons écrit l'analogie entre l'image de cônes et le système visuel.

Nous remercions tout particulièrement Michel Leibovici, *Spécialiste en Biologie Cellulaire et Moléculaire du CNRS à l'Institut Cochin,* avec lequel nous avons rédigé l'analogie entre une harpe urukéenne du 4e millénaire et l'organe de Corti du système auditif. Nous lui exprimons aussi notre gratitude pour nous avoir fait bénéficier, au cours de ces dix dernières années, de ses remarques et de ses conseils toujours avisés.

Nous adressons aussi nos remerciements pour leur collaboration à cet ouvrage : Pierre Aquilon, *ancien Maître de Conférences de l'Université François-Rabelais de Tours, Chercheur au CNRS, Centre d'Etudes Supérieures de la Renaissance* ; Paul Bessou, *Professeur Émérite à la Faculté de Médecine de Toulouse* ; Philippe Bon, *Attaché Territorial de Conservation du Patrimoine, Directeur des Chantiers Archéologiques des Sites de Mehun-sur-Yèvre ;* Monique Bourin, *Professeur d'Histoire du Moyen-Âge, Chercheur au CNRS, Université de Paris 1 Panthéon-Sorbonne ;* Catherine Breniquet, *Professeur des Universités en Histoire de l'Art et Archéologie Antiques, Clermont II* ; Denis Cailleaux, *Maître de Conférences d'Histoire de l'Art et d'Archéologie du Moyen-Âge à l'Université de Bourgogne ;* Jean Cazenobe, *ancien Directeur de Recherche au CNRS, Spécialiste de l'histoire des Technologies de l'Audio-visuel ;* Christian Chabbert, *Coordinateur de Recherche au CNRS, INSERM U1051, Institut des Neurosciences de Montpellier, Laboratoire de Physiologie et Thérapie des Désordres Vestibulaires* ; Edmond Couchot, *Professeur Émérite de l'Université Paris VIII ;* Frédéric Devaux, *Docteur en Génétique Moléculaire à l'Université Paris VI, Expert Généticien, Maître de Conférences à l'École Normale Supérieure de Paris ;* Jean Dhombres, *Directeur d'Etudes à l'EHESS, Centre Alexandre Koyré, Histoire des Sciences et des Techniques, CNRS ;* Robert. K. Englund, *Professeur en Assyriologie et Sumérologie à l'Université de Californie – UCLA. Directeur de la Cuneiform Digital Library Initiative (CDLI)* ; Annick Faurion, *Chargée de Recherche au CNRS, Laboratoire de Neurobiologie Sensorielle EPHE* ; Joseph Flores, *Historien, Horloger, membre de l'A.F.A.H.A* ; Marie-Dominique Gineste, *ancien Maître de Conférences en Psychologie Cognitive à l'Université de Paris XIII* ; Alain Goldcher, *Docteur en Médecine, Directeur d'Enseignement à la Faculté de Médecine de Paris VI* ; Marie-Hélène Guelton, *Spécialiste en Analyse Textile du Musée des Tissus de Lyon, Secrétaire Générale Technique du CIETA, Lyon ;* Jean-Louis Huot, *Professeur Honoraire de l'Université Paris I Panthéon-Sorbonne, ancien Directeur de l'Institut Français* d'*Archéologie du Proche-Orient (IFAPO)* ; Jean-Pierre Lemerle, *Chef de Service Orthopédie-Traumatologie et Chirurgie du Membre Supérieur à l'Hôpital Européen Georges-Pompidou* ; Dominique Le Viet, *Professeur Associé à la Faculté Cochin Port-Royal. Spécialiste en Chirurgie de la Main ;* Perrine Mane, *Directrice de Recherche au CNRS, UMR-19, Responsable du Groupe d'Archéologie Médiévale, EHESS ;* Joachim Marzahn, *Spécialiste du Proche-Orient Ancien, Chercheur au StaatlicheMuseen zu Berlin, Vorderasiatisches Museum ;* Pierre Mounier-Kuhn, *Ingénieur CNRS à l'Université de Paris IV Sorbonne, Spécialiste de l'Histoire de l'Informatique ;* Anne-Sophie Nivière, *Chef d'Atelier de Haute-lisse à la Manufacture des Gobelins de Paris ;* Marie-Pierre Puybarret, *Tisserande et Enseignante en Art textile, Recherche et Études de Textiles Anciens pour le CNRS et l'INRAP* ; Éric Rault, *Responsable Technique du Dépôt Légal de la Radio et de la Télévision, INA (Institut National de l'Audiovisuel), Inathèque de France, Bry-sur-Marne ;* Claude Rochet, *Historien, Spécialiste de la Complexité, Professeur Associé en Sciences de Gestion à l'Université d'Aix-Marseille III, Institut de Management Public ;* José-Alain Sahel, *Membre de l'Académie des Sciences, Professeur à l'Université Paris 6 et UC London, Chef de Service (CHNO des XV-XX, Fondation Rothschild)* ; Bernard Schotter, *Administrateur Général du Mobilier National des Manufactures des Gobelins, de Beauvais et de la Savonnerie* ; Enrique Soto, *Docteur en Sciences, Benemérita Universidad Autónoma de Puebla, Instituto de Fisiología ;* Jean-Michel Thomine, *Professeur Émérite des Universités, ancien Président de la Société Française de Chirurgie de la Main* ; François Raymond Valla, *Directeur de Recherche au CNRS, Spécialiste du Proche-Orient Ancien ;* Tania Vitalis, *Chargée de Recherche INSERM, Laboratoire de Neurobiologie, CNRS ; ainsi que* Sebastian Hageneuer et Sandra Grabowski, *Directeurs d'Artefacts à Berlin, Agence de design, spécialisée dans la reconstitution archéologique en 3D ;* Éloïse Navette, *Étudiante à la Faculté de Philosophie et Lettres de l'Université de Liège.*

Nous tenons enfin à rendre hommage à deux amis avec lesquels nous avons travaillé plus de douze ans et qui nous ont quittés prématurément. Le premier, Cyriaque Malinvaud, disparu le 6 juin 2009 à l'âge de quarante-deux ans, fut notre documentaliste de 1996 à 2007. Nous lui devons nos rencontres avec la plupart des chercheurs qui ont contribué à la rédaction de cet ouvrage, ainsi que la sélection d'une quantité considérable d'ouvrages et d'articles dans les nombreux domaines que nous avons abordés au cours de nos recherches. Cyriaque était un homme charmant dont la vivacité et la pugnacité n'échappaient pas aux personnes qui le rencontraient. Il était toujours pressé comme s'il savait que le temps allait lui manquer. Nous espérons que ce livre permettra à sa famille et à ses proches de découvrir ce qui fut, durant plus d'une décennie, son centre d'intérêt principal.

Le second, Jean-Daniel Forest, disparu le 15 décembre 2011, à quelques jours de son soixante-troisième anniversaire, était Directeur de Recherche au CNRS, Enseignant à l'Université Paris I Panthéon-Sorbonne, ancien élève titulaire de l'École Biblique et Archéologique Française de Jérusalem, ancien pensionnaire de l'Institut Français d'Archéologie du Proche-Orient (IFAPO) et de la Délégation Archéologique Française en Iraq. Jean-Daniel fut notre mentor et notre ami. Il nous initia, au cours de très nombreuses rencontres, à l'archéologie et nous permit d'acquérir les connaissances indispensables à nos travaux notamment en ce qui concerne le Levant et la Mésopotamie. Quelles que soient ses obligations, il s'est toujours rendu disponible pour répondre à nos questions, corriger nos textes, ou nous fournir les ouvrages ou les articles dont nous avions besoin. Il a collaboré à la rédaction et aux corrections de l'ensemble des textes du premier et du deuxième chapitre. Nous espérons que la Théorie Sensorielle participera à la mémoire de sa considérable contribution à l'archéologie et à la recherche scientifique en général[1].

---

[1] *Mémoire que son épouse Nathalie Gallois-Forest contribue à perpétuer. Nous lui adressons nos plus sincères remerciements ainsi que toute notre amitié pour l'aide qu'elle nous a apportée.*

CHAPITRE 1

Origines : Levant, Mésopotamie

Philippe Roi, Tristan Girard, Jean-Daniel Forest[1]†

[1]Spécialiste du Proche-Orient Ancien, Chercheur au CNRS, Enseignant à l'Université Paris I Panthéon-Sorbonne.

*Relecture : **François Raymond Valla** (Directeur de Recherche au CNRS, Spécialiste du Proche-Orient Ancien, Centre de Recherches Préhistorique Français de Jérusalem), **Jean-Louis Huot** (Professeur Honoraire de l'Université Paris I Panthéon-Sorbonne, ancien Directeur de l'Institut Français d'Archéologie du Proche-Orient - IFAPO).*

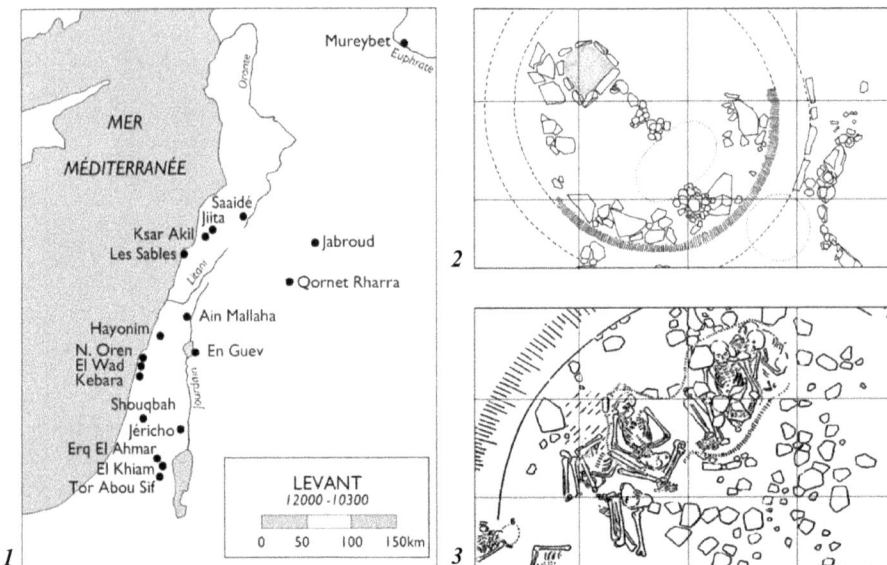

1. Localisation des principaux sites de 12000 à 10300. 2. L'abri n°1 de Mallaha consiste en une fosse circulaire profonde de 40 cm et d'environ 5 m de diamètre. La paroi sud, seule conservée, est couverte d'un enduit de sable et d'argile dont la surface porte des traces de peinture rouge. 3. Sépultures sous l'abri n°1 de Mallaha. 4. Objets natoufiens : A) harpon en os de Kebara ; B) petit ruminant sculpté à l'extrémité d'un manche en os (El Wad) ; C) statuette en pierre figurant une antilope couchée du désert de Judée ; D) manche de couteau représentant un petit ruminant de Kebara.

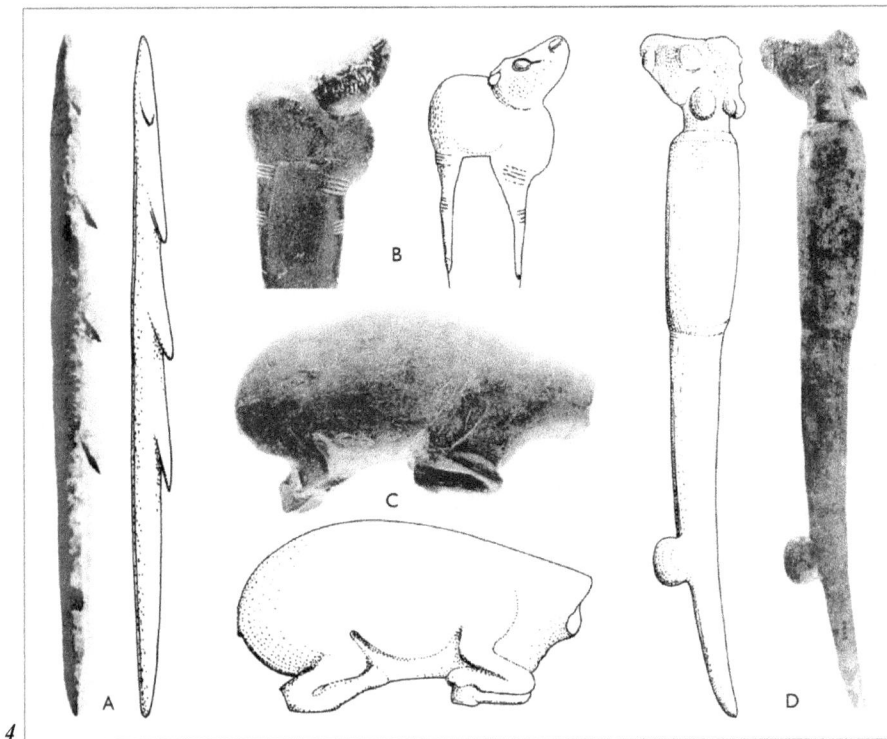

Parmi les grands bonds de l'histoire humaine, celui qu'on a appelé la révolution néolithique est l'un des plus déterminants : il s'agit du début des premières manipulations par notre espèce de son milieu naturel. L'analyse des conditions, des causes et des effets de ce bouleversement est donc indispensable à qui s'intéresse au devenir de l'homme sur la Terre. Cet événement a pris naissance au Levant en 12000 avant notre ère, puis s'est répandu vers d'autres régions du monde, suscitant des imitations plus tardives. Le Levant se situe au point de rencontre de trois continents – l'Afrique, l'Asie, l'Europe – entre lesquels il constitue une passerelle idéale. En outre, le réchauffement progressif du climat depuis la dernière glaciation a engendré une augmentation de l'humidité dans l'atmosphère, propice à l'épanouissement de forêts de chênes, de pistachiers et d'amandiers. Ces conditions naturelles profitent aussi à de nombreuses céréales comme le blé, l'orge ou le seigle et à quelques légumineuses comme les pois, les fèves et les lentilles[1]. Les espèces animales sont plus variées que partout ailleurs ; ainsi coexistent, dans leur biotope respectif, des gazelles d'Afrique, des hémiones d'Asie et des aurochs d'Europe, ainsi que des moutons, des chèvres et des porcs à l'état sauvage. Dans ce contexte naturel en pleine évolution, des groupes de chasseurs-cueilleurs vivent en tirant profit de ces nouvelles ressources. Ils se rendent compte que la collecte de petites graines de céréales est aussi bénéfique que la récolte de fruits immédiatement consommables. Ils découvrent plusieurs façons de les préparer et élaborent des méthodes pour les conserver. Ainsi, la sédentarité, bien qu'indépendante de la culture des sols, a pu être favorisée par la consommation de céréales sauvages.

Les premiers hommes chez lesquels on relève des indices de sédentarité sont les Natoufiens[2]. Leur culture se développe de 12000 à 10300, et s'étend le long de l'actuel Liban, de l'Israël et de la bande de Gaza. Elle a été identifiée pour la première fois dans la grotte de Shouqba sur le Wadi en-Natouf dans les collines de Judée. Mais elle est aussi présente, avec quelques variantes, dans l'ensemble du Levant depuis les abords de l'Euphrate jusqu'au Néguev. Les maisons natoufiennes sont bien peu conformes à l'idée que l'on se fait d'une habitation. Il s'agit de fosses de trois à sept mètres de diamètre, creusées dans la terre meuble. Leurs parois sont circulaires ou semi-circulaires, soutenues par plusieurs assises de grosses pierres. À l'intérieur des fosses, des poteaux soutiennent des charpentes en bois qui forment des toitures qu'on suppose plates, plus ou

---

[1] *Cauvin, J. (1997)(2000).*
[2] *Valla, F.R. (1975) Maisels, C.K. (1993).*

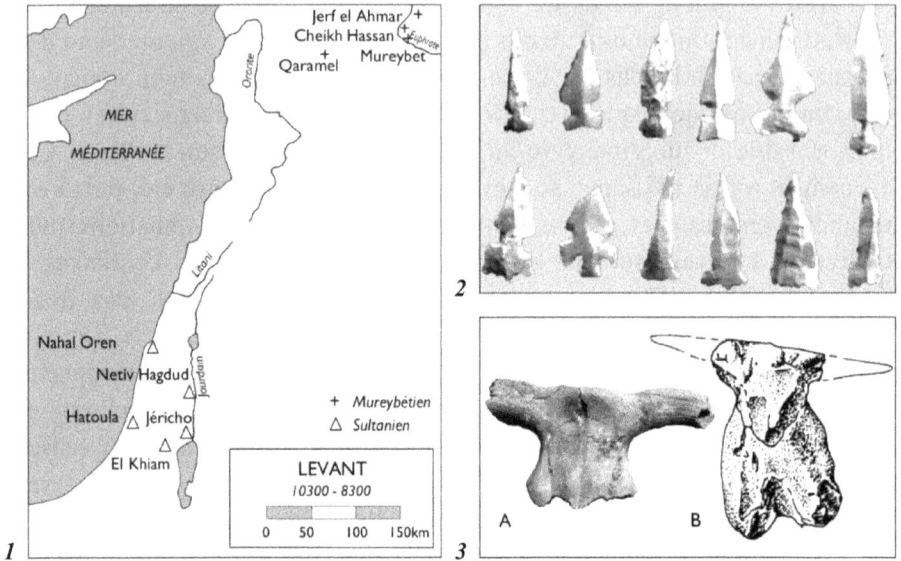

1. Carte des villages cités pour la période 10300-8300. 2. Pointes de flèches du type El Khiam (Galilée 10000-9500) trouvées à Mureybet (Syrie). Armatures de flèches en silex, à base tronquée et encoches proximales. 3. A) Bucrane d'aurochs (Bos primigenius) retrouvé sous une banquette à Dja'de (PPNB ancien) ; B) figurine représentant un aurochs (Ganj Dareh). 4. A et B) Figurines féminines schématiques en pierre et en terre cuite de la période Khiamienne (10e millénaire) ; C) statuette féminine en pierre du Mureybétien ancien (fin du 10e millénaire) ; D) figure féminine schématique en terre cuite du Sultanien (9e millénaire).

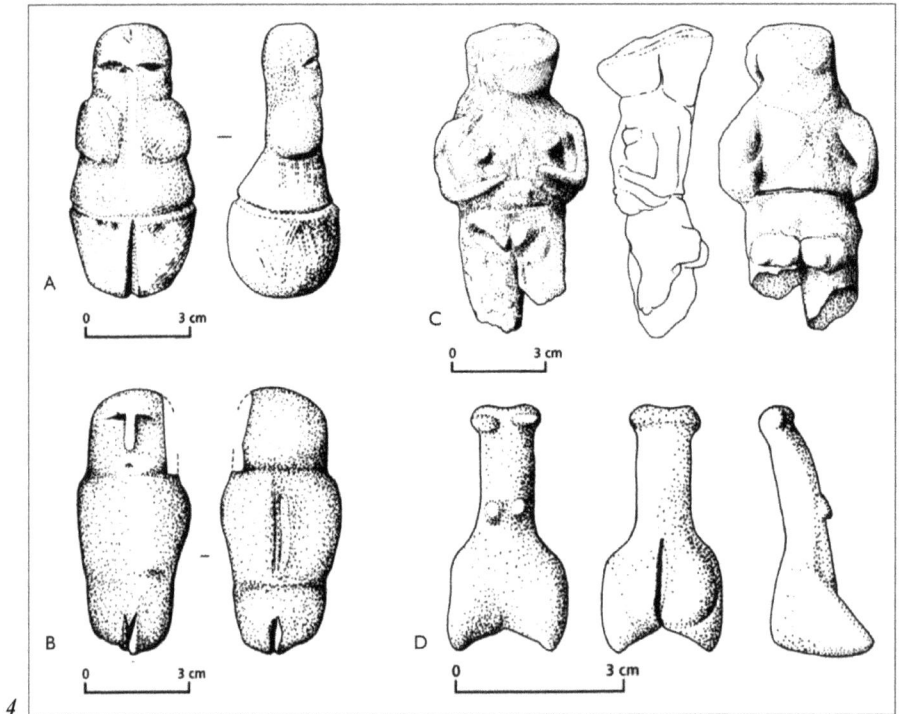

moins surélevées au-dessus du sol. Les morts sont enterrés à l'intérieur même des maisons. Ces habitations, regroupées et organisées en fonction de la topographie, s'étendent sur plusieurs centaines de mètres carrés. À ces places fixes sont associés, à quelques dizaines de kilomètres, des campements éphémères qui représentent probablement des haltes de chasse. Les Natoufiens consomment des graines, comme l'atteste la présence de matériel de mouture et des silos qui servent probablement à conserver le surplus des cueillettes. Mais l'analyse des restes botaniques ne révèle aucune espèce domestique. Des céréales sauvages sont donc récoltées et stockées pour être ultérieurement consommées. Les Natoufiens se nourrissent également des produits de la chasse et de la pêche. La plupart des grands sites sont installés en bordure d'une rivière ou d'un lac qui leur fournit des poissons, des coquillages et du gibier d'eau. Cette nouvelle organisation témoigne d'une stratégie alimentaire dont la base et les techniques d'acquisition restent celles de chasseurs-cueilleurs, mais qui ont su choisir des lieux de séjour appropriés pour diversifier leurs ressources dans un environnement climatique favorable.

C'est au sein de ces groupes que se distingue, à partir de 10300, une nouvelle culture : le Khiamien, qui très vite se subdivise en faciès régionaux, le Mureybétien sur l'Euphrate et le Sultanien dans le Levant Sud[3]. La continuité est évidente comme l'attestent la forme des habitations, les techniques de construction et l'économie de chasse et de cueillette. C'est à cette époque que se généralise l'usage des pointes de flèches taillées dans la pierre, témoin probable de l'invention de l'arc. Les procédés d'inhumations ne semblent pas différents de ce qu'ils étaient à l'époque natoufienne. Toutefois, les corps plus souvent ensevelis à l'extérieur de l'habitat reposent systématiquement au sud et jamais au nord[4]. Parfois, le crâne est prélevé, y compris chez de très jeunes enfants. Cette pratique, déjà observée auparavant, semble se renforcer. On note aussi la multiplication des symboles féminins ou ambivalents, parmi lesquels de petites figurines en pierre ou en argile représentant des femmes nues aux bras repliés sous les seins. Sur certains sites Khiamiens, apparaît également une autre pratique. Des crânes d'aurochs, l'ancêtre sauvage du bœuf, sont enfouis dans des banquettes en pisé courant le long des murs à l'intérieur des maisons. Certains chercheurs voient dans ces deux symboles, au-delà du principe féminin et du principe masculin, le moteur des bouleversements économiques et sociaux ultérieurs. Selon eux, la maîtrise par l'homme de

---

[3] *Huot, J.-L. (1994)(2004).*
[4] *Akkermans P.M.M.G. et al. (2003).*

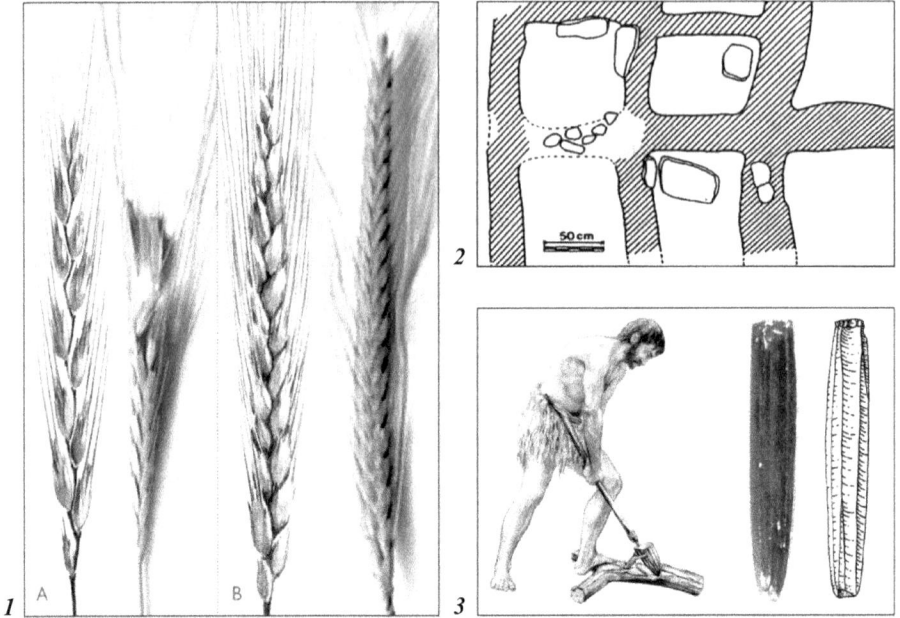

1. Épis de blé : A) dessin et photographie d'un épi sauvage développé, B) dessin et photographie d'un épi domestique développé. 2. Première structure rectangulaire au Mureybétien final (Cheikh Hassan, en Syrie). 3. Le débitage des lames en pierre par pression est couramment employé pour l'obsidienne de Bouqras en Syrie. 4. Carte du "Croissant fertile" situé dans le triangle formé par les contreforts méridionaux du Taurus anatolien et les vallées du Tigre et de l'Euphrate. Relevé des principaux sites protonéolithiques et néolithiques fondés entre les 12ᵉ et 7ᵉ millénaires avant notre ère.

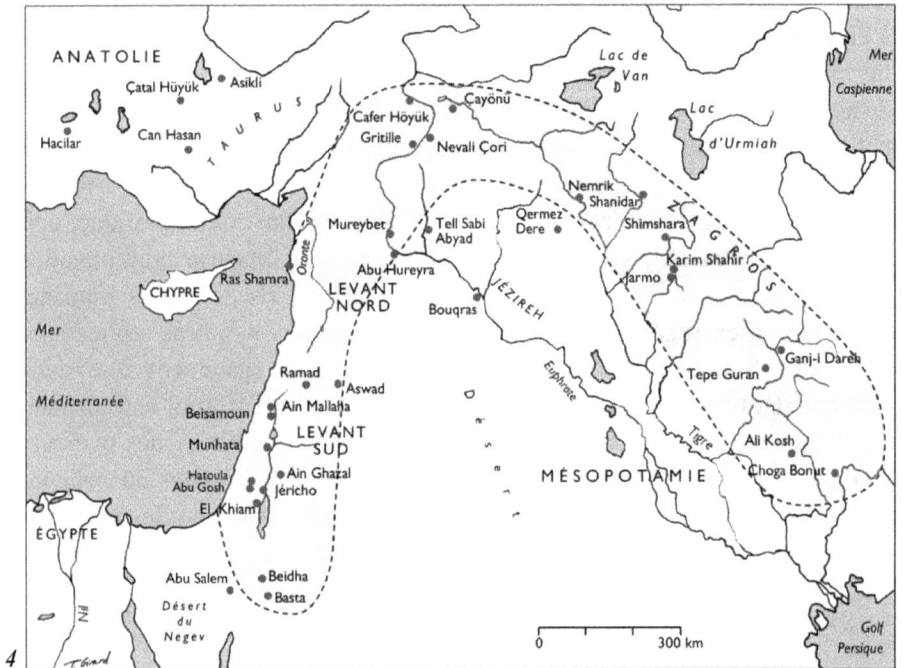

son milieu naturel aurait une cause culturelle. Pour renforcer cette thèse, ils se sont efforcés d'interpréter ces figurines à l'aide de peintures murales et de figures en ronde bosse, représentant des femmes et des taureaux, mises au jour à Çatal Hüyük en Anatolie[5]. Si une interprétation religieuse de ces représentations, qui datent du 7e millénaire avant notre ère, est aujourd'hui proposée par la presque totalité des commentateurs, peut-on raisonnablement interpréter des figurines d'époque Khiamienne à partir d'une iconographie plus récente de trois millénaires et parler d'une seule religion néolithique sur une si longue durée ? Quelques archéologues considèrent aujourd'hui que si l'importance des figurines féminines khiamiennes du Levant ne doit pas être sous-estimée, il est audacieux de les qualifier de déesses[6]. Ces figurines témoigneraient seulement de l'émergence de l'humain dans un répertoire qui était auparavant exclusivement animalier. Aussi, interpréter ces statuettes comme une émanation du divin au sein du psychisme humain leur semble aussi anachronique que de parler de ville à propos de la tour de Jéricho. La femme entre néanmoins dans le répertoire artistique de l'Orient ancien, bien avant toute représentation masculine.

Au cours de la période Khiamienne, on ne trouve aucune trace biologique qui témoignerait de la présence de céréales domestiques. Les archéobotanistes retiennent en effet deux critères pour distinguer les céréales domestiques des céréales sauvages. Le premier se rapporte à la grosseur des grains, le second concerne la morphologie du rachis, ou si l'on préfère, l'axe de l'épi qui maintient ensemble les épillets. Ainsi, les céréales sauvages ont un rachis fragile qui favorise la dispersion des graines à maturité et leur réensemencement spontané, tandis que les céréales domestiques ont un rachis solide qui minimise cette dispersion et permet d'obtenir une récolte plus abondante[7]. Les recherches actuelles tendent à montrer que les successeurs des Natoufiens ont commencé à planter des céréales encore sauvages tout en continuant à pratiquer la cueillette pendant le 9e millénaire avant notre ère. Cette culture de la terre concerne, selon les sites, diverses céréales parmi lesquelles le blé amidonnier, l'engrain et l'orge. Au cours de cette période, qui s'achève en 8300 avant notre ère, les chasseurs-cueilleurs du Proche-Orient évoluent à nouveau. La taille de leurs villages augmente et on observe pour la première fois des constructions communautaires. Sur le Moyen Euphrate,

[5] *Mellaart, J. (1967).*
[6] *Huot, J.-L. (2004).*
[7] *Cauvin, J. (1997) Tanno, K.; Willcox, G. (2006).*

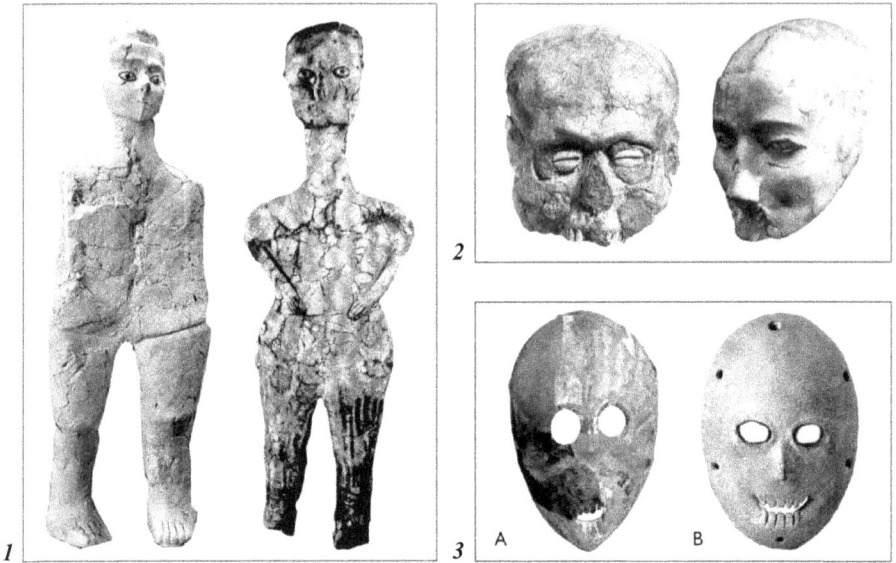

1. Deux exemples parmi trente statues en chaux ou en plâtre mises au jour sur le site d'Aïn Ghazal (Levant 7ᵉ millénaire). 2. Crânes de Jéricho surmodelés en chaux ou en plâtre incrustés de coquillages pour les yeux. 3. A) Masque en pierres peintes de Nahal Hemar ; B) masque en pierres d'Hébron. 4. Art syrien du 7ᵉ millénaire : A) représentation animalière en pierre polie ; B) statuette animalière en pierre découverte à Bouqras ; C) tête de figurine en terre cuite, de Ramad ; D) représentation taurine en os, de Bouqras ; E) tête de rapace en pierre, de Nemrik.

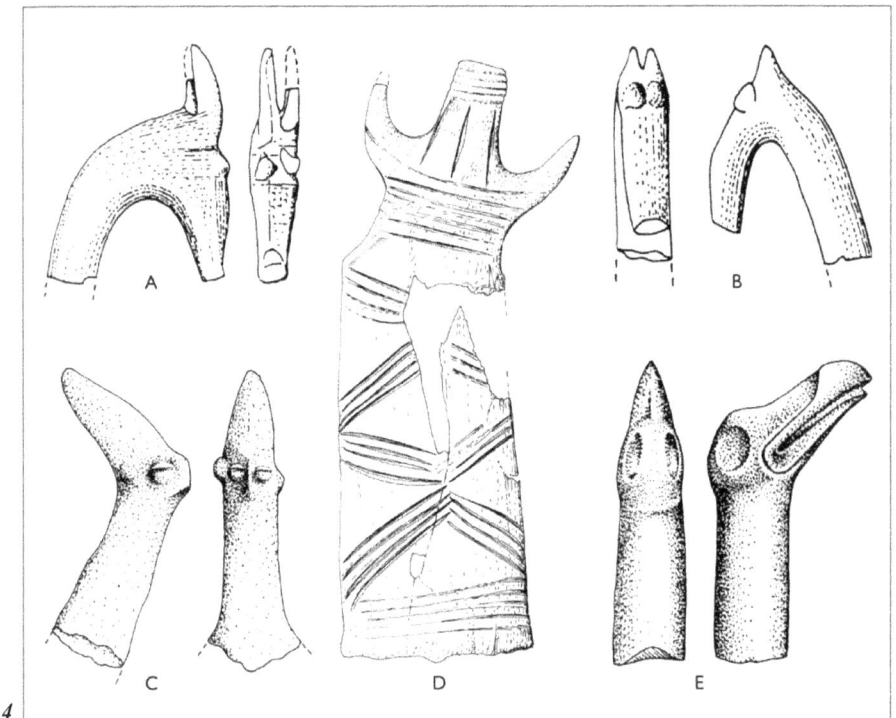

certains de ces édifices abritaient probablement des réunions au cours desquelles les décisions collectives étaient prises.

L'étape suivante se distingue plus radicalement encore au point de justifier à elle seule la notion de révolution néolithique[8]. À partir de 8000 avant notre ère, les habitations circulaires sont pratiquement abandonnées pour être remplacées par des maisons rectangulaires. La diversification architecturale devient un trait dominant avec des aménagements plus élaborés et l'emploi de nouveaux matériaux tels que la chaux et le plâtre. Sur le plan de l'outillage, le débitage bipolaire permet l'obtention de lames plus longues et plus régulières. Dès lors, l'industrie lithique devient plus uniforme et se répand sur l'ensemble de la région, supprimant en partie les particularismes locaux antérieurs. L'innovation la plus spectaculaire concerne cependant l'apparition, d'un bout à l'autre du Proche-Orient, de céréales morphologiquement domestiques telles que le blé et l'orge, et de quelques légumineuses comme les lentilles, les pois et les fèves. On observe aussi la domestication progressive de la chèvre, du mouton et du porc, bientôt suivie de celle du bœuf. Dans l'état actuel des connaissances, le principal foyer de domestication animale était situé dans un triangle formé par les contreforts méridionaux du Taurus anatolien et les vallées du Tigre et de l'Euphrate. Un autre changement important concerne la taille des représentations humaines, lesquelles ont, à présent, l'apparence de véritables statues modelées dans la chaux ou taillées dans le calcaire. Ces effigies étaient disposées dans des bâtiments réservés aux réunions, aux côtés de crânes humains surmodelés en chaux, afin de reproduire les traits du visage. On pense qu'il s'agit d'un culte des ancêtres visant à garantir la cohésion sociale, en faisant référence à certains de ses membres disparus, censés pouvoir encore intervenir sur la destinée du groupe[9]. Ainsi, dès cette époque, apparaissent les premiers linéaments d'une perspective généalogique dont les époques historiques tireront les ultimes conséquences lors de l'avènement des familles royales sumériennes. Sur le plan de l'architecture, alors que de nombreux sites traditionnels sont abandonnés au cours de cette période, on voit apparaître des bourgs – Ain Ghazal, Beisamoun ou Abu Hureyra – pouvant couvrir près d'une quinzaine d'hectares, à l'intérieur desquels les populations semblent se regrouper. Il se confirme aussi une augmentation et une extension des échanges à longues distances pour des produits rares comme l'obsidienne ou certains coquillages.

---

[8] *Aurenche, O.; Kozlowski, S.K. (1999).*
[9] *Forest, J.-D. (1996).*

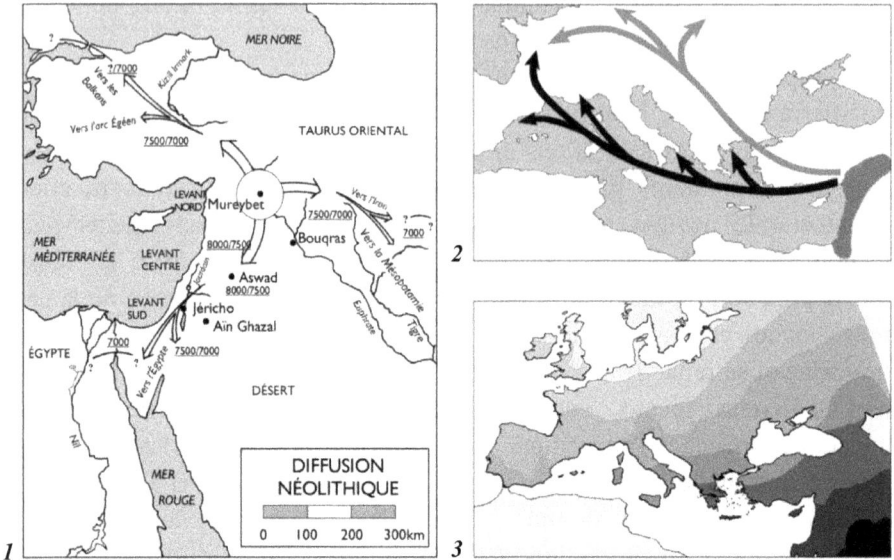

1. Carte du Levant. Diffusion de l'agriculture et de l'élevage au 7ᵉ millénaire. 2. Expansion de la révolution agricole du Proche-Orient via les courants danubien (en gris) et méditerranéen (en noir). 3. Fondée sur l'analyse comparée de 95 marqueurs biologiques d'origine végétale dont la fréquence varie selon les lieux, cette carte révèle l'existence d'une variation dominante qui s'étale à partir du Moyen-Orient sur toute l'Europe. Des fréquences les plus élevées (gris foncé) aux plus basses (gris clair), l'orientation de cette variation semble signaler l'existence d'une migration survenue à partir du Moyen-Orient et parvenue jusqu'en Europe de l'Ouest et du Nord. Or, l'examen comparé de la carte des dates d'arrivée des céréales en Europe montre une coïncidence surprenante avec ce phénomène. On peut en conclure que cette variation génétique est la trace de l'expansion des agriculteurs néolithiques à travers l'Europe, commencée il y a 9000 ans et achevée 3000 ans plus tard. 4. Foyer d'origine de la révolution agricole néolithique du Levant (au centre) avec ses aires d'extension, par rapport aux autres foyers.

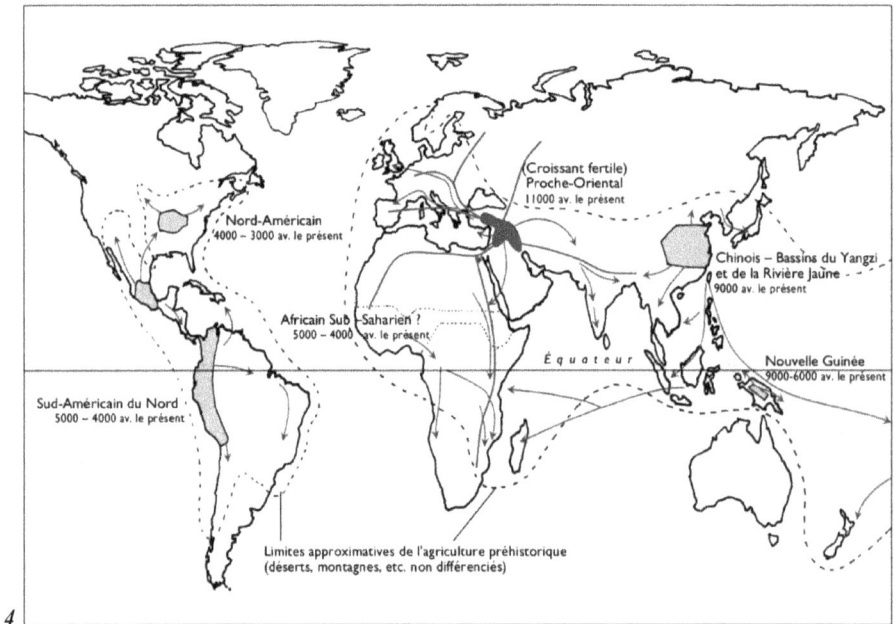

Plus tard, à la fin du 8ᵉ millénaire avant notre ère, on constate l'abandon de ces grands villages. Cet exode est probablement lié à une surexploitation des forêts et des pâturages environnants[10]. Mais d'autres explications sont possibles. L'apparition de grandes agglomérations est en effet assez paradoxale, compte tenu de l'environnement et des moyens mis en oeuvre pour l'exploiter. Des petits groupes sont plus viables, et surtout beaucoup plus faciles à diriger. La domestication des ovins et des caprins engendre, par ailleurs, une nouvelle forme d'exploitation animale, l'élevage et, à travers lui, un nouveau mode de vie, le pastoralisme[11]. L'introduction de celui-ci entraîne la conquête de nouveaux territoires, comme la steppe jordano-syrienne, impropre à la culture sédentaire des céréales, mais propice à l'élevage des chèvres et des moutons. On pense qu'un système valorisant les migrations saisonnières pour accompagner les troupeaux s'est établi, n'excluant pas la culture du sol à petite échelle quand les conditions le permettent. Ainsi, le nomadisme ne serait pas forcément le fait d'éleveurs spécialisés[12].

Enfin, entre 7500 et 7000 avant notre ère, la révolution néolithique commence à se répandre en direction de l'Europe en suivant deux voies : la voie méditerranéenne pour l'Europe du Sud et la voie danubienne pour l'Europe du Nord. Il s'agit cette fois d'une néolithisation secondaire, tous les éléments de l'économie étant importés du Proche-Orient, puisqu'il n'existe en Europe ni céréales, ni chèvres, ni moutons à l'état sauvage. Cette néolithisation se répand aussi vers la Mésopotamie et le plateau iranien où les chasseurs-cueilleurs adoptent sans tarder la sédentarité, l'exploitation de la terre et l'élevage. Bien que la plaine mésopotamienne n'ait pas été au coeur du processus initial de néolithisation – son environnement étant moins favorable aux hommes – elle constitue cependant le foyer de la dernière étape au cours de laquelle l'Humanité s'engage dans une voie sans retour, débouchant sur la révolution urbaine et l'apparition de l'État.

Au commencement du 7ᵉ millénaire, la culture et l'élevage se diffusent parmi les populations de chasseurs-cueilleurs installées dans des régions plus sèches de Mésopotamie. L'action de l'homme sur le milieu naturel s'intensifie et l'essor de nouvelles techniques accompagne cette mutation. Parmi elles, la céramique constitue une invention remarquable, puisqu'en dehors de son usage domestique, ses formes, ses

---

[10] *Mazoyer, M.; Roudart, L. (1998).*
[11] *Vigne, J.-D. (1999).*
[12] *Aurenche, O. (1984).*

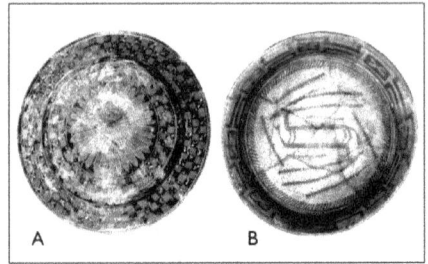

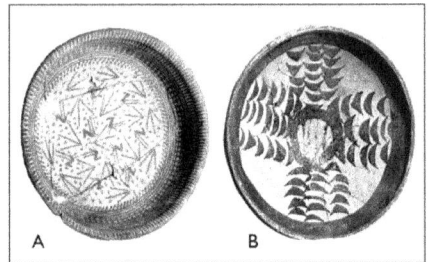

1. Carte des sites de haute Mésopotamie à l'époque de Umm Dabaghiyeh, vers 6500. 2. A) Exemple de céramique peinte de la période de Halaf, considérée comme la plus belle du genre en Mésopotamie ; B) coupe en céramique de la période Samarra. 3. A) Coupe très fine en céramique dite de Samarra, qui provient de Tell es-Sawwan ; B) plat orné de motifs de couleurs sombres peints sur fond clair, trouvé à Ur, et caractéristique de la période Obeid. 4. Culture de Halaf. Plan de niveau 5 de Yarim Tepe 2 (fouillé en 1973) ; A) cases Mousgoum (Cameroun) photographiées en 1955, peut-être semblables à l'architecture des habitations halafiennes.

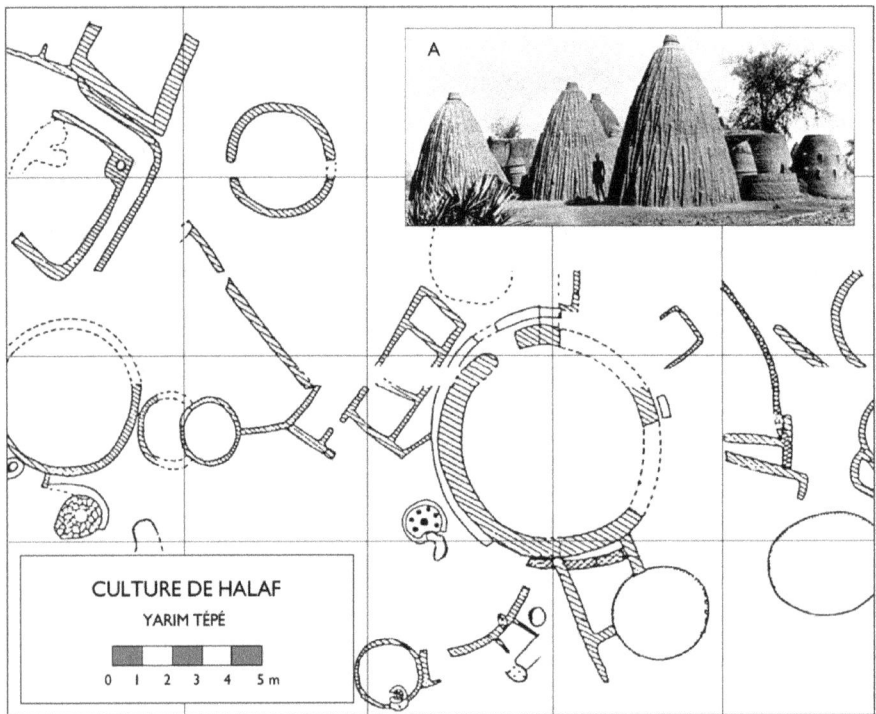

décors et ses couleurs permettent d'identifier les différentes entités culturelles en présence. On distingue ainsi, dans le nord de la Syrie et de l'Iraq, deux cultures semblant cohabiter. L'une, à céramique sombre et lissée encore mal connue, qui se développe à partir de 6500 et se transforme en culture dite de Halaf [13] ; l'autre, à céramique aux décors appliqués ou peints à l'ocre rouge, appelée culture d'Umm Dabaghiyeh, qui engendre celles de Hassuna puis de Samarra[14]. On note aussi la présence d'une culture dite Obeid, au sud de l'Iraq, dans la plaine alluviale du Tigre et de l'Euphrate. Elle se caractérise par une céramique aux formes variées et aux décors géométriques souvent très denses. Ces faciès culturels ne sont attestés que par les fouilles d'un petit nombre de sites. Nous savons que les communautés correspondantes pratiquent une culture sèche, comme le Halaf, ou font appel à l'irrigation. Elles élèvent les mêmes espèces animales, bien que les pourcentages varient selon les régions. Ces données, bien que succinctes, permettent d'avancer quelques hypothèses. Ces communautés ont d'abord en commun d'encourager la natalité afin de disposer d'une main-d'œuvre abondante, capable par la suite d'entretenir les aînés. Cependant les conditions écologiques influent de manière suffisante sur leurs modes de production pour qu'elles réagissent différemment. La culture de Halaf a très tôt attiré l'attention par son habitat circulaire. Celui-ci, constitué de plusieurs cellules occupées chacune par un individu, hébergeait des familles dites « élargies », comme on en trouve encore en Afrique. Malgré la relative étroitesse des groupes formés, cette solution originale s'avère parfaitement viable dans un environnement où la culture sèche – c'est-à-dire non irriguée – est aisément praticable. Cependant, l'essor démographique inhérent au système se solde par l'éclatement des groupes et condamne la société à épuiser son dynamisme en expansion territoriale.

Différente est la culture d'Umm Dabaghiyeh qui se développe pendant la première moitié du 7e millénaire. Le site éponyme est localisé aujourd'hui dans une zone devenue très aride. Pourtant, ses habitants exploitaient la terre, comme en témoignent les vastes greniers qui occupent le centre du village. Il s'agit de longues et étroites installations – la plus grande atteint presque 350 m² – constituées de casiers à l'intérieur desquels des céréales et des légumineuses étaient entreposées. De petites maisons construites en briques d'argile modelées à la main se répartissent alentour. Composées d'une salle de séjour et de quelques annexes, elles ne devaient

---

[13] *Breniquet, C. (1996).*
[14] *Huot, J.-L. (1994).*

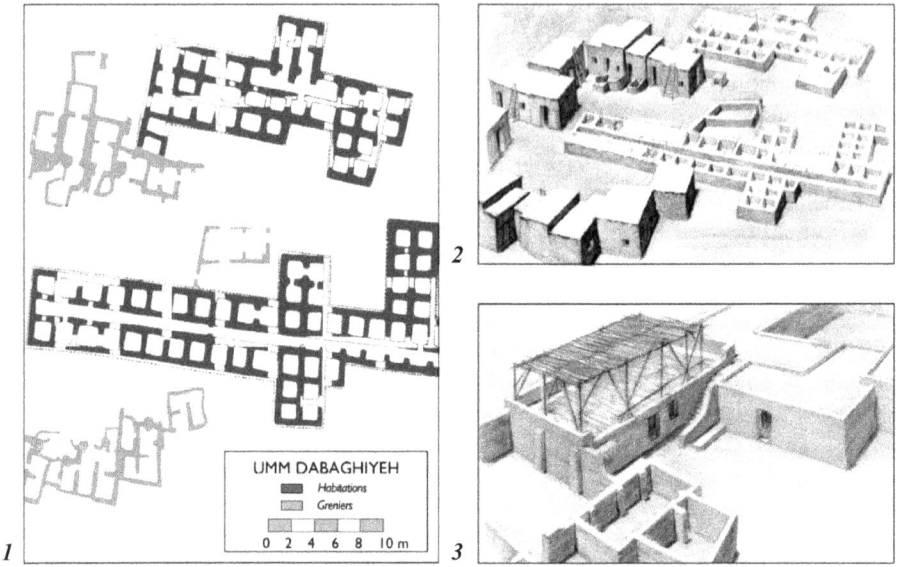

1. *Plan d'Umm Dabaghiyeh. La plupart des vestiges mis au jour sont des soubassements de greniers collectifs. L'habitat proprement dit, resté peu dégagé, n'apparaît guère qu'en périphérie.*
2. *Essai de reconstitution du village d'Umm Dabaghiyeh. 3. Essai de reconstitution d'une maison de Hassuna. 4. Plan de la partie nord-est du village de Tell es-Sawwan, niveau III regroupant plusieurs grandes maisons tripartites dites en « T », constituées d'un vaste séjour central et de petits appartements latéraux.*

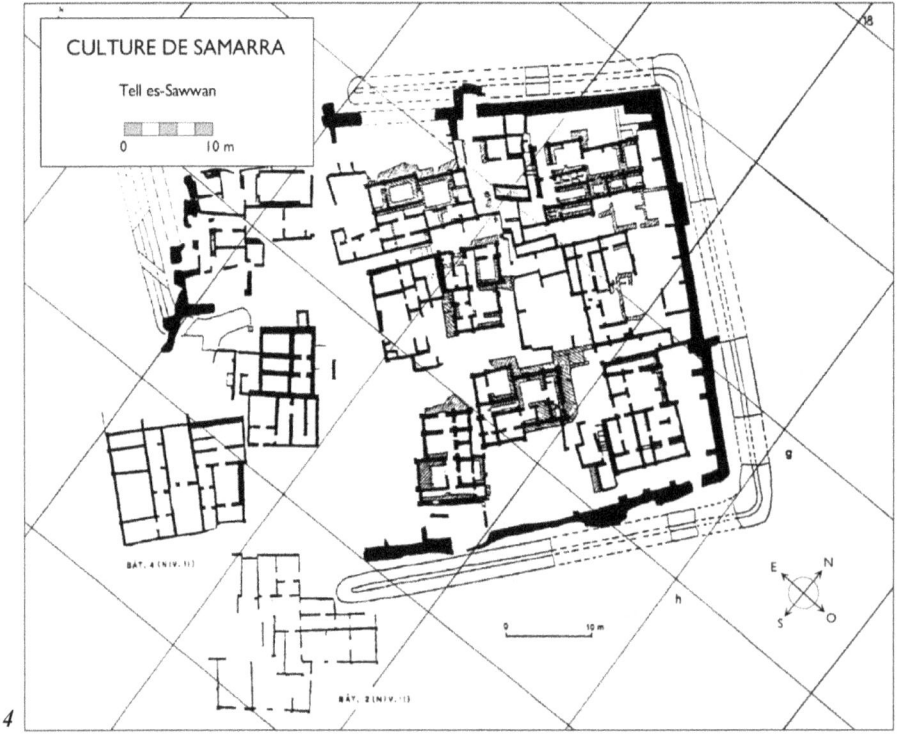

CULTURE DE SAMARRA

Tell es-Sawwan

abriter que des familles restreintes. La culture de Hassuna, qui dérive de la précédente, s'épanouit dans la seconde moitié du 7ᵉ millénaire. Elle fut identifiée lors de fouilles sur plusieurs sites. On y retrouve de grands greniers à casiers, mais l'habitat est mal connu. Tout au contraire, la culture de Samarra – qui semble être une forme tardive de celle de Hassuna – se prolonge jusqu'au milieu du 6ᵉ millénaire et s'étend plus au sud. Le site le plus représentatif est sans conteste Tell es-Sawwan[15]. Dans les niveaux profonds, ont été dégagées quelques grandes habitations tripartites, constituées d'un vaste séjour central et de petits appartements latéraux. Elles étaient probablement occupées par un couple, leurs enfants et leurs petits-enfants, formant ce qu'on appelle une famille souche. Les niveaux supérieurs, plus largement explorés, montrent une dizaine de maisons serrées les unes contre les autres, à l'intérieur d'un puissant mur entouré d'un fossé. Construites sur un plan inhabituel – en forme de T – ces maisons toutes semblables et relativement petites ne pouvaient loger que des familles restreintes. Cette recherche permanente de la meilleure façon d'organiser un groupe familial est motivée par le souci de maintenir un nombre constant de responsables. De fait, les sites de Hassuna et Samarra tendent à être plus vastes que les sites du Halaf, car les communautés correspondantes sont moins segmentaires, en raison des difficultés plus grandes qu'elles rencontrent pour cultiver le sol. Dans la mesure où l'évolution repose fondamentalement sur la nécessité d'organiser au mieux la vie des populations croissantes, l'incitation au changement est ici plus forte. Toutefois, cette tendance n'aboutit pas, si bien que les communautés de Hassuna et de Samarra refluent progressivement vers le Zagros, sous la pression de l'expansion du Halaf. Elles finiront même par se confondre avec les cultures locales. En revanche, la trajectoire évolutive va beaucoup plus loin dans le sud où la culture Obeid se prolonge pendant plus de 2500 ans, jusqu'au début du 4ᵉ millénaire. En raison de sa durée, on l'a divisée en plusieurs phases, sur la base de variations observées parmi les céramiques. Les niveaux les plus anciens dits Obeid 0 – la nomenclature étant déjà en place lors de leur découverte – ont été mis au jour sur le site de Oueili, au nord de la ville moderne de Nasriyeh[16]. Ils datent d'environ 6500 avant notre ère, les niveaux fouillés en extension étant un peu plus récents. Ils ont révélé des greniers ainsi que des maisons très semblables aux habitations les plus anciennes de Tell es-Sawwan. Construites en briques crues, modelées entre deux planches de bois, ces demeures devaient

---

[15] *Breniquet, C. (1991) Youkana, D.G. (1997).*
[16] *Huot, J.-L. (1989)(1996).*

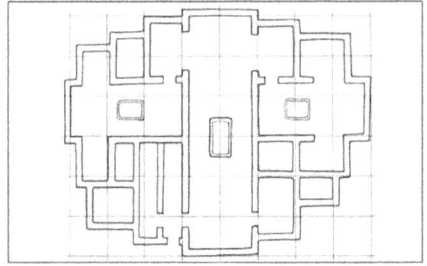

1. Grenier Obeid 4 de Tell el Oueili. 2. Essai de reconstitution d'une habitation de Kheit Qasim III, dans la région de Djebel Hamrin, culture d'Obeid nord (milieu du 5ᵉ millénaire). 3. Plan d'une habitation tripartite de Kheit Qasim. 4. Plan du niveau 12 de Tepe Gawra culture Obeid (vers 5000). Les fouilles ont révélé la résidence d'un chef de quartier, plus vaste que les maisons ordinaires, ouvrant sur une petite place et associée à un grenier collectif. A) Ruelle d'un village syrien, photographié en 1977.

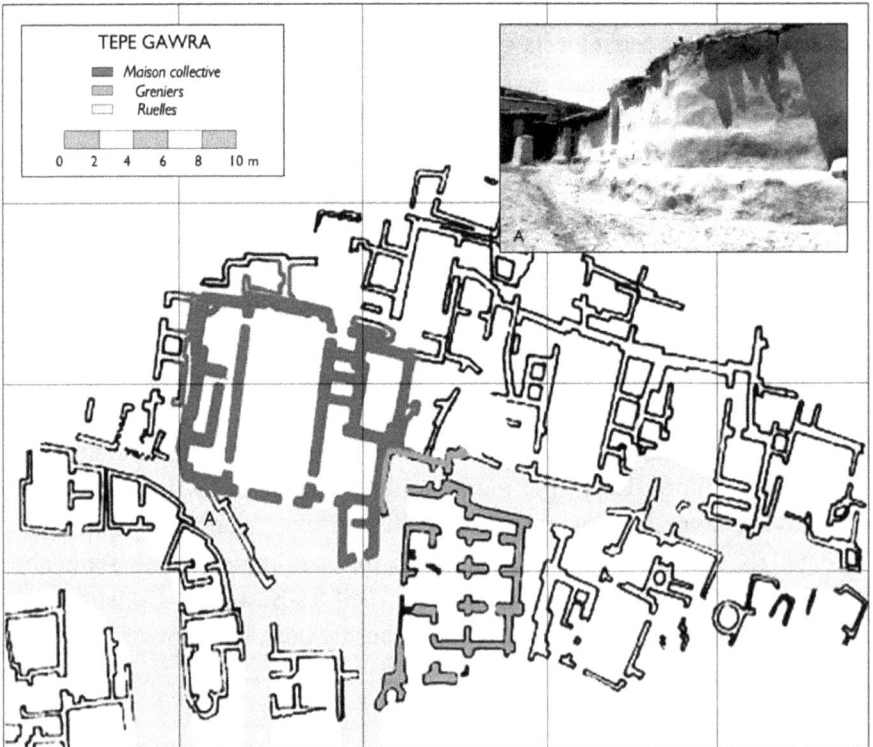

être cependant plus larges, car des poteaux contribuaient à soutenir les toitures. Les mêmes éléments se retrouvent à la période suivante dite Obeid 1, contemporaine de la culture de Samarra. Les bâtiments sont toujours édifiés en briques crues, mais moulées désormais dans des cadres de bois de dimensions variables, et assemblées à partir d'une trame quadrillée, tracée au sol.

Plus encore que les communautés de Hassuna et de Samarra, celles de l'Obeid tirent parti de leur essor démographique. Elles se densifient et se donnent, en développant une hiérarchie de plus en plus marquée, les moyens sociaux, politiques et idéologiques de structurer un corps social qui s'élargit. Dès l'Obeid 3 (5500-4500), apparaissent pour la première fois de grands édifices tripartites construits sur des terrasses. Considérés d'abord comme des temples, ils sont à présent perçus comme les bâtiments collectifs où se réunissaient les notables en charge de la gestion des ressources communes[17]. Avec le temps, ces édifices deviennent plus grands, plus beaux et dominent l'agglomération attenante. Les phases suivantes Obeid 4 et 5 correspondent à ce que les archéologues ont appelé la chefferie préurbaine, période à propos de laquelle peu de documents existent. Le peu d'informations dont nous disposons est complété par des sources septentrionales. La culture de Halaf adopte en effet, à la fin du 6e millénaire, les traits de la culture Obeid. Cette culture hybride évolue dès lors sous l'impulsion des valeurs acquises chez ses voisins. Elle s'engage à son tour sur le chemin parcouru mille ans plus tôt par l'Obeid, comme en témoigne le site de Gawra [18] près de Mossoul. À la famille souche de type Samarra ou Obeid 0/1 – avec des plans quelque peu différents – succède une phase où s'impose la famille restreinte, avec des maisons tripartites de faibles dimensions. Pour limiter le nombre des individus ayant accès au pouvoir décisionnel, il a fallu faire d'eux les représentants d'un groupe plus nombreux qu'auparavant, mais trop nombreux désormais pour habiter sous un même toit. La famille souche, qui avait le même objectif à un moindre niveau d'intégration, perd alors tout intérêt et la famille restreinte reprend tous ses droits. Il se trouve que l'archéologie, à sa manière, nous fournit des indications sur ces hommes qui concentrent à présent le pouvoir de décision entre leurs mains. Leurs demeures se distinguent de l'habitat ordinaire par leur taille, l'épaisseur de leurs murs, les décors de leurs façades. On remarque aussi l'existence d'ouvertures inhabituelles vers

[17] *Forest, J.-D. (1987) Maisels, C.K. (1993) Matthews, R. (2003).*
[18] *Rothman, M.S. (2002) Butterlin, P. (2009).*

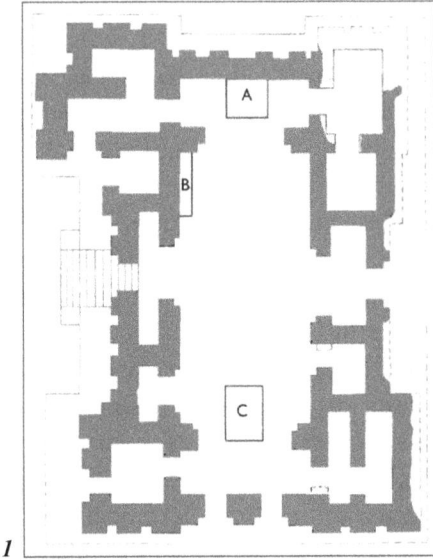

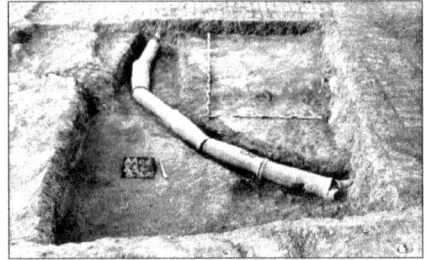

1. Plan de la maison collective d'Éridu, culture Obeid (vers 4300). Le bâtiment reposait sur une terrasse et dominait l'habitat environnant. La pièce principale, ouverte sur l'extérieur, était faite pour réunir les notables de la communauté : un podium (A) était réservé au chef, une banquette (B) était occupée par les membres les plus influents et un foyer (C) servait à préparer les repas. 2. Vestiges des rues et des habitations mises au jour à Habuba Kabira (sud). 3. Réseau d'évacuation pour les eaux usées reliant la cité d'Habuba Kabira à l'Euphrate. 4. A) La « Ziggurat d'Anu » avec son « Temple blanc » (a), à Uruk, à la fin du 4ᵉ millénaire. Les bâtiments de plan tripartites qui se succèdent au sommet de la ziggourat (en fait, une terrasse progressivement surélevée et agrandie) ne sont probablement pas des temples, mais des salles collectives. B) Reconstitution, en infographie 3D, du « Temple blanc » sur la « Ziggurat d'Anu », à Uruk. C) Plan général du site d'Uruk, et emplacement du « Quartier d'Anu ».

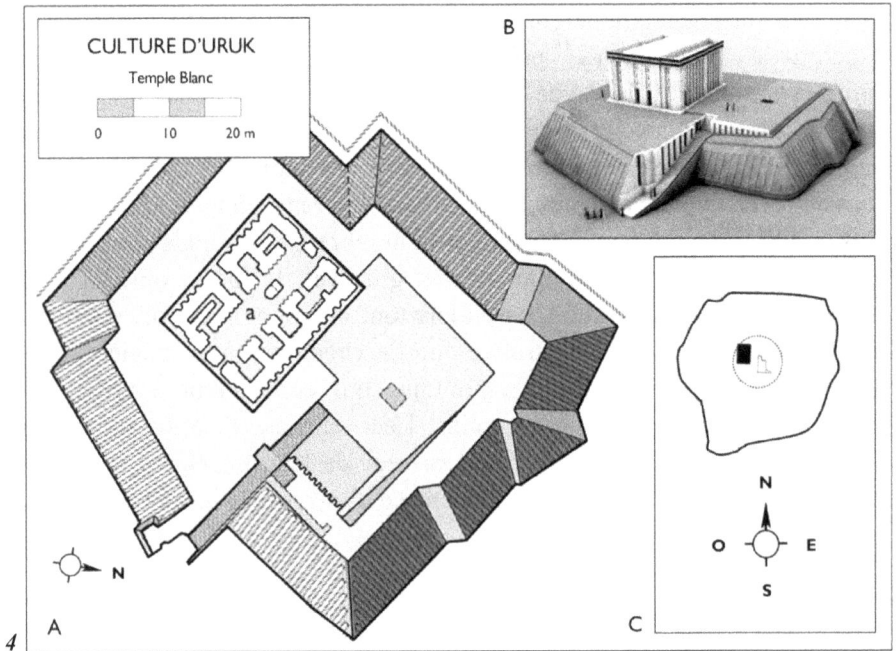

l'extérieur, laquelle signifie que, selon les fonctions qu'ils assument, ils ouvrent leurs portes à leurs "sujets". Dans un premier temps, ces résidences somptuaires sont réparties dans l'habitat ordinaire, mais par la suite, elles se regroupent dans un même secteur. Il est probable que ces particuliers aient considéré qu'ils avaient plus de points communs entre eux qu'avec le reste de la population. Cet élitisme du corps social se reflète aussi dans l'évolution des pratiques funéraires où les différences de statut sont de plus en plus visibles[19].

Il est probable que la culture Obeid dans le sud ait connu une évolution identique. Mais celle-ci, à l'inverse des autres, se serait prolongée et aurait fait place, aux alentours de 3700 avant notre ère, à la culture dite d'Uruk. Celle-ci se caractérise par l'émergence de véritables villes attirant les populations avoisinantes, selon un processus qui s'apparente à l'exode rural. Bientôt, la plaine alluviale est divisée en plusieurs petites principautés, au sein desquelles les habitants se regroupent dans des agglomérations appelées, pour cette raison, des cités-États. Une élite héréditaire se met en place, dirigée par un personnage dominant : EN, que les sumérologues ont traduit par « roi »[20]. Pour marquer sa différence, cette élite s'entoure d'objets de plus en plus luxueux, fabriqués par des artisans qui emploient de nouvelles techniques et des matériaux précieux. Le sud de la Mésopotamie étant dépourvu de ces matériaux, les grandes cités urukéennes fondent de véritables colonies qui servent de relais vers l'Anatolie où se trouvent les produits dont leurs dirigeants sont avides. Ce sont ces villes conçues de toutes pièces en un temps relativement court, comme Habuba Kabira, qui témoignent du premier urbanisme[21]. Elles sont construites avec des briques moulées aux proportions standardisées, dotées de rues régulières, parfois de réseaux d'évacuation pour les eaux usées et de puisards destinés à entasser les premiers déchets urbains. Des parcelles sont distribuées, selon un véritable système de lotissement, aux colons qui affluent par vagues successives. L'habitat, relativement uniforme, se compose de plusieurs corps de bâtiment distribués autour d'une cour, avec la maison proprement dite d'un côté, et une grande salle de réception de l'autre. Pour diriger ces villes, les notables se réunissent dans des bâtiments collectifs s'élevant sur des terrasses, comme dans les grandes métropoles du sud au sujet desquelles nous sommes cependant moins documentés. En effet, seuls quelques bâtiments ont été découverts sur

---

[19] *Hole, F. (1983) Akkermans, P.M.M.G. (1989) Stein, G. (1994).*
[20] *Steinkeller, P. (1999) Joannès, F. (2001).*
[21] *Strommenger, F. (1980) Vallet, R. (1997).*

l'acropole d'Uruk, lesquels par leur superficie – 4600 m^2 –, leurs techniques de construction – qui intègre le plâtre – et leurs décors en images de cônes colorés, témoignent d'une ingéniosité qui ne sera plus jamais égalée. L'ensemble de ces bâtiments constitue une sorte de palais, dont les différents éléments fonctionnels ne sont pas encore associés. Désormais dégagée des obligations agricoles, l'élite est prise en charge par la communauté. Elle peut ainsi assumer ses fonctions et rendre prospère la cité. Des terres sont mises à sa disposition, ainsi que des gens pour les cultiver. Et parce que ces terres sont vastes, de nouvelles techniques sont mises au point. On invente l'araire pour faciliter l'ensemencement, le moule à briques normalisé pour construire des greniers et des palais, l'écriture pictographique pour organiser ces greniers. Par ailleurs, d'innombrables mouvements de biens doivent être surveillés, pour lesquels de nouveaux procédés sont développés comme la comptabilité. L'élite doit aussi disposer de produits hors du commun afin de rétribuer certains de ses obligés et offrir une contrepartie aux matériaux importés. La harpe est probablement inventée pour apaiser les tensions lors des négociations avec les populations du nord, et de grands cheptels de moutons sont constitués pour leur laine et non plus seulement pour leur chair, donnant naissance aux premières filatures équipées de métiers à tisser verticaux. La Cité est devenue prédominante. Certes, les villages restent une base essentielle de la vie économique, mais ils n'ont plus aucune autonomie, ni aucun pouvoir propre. L'autorité siège désormais au centre de la cité, au sommet d'une gigantesque terrasse sur laquelle s'élèvent les bâtiments collectifs destinés au contrôle des ressources et les premiers palais rehaussés d'images de cônes.

C'est à l'étude de ces sept inventions que nous allons à présent nous consacrer. Leur découverte est fondamentale, car elles sont au cœur des concepts de production, d'organisation et de diffusion de nos sociétés contemporaines. Or, les éléments sur lesquels reposent ces inventions sont fortement empreints de mécanismes biologiques, alors que les Urukéens n'avaient aucun modèle à leur disposition à cette époque. L'invention est par conséquent un concept qui devrait inspirer le plus vif intérêt, puisqu'en l'analysant, c'est à l'essence même de l'esprit humain que nous accédons. Nous commencerons donc par étudier l'araire, puis le moule à briques normalisé, l'écriture, la comptabilité, la harpe, le métier à tisser vertical et enfin l'image de cônes.

CHAPITRE 2

L'Araire et le Pied

Philippe Roi, Tristan Girard, Jean-Daniel Forest[1]†, Paul Bessou[2]

[1]Spécialiste du Proche-Orient Ancien, Chercheur au CNRS, Enseignant à l'Université Paris I, Panthéon-Sorbonne.
[2]Professeur Émérite à la Faculté de Médecine de Toulouse, Spécialiste de l'équilibre auprès du CNES.

*Relecture : **Jean-Louis Huot** (Professeur Honoraire de l'Université Paris I Panthéon-Sorbonne, ancien Directeur de l'Institut Français d'Archéologie du Proche-Orient - IFAPO), **Alain Goldcher** (Docteur en Médecine, Directeur d'Enseignement à la Faculté de Médecine de Paris VI, Spécialiste des maladies du pied).*

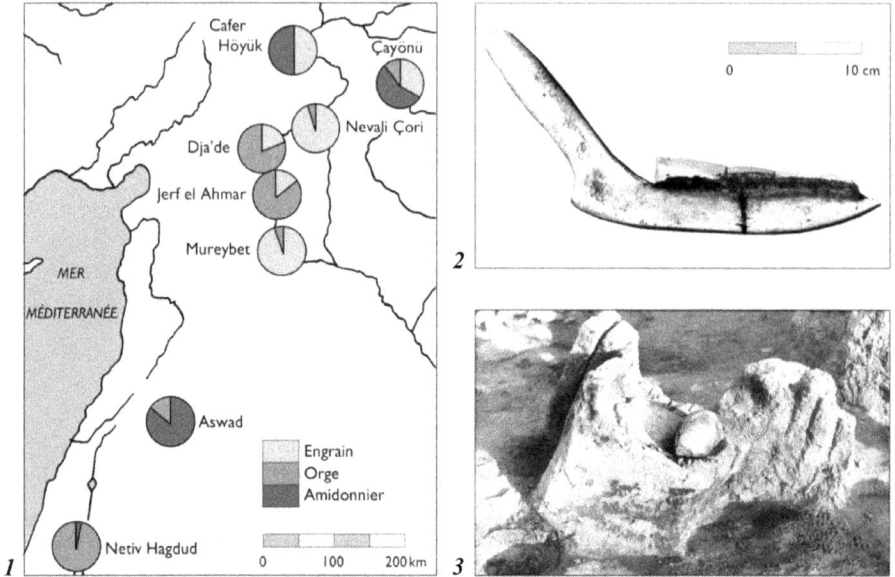

1. Carte des sites du Levant, de la période 9500-8000 avant notre ère, où ont été recueillis plus de 44 000 grains de céréales attestant d'importantes variations dans les proportions entre le blé engrain, le blé amidonnier et l'orge, sans distinction entre les grains sauvages et domestiques. 2. Reconstitution d'une faucille à manche de bois avec une lame en silex maintenue par du bitume. 3. Poste de mouture de céréales avec la meule roulante encore en place sur la meule dormante (Tell Faq'ous). 4. Reconstitution artistique d'une scène de labourage et de semailles au Proche-Orient Ancien au début du 8ᵉ millénaire.

La domestication des plantes et des animaux est définitivement acquise il y a dix mille ans au Proche-Orient[1]. C'est dans cette région délimitée par la côte levantine, la péninsule anatolienne et les piémonts du Zagros que sont domestiquées, pour la première fois, des céréales comme l'orge et le blé, des légumineuses telles que les pois, les fèves et les lentilles, ainsi que certaines espèces animales comme la chèvre, le mouton, le porc et le bœuf. Même si le processus est lent à l'échelle des générations humaines, cette prise en main d'espèces naturelles est souvent décrite comme une révolution en raison de sa manifestation soudaine par rapport à l'évolution de l'humanité et de ses répercussions majeures sur les sociétés humaines. Les faits observés à ce jour se présentent schématiquement de la façon suivante : entre 12000 et 9500 avant notre ère, des chasseurs-cueilleurs, appartenant aux cultures natoufienne puis khiamienne, se sédentarisent. Ils comprennent que les graines de céréales peuvent se conserver et qu'il est possible, grâce à elles, de se nourrir pendant l'hiver en restant sur place. Ils décident alors de quitter leurs abris itinérants et de construire des maisons rondes semi-enterrées, à proximité desquelles des fosses, à parois enduites, semblent destinées à la conservation des graines. Des meules, des mortiers et des pilons, trop lourds pour être transportés aisément, prouvent qu'ils broient le grain, tandis que des lames de faucilles en silex, portant un lustre caractéristique, indiquent qu'ils coupent des végétaux parmi lesquels des céréales. Dès lors, la sédentarité gagne peu à peu du terrain. Les hameaux deviennent des villages et l'intervention humaine sur les cycles reproductifs des plantes, puis des animaux, s'intensifient.

Entre 9500 et 8200 – PPNA et PPNB ancien – des techniques visant à travailler la terre pour en tirer des produits de consommation apparaissent. Celles-ci sont difficiles à mettre en évidence sur le plan archéologique, car les espèces végétales employées ont encore une morphologie sauvage. Ce n'est qu'à la phase suivante, entre 8200 et 7000 – PPNB moyen et récent – qu'apparaissent des variétés véritablement domestiques. Il faut songer que cette transformation radicale du mode de production implique des changements profonds dans l'univers des croyances et l'organisation sociale, notamment dans la composition de la famille, des lignages et des pratiques matrimoniales. C'est en effet l'ampleur de la main-d'oeuvre qui compense la faiblesse des moyens techniques. Les nouveaux modes de vie ainsi mis en place favorisent un

---

[1] *Aurenche, O.; Kozlowski, S.K. (1999).*

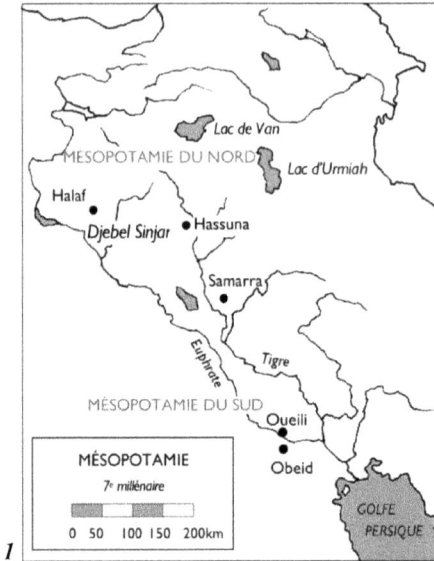

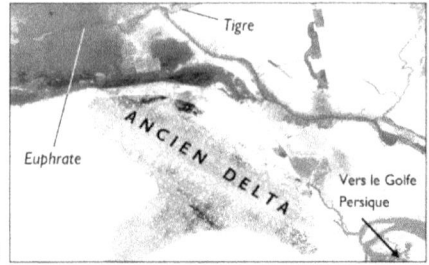

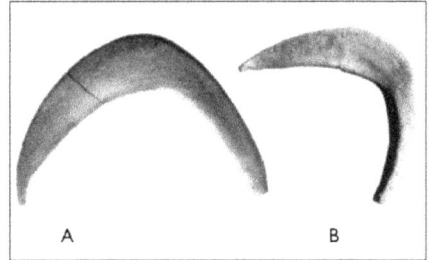

1. Carte des grandes formations culturelles au 7e millénaire (Halaf, Hassuna, Samarra et Obeid). 2. Photographie satellite de l'ancien delta méridional du Tigre et de l'Euphrate. 3. A et B) Faucilles en terre cuite mises au jour à Tell el Oueili. 4. Avant l'araire, l'homme frappait le sol avec différents instruments, par des gestes saccadés et répétés, creusant des cavités. A) Bâton à fouir ; B) houe en bois ; C) houe en pierre.

essor démographique sans précédent qui permet, dans certains cas et sous certaines conditions, de nouvelles avancées.

Vers 7000, lorsque la sédentarité, la culture du sol et l'élevage sont définitivement implantés dans la zone dite « nucléaire », ces acquis sont adoptés par des chasseurs-cueilleurs qui habitent le bassin du Tigre et de l'Euphrate. C'est à cette époque qu'apparaît la céramique dont les formes et la variété des décors permettent très vite d'identifier trois grandes formations culturelles : le Halaf dans le nord de la Syrie, le Hassuna-Samarra dans le nord de l'Iraq et l'Obeid dans le sud de l'Iraq. Les techniques pour cultiver la terre sont, le cas échéant, adaptées aux conditions locales, spécialement dans la plaine alluviale du Tigre et de l'Euphrate où la quantité de pluie annuelle, inférieure à cent-cinquante millimètres, n'atteint pas le minimum indispensable à la culture des céréales. Il est donc nécessaire d'avoir recours à l'irrigation au moyen d'un réseau de canaux qui arrose un maximum de terres. En outre, la crue de printemps, provoquée par la fonte des neiges dans les montagnes, est destructrice, car elle survient au plus mauvais moment, juste avant les moissons. Il faut donc coopérer pour s'en protéger, en surélevant des digues et en drainant les eaux, ce qui encourage les habitants du Sud mésopotamien à rester ensemble. De fait, ils évoluent, tandis que les autres communautés du Proche-Orient se segmentent et essaiment partout où l'exploitation du sol ne pose pas de problème particulier.

Les Obeidiens mettent progressivement au point des outils pour cultiver leurs sols. Ils préfèrent façonner des faucilles d'une seule pièce en argile surcuite, plutôt que des faucilles composites faites d'une poignée en bois sur laquelle des lames de silex sont fixées par du bitume. Des analyses ont montré que ces faucilles en terre cuite servaient à couper des végétaux, dont on peut seulement supposer que les céréales faisaient partie. Pour les travaux des champs, les Obeidiens utilisent des houes à armature en pierre[2], sans équivalent chez leurs voisins septentrionaux qui se contentent de houes en bois probablement semblables à celles qui furent découvertes dans des tombes en Égypte. Certains auteurs pensent que ces lames en pierre taillée ont servi de soc à des araires. Mais ces lames ne sont pas symétriques, contrairement au soc de l'araire, ce qui tend à prouver que l'outil était utilisé de biais, donc manuellement. Les houes à armature de pierre servent globalement à travailler la terre et à retirer les mauvaises herbes. Dans le cadre des semailles, elles servent aussi à creuser

---

[2] *Cauvin, M.-C. (1979).*

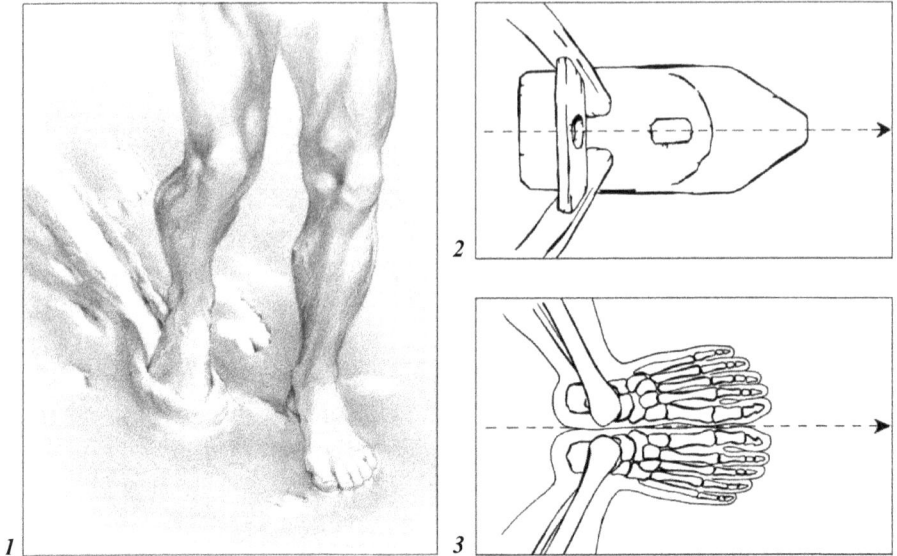

1. La région dorsale du pied humain, relativement étroite en arrière, s'élargit graduellement vers les orteils. D'abord fortement convexe dans le sens transversal et antéro-postérieur, elle forme ensuite une véritable palette à la racine des orteils. Le pied, enfoncé au-dessous de la cheville dans le sol limoneux, éverse, grâce à la convexité de son dos, la boue alluviale des deux côtés, lorsqu'il est ramené en avant parallèlement à la surface du sol. Il laisse alors derrière lui un sillon. 2. Sep d'un araire. 3. La possibilité d'accomplir un sillon dans le limon grâce aux pieds aurait inspiré à l'homme l'idée de confectionner un outil tracté par un timon, dont la forme est proche de celle de deux pieds côte à côte. 4. L'araire est constitué d'un sep (ou dental) dans lequel sont insérés deux mancherons, d'un timon constitué d'une longue tige de bois droite ou courbe et d'un étançon qui maintient l'écartement entre le sep et le timon, et par là même, la position d'attaque et de travail du sep dans le limon. A) Araire sur une empreinte de sceau sumérien datant du 3e millénaire. La structure de l'instrument aratoire s'est allégée avec le temps, mais les pièces essentielles demeurent similaires.

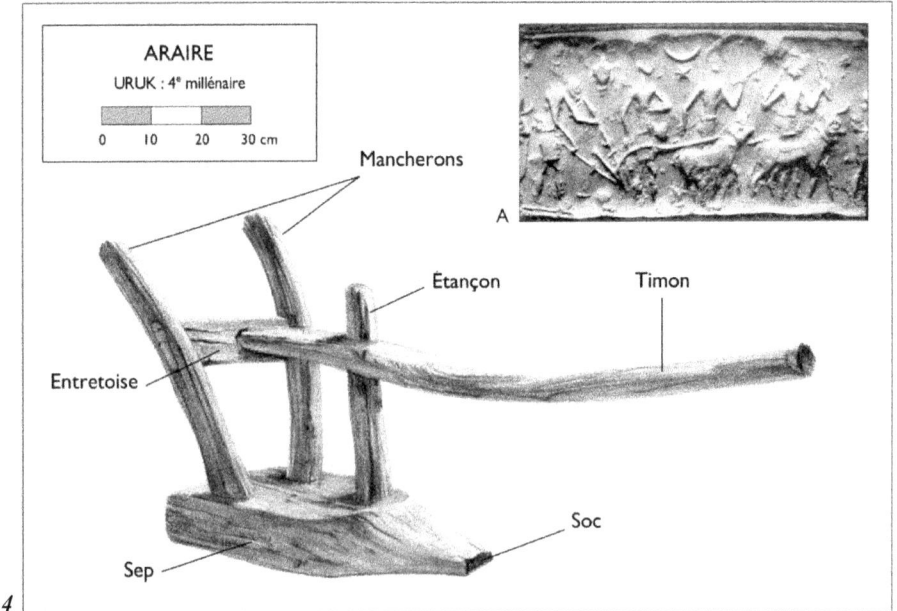

des poquets, autrement dit des trous dans lesquels sont déversées les semences. Ce n'est que plus tard, au 4ᵉ millénaire, que l'araire apparaît. Il s'agit d'un instrument aratoire qui effectue un labour symétrique en rejetant la terre déplacée de chaque côté d'un sep en bois qui entame la surface du sol. Le sep constitue un support pour deux mancherons fixés à l'arrière, qui servent à diriger l'instrument. Les mancherons sont reliés dans leur milieu par une pièce transversale appelée entretoise qui sert d'appui au timon, longue perche grâce à laquelle on tire l'araire. Enfin, timon et sep sont reliés par l'étançon, une barre de bois verticale, qui maintient entre eux l'écartement et définit l'angle d'attaque dans le sol[3]. L'origine de l'instrument et spécialement son rapport éventuel à la houe sont controversés. La houe est un outil à percussion lancée, que l'on plante en avant et que l'on tire vers l'arrière de façon répétitive. Avec l'araire, il en va autrement. Lorsque l'inondation est arrivée à son terme, ne laissant sur le sol que quelques mares éparses, le travail du laboureur commence. La terre est meuble et le sillon facile à tracer. Il n'est pas utile d'avoir recours à un sep pointu pour pénétrer la terre en profondeur. La difficulté consiste plutôt à maintenir le sillon ouvert suffisamment longtemps pour que le semeur, qui emboîte le pas au laboureur, puisse répandre les graines dans le limon gluant[4].

L'araire étant décrit et placé dans son environnement, il convient à présent d'identifier les comportements qui ont conduit à sa fabrication. L'observation d'un homme traçant avec le pied un sillon dans un sol limoneux est à ce titre des plus instructive. Lorsqu'on incline la pointe du pied pour l'enfoncer dans la boue d'un marécage et qu'on lui impulse un mouvement vers l'avant, on remarque qu'il se forme un sillon par déversement des alluvions de chaque côté du cou-de-pied. Or, le delta du Tigre et de l'Euphrate est constitué d'une terre humide et gluante, facile à travailler. Dans un tel terrain, il n'est point nécessaire de disposer d'un araire au soc pointu pour ouvrir un sillon. Il faut seulement écarter le limon et déverser le grain avant que les berges ne se referment. Les habitants de basse Mésopotamie ont donc pu tirer la forme de leur araire de celle du pied. En effet, tracer un sillon dans le sol glissant requiert un équilibre corporel dynamique et rigoureux. Celui-ci s'obtient grâce à des actions d'anticipation ou de compensation posturale qui doivent être exécutées dans des laps de temps très brefs. Les pieds, zones de contact privilégiées du corps avec le sol dans la posture érigée, sont les éléments

[3] *Needham, J. (1984) Haudricourt, A.G.; Delamarre, M.J.-B. (2000) Bogaard, G. (2004).*
[4] *Potts, D.T. (1997).*

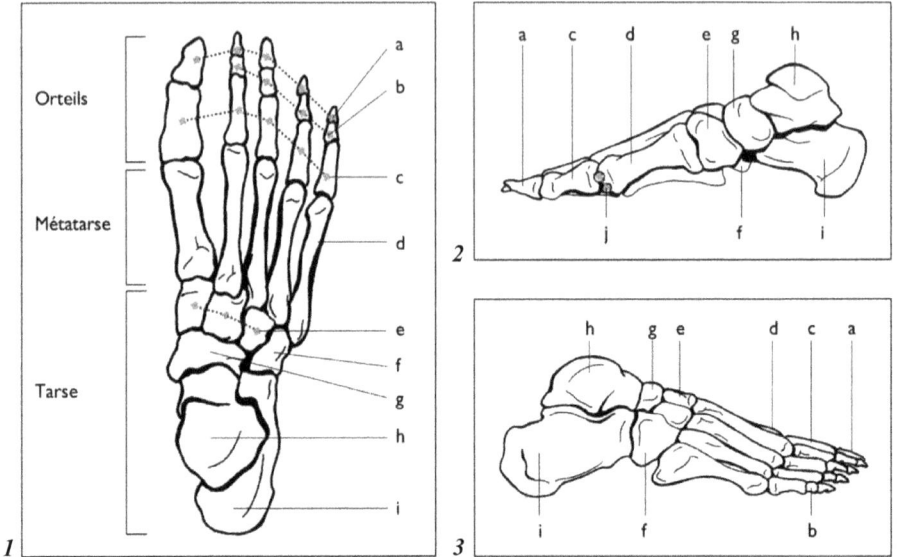

1. Vue du dessus des os du pied : a) les 3emes phalanges (distales) ; b) les 2emes phalanges (médianes) ; c) les 1^eres phalanges (proximales) ; d) métatarsiens ; e) cunéiformes (latéral, intermédiaire et médial) ; f) cuboïde ; g) scaphoïde (ou naviculaire) ; h) astragale (ou talus) ; i) calcanéum (ou calcaneus). 2 et 3. Vues de profil des os du pied ; j) sésamoïdes. 4. Dans chaque plan de l'espace, les deux pieds joints (A) comme l'araire (B) effectuent trois types distincts de mouvements, chacun dans un sens et son opposé par rapport à un axe : a) flexion dorsale / flexion plantaire – plan sagittal ; b) supination / pronation – plan frontal ; c) adduction / abduction – plan horizontal.

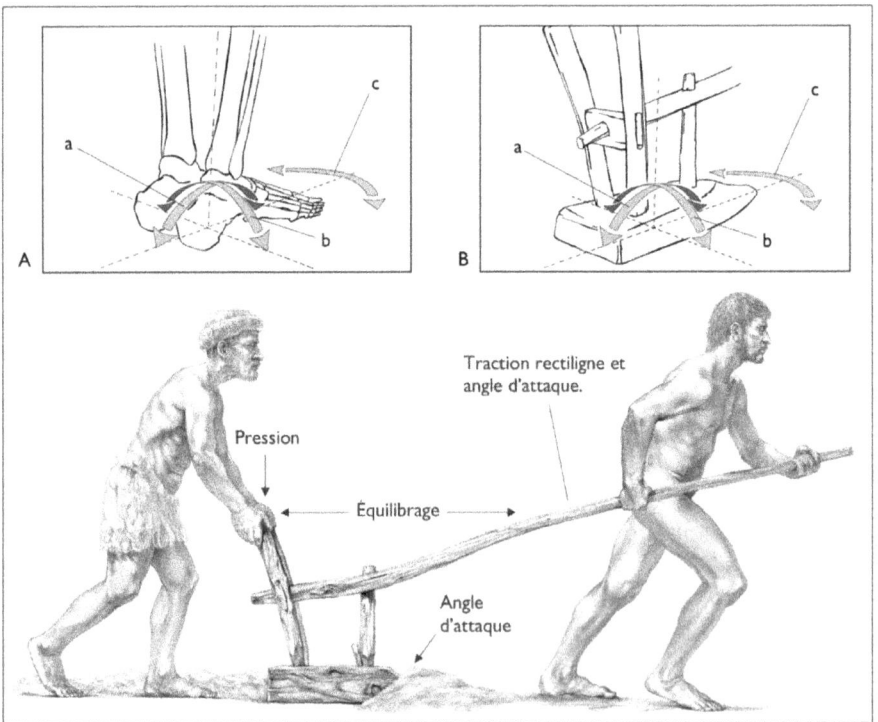

clefs de l'équilibration dynamique, sous contrôle permanent du système vestibulaire. D'abord, grâce à de nombreux récepteurs sensitifs, ils renseignent le système nerveux sur la position du centre de poussée dans la zone d'appui. Cette information est essentielle pour la stabilisation du corps, car les indications fournies par l'œil et le système vestibulaire n'ont d'utilité posturale qu'une fois référencées et intégrées dans le système nerveux central par rapport à celles qui proviennent des pieds[5]. Ensuite, indépendamment de tout déplacement, les pieds, qui exercent une pression sur le sol, peuvent adapter la position du centre de poussée du simple fait de leur déformation active.

L'adaptation des pieds au versant moteur de la fonction d'équilibration dynamique est facilitée par leur architecture très particulière. La forme de chacun d'eux en demi-coupole renversée est assurée par deux arcs osseux à orientation perpendiculaire. Le premier, antéro-postérieur, est appuyé par ses deux extrémités sur le sol, et constitué, d'arrière en avant, par le calcaneus, surmonté du talus, le naviculaire, le cunéiforme médial, le premier métatarsien et ses deux os sésamoïdes. Le second, transversal, est matérialisé en dehors par l'apophyse du cinquième métatarsien et, en dedans, par le cunéiforme médial, élément constitutif de l'arc antéro-postérieur. Il est formé par le cuboïde, les cunéiformes latéral et intermédiaire. Ainsi, la voûte osseuse du pied est faite d'une mosaïque d'osselets et d'articulations déformables sous l'action des forces externes et, bien évidemment, des forces musculaires engendrées par les muscles des jambes et les muscles intrinsèques des pieds. Cette aptitude remarquable à la déformation permet à la fois une adaptation au relief du terrain et un contrôle de la position du centre de poussée, qui peut à tout moment être opposé à la projection du centre de gravité[6].

Cette fonction d'équilibration dynamique assurée par les pieds, déjà très sollicitée par la simple locomotion en terrain glissant, l'est encore davantage lorsqu'il s'agit de manœuvrer l'araire en duo. Celui-ci exige en effet la coordination des gestes d'un laboureur installé à l'arrière de l'instrument, et d'un conducteur placé à l'avant. Chacun d'eux effectue des exercices totalement différents, mais nécessairement synchronisés, puisqu'ils sont étroitement couplés par le lien rigide de l'instrument. Le polygone de support du laboureur est délimité, en arrière, par les deux pieds et, en avant, par le sep de l'araire. Les deux pieds sont relativement écartés de chaque côté du sillon. Ce sont les garants principaux de l'équilibre

---

[5] *Bessou, P. (1996).*
[6] *Goldcher, A. (1996) Bril, B.; Brenière, Y. (1992).*

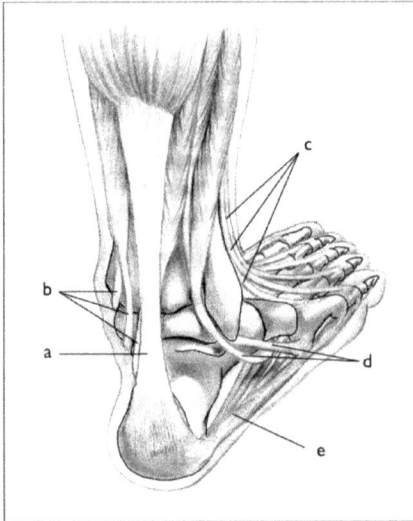

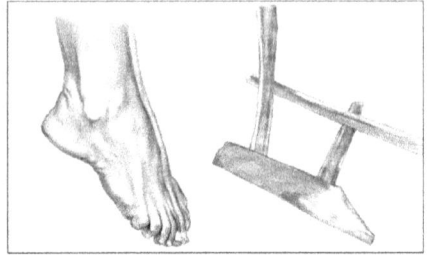

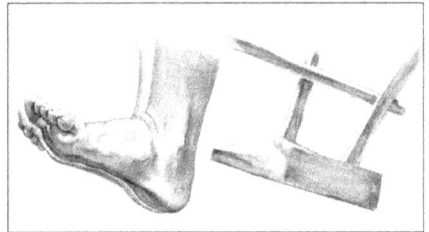

1. Le travail du laboureur et du conducteur reproduit celui des muscles extrinsèques du pied et l'on retrouve une similitude entre les éléments de l'araire et la position des tendons qui servent d'attache de ces muscles sur le squelette. Les mancherons sont positionnés comme les tendons des muscles médiaux : tibial postérieur, longs fléchisseurs de l'hallux et des orteils, et latéraux (b) ; court et long fibulaires qui stabilisent le pied et facilitent sa flexion plantaire (d). L'entretoise reliée au timon et aux mancherons, donc indirectement au sep, reproduit un système analogue à celui du muscle postérieur : triceps sural et tendon calcanéen (a), le calcaneus et l'aponévrose plantaire (e). Ce système joue un rôle prépondérant dans la flexion plantaire du pied. L'extrémité antérieure du timon que tient le conducteur correspond aux tendons des muscles dorsaux : tibial antérieur, longs extenseurs de l'hallux et des orteils (c). Ils permettent la flexion dorsale du pied et tractent l'avant-pied lorsque le pied trace un sillon dans le limon. 2 et 3. Dans le plan sagittal, l'extension ou flexion plantaire éloigne la pointe du pied de la jambe et met le pied en équin. À l'inverse, la flexion dorsale rapproche la pointe du pied de la face antérieure de la jambe et place le pied en talus. 4. Dans le plan horizontal, l'adduction ou l'abduction rapproche ou écarte respectivement le pied du plan médian du corps (A). Dans le plan frontal, la supination ou la pronation tourne respectivement la plante du pied vers le plan médian du corps ou vers l'extérieur (B).

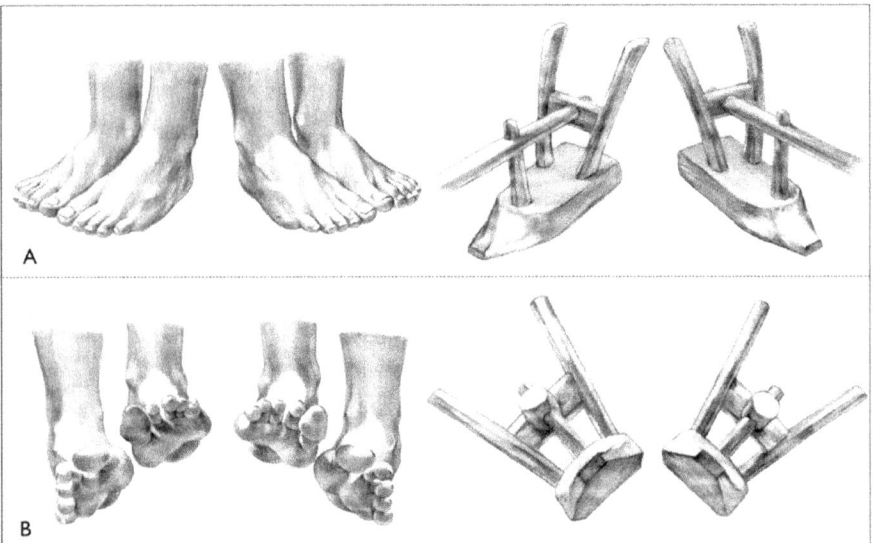

de l'araire et, par conséquent, de la constance de profondeur et de la rectitude du sillon. La chaîne segmentaire du système en équilibre, qui relie les points de support arrière au point de support avant, a la forme d'un arceau. Elle est constituée, en arrière, par le corps et les bras de l'agriculteur et, en avant, par les mancherons et le soc de l'araire. Le laboureur, courbé sur l'instrument, en maintient la stabilité, surtout dans les plans sagittal et frontal. Le conducteur assure pour sa part la traction continue indispensable à la progression de l'araire. Il en règle essentiellement la direction en modifiant, dans le plan horizontal, l'orientation de l'extrémité du timon. Le polygone de support du conducteur est délimité, en avant, par la position des deux pieds et, en arrière par le sep. Ce polygone de forme triangulaire, comme celui du laboureur, présente une base antérieure plus réduite, car, en raison des efforts de traction, les pieds du conducteur sont presque alignés dans le sens de la progression. De ce fait, l'équilibre latéral du conducteur est plus précaire que celui du laboureur.

Par référence au modèle biologique proposé pour expliquer l'origine de l'araire, il convient de constater que l'instrument et les deux pieds joints ont les mêmes mobilités dans chaque plan de l'espace. De plus, le travail du laboureur et du conducteur, pour obtenir ces mobilités, rappelle celui des muscles extrinsèques qui agissent par antagonisme sur le pied en mouvement. Dans le plan sagittal, le laboureur règle la profondeur du sillon en inclinant plus ou moins la pointe du sep par des variations de pression symétrique sur les deux mancherons. Il reproduit la contraction du triceps sural, dont le tendon d'« Achille », inséré sur le calcaneus, provoque la flexion plantaire du pied. Celui-ci s'enfonce dans le limon lors d'une flexion plantaire et fait surface lors d'une flexion dorsale. Cette dernière s'obtient par un relâchement du triceps sural et une contraction des muscles antagonistes dorsaux qui s'insèrent sur les orteils. Le rôle du conducteur devient alors dominant, pour que la pointe du sep remonte. Dans le plan frontal, le laboureur maintient la verticalité de l'araire par petites pressions sur les mancherons afin que le sep ne s'écarte pas de l'axe du sillon. Il agit comme les muscles stabilisateurs de l'arrière-pied que sont les fibulaires en latéral et les tibiaux en médial. Au total, grâce aux équilibres dynamiques conjugués et harmonieux du laboureur et du conducteur, l'araire, par sa conception judicieuse, reproduit de manière étonnante le fonctionnement biomécanique d'un pied. Au cours des âges, les hommes ont inventé quantité d'appareils, en s'inspirant de façon consciente ou non-consciente de la morphologie des organes des êtres vivants. Les pieds, adaptés à la station érigée de l'homme, ont offert à la contemplation et à la curiosité de celui-ci la richesse de leurs formes et de leurs fonctions. Il n'est donc pas surprenant qu'ils aient pu servir de modèle à l'élaboration de l'araire.

Le Moule à Briques Normalisé et la Main

Philippe Roi, Tristan Girard, Jean-Daniel Forest[1]†, Jean-Pierre Lemerle[2]

[1]Spécialiste du Proche-Orient Ancien, Chercheur au CNRS, Enseignant à l'Université Paris I Panthéon-Sorbonne.
[2]Docteur en Médecine, Professeur des Universités, Chef de Service Orthopédie-Traumatologie et Chirurgie du membre supérieur, HEGP.

*Relecture : **Jean-Louis Huot** (Professeur Honoraire de l'Université Paris I Panthéon-Sorbonne, ancien Directeur de l'Institut Français d'Archéologie du Proche-Orient - IFAPO), **Dominique Le Viet** (Docteur en Médecine, Spécialiste en Chirurgie de la Main, Professeur Associé à la Faculté Cochin Port-Royal, Membre de l'Académie de Chirurgie), **Jean-Michel Thomine** (Docteur en Médecine, Professeur Émérite des Universités).*

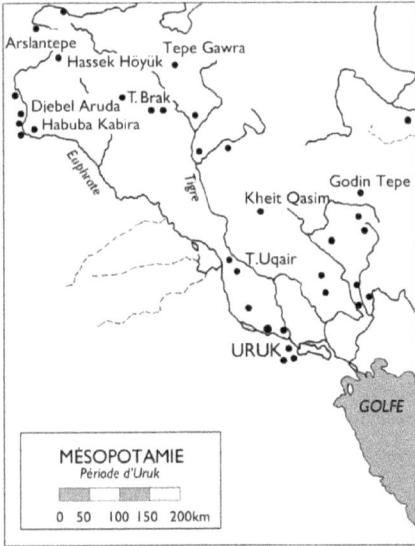

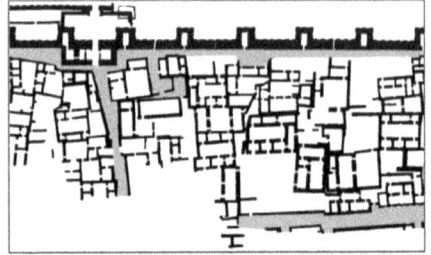

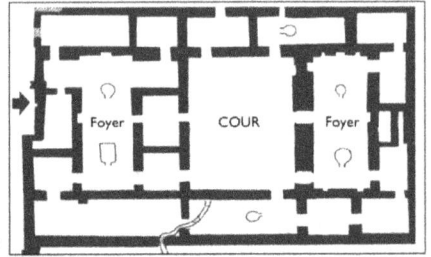

1. Sites du sud mésopotamien au 4ᵉ millénaire. On remarque qu'ils ne sont jamais construits très loin des fleuves ou de leurs affluents. 2. Plan de la ville urukéenne d'Habuba Kabira, en Syrie actuelle. Vers 3400 avant notre ère, les grandes cités du sud fondent de véritables colonies qui servent de relais vers les contrées lointaines où se trouvent les produits dont les élites sont avides. 3. Plan de la résidence d'un notable de la ville urukéenne de Djebel Aruda, vers 3300 avant notre ère. 4. Composition minéralogique à l'état naturel des terres mésopotamiennes – on remarque qu'elles contiennent une faible quantité de sable – et de quelques briques. La composition idéale prônée par différents spécialistes est de 70% de sable, 15% de limon et 15% d'argile en moyenne – on note que ce mélange optimal n'a pas souvent été atteint.

COMPOSITION MINÉRALOGIQUE DES TERRES DE LA PLAINE MÉSOPOTAMIENNE

ORIGINE DE LA TERRE	SABLE (EN %)	LIMON (EN %)	ARGILE (EN %)
LEVÉE	2,40	71,10	26,50
BASSIN	4,10	45,75	50,15

COMPOSITION MINÉRALOGIQUE DE QUELQUES BRIQUES MÉSOPOTAMIENNES

SITE	ECHANTILLON	GRAVIER (%)	SABLE (%)	LIMON (%)	ARGILE (%)
TURING TEPE	Bâtiment stuqué	2,0	46,0	43,0	9,0
TURING TEPE	Carré E4		18,0	54,0	28,0
NUSH-I JAN	-	13,5	30,6	42,4	13,5
SAMARRA	Brique n° 3B		61,9	12,3	25,8
UR	Brique n° 2		16,6	68,2	15,2
CHOCHE	Brique n° 2		7,6	53,2	39,2
CHOCHE	Brique n° 5		7,0	59,1	33,9
CHOCHE	Brique n° 8		8,0	30,8	61,2
AQAR QUF	-		13,7	58,5	27,8
TELL UMAR	-		31,6	49,1	19,3

4

Source : Sauvage, M. (1998) Wright, G.R.H. (2009).

Le 4ᵉ millénaire est marqué par la naissance progressive des cités en Mésopotamie. À partir de 4000 avant notre ère, de grands villages commencent à présenter des caractères urbains et, peu avant 3000, le processus s'achève. Pour prospérer dans les vallées du Tigre et de l'Euphrate, il est indispensable de recourir à l'irrigation. Il faut aussi importer certaines catégories de bois, de minerais et de pierres, afin de satisfaire une élite exigeante. En l'absence de l'âne et de la roue, le transport de ces matériaux s'effectue par les fleuves et les canaux. C'est la raison pour laquelle les cités mésopotamiennes sont si étroitement liées aux axes fluviaux. Ce passage du Village à la Cité s'accompagne d'une nouvelle conception du pouvoir et de ses affirmations matérielles[1]. Une hiérarchie sociale de plus en plus prononcée se met en place. De grandes résidences abritent des notables, auxquels un roi (EN) confie le soin de contrôler les populations et leurs différentes activités. Cet encadrement exige des regroupements par quartiers, ce qui entraîne l'édification de bâtiments agglomérés les uns aux autres, suivant un plan préconçu. C'est dans ce contexte que l'usage du moule à briques normalisé se généralise et devient systématique.

Depuis cinq mille ans déjà, les hommes emploient la terre à bâtir pour construire leurs demeures. Celle-ci provient de la décomposition mécanique ou chimique de roches, auxquelles se mêlent des matières organiques. Parmi les éléments minéraux qui la composent, on distingue : le gravier, le sable, le limon et l'argile, auxquels vient s'ajouter l'eau qui donne à la terre ses propriétés de construction. Le matériau obtenu offre un excellent confort thermique en accumulant la chaleur durant la journée, pour la restituer pendant la nuit. Il assure en outre une bonne protection contre les précipitations et une grande résistance au feu. Il peut être mis en œuvre encore frais ; on parle alors d'une architecture en pisé. Il peut aussi servir à fabriquer des éléments voués à être empilés ou juxtaposés comme des pierres ; on parle alors d'une structure en briques[2]. Entre le 8ᵉ et le 7ᵉ millénaire, apparaît la brique modelée. Elle est façonnée à la main en une motte qu'on laisse durcir une journée avant l'emploi. Les formes et les dimensions varient, mais il s'agit le plus souvent d'un pain de terre de 30 cm de long, sur 20 cm de large et de haut. La partie supérieure bombée laisse apparaître des empreintes de pouces destinées à augmenter l'adhérence du mortier. La méthode évolue à la fin du 7ᵉ millénaire avec la brique semi-moulée. La terre est pressée entre

---

[1] *Forest, J.-D. (1996).*
[2] *Aurenche, O. (1981).*

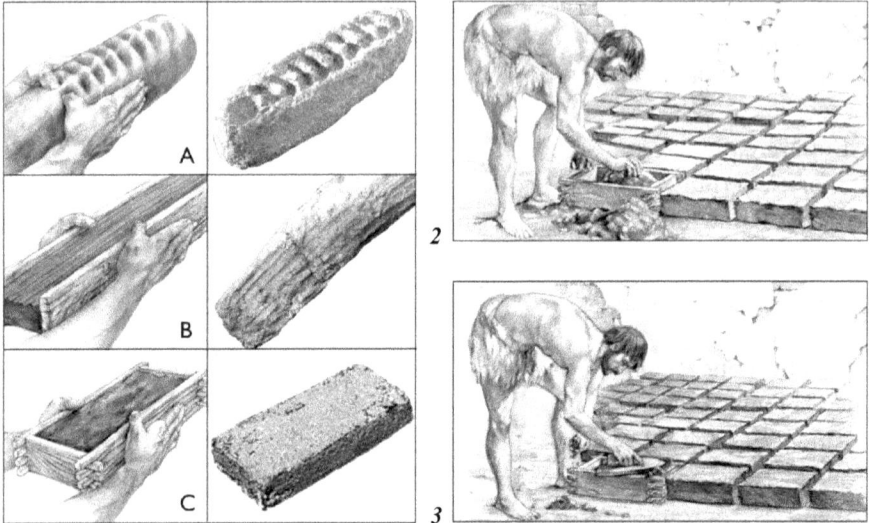

1. Évolution de la brique en Mésopotamie : A) modelée (8ᵉ millénaire), B) semi-moulée (7ᵉ millénaire), C) moulée (6ᵉ millénaire). 2. Ouvrier tassant de la terre à bâtir à l'intérieur d'un moule. 3. Ouvrier raclant la surface du cadre avant de démouler. 4. Tableaux de données rassemblant les informations sur les briques aux 6ᵉ et 4ᵉ millénaires. Les colonnes 1 à 4 correspondent à la localisation des briques dans l'espace et le temps. Les colonnes 5 à 7 fournissent les trois dimensions des objets examinés. La colonne 8 indique l'écart existant par rapport au standard L 4, l 2, h 1. On remarque, au 4ᵉ millénaire, une véritable standardisation des proportions.

ÉCART DES BRIQUES MOULÉES AU 6ᵉ MILLÉNAIRE PAR RAPPORT AU STANDARD

1-SITE	2-PHASE	3-LIEU	4-NIVEAU	5-L	6-l	7-h	8-ECART
Oueili	Obeid 0	Bât 41 et 37	IA IB	60	15	06	l – 15,00 cm / h – 09,00 cm
Oueili	Obeid 0	X 36	couche 12	32	11	11	l – 05,00 cm / h + 03,00 cm
Oueili	Obeid 0	U 35	-	51	12	15	l – 13,50 cm / h + 02,25 cm
Oueili	Obeid 1	V 36	-	55	13	06	l – 14,50 cm / h – 07,75 cm
Sawwan	Samarra	Bâtiment	I-V	80	30	08	l – 10,00 cm / h – 12,00 cm
Sawwan	Samarra	Bâtiment	-	70	16	08	l – 19,00 cm / h – 09,50 cm
Abu Shahrain	Obeid 2	Maison collect.	XVIII	50	25	06	h – 06,50 cm
Abu Shahrain	Obeid 2	Maison collect.	XV-XIV	40	14	08	l – 06,00 cm / h – 02,00 cm
Maddhur	Obeid 2	4E 5E 6E.	-	53	29	09	l + 02,50 cm / h – 04,25 cm
Abu Shahrain	Obeid 3	Cabanon	X	30	28	08	l + 13,00 cm / h + 00,50 cm

ÉCART DES BRIQUES MOULÉES AU 4ᵉ MILLÉNAIRE PAR RAPPORT AU STANDARD

1-SITE	2-PHASE	3-LIEU	4-NIVEAU	5-L	6-l	7-h	8-ÉCART
Arpachiyah	Obeid 4	-	T T 1,2	30	15	08	h + 00,50 cm
Gawra	Obeid 4	Temple Est	XIII	56	28	14	0
Gawra	Obeid 4	Temple Est	XIII	36	18	09	0
Warka	Obeid 4	Anu Zikkurat	XV - XIV	31	15	08	l - 00,50 cm / h + 00,25 cm
Warka	Obeid 4	K XVII	XV	40	20	09	h – 01,00 cm
Abu Shahrain	Uruk	Temple IV	IV	26	13	07	h + 00,50 cm
Gawra	Uruk	Maison ronde	VIII C	44	22	11	0
Warka	Uruk	Tiefschnitt	VII	24	12	07	h + 01,00 cm
Khafajah	Uruk-DN	Temple de Sin	Sin 3 et 4	22	10	06	l - 01,00 cm / h + 00,50 cm
Warka	Djemdet N	Eanna	III	40	20	09	h – 01,00 cm

Source : Sauvage, M. (1998) Wright, G.R.H. (2009).

deux planches de bois, formant des briques étroites – 12 cm – et très longues – 60 à 70 cm. Au 6ᵉ millénaire, de véritables briques moulées apparaissent. Elles sont confectionnées dans des cadres en bois de dimensions variables. Elles sont plus courtes, plus larges et plus planes en leur sommet, et portent encore des traces de doigts permettant de faciliter la prise du mortier.

Au tournant du 5ᵉ et du 4ᵉ millénaire, on assiste aux débuts d'un phénomène de rationalisation des éléments de construction. Son plein développement n'est rendu possible qu'avec l'emploi systématique du moule à briques normalisé. Désormais, des cadres aux proportions standardisées permettent de façonner des briques aux dimensions plus modestes, donc plus manipulables. Leur fabrication se fait entre mai et juin, afin que la pluie ne contrarie pas leur séchage. La moisson est achevée et la paille nécessaire à la confection des briques est disponible en quantité. La terre employée se trouve souvent à proximité du chantier. Elle est débarrassée de ses impuretés les plus grossières, puis malaxée avec de l'eau. Les Mésopotamiens utilisent en général un dégraissant, composé d'un mélange de paille hachée et de sable, qui atténue les variations d'humidité. Ce mélange est assuré par piétinement humain dans la fosse d'où la terre est extraite. Une fois la bonne consistance obtenue, elle doit reposer quelques heures pour devenir homogène. Au terme de cette première phase, la terre à bâtir est prête à l'emploi. La méthode de moulage la plus courante consiste, dans un premier temps, à recouvrir de paille ou de sable la surface de travail. Ainsi, la terre à bâtir n'adhère pas au sol. Le moule est ensuite posé pour recevoir le mélange à l'intérieur. L'ouvrier doit veiller à bien remplir les angles et à racler la surface du cadre pour en ôter le surplus. Après quoi, il retire le moule et le place à côté de la brique fraîchement réalisée pour en concevoir une nouvelle. Laissées au soleil pendant trois ou quatre heures, les briques sont alors tournées sur la tranche, afin qu'elles puissent continuer de sécher durant deux ou trois jours. Le rythme de fabrication quotidien par ouvrier peut atteindre jusqu'à mille unités[3].

À l'époque de l'Obeid final – début du 4ᵉ millénaire – les briques ont souvent une longueur deux fois supérieure à la largeur, ce qui permet des assemblages plus complexes. Ces modules sont accompagnés de moitiés ou de quarts de briques. L'utilisation d'un système de mesure semble donc évident, même s'il est encore très localisé. On note également une certaine uniformité des plans, et des indices de spécialisation du travail sont attestés.

---

[3] *Sauvage, M. (2001) Hansen, D.P. (2003) Bertman, S. (2005) Foster, C.P. (2009).*

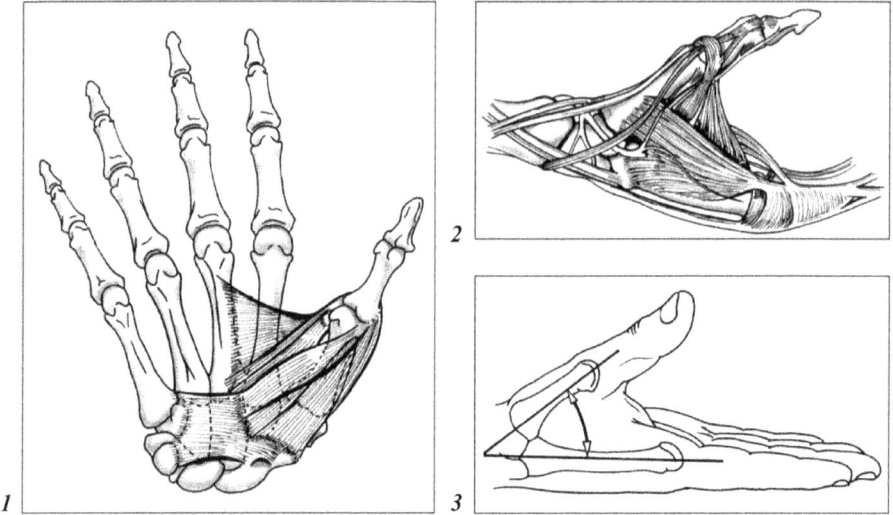

1. Musculature intrinsèque du pouce. **2.** *Vue postérieure du pouce et de la première commissure.* **3.** *Angle d'écartement du pouce.* **4.** *À gauche, vue dorsale du squelette de la main : les quatre derniers métacarpiens (11) sont fixes par rapport aux os de la deuxième rangée du carpe (7, 8 et 9). Ils forment l'armature osseuse de la région palmaire ; un rayon digital à trois phalanges (12, 13 et 14) prolonge chacun d'entre eux avec trois articulations permettant la flexion. Le pouce n'a que deux phalanges ; son métacarpien s'articule avec le trapèze par une jointure qui fonctionne à la manière d'un cardan. À droite, vue dorsale d'un écorché de la main. Les tendons extenseurs (A) sont fixés à la base de chacune des trois phalanges et permettent la mise en extension des trois articulations du rayon digital ; entre les métacarpiens sont logés les muscles interosseux (B) qui permettent d'écarter ou de rapprocher les doigts ; le pouce dispose d'un système extenseur autonome (C) ; entre les deux premiers métacarpiens, la disposition des muscles (D) est compatible avec l'ouverture nécessaire à l'écartement du pouce.*

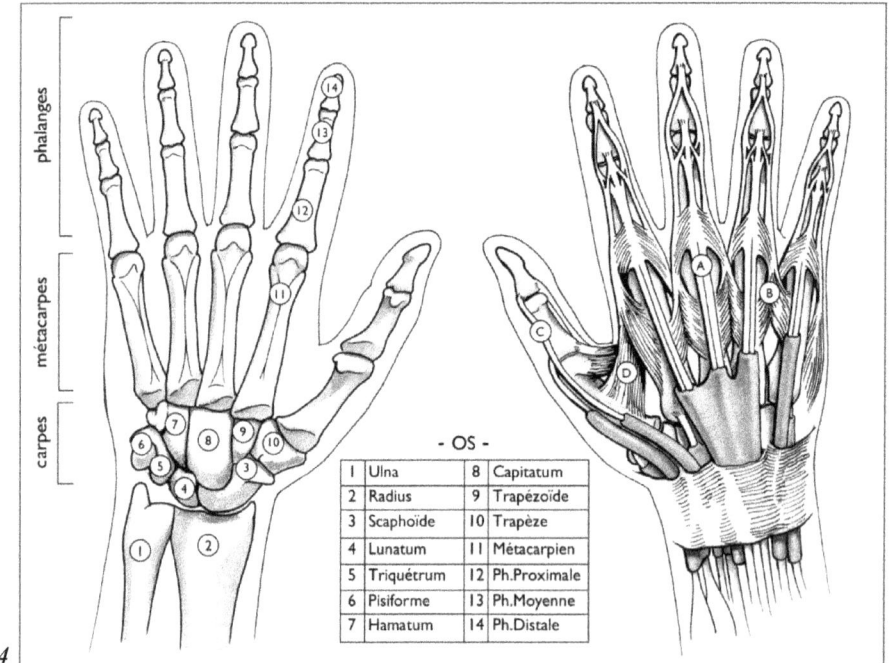

- OS -

1	Ulna	8	Capitatum
2	Radius	9	Trapézoïde
3	Scaphoïde	10	Trapèze
4	Lunatum	11	Métacarpien
5	Triquétrum	12	Ph.Proximale
6	Pisiforme	13	Ph.Moyenne
7	Hamatum	14	Ph.Distale

Cela signifie que, désormais, des ouvriers préparent la terre, que certains la transportent, tandis que d'autres la moulent en briques. Ces moyens mis en œuvre – rationalisation du matériau, mise en place de structures de production, spécialisation des ouvriers – pourraient être les signes d'une activité semi-industrielle. Toutefois, ce qualificatif n'est pas approprié, puisque les hommes qui façonnent les briques n'accomplissent pas cette tâche tout au long de l'année. Ils s'y consacrent ponctuellement en fonction de la demande et des saisons. Les progrès de la construction ont donc engendré un changement des mode de production, mais pas au point de faire naître des structures industrielles.

Le moule à briques normalisé étant décrit et replacé dans son environnement d'origine, il est intéressant de constater que sa conception repose sur la manipulation et la palpation. Les mains peuvent en effet adopter, grâce à leur squelette, leurs articulations et les muscles moteurs annexés, une multitude de configurations lors de la préhension, ainsi que de nombreuses gestuelles. Les quatre derniers métacarpiens sont en partie solidarisés par le ligament intermétacarpien qui relie leurs têtes. Enclos dans une enveloppe cutanée commune, ils sont fixes par rapport aux os de la deuxième rangée du carpe. Seuls les quatrième et cinquième métacarpiens ont une petite mobilité qui permet de creuser la paume. La surface de celle-ci est extensible, grâce aux quatre derniers doigts qui peuvent être rapprochés et maintenus fortement serrés par le travail des muscles interosseux logés entre les métacarpiens. À cela, il convient d'ajouter que leurs tendons extenseurs, dont les corps musculaires siègent dans l'avant-bras, sont capables de porter et de maintenir les trois articulations de chaque doigt en extension dans l'alignement des métacarpiens. La main peut ainsi, en associant les doigts et les paumes, être configurée en une surface plane et résistante. Le revêtement cutané de la face palmaire est particulièrement adapté à la préhension et capable de supporter de fortes pressions. Il est à la fois stable, car solidarisé au squelette, résistant grâce à un derme épais et une couche cornée épidermique très dense et enfin moelleux, car capitonné en profondeur par des lobules graisseux cloisonnés[4].

En face de cette surface palmo-digitale, évolue un pouce opposable. Celui-ci est indépendant, en raison de la souplesse de la commissure qui le sépare de l'index, et mobile par rapport au carpe, grâce au fonctionnement de cardan de l'articulation entre la base du premier métacarpien et le trapèze.

---

[4] *Jones, L.A.; Lederman, S.J. (2006).*

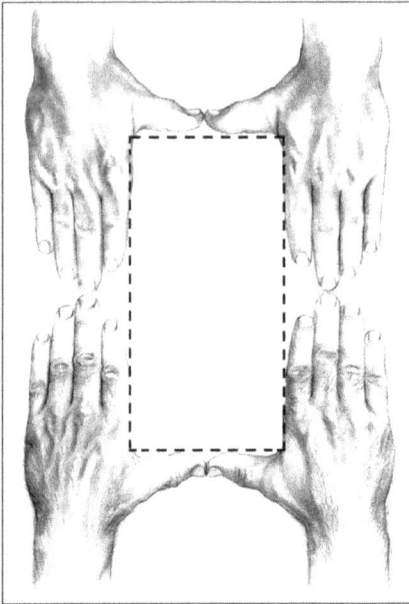

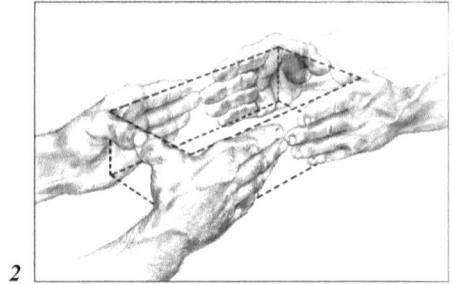

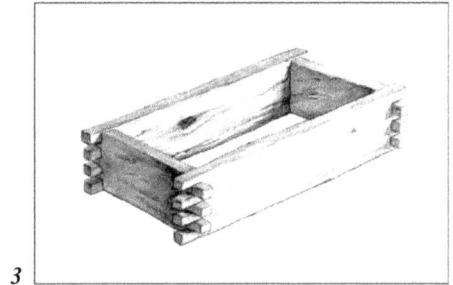

1. Le moule à briques trouve sa forme rectangulaire dans la capacité d'écartement et d'extension des pouces. 2. La disposition des planches permettant de former un moule fut probablement découverte par deux individus face à face, les mains placées dans le prolongement des avant-bras, reposant sur le bord cubital, les pouces en antépulsion maximale. 3. Représentation d'un moule à briques tel qu'on en concevait au 4ᵉ millénaire à Uruk comme l'attestent les briques moulées mises au jour. 4. L'utilisation des mains comme système de mesure s'avère très efficace. Tout d'abord, la largeur de la paume intervient pour déterminer la hauteur des planches (A), puis les doigts longs permettent de calculer l'espace réservé aux entailles (B). Les mains offrent aussi le moyen de connaître la longueur et la largeur du moule (C), tandis que l'auriculaire, posé sur le bord cubital (D), permet de calculer l'épaisseur des tenons et des mortaises (E) qui, une fois emboîtés, donnent sa rigidité au moule (F).

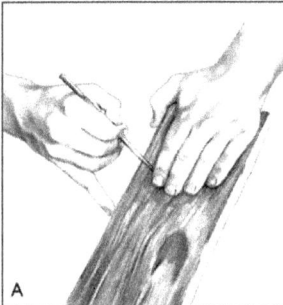

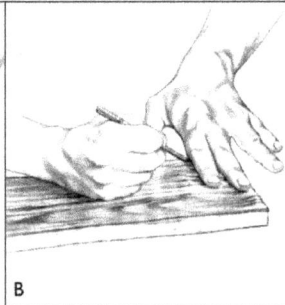

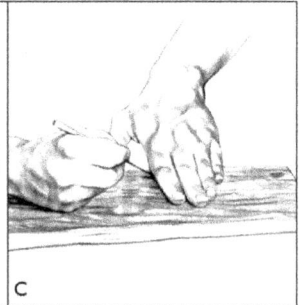

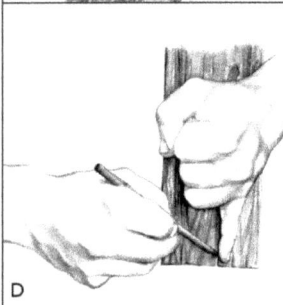

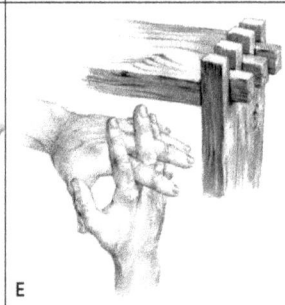

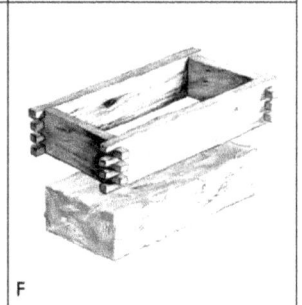

Ses muscles moteurs lui permettent de s'écarter du deuxième métacarpien, dans le plan de la paume aussi bien que perpendiculairement à celui-ci, en position dite d'opposition vis-à-vis de l'index. Enfin, le pouce dispose d'un système extenseur capable de porter et de maintenir étendu ses deux articulations. Ce dispositif mécanique est à même de préfigurer le moule à briques normalisé grâce, en particulier, à l'angle d'approche de quatre-vingt-dix degrés entre le pouce et la paume que permet l'articulation trapézo-métacarpienne[5]. Or, les briques de l'Obeid final accusent une longueur moyenne de 26 à 32 cm, pour une largeur de 13 à 16 cm, coïncidant avec l'espace délimité par deux pouces ouverts à quatre-vingt-dix degrés. Ainsi, deux individus en vis-à-vis reliant leurs pouces par leurs extrémités – les doigts en extension formant deux angles droits – peuvent obtenir la longueur et la largeur d'un moule à briques normalisé sans recourir à un instrument de mesure. Enfin, la disposition des planches permettant de former un parallélépipède rectangle fut probablement découverte par deux individus face à face, les mains placées dans le prolongement des avant-bras et reposant sur le bord cubital, les pouces en antépulsion maximale ; ce sont respectivement les rapports quatre, un et deux. Les mains peuvent ainsi fixer les dimensions du moule, sa longueur étant égale à quatre paumes et sa largeur à deux. Les mains, en tant que système de mesure, offrent aussi le moyen de délimiter la hauteur des planches – soit une paume –, d'estimer l'espace réservé à la confection des tenons et mortaises à leurs extrémités – soit deux travers de doigt –, et enfin de déterminer l'épaisseur de ces dernières – soit la hauteur de l'auriculaire posé sur le bord cubital. Cette méthode a vraisemblablement inspiré les unités de mesure empruntées aux dimensions de certaines parties du corps comme la coudée, la palme et les doigts. L'assemblage des planches s'inspire, quant à lui, de la faculté d'entrecroiser ces derniers. Ce dispositif permet d'obtenir un moule à briques normalisé, dont la rigidité s'accroît lorsqu'on le trempe dans l'eau pour faire gonfler le bois et resserrer les jointures, comme l'atteste un texte figurant sur le cylindre A de Gudea (période de Lagǎs)[6].

---

[5] *Thomine, J-M. (1980).*
[6] *Ellis, R.S. (1968) ; Jacobsen, T. (1987) ; Sauvage, M. (1998).*

L'Écriture et le Système Gustatif

Philippe Roi, Tristan Girard, Béatrice André-Salvini[1],
Jean-Daniel Forest[2]†, Annick Faurion[3]

[1]Conservateur Général, Directeur du Département des Antiquités Orientales du Musée du Louvre, Spécialiste des textes mésopotamiens. [2]Spécialiste du Proche-Orient Ancien, Chercheur au CNRS, Enseignant à l'Université Paris I Panthéon-Sorbonne, [3]Docteur d'État ès Sciences, Chargée de Recherche au CNRS, Laboratoire de Neurobiologie Sensorielle, EPHE.

Relecture : ***André Holley*** *(Docteur d'État ès Sciences Naturelles, Professeur de Neurosciences et ancien Directeur du Laboratoire de Physiologie Neurosensorielle, CNRS).*

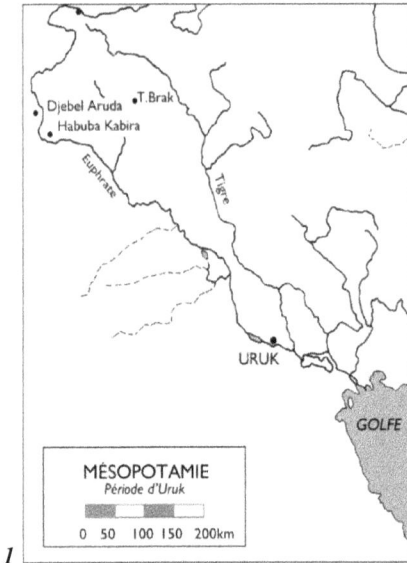

JETONS	EX – URUK	DATATION	CORRESP.	SIGNES
	1	Niveau III		
	3	Niveau IV		
	1	Niveau III		
	22	Niveau VI/III		
	2	Niveau VI/V		
	2	Niveau III/II		
	3	Djemdet Nasr		
	5	Niveau IV		

1. Localisation des principaux sites mentionnés. 2. Jetons d'argile ou de pierre du 4ᵉ millénaire, découverts sur le site d'Uruk. Ils ne concernent que des produits consommables. Col. I : jetons. Col. II : nombre d'exemplaires découverts à Uruk. Col. III : niveaux stratigraphiques où les jetons furent trouvés. Col. IV : représentations graphiques sur tablettes d'argile. Col. V : marques bidimensionnelles s'inspirant des jetons en trois dimensions. 3. Les premiers signes d'écriture se composaient de pictogrammes dont les formes s'inspiraient – en partie – des jetons d'argile ou de pierre. Comme il était plus facile de tracer des lignes droites dans l'argile que les contours irréguliers des pictogrammes, les Sumériens utilisèrent un calame pour tracer des empreintes effilées. Les pictogrammes furent inclinés à 90° pour faciliter la rédaction et peu à peu les contours furent transformés en motifs composés d'éléments en forme de coin (cuneus) jusqu'à ne plus ressembler aux pictogrammes d'origine.

Translittération	Traduction	Uruk -3300	Sumer -2800	Akkad -2400	Babylone -1800	Assyrie -700
ŠE	Céréales					
GAR	Ration de céréales					
DUG(a)	Bière					
NI(a)	Huile					
AB2	Vache					
UDU	Petit bétail					
SIG2	Laine					
KU3	Argent					

Dans la seconde moitié du 4ᵉ millénaire avant notre ère, la complexité du nouvel ordre social, liée à l'essor de l'urbanisme, entraîne l'invention de l'écriture. Ce nouvel instrument d'organisation apparaît dans plusieurs cités du sud de la Mésopotamie, et en premier lieu à Uruk où plus de cinq mille étiquettes et tablettes en argile ont été mises au jour depuis la fin des années 1920. Il ne s'agit pas de signes comme on en trouve dans les grottes paléolithiques ou sur les plaquettes syriennes récemment découvertes, mais d'un véritable langage organisé, codifié, avec des pictogrammes faisant l'objet d'un usage répété qui s'inscrit dans un contexte social et symbolique. Quelques pièces éparses ont été pareillement exhumées plus au Nord, à Djebel Aruda, Habuba Kabira et Tell Brak. Ce phénomène de diffusion, dans une région dominée par la culture urukéenne, atteste que l'écriture s'inscrit dans le grand courant des découvertes qui entourent l'apparition de l'État. Les premiers signes graphiques reflètent, dans leurs formes et dans leurs significations, les concepts et les symboles de la société qui les conçoit. L'argile, principale ressource de la Mésopotamie, en est le support privilégié et imposé. Les signes sont d'abord gravés dans l'argile fraîche avec un outil pointu puis, en raison de la consistance du support, ils sont rapidement imprimés avec un calame taillé en biseau. Cette forme d'écriture dite cunéiforme – du latin *cuneus* qui signifie « coin » – est attestée dès la première phase de l'écriture – Uruk IV vers 3400-3200 – et devient plus courante à la phase suivante – Uruk III vers 3200-3000[1]. Par la suite, les signes évoluent, mais s'éloignent de leurs formes et de leurs significations premières. Le système est à l'origine logographique ou idéographique, ce qui signifie qu'un signe représente un mot ou une idée. Le but poursuivi par les inventeurs de l'écriture est de remplacer par des signes graphiques des informations verbales afin de suppléer aux faiblesses de la mémoire et de pouvoir les échanger sans recourir à la voix. Les premiers symboles se classent en trois groupes, auxquels s'ajoutent des marques numériques. On rencontre d'abord les signes réalistes représentant une partie ou la totalité d'un objet, comme un épi ⚲ pour figurer des céréales, ou une jarre ▽ pour représenter la bière. Certains de ces signes s'inspirent directement de jetons d'argile en trois dimensions, qui furent longtemps associés à tort aux jetons de comptabilité – *calculi* – et à leurs bulles d'argile. La confusion est d'autant plus surprenante qu'il n'existe aucune bulle d'argile portant des empreintes de jetons figuratifs. Les seules empreintes

---

[1] *Glassner, J.-J. (2000)(2003).*

PICTOGRAMMES MESOPOTAMIENS – Uruk IV-Uruk III –

	LU_2 Homme		GU Boeuf		URU Ville		NINDA Bol de ration
	SAG Tête		KIS Âne		GAN_2 Parcelle cultivée		SU Temps
	ŠU Main		UD_5 Chèvre		TUR_3 Enclos		UKKIN Assemblée
	DU Pied, la marche		TUG_2 Rouleau de tissu		DAG Grenier couvert		GADA Lin
	GEŠTU Oreilles		GI Roseau		A L'eau		BAD_3 Cité divine
	IGI Œil Surveillant		SAR Jardin Verger		DIN Vivre		TUR Petit
	MUNUS Femme		ŠE Epi de céréale		MA Fruit		APIN Araire
	KA Bouche		U_4 Jour		GAL Eventail Grand		GIS Moule à briques
	MUŠ Déesse		KI Parcelle de terre		GAR Encensoir		SUHUR Poisson séché
	DINGIR Le dieu		GI_6 Nuit		GUM Moudre		SA_f Tissage
	MUD Donner naissance		MAŠ Caprin		TAB Double		AB Pot à grains
	KU_6 Poisson frais		KUR Montagne		KASKAL Expédition		BU Serpent

identifiées sur les bulles-enveloppes sont des bâtonnets, des cercles et des cônes qui représentent, comme nous le verrons plus tard, des valeurs numériques. En fait, nous ne savons toujours pas à quoi servaient ces jetons figuratifs, hormis le fait qu'ils devaient faire l'objet de conventions sociales bien établies pour avoir inspiré la forme des premiers pictogrammes de l'écriture urukéenne. On remarque ensuite des symboles abstraits transcrivant une idée ou un concept, tel qu'une gerbe de roseaux 𝕀 pour évoquer la déesse Inanna. Ces signes apparaissent en grand nombre dès l'apparition de l'écriture. Ils sont parfois simplifiés pour être tracés rapidement, comme le signe d'une croix à l'intérieur d'un cercle ⊕ pour désigner un mouton. C'est une méthode que nous utilisons encore aujourd'hui pour inventorier des éléments répétitifs. On trouve enfin des signes composés, formés par l'addition ou l'imbrication de plusieurs signes. Ils permettent d'exprimer des notions complexes, comme la représentation stylisée d'une tête de vache ⟁ et d'un filet d'eau ≈ pour désigner du lait, ou celle d'une écuelle ▽ et d'un épi ⿻ pour traduire une ration alimentaire de céréales. Bientôt, l'adoption de signes composés et la combinaison des symboles – à la manière des rébus – vont permettre une diminution importante du nombre de pictogrammes, lequel se stabilise autour de huit cents au début du 3e millénaire. Très vite aussi, des déterminatifs sont inventés pour faciliter la compréhension d'un signe. Ainsi, le pictogramme de l'éventail ⿻ qui symbolise le roi est placé devant celui d'un champ ▦ ou d'une jarre de bière ⿻ pour préciser qu'il s'agit d'une propriété ou d'une cuvée royale. De même, le logogramme du textile ⬚ précède tous les noms de vêtements. Plus tard la nécessité de noter des noms propres, puis des éléments grammaticaux, entraîne un passage au phonétisme : les signes sont utilisés aussi bien pour leurs sons que pour leurs sens. Ce phénomène semble se manifester dès les débuts de l'écriture. Le passage à un système syllabique, suscité par le phonétisme, est bien attesté vers 2800, dans des textes provenant d'Ur. Il trouve sa pleine utilisation lorsque, vers 2340 avant notre ère, les Akkadiens, devenus maîtres du pays, adoptent l'écriture cunéiforme sumérienne pour noter leur langue, malgré sa structure différente[2].

Les milliers de textes archaïques mis au jour à Uruk – niveaux IV et III – proviennent de l'enceinte du grand complexe palatial d'Eanna – la maison du ciel – en partie dédié à la déesse de la Ville, Inanna. Comme la majorité de ces textes représente les opérations d'une administration contrôlant de

---

[2] *Labat, R. (1999) André-Salvini, B. (2001) Liverani, M. (2006).*

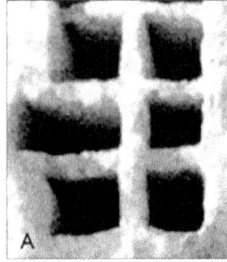

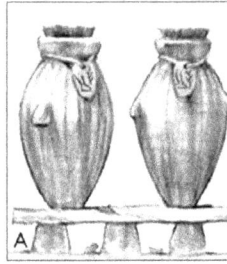
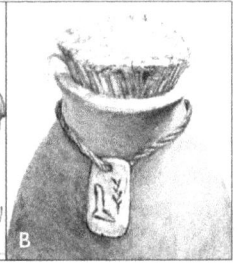

*1. Grenier de la période Obeid 4, à Tell el Oueili. **2**. A) Casiers ; B) exemple de disposition de jarres dans un casier. **3**. A) Les jarres reposaient sur des planches, elles-mêmes montées sur des moellons d'argile, afin de les isoler de l'humidité ; B) exemple d'étiquette à jarre. **4**. A) Reconstitution d'une pièce équipée d'étagères sur lesquelles étaient rangées les tablettes écrites par les surveillants des greniers, d'après la salle des archives du Palais G de la ville d'Ebla, au nord de la Mésopotamie, 2500 ans avant notre ère ; B) vue d'artiste d'un grenier, avec ses jarres soigneusement étiquetées et rangées dans leurs casiers.*

nombreux secteurs de l'économie – y compris le commerce à longue distance – il est probable que le palais ou ses dépendances abritaient des institutions contrôlant les ressources d'une grande partie de la population. Cela explique que 80% des documents découverts à Uruk soient de nature administrative et reflètent les activités d'un grand centre économique. Les étiquettes sur lesquelles figurent des inscriptions rudimentaires sont particulièrement abondantes au cours des phases Uruk V et IV. Elles servent à sceller les bouchons des jarres dans lesquelles sont conservés des céréales, des légumineuses et des liquides tels que l'huile ou la bière. Lesdites jarres sont confinées dans les caisers de vastes greniers des maisons collectives. Ces étiquettes permettent d'identifier les contenus sans avoir à ouvrir les récipients. Les tablettes les plus nombreuses datent en grande partie de la période d'Uruk III. Elles consistent en pièces d'archives concernant les biens, les revenus et les dépenses de l'État. Les entrées et les sorties de marchandises sont soigneusement répertoriées, notamment celles qui concernent les denrées alimentaires comme l'orge, l'épeautre, les pois, les lentilles et les fèves, ou des textiles tels que la laine et le lin, ou encore des animaux comme les moutons, les chèvres, les ânes, les bœufs et les porcs. Certaines tablettes traitent des mouvements de personnel, de la surface des champs et de leur administration, ou récapitulent des opérations concernant l'élevage du bétail. Les nombreux toponymes qui sont mentionnés attestent du fait que des transactions ont cours avec des contrées lointaines dans les montagnes d'Iran ou le pays de Dilmun, l'actuelle île de Bahreïn. Ces documents se caractérisent par une division de leur surface en colonnes et en cases, ces dernières contenant chacune une information unitaire. Ils font partie de dossiers souvent constitués de plusieurs pièces, dont les éléments d'informations se complètent. L'invention de l'écriture est par conséquent le fruit d'un effort délibéré et conscient de construire un système cohérent et hautement signifiant. Elle suppose une activité conceptuelle intense sur une période relativement courte. C'est la raison pour laquelle il ne peut exister de pré ou de proto-écriture. Les pictogrammes ont chacun une forme qui leur est propre et qui les caractérise, mais ils s'agencent aussi de multiples façons pour produire de nouvelles combinaisons ; ces dernières sont mémorisées et intégrées dans le système jusqu'à former parfois de véritables familles[3]. L'écriture urukéenne est donc un système

---

[3] *Sans, A. (2011)[Roi, P.; Girard, T. pp.69-71].*

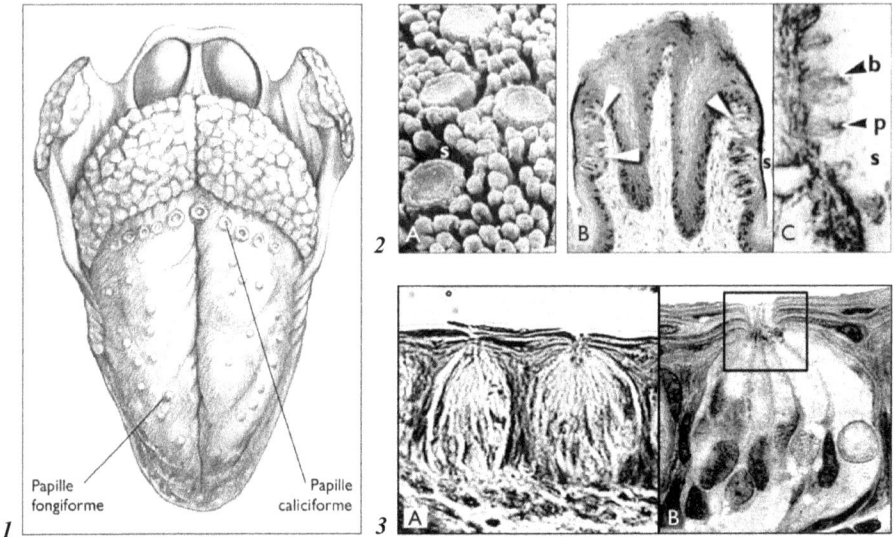

1. Structure d'une langue. 2. A) Papilles fongiformes et caliciformes ; s : sillon ; B) coupe transversale d'une papille caliciforme (et de ses nombreux bourgeons du goût ouvrant dans le sillon circulaire) ; s : sillon circulaire ; C) organisation des bourgeons à l'intérieur de la papille ; b : bourgeon ; p: pore ; s : sillon circulaire. 3. A) Le bourgeon du goût est une structure de 50 μm de diamètre, formée de différentes cellules parmi lesquelles les cellules gustatives ; B) gros plan du pore d'un bourgeon à travers lequel les cellules gustatives sont en contact avec la cavité buccale. 4. A) Ensemble des réponses des fibres de la corde du tympan enregistrées par un damier de fibres activées ou non activées. Si la dimension intensité de la réponse manque dans cette représentation par tout ou rien, l'aspect de motif ou de pattern est très bien suggéré ; B) anatomie et principales voies du système gustatif humain.

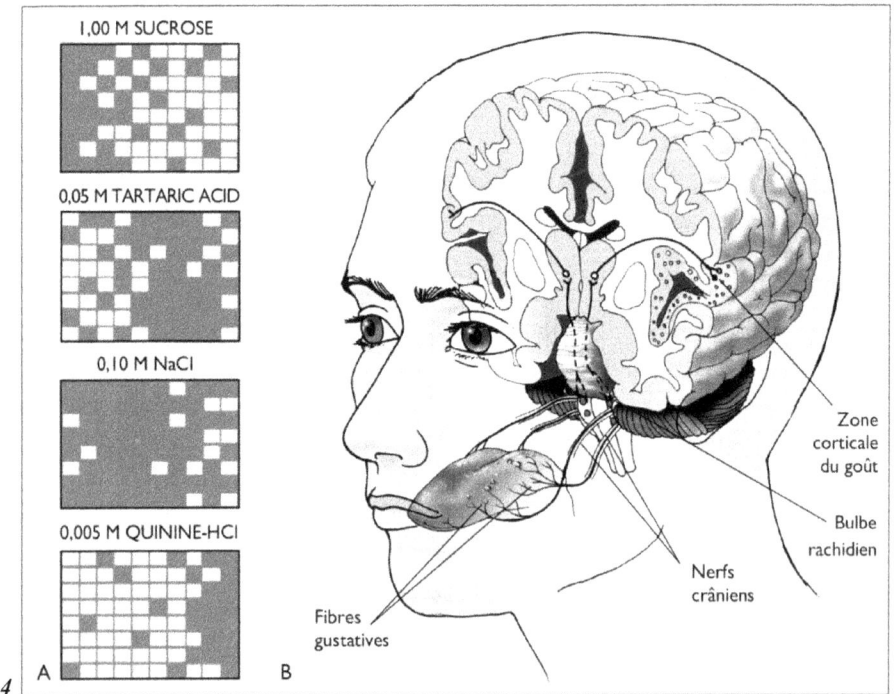

mixte, à la fois logographique – les signes désignant les mots de la langue – et phonétique – les signes désignant des syllabes.

Après avoir décrit et replacé le concept de l'écriture au sein de son environnement d'origine, il est intéressant de constater que son invention repose sur les principes fondamentaux de la perception des saveurs par le système gustatif. L'idée de conserver des denrées dans les casiers d'un grenier, à l'intérieur de jarres auxquelles sont fixées des étiquettes autour de leur col pour identifier leur contenu, présente d'étonnantes corrélations avec notre compréhension du fonctionnement de l'appareil gustatif. Chez l'être humain, la perception des saveurs est située dans de petites éminences appelées papilles, qui apparaissent à la surface de la langue. Dans ces papilles, se situent les bourgeons du goût dont le nombre varie entre cinq cents et cinq mille selon l'individu. Ceux-ci sont chacun formés de cinq à dix cellules gustatives dont la forme et la disposition rappellent les douves d'un tonneau. Les extrémités supérieures des cellules gustatives affleurent à la surface de la langue et forment une petite fossette réceptrice qui constitue l'ouverture du bourgeon vers l'extérieur. Lors de l'absorption d'un aliment, les molécules sapides suscitent la perception d'une saveur. Dans la première étape de ce processus, elles sont reconnues par des récepteurs des cellules sensorielles dans le pore des bourgeons. Chacune de ces cellules a pour fonction de traduire le signal chimique par une série de signaux électriques dans les neurones gustatifs sous-jacents, dont l'ensemble constitue la signature de la molécule stimulante. Ce sont les associations répétées du stimulus et de l'ensemble des signaux électriques dans les neurones gustatifs qui permettent d'identifier la saveur. À ce stade, une première comparaison peut être faite avec l'invention urukéenne de l'écriture. En effet, ces signaux sont des codes comparables aux caractères graphiques des étiquettes servant à identifier les denrées contenues dans les jarres. Encodés par les neurones gustatifs, ils se déplacent via les nerfs crâniens jusqu'au noyau du faisceau solitaire situé dans le bulbe rachidien. Ils sont alors analysés, transformés et véhiculés par l'intermédiaire de relais successifs jusqu'au cortex cérébral[4]. D'une façon analogue, les inscriptions figurant sur les étiquettes sont transcrites sur des tablettes d'argile et transférées à un coordinateur. Celui-ci les contrôle, les classe, et dresse un inventaire synthétisé qu'il présente au roi par l'intermédiaire du réseau administratif. Compte tenu de ces observations, il est intéressant de mettre en parallèle le

---

[4] *Carleton, A. et al. (2010).*

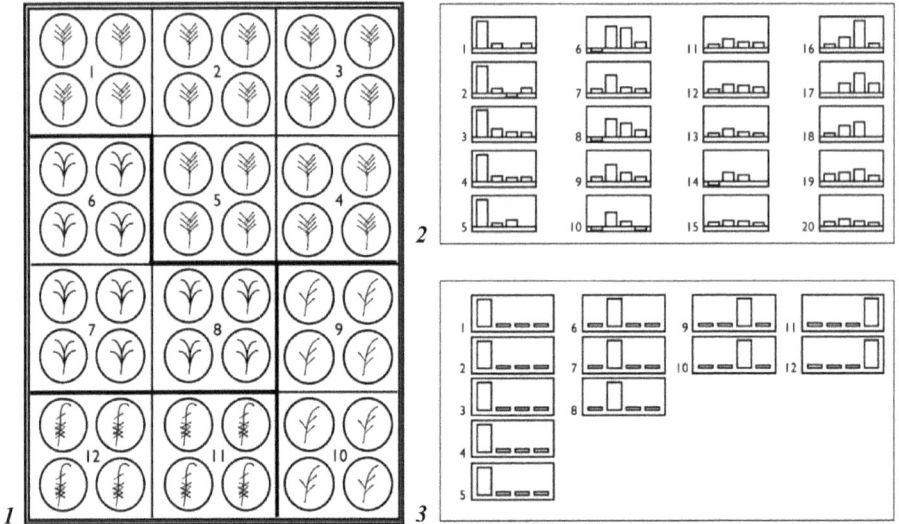

1. Denrées conservées en jarres. On note que les casiers de 1 à 5 sont occupés par des céréales ⚹, les casiers de 6 à 8 par des lentilles ⋎, les casiers 9 et 10 par des pois ⋔ et les casiers 11 et 12 par des fèves ⋔. 2. Codage des saveurs selon l'hypothèse des lignes dédiées. Les numéros correspondent chacun à une fibre. Les réponses reflètent l'activité nette durant les cinq secondes qui suivent l'application de chaque substance sapide. On note que les fibres de 1 à 5 ont une réponse préférentielle pour le sucrose, les fibres de 6 à 15 pour le sel et l'acide, les fibres de 16 à 20 pour l'acide et l'amer. 3. Estimation des stocks pour une organisation de type dédié. Les numéros correspondent chacun à un casier qui ne contient qu'un seul type de denrées. 4. Ce type d'organisation constitue un système fermé puisqu'il ne permet pas de rédiger plus de cinq tablettes.

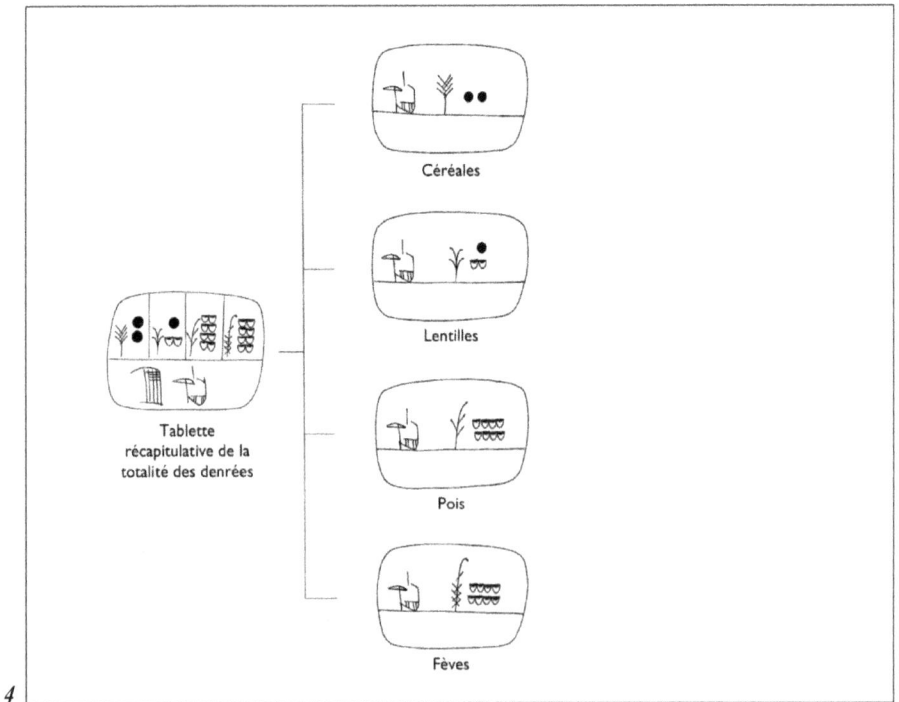

codage des informations sensorielles du goût et le code employé pour la rédaction des étiquettes et des premières tablettes pictographiques. En ce qui concerne le codage nerveux du système gustatif, deux conceptions concurrentes ont été successivement proposées, celle des lignes dédiées et celle du codage ensembliste (ou lignes computationnelles). D'après l'hypothèse des lignes dédiées : les cellules gustatives sont classées en diverses catégories qui répondent spécifiquement à des stimulus représentant un prototype : sucré, salé, acide ou amer. Ce modèle a pour corollaires, d'une part la transmission des informations gustatives au cortex cérébral par des voies préservant la spécificité des classes de fibres, d'autre part la spécificité des bourgeons du goût et des cellules sensorielles dont la saveur est prototypique. En fait, la théorie des lignes dédiées est comparable à l'organisation des greniers dans les villages obéidiens du 5ᵉ millénaire. Les céréales et les légumineuses sont conservées en vrac dans les casiers. Chaque casier est occupé par une denrée spécifique. Les casiers à moitié vides sont donc inutilisables puisqu'on ne peut mélanger le blé, l'orge et le seigle. En fait, les Obéidiens n'éprouvent pas le besoin de structurer leurs greniers de façon plus complexe, car les notions de propriété et d'échange n'existent pas encore. L'obtention d'une quantité de céréales, pour l'ensemencement ou pour la consommation, est seulement soumise à l'approbation d'un aîné habilité à puiser dans les réserves. La conception d'un système d'étiquetage est donc inutile et le concept abstrait de l'écriture n'est pas découvert.

Or, concernant le système gustatif, une hypothèse de codage a été proposée plus récemment, lorsque les spécialistes se sont aperçus que les cellules gustatives n'étaient pas spécifiques. Selon cette théorie, c'est le profil des réponses de l'ensemble des cellules à un stimulus particulier qui construit la caractéristique essentielle du codage et constitue le signal permettant d'identifier le stimulus. Dans ce modèle ensembliste, le goût du saccharose, par exemple, est défini à partir de l'ensemble des réponses plus ou moins intenses ou muettes données par toutes les cellules gustatives[5]. De fait, le codage ensembliste peut être assimilé à l'organisation des greniers collectifs dans les cités urukéennes au 4ᵉ millénaire. Les céréales et les légumineuses sont conservées dans des jarres. Chaque casier est maintenant occupé par plusieurs jarres contenant des denrées différentes. Les propriétaires des produits sont identifiés ainsi que l'usage auquel on les destine. En fait, avec le développement des

---

[5] *Matsunami, H. et al. (2000) Faurion, A. (2004).*

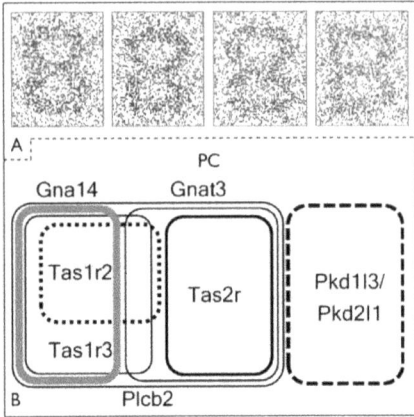

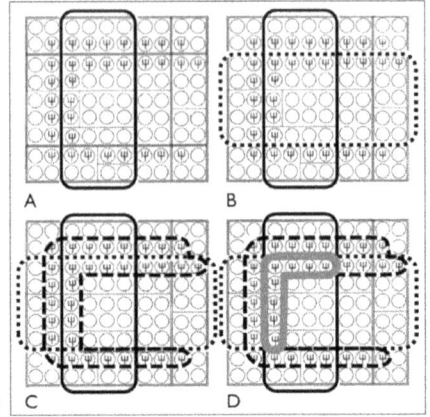

1. A) Modèle d'images gustatives d'après des données électrophysiologiques. Les trois premières images représentent un signe en forme de « 8 » à l'aide d'une densité de points de 43% contre un fond dont la densité est de 26% (bruits de fond des neurones gustatifs). Ce signe peut être mémorisé puis reconnu. Une forme légèrement différente peut être obtenue avec un stimulus excitant un ensemble de chimiorécepteurs périphériques non identiques mais peu différents, et donc un ensemble de cellules sensorielles peu différentes : c'est le « B » à droite. La forme du « B » qui ne diffère que par les coins gauches inférieur et supérieur, est relativement proche. On peut imaginer que le « 8 » est le signe du saccharose, et le « B » celui de la saccharine. Au seuil, le cerveau peut apprendre à lire de mieux en mieux une image à faible rapport signal/bruit. C'est pourquoi les valeurs de seuil, en concentration de stimulus, diminuent avec l'apprentissage jusqu'à une stabilisation indiquant les performances ultimes de détection de la part des chémorécepteurs (ou chimiorécepteurs) périphériques ; B) diagramme de Venn illustrant les relations co-expressionelles parmi les récepteurs gustatifs et les molécules de transduction des signaux chez la souris ; PC = papille caliciforme (Echelles des barres : 50mm). 2. Organisation des greniers urukéens : A) jarres de céréales (ligne contine) ; B) jarres contenant des pois, des céréales, des lentilles et des fèves destinés aux échanges (pointillés) ; C) jarres contenant des pois, des céréales, des lentilles et des fèves, appartenant au roi (tirets) ; D) jarres contenant des céréales appartenant au roi, destinées aux échanges (ligne épaisse grise). 3. Ce type d'organisation constitue un système ouvert permettant de rédiger seize tablettes et d'inventer de nouvelles combinaisons de pictogrammes.

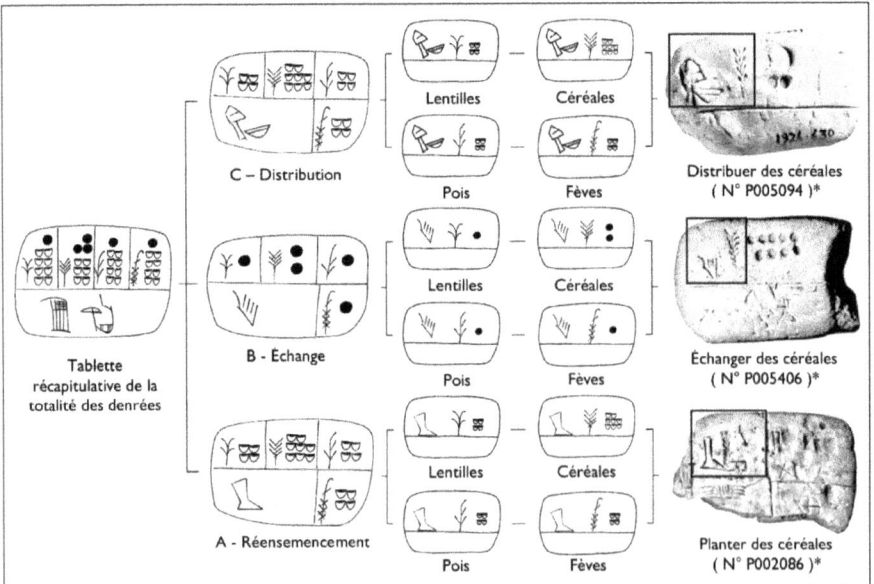

* Tablettes issues de la base de données CDLI de l'UCLA réalisée par Robert Englund : http://cdli.ucla.edu

échanges, l'information monodimensionnelle – la nature du produit – est devenue multifactorielle – la nature du produit + le propriétaire + l'usage prévu, etc. Il est donc nécessaire que les jarres portent autour du col des étiquettes sur lesquelles figurent ces informations. De même, il est devenu indispensable de récapituler ces données en les gravant sur des tablettes d'argile pour quantifier les stocks. On assiste alors à l'apparition de nouveaux dessins qui ne servent plus à représenter uniquement des objets, mais aussi des concepts ou idéogrammes.

Désormais, les motifs d'un pied et d'un épi : 𝕃𝕐 (p. 66 fig. 3 ; tablette P002086) signifient planter ou réensemencer – alors qu'une main et un épi : 𝕎𝕐 (p. 66 fig. 3 ; tablette P005406) traduisent le geste de donner, au sens de donner contre ou échanger – tandis qu'une tête, un bol et un épi : 𝕐▽𝕐 (p. 66 fig. 3 ; tablette P005094) représentent les rations de céréales distribuées à la population. En mémorisant ces dessins et en apprenant à les reconnaître, les Urukéens peuvent désormais conserver à l'esprit la nature et les quantités des produits disponibles dans un grenier, ainsi que leurs différentes affectations. En outre, cet agencement de pictogrammes, selon un certain nombre de combinaisons, offre la possibilité d'une infinité de concepts abstraits, à l'instar du codage ensembliste des cellules gustatives qui permet de discriminer une infinité de saveurs différentes. Il apparaît, en effet, que la présence d'un stimulus sur la membrane chémoréceptrice (ou chimioréceptrice) de l'ensemble des cellules sensorielles se traduit par une activation plus ou moins forte de certains neurones, tandis que d'autres restent muets. Cet ensemble d'unités activées et muettes compose un dessin – ou plus exactement un motif – qui dépend de la répartition des différents chémorécepteurs dans l'ensemble des cellules sensorielles. Ce motif apparaît toujours semblable, à chaque présentation d'une concentration identique du même stimulus, tout comme un idéogramme est toujours dessiné de la même façon pour décrire un concept identique. L'ensemble de ces motifs constitue un lexique dont la fonction est de permettre au système nerveux central d'identifier et de mémoriser les stimulus qui se présentent. De même, les inventeurs de l'écriture se sont efforcés de traduire avec des pictogrammes des expressions courantes, des actes et des évènements dont ils voulaient conserver une trace. En effet, si le pictogramme du pied 𝕃 signifiant aller – au sens de marcher – permet de signaler lorsqu'il est précédé ou suivi d'un épi d'orge 𝕐 le concept de planter, rien n'empêche d'ajouter le symbole indiquant une parcelle de terre labourée ▭▥ pour désigner un champ planté d'orge (p. 66 fig. 3 ; tablette P002086). De

surcroît, si ce champ appartient au roi, il suffit d'ajouter le symbole de
l'éventail ⬚ pour indiquer qu'il s'agit d'un champ d'orge royal. De même,
le pictogramme de la main ⬚ qui signifie donner – au sens de donner
contre ou échanger – suivi des pictogrammes de l'huile ⬚, de la cité
d'Uruk ⬚, et du roi ⬚ peuvent résumer l'idée d'une « quantité d'huile
remise dans la cité d'Uruk au Roi ». Dès lors, plus rien n'empêche de
formuler des concepts comme celui de sortir, en accolant le pictogramme
du jour ⬚ – représentant le soleil se levant entre deux montagnes – à
celui du pied ⬚ ; ou encore celui de trouver – au sens de dénicher ou
mettre au jour – en associant les pictogrammes du jour ⬚ et de la main
⬚ ; ou enfin l'idéogramme d'inventer ou d'imaginer en associant les
pictogrammes du jour ⬚ – qui symbolise aussi la lumière – et de la tête
⬚ – dans le sens d'avoir une idée brillante ou lumineuse. Cette séquence
de base devait être rapidement complétée par d'autres symboles grâce
auxquels les Urukéens allaient concevoir d'autres idéogrammes pour
exprimer de nouveaux concepts, comme l'attestent les tablettes d'argile
mises au jour.

La Comptabilité et le Système Olfactif

Philippe Roi, Tristan Girard, Jean-Daniel Forest[1]†, André Holley[2]

[1]Spécialiste du Proche-Orient Ancien, Chercheur au CNRS, Enseignant à l'Université Paris I Panthéon-Sorbonne.
[2]Docteur d'État ès Sciences Naturelles, Professeur de Neurosciences et ancien Directeur du Laboratoire de Physiologie Neurosensorielle, CNRS.

Relecture : **Robert K. Englund** *(Directeur de la Cuneiform Digital Library Initiative, Professeur d'Assyriologie à l'Université de Californie - UCLA).*

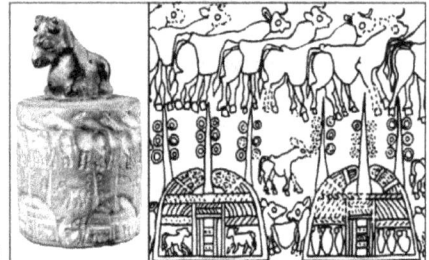

1. Situation géographique de Sabi Abyad et Abada. 2. Scellements de Khirbet Derak probablement appliqués sur des cols de jarres. Empreintes A) de roseau, B) de cordelette, C) d'ongle. 3. Sceau-cylindre à bélière et représentation de son empreinte sur laquelle on distingue des greniers et des enclos à bétail. 4. Plan du village d'Abada (niveau II) dans la région du Hamrin avec représentation de la distribution des jetons mis au jour. On remarque qu'ils sont regroupés par lots dans la seule maison du Doyen (à laquelle est accolé un enclos collectif) attestant ainsi de certaines prérogatives de ce dernier ; A) vue du niveau II des vestiges de Tell Abada.

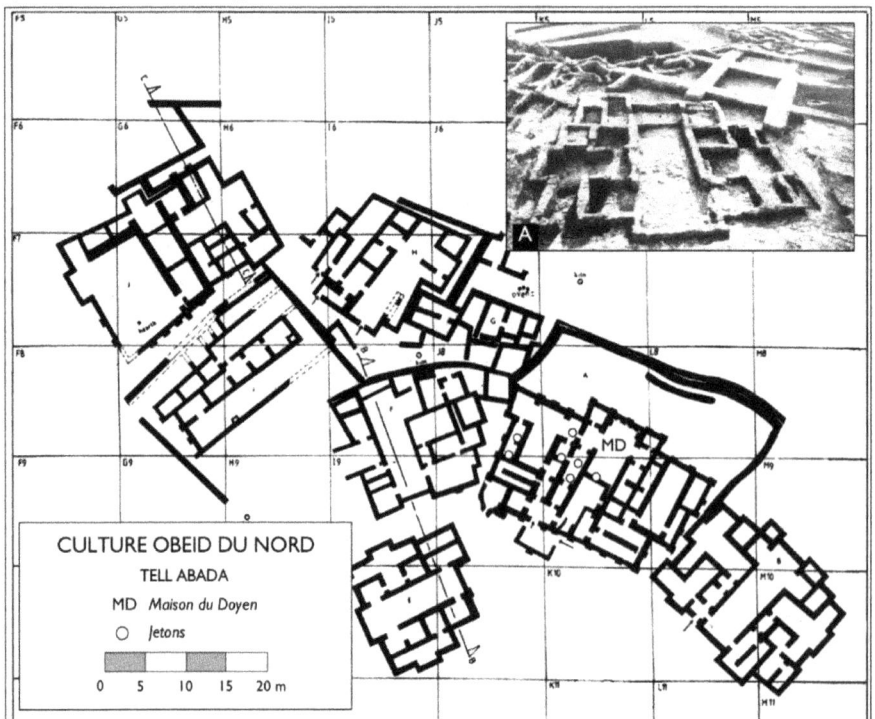

À partir de 3500 avant notre ère, la concentration des personnes et des biens dans les premières cités suscite d'importants problèmes de gestion. La vie dans la plaine alluviale réclame l'importation de matériaux d'origine étrangère et il s'avère indispensable de contrôler les mouvements de ces produits, en d'autres termes de tenir une comptabilité. Depuis longtemps déjà, les Mésopotamiens façonnent des scellements et des jetons d'argile. Il est d'usage de les considérer comme les indices d'une économie complexe. Mais la réalité doit être plus nuancée[1].

La pratique du scellement remonte au 6e millénaire, comme en témoigne la découverte de nombreux spécimens dans le village de Tell Sabi Abyad en Syrie du Nord. Le procédé consiste à appliquer un morceau d'argile sur l'ouverture d'un récipient ou l'entrée d'un local, afin de garantir l'intégrité de son contenu. Le cachet qui sert à fixer une empreinte sur l'argile est souvent orné d'un motif, parfois figuratif, qui fait allusion à des forces surnaturelles en rapport avec les croyances de l'époque. Ainsi l'action de sceller a pour seul objectif de dissuader les importuns. Elle n'exprime pas une volonté de constituer des archives, mais traduit cependant un renforcement de l'autorité d'un ou de plusieurs individus sur la communauté. L'usage des jetons est d'une nature différente. Il s'agit de petits objets, façonnés dans l'argile ou taillés dans la pierre, en forme de jarres, de pastilles, de croissants, de losanges ou de billes. Ils ont été associés au domaine économique lorsqu'on s'est aperçu qu'ils servaient à quantifier des actes. De nombreux échantillons ont été retrouvés dans la résidence du chef du village d'Abada, un hameau du 5e millénaire, situé dans la région du Hamrin[2]. Regroupés en lots distincts, rangés dans des pots et dans des sacs, ces jetons servaient à mémoriser des engagements, dont ils définissaient le type par leurs formes et l'ampleur par leur nombre. Leur origine ne peut être économique, puisque des villageois n'ont aucun intérêt à conserver les traces d'échanges directs d'un bien contre un autre. Ces lots correspondent plus probablement à des opérations matrimoniales. Les communautés villageoises, trop restreintes pour assurer leur renouvellement sur leurs seuls effectifs, sont en effet contraintes de tisser des alliances avec les collectivités voisines. Cette pratique exogamique prend des formes diverses, mais n'acquiert une véritable souplesse que si l'échange est différé. La communauté qui reçoit une femme s'engage à en céder une autre lorsque le besoin s'en fait sentir. Entre-temps, cette communauté verse

---

[1] *Forest, J.-D. (1996).*
[2] *Abboud Jasim, S. (1983).*

JETONS CALCULI	EMPREINTES D'ARGILE	VALEURS NUMÉRAIRES
Petit cône		1
Petite bille		10
Grand cône		10×6 60
Grand cône perforé		$10 \times 6 \times 10$ 600
Sphère		$10 \times 6 \times 10 \times 6$ 3 600
Sphère perforée		$10 \times 6 \times 10 \times 6 \times 10$ 36 000

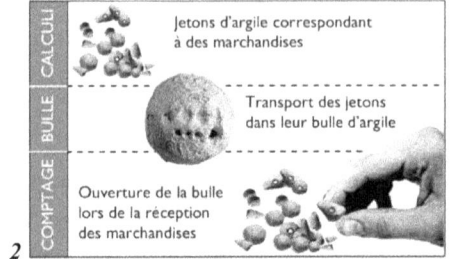

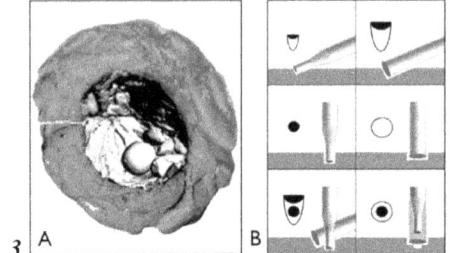

1. Liste des calculi, des marques numéraires et des valeurs numéraires semblant leur correspondre. 2. La découverte de bulles d'argile contenant des jetons de comptabilité a conduit au concept selon lequel les bulles garantissaient lors du transport la non-dépréciation de la qualité et de la quantité des marchandises. 3. A) Image 3D par tomographie numérique d'une bulle d'argile de Choga Mish contenant des calculi de différentes valeurs ; B) les encoches géométriques, réalisées avec deux calames sur la surface de la bulle d'argile, correspondent aux jetons qu'elle contient. 4. Plus que tout autre corpus, celui de la collection Erlenmeyer offre la possibilité d'étudier les techniques de base de la comptabilité urukéenne. Pour la consulter, composer l'adresse : http://cdli.ucla.edu/search/; cocher "sort by" dans le prolongement de la ligne Excavation N° (8ème ligne en partant du bas) ; puis introduire le n° de la tablette dans la case CDLI number, commençant par P00...

au donateur une dot, autrement dit une caution, pouvant être constituée de denrées, de bétail ou d'objets. Si l'épouse ne parvient pas à assurer une descendance à la famille d'accueil, elle est rendue à sa communauté d'origine et la caution doit être restituée[3]. Cela explique l'utilité de mémoriser la dot avec des jetons.

Ces pratiques deviennent radicalement différentes à partir de la seconde moitié du 4e millénaire. Les cités-États qui se partagent le pays sont dirigées par des élites héréditaires, placées sous l'autorité d'un roi. Leurs administrations engendrent un si formidable mouvement de centralisation et de redistribution, qu'il devient nécessaire de développer de nouvelles techniques de gestion. L'ampleur et la diversité des opérations dépassent désormais les capacités de la mémoire et nécessitent des enregistrements pouvant être conservés sur de longues périodes. Dans un premier temps, les techniques du passé sont adaptées aux nécessités du moment. C'est le cas des jetons dont certaines formes anciennes représentent dorénavant des valeurs. Mais c'est avec la bulle d'argile que se propage la comptabilité. Une bulle est une enveloppe sphérique à l'intérieur de laquelle sont placés des jetons, appelés désormais *calculi*. Ils garantissent, lors du transport, la non-dépréciation de la qualité ou de la quantité des marchandises. Les impressions géométriques portées à la surface de la sphère correspondent aux jetons qu'elle contient. Elle peut ainsi être réemployée et ne se brise qu'en cas de litige lorsque l'on veut comparer les *calculi* aux marchandises. Les bulles se généralisent dans toute la Mésopotamie, l'Iran et la Syrie pendant la seconde moitié du 4e millénaire[4]. En fait, elles se situent à la base de l'enregistrement comptable, la procédure complète étant la suivante : les bulles sont livrées avec les marchandises aux KUR (ouvriers), ERIM (travailleurs esclaves) et SZE NAM (employés chargés de surveiller et d'engraisser le bétail) qui les vérifient dans les AB (greniers des maisons collectives) et les TUR$_3$ (enclos à bétail). Puis les bulles et leurs *calculi* sont transmis selon la nature des marchandises au GAL KISAL (le contremaître des greniers des maisons collectives), au DILMUN ZAG (le contremaître des magasins pour les échanges) et au GAL TUR$_3$ (le contremaître des enclos à bétail), qui les enregistrent sur des DUB (tablettes d'argile d'environ dix centimètres de long sur cinq de large). Les DUB, regroupées dans des paniers, sont ensuite remises à un SANGA (administrateur). Celui-ci, assisté d'un élève dénommé SANGA TUR, les récapitule au verso de comptes plus

---

[3] *Forest, J.-D. (1996).*
[4] *Englund, R.K. (1998) Glassner, J.-L., pp 87-112 (2000).*

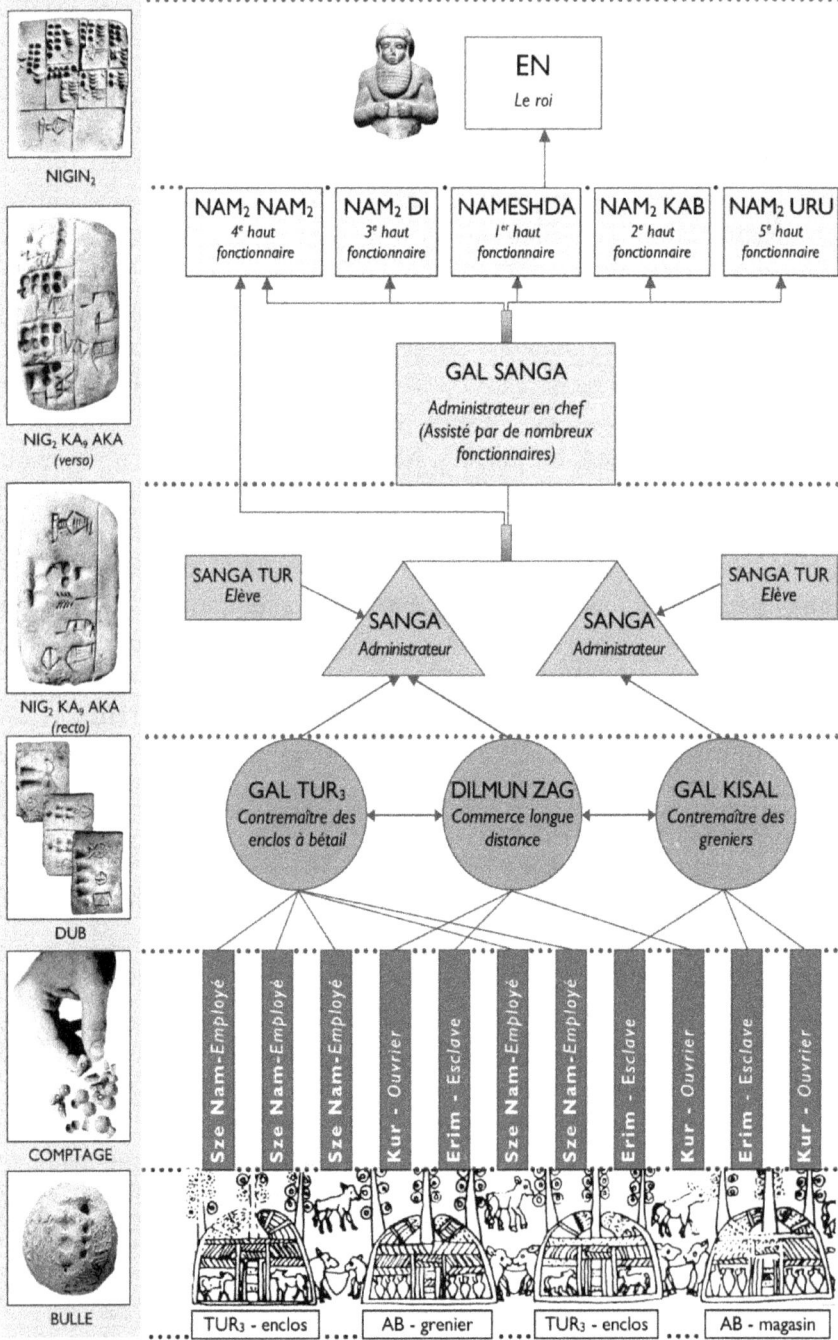

ORGANISATION DU SYSTÈME COMPTABLE URUKÉEN

NIGIN₂

NIG₂ KA₉ AKA (verso)

NIG₂ KA₉ AKA (recto)

DUB

COMPTAGE

BULLE

EN
Le roi

NAM₂ NAM₂
4ᵉ haut fonctionnaire

NAM₂ DI
3ᵉ haut fonctionnaire

NAMESHDA
1ᵉʳ haut fonctionnaire

NAM₂ KAB
2ᵉ haut fonctionnaire

NAM₂ URU
5ᵉ haut fonctionnaire

GAL SANGA
Administrateur en chef (Assisté par de nombreux fonctionnaires)

SANGA TUR
Elève

SANGA
Administrateur

SANGA
Administrateur

SANGA TUR
Elève

GAL TUR₃
Contremaître des enclos à bétail

DILMUN ZAG
Commerce longue distance

GAL KISAL
Contremaître des greniers

Sze Nam-Employé
Sze Nam-Employé
Sze Nam-Employé
Kur - Ouvrier
Erim - Esclave
Sze Nam-Employé
Sze Nam-Employé
Erim - Esclave
Kur - Ouvrier
Erim - Esclave
Kur - Ouvrier

TUR₃ - enclos   AB - grenier   TUR₃ - enclos   AB - magasin

longs, ancêtres des NIG_2 KA_9 AKA (les comptes courants à long terme sumériens). Ces derniers permettent de définir les quantités de marchandises stockées dans la Cité. Le GAL SANGA (l'administrateur en chef) se charge ensuite de les répartir entre les hauts fonctionnaires. Tout d'abord au NAMESHDA qui correspond à une très haute fonction à Uruk, du fait de sa première position dans la liste des métiers (cette charge mentionnée avec des mesures de grains signifie peut-être que cette personne était chargée de la redistribution) ; puis au NAM_2 KAB, en deuxième position dans la liste des métiers, qui désigne un personnage jouissant d'un statut élevé sans doute chargé de superviser les travaux des champs si l'on se réfère aux importantes quantités de céréales attribuées à sa fonction (une meilleure lecture de la désignation KAB semble être TUKU [avoir] pouvant se traduire par « responsable des finances ») ; ensuite au NAM_2 DI, troisième sur la liste des métiers, qui indique une autre personne de haut rang qui pourrait être chargée des tribunaux (DI signifiant en sumérien « justice ») ; après au NAM_2 NAM_2, quatrième sur la liste des métiers, qui désigne un haut personnage, peut-être un coordinateur de toutes les fonctions d'Uruk ; et enfin au NAM_2 URU, cinquième nom dans la liste des métiers, qui désigne une autre personne figurant dans ce groupe de hauts responsables, dont les fonctions seraient comparables à celles d'un maire. Quand plusieurs tablettes – correspondant à ce qu'on appellera plus tard NIG_2 KA_9 AKA – sont disponibles, elles sont résumées sous la forme d'un rapport incluant les totaux et les sous-totaux, et parfois un total général qualifié par le signe $NIGIN_2$ (représenté par un simple carré) qui est transmis au EN (le dirigeant, probablement le roi) personnage évoqué sous la forme d'un homme nu portant une barbe et un bonnet que l'on trouve à l'époque de l'Uruk récent. Cet EN est le plus haut responsable politique de la période si l'on se base sur son importance dans les textes de Jemdet Nasr, puisqu'il reçoit deux fois plus de champs cultivés que les cinq premiers hauts fonctionnaires réunis de son administration[5].

Le principe de la comptabilité étant décrit et replacé dans son contexte d'origine, il est intéressant de constater que sa conception repose sur les principes fondamentaux de l'olfaction. Repérer les richesses sensorielles de l'environnement, en faire l'inventaire, alerter la hiérarchie des organes nerveux d'exécution du comportement, sont en effet des rôles dévolus au nez et à l'odorat. Chez l'être humain, le système olfactif permet de déceler

---

[5] *Englund, R.K. (1998)(2004).*

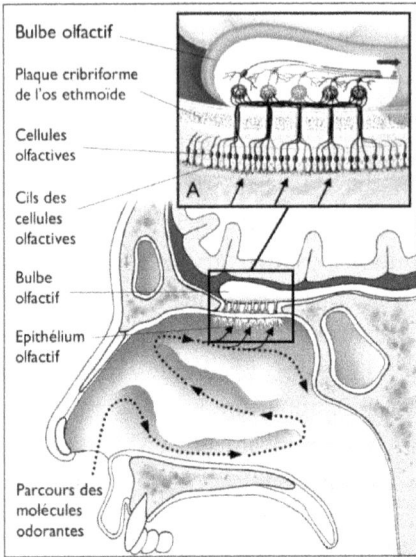

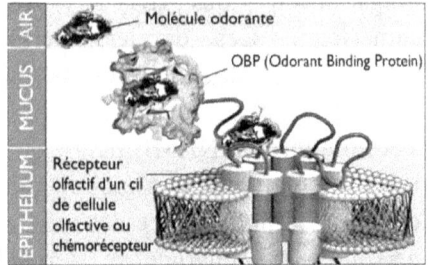

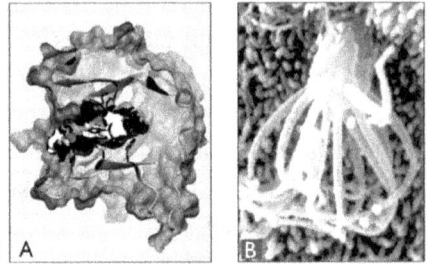

1. Organisation du système olfactif chez l'homme. A) Agrandissement de la région encadrée montrant les relations entre l'épithélium olfactif et le bulbe olfactif. 2. Schéma montrant une molécule odorante traversant le mucus à l'intérieur d'une OBP jusqu'au chémorécepteur d'un cil d'une cellule olfactive. 3. A) Les feuillets de l'OBP forment une cavité hydrophobe ; B) vue microscopique d'une terminaison dendritique d'un neurone sensoriel olfactif humain supportant plusieurs cils. 4. A) Schéma des mécanismes de transduction des signaux olfactifs à l'intérieur d'un cil ; B) agrandissement d'une protéine réceptrice (à sept domaines transmembranaires) appelée chémorécepteur ou chimiorécepteurs ; C) les molécules odorantes se fixent aux chémorécepteurs par complémentarité de forme. Une même molécule peut être reconnue par différents récepteurs olfactifs ; D) tableau représentant les profils de reconnaissance de cinq récepteurs olfactifs. Les sphères indiquent selon leur taille les réponses relativement faibles ou fortes des molécules odorantes. Le codage de l'odeur résulte de l'activation combinatoire de l'ensemble des récepteurs et repose sur leur expression clonale. Ce système combinatoire permet, avec seulement 340 récepteurs olfactifs différents, de discriminer des myriades de molécules odorantes.

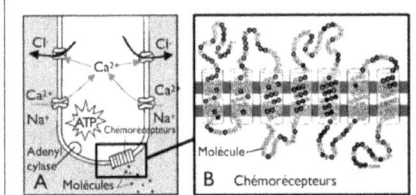

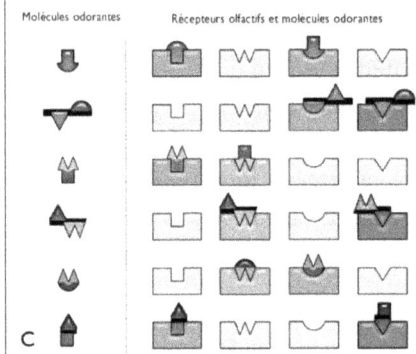

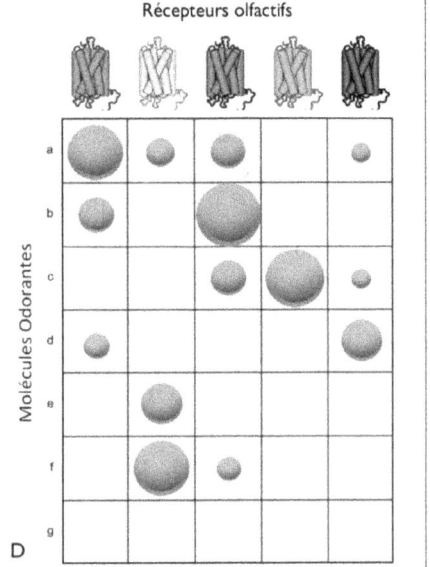

des substances d'un poids moléculaire suffisamment faible pour être volatile. Ces substances, conduites par la respiration vers la muqueuse olfactive, produisent des sensations que le cerveau perçoit comme des odeurs. Celles-ci se distinguent par leur qualité, leur intensité et leur dimension émotionnelle. Située dans la partie supérieure des fosses nasales, la muqueuse olfactive se développe sur 2 cm^2. Ses couches superficielles forment l'épithélium olfactif dans lequel s'intercalent plusieurs catégories de cellules, notamment les cellules réceptrices. Celles-ci – quelques millions par narine – sont des neurones bipolaires constitués d'un corps cellulaire renfermant un noyau, avec un prolongement très fin – ou axone – qui s'élève à travers la plaque cribriforme de l'os ethmoïde jusqu'au bulbe olfactif, et une terminaison dendritique[6] qui descend dans la profondeur de l'épithélium où sont situées les cellules basales. Ces dendrites sont pourvues d'un renflement porteur de cils qui baignent dans le mucus, un liquide aqueux humectant la surface externe de la muqueuse que sécrètent les glandes de Bowman. Les molécules odorantes qui atteignent l'épithélium entrent d'abord en contact avec le mucus, au sein duquel certaines se dissolvent, tandis que d'autres sont prises en charge par de petites protéines de transport. Ces dernières, appelées OBPs – Odorant Binding Proteins – sont constituées de feuillets qui forment une cavité hydrophobe à l'intérieur de laquelle se glissent les molécules odorantes pendant leurs transferts à travers le mucus jusqu'aux récepteurs olfactifs[7]. À ce stade, une première comparaison peut être faite entre une protéine de transport renfermant des odorants et une bulle d'argile contenant des *calculi*, car l'une et l'autre ont pour fonction de garantir, lors du transport, la non-dépréciation de la qualité et de la quantité des éléments qu'elles contiennent ou qu'elles représentent.

Une fois parvenues à proximité des récepteurs olfactifs, les OBPs se délestent des molécules odorantes qu'elles contiennent. Ces dernières se lient alors à des protéines réceptrices appelées chémorécepteurs – ou chimiorécepteurs – situées dans l'épaisseur de la paroi des cils des récepteurs olfactifs. Cette liaison des molécules odorantes aux chémorécepteurs s'opère par complémentarité de taille, de forme[8] et de fonction chimique, entraînant une cascade d'événements enzymatiques qui provoquent l'ouverture de canaux ioniques induisant la dépolarisation du

---

[6] *Holley, A. (1999).*
[7] *Briand, L. et al. (2002).*
[8] *Malnic, B. et al. (1999).*

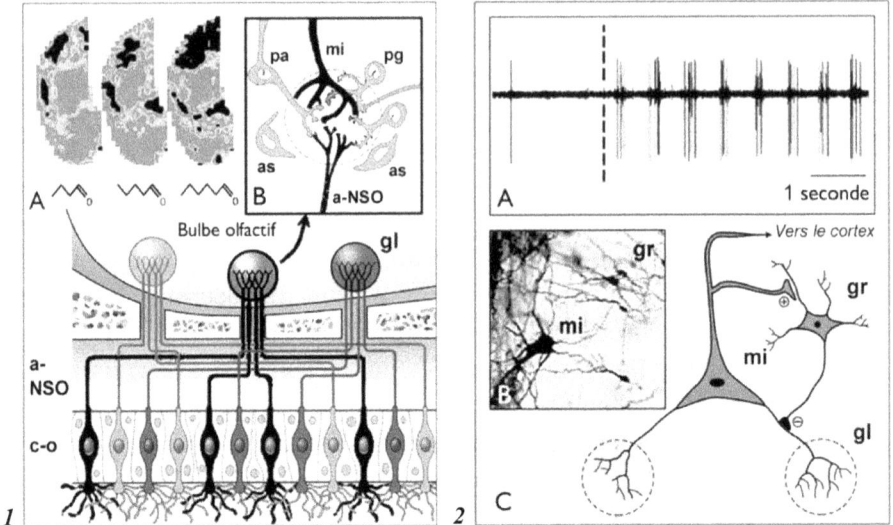

1. Organisation spécifique des projections des cellules réceptrices olfactives de l'épithélium au niveau du bulbe olfactif : c-o = cellule olfactive ; a-NSO = axone de NSO ; gl = glomérule. A) Cartographie de l'activation neuronale au niveau du bulbe olfactif (couche des glomérules) d'un mammifère (un rat). L'activation est signalée par les changements de coloration ; B) schéma d'un glomérule olfactif : mi = dendrite de cellule mitrale ; pa = cellule à panache ; as = astrocyte ; pg = périglomérulaire. 2. A) Image caractéristique de la réponse d'une cellule mitrale. Le trait gras en pointillés indique le début de la stimulation odorante ; B et C) vue microscopique d'une cellule mitrale et d'une cellule granulaire, avec sa représentation schématique. 3. Les fibres nerveuses olfactives se projettent directement dans les couches périphériques du cortex olfactif primaire. A) Vues ventrales et latérale du cerveau indiquant l'emplacement des bulbes olfactifs et la région du cortex orbito-frontal ; B) exemple d'une carte d'activité évoquée dans le cortex piriforme par la stimulation du bulbe olfactif. Les signaux enregistrés correspondent à des variations de fluorescence d'un colorant potentiel-dépendant ; C) exemple de relation entre l'activité du cortex orbito-frontal, le comportement et la valeur affective des odeurs. L'amplitude de la réponse d'une cellule à une odeur est corrélée à la nature des émotions qu'elle engendre, et conditionne le succès (en noir) ou l'échec (en gris) du comportement à base olfactive.

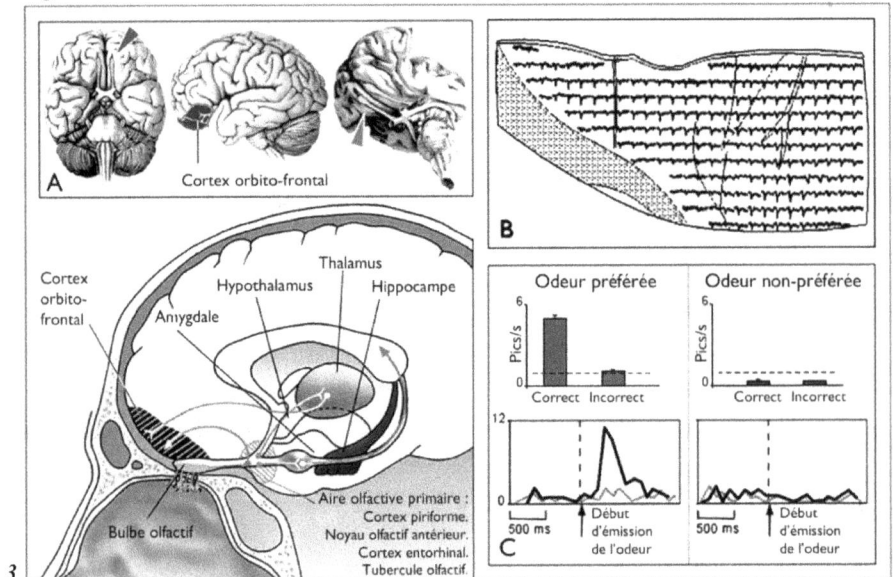

récepteur olfactif puis l'émission d'un potentiel d'action[9]. C'est ici qu'une deuxième comparaison peut être faite entre les récepteurs olfactifs – ou neurone sensoriel olfactif, ou NSOs – et le personnel urukéen réceptionnant les marchandises. En effet, les NSOs ne reconnaissent pas les molécules elles-mêmes, mais les configurations des atomes qui les composent. Ainsi, peuvent-ils être activés par différentes sortes de molécules odorantes, si elles partagent certains traits géométriques avec leurs chémorécepteurs et inversement. Un NSO ne livre donc qu'une information partielle sur la nature de la molécule captive. C'est en confrontant les données qui émanent de plusieurs récepteurs olfactifs que le cerveau est en mesure d'identifier correctement un odorant. En cela, l'action des NSOs est analogue à celle des employés des greniers, des magasins et des enclos, qui comparent les empreintes géométriques gravées sur les bulles d'argile à la nature et à la quantité des marchandises qui leur sont livrées. Comme les chémorécepteurs, ces préposés ont une vue partielle des biens qu'ils réceptionnent et ne savent apprécier que les produits dont ils ont la responsabilité. Une fois générés, les potentiels d'action se propagent le long des axones des NSOs. Ces derniers convergent par milliers dans le bulbe olfactif pour former de petites structures sphériques sans corps cellulaire, appelées glomérules. Situés à la périphérie des deux bulbes olfactifs, à l'avant du cerveau, les glomérules sont très spécialisés et ne regroupent que les axones des neurones dotés du même type de récepteur. Cette concentration leur permet d'estimer la somme des activités engendrées sur une plus grande surface de l'épithélium, et de la condenser pour la rendre plus perceptible, puisque pour mille axones qui entrent dans un glomérule, seule une dendrite en sort. À ce stade, une troisième comparaison peut être faite avec le système comptable urukéen. L'action des glomérules est en effet similaire à celle des contremaîtres qui ne recueillent que la nature et le volume des stocks des greniers, des magasins ou des enclos à bétail, dont ils ont la charge. De surcroît, des dizaines de milliers de *calculi* peuvent être enregistrés sur des centaines de petites tablettes ou DUB. Enfin, au même titre que l'information apportée par un neurone sensoriel olfactif ne subissant aucune modification et n'étant transmise qu'à un seul glomérule, l'information comptable apportée par le préposé d'un grenier, d'un magasin ou d'un enclos n'est pas modifiée et n'est remise qu'à un seul contremaître. Ainsi, l'information – qu'elle soit olfactive ou comptable – qui pénètre dans

---

[9] *Buck, L.; Axel, R. (1991).*

ORGANISATION DU SYSTEME OLFACTIF CHEZ L'HOMME

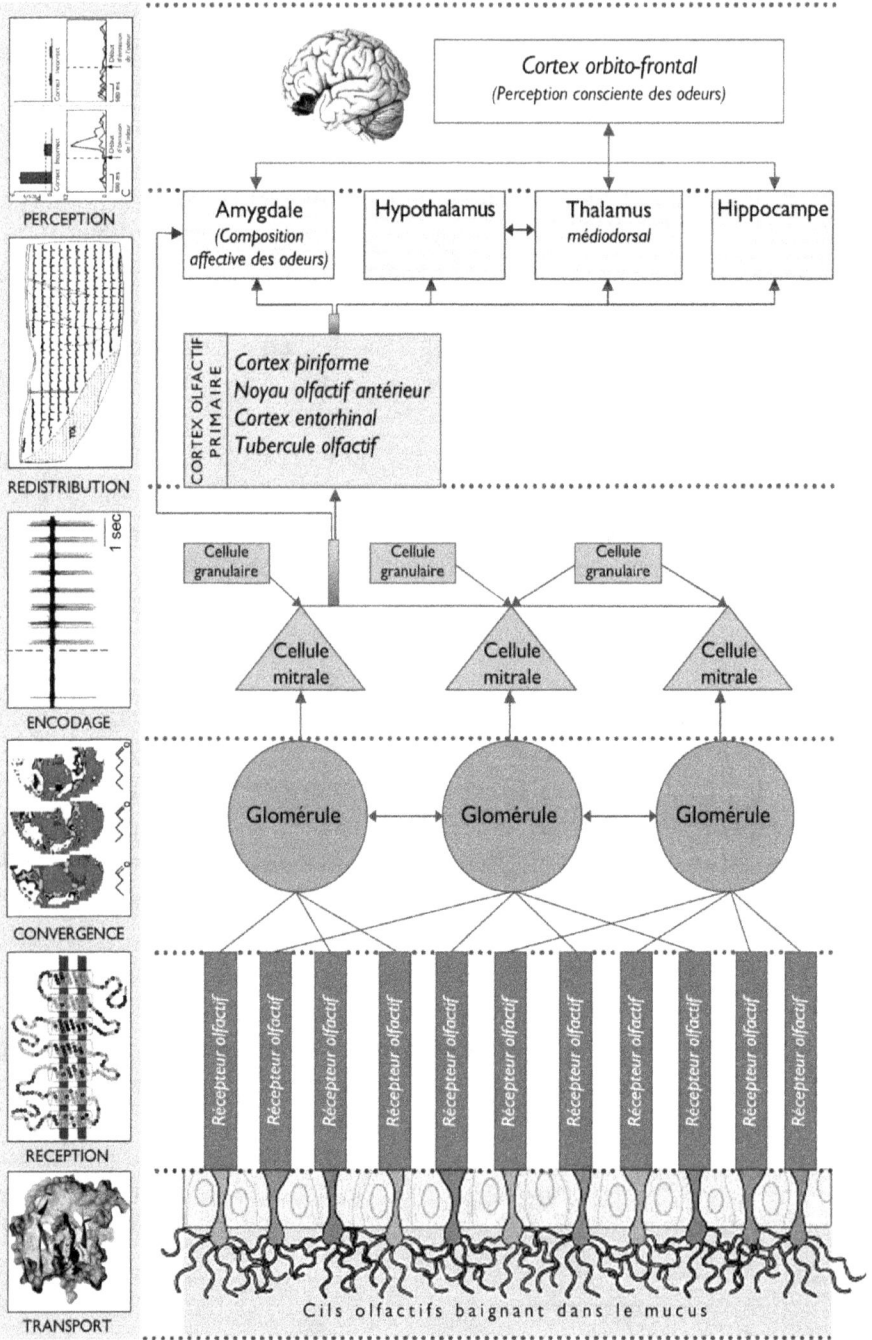

PERCEPTION

REDISTRIBUTION

ENCODAGE

CONVERGENCE

RECEPTION

TRANSPORT

Cortex orbito-frontal
(Perception consciente des odeurs)

| Amygdale *(Composition affective des odeurs)* | Hypothalamus | Thalamus *médiodorsal* | Hippocampe |

CORTEX OLFACTIF PRIMAIRE

Cortex piriforme
Noyau olfactif antérieur
Cortex entorhinal
Tubercule olfactif

Cellule granulaire

Cellule granulaire

Cellule granulaire

Cellule mitrale

Cellule mitrale

Cellule mitrale

Glomérule

Glomérule

Glomérule

Récepteur olfactif

Cils olfactifs baignant dans le mucus

un glomérule ou chez un contremaître présente la même caractéristique de convergence. Cela étant, les influx olfactifs, amenés aux glomérules par les axones des neurones, sont dirigés vers le cerveau par l'intermédiaire des cellules mitrales. Ces dernières, assistées par les cellules granulaires, réalisent des opérations d'encodage sur les flux d'informations qu'elles reçoivent, autrement dit une réduction par compression, grâce à laquelle ces flux peuvent être transmis au cortex pour être perçus et interprétés par le cerveau. Une quatrième comparaison peut ainsi être faite avec le système comptable urukéen, puisque à l'instar des cellules mitrales et granulaires, les administrateurs – SANGA – et leurs élèves – SANGA TUR – se chargent de transcrire les centaines de DUB des contremaîtres, au recto de quelques dizaines de comptes courants – les NIG_2 KA_9 AKA – en réduisant les informations, pour ne conserver que la nature d'un produit ou d'une denrée, ainsi que leurs quantités, réparties sur la totalité des greniers, des magasins ou des enclos de la Cité.

Ainsi fait, les axones des cellules mitrales, réunis dans le tractus olfactif latéral, quittent ensuite les bulbes olfactifs pour atteindre une région corticale désignée comme le cortex olfactif primaire. Il est encore difficile de préciser sous quelle forme l'information olfactive s'exprime dans ce cortex. Néanmoins, il est certain que c'est à ce niveau que le flux d'informations change de représentation[10]. Il se répartit ensuite dans l'encéphale, sur plusieurs aires du système limbique, comme l'amygdale, l'hippocampe, et les noyaux de l'hypothalamus et du thalamus. Certaines données indiquent que le cortex olfactif primaire n'envoie à ces régions qu'un certain échantillonnage du flux total d'information olfactive. Il est probable qu'elles ne reçoivent que ce dont elles ont besoin pour assurer leurs fonctions et redistribuer une partie de ce flux aux aires d'exécution qu'elles contrôlent. Là encore, une cinquième comparaison peut être faite avec le système comptable urukéen, puisque les comptes courants nous révèlent que l'administrateur en chef partage le stock des marchandises entre les hauts fonctionnaires, chacun ne percevant que les quantités qui leur sont nécessaires, avec pour mission de redistribuer une partie de ces quantités aux personnes qu'il gouverne.

Enfin, parmi les destinataires des informations diffusées par le cortex primaire, se trouve l'un des noyaux du thalamus dit médiodorsal, qui a pour projection une partie du cortex du lobe frontal. C'est vers une

---

[10] *Holley, A. (1999).*

subdivision de ce cortex, que l'on appelle cortex orbito-frontal, que s'acheminent les messages olfactifs. Malgré l'interprétation incomplète du rôle de ce cortex, il semble que des informations d'origines diverses s'y confrontent lors de l'identification des odeurs. Cette voie thalamo-corticale n'est pas sans rappeler, et ce sera notre sixième comparaison, le parcours que suivent les données comptables depuis l'administrateur en chef – GAL SANGA – jusqu'au roi – EN – par l'intercession du haut fonctionnaire coordinateur de toutes les fonctions d'Uruk. Enfin, pour que la description des flux d'informations olfactives soit fidèle, il faut signaler la présence de nombreuses voies dites centrifuges, par lesquelles chaque étage du système olfactif rétroagit sur celui qui l'alimente. De même que l'administrateur en chef engage des investigations afin d'obtenir plus d'informations sur une marchandise, de nombreuses fibres centrifuges, originaires du cortex primaire, suivent à contresens les voies olfactives vers le bulbe pour aboutir aux cellules granulaires, qui participent à la mise en forme du message bulbaire. Ainsi le cortex primaire suscite une modification du message qui rend plus précise la discrimination de certaines odeurs.

La Harpe Urukéenne et le Système Auditif

Philippe Roi, Tristan Girard, Richard Dumbrill[1], Michel Leibovici[2]
Avec la participation de Paul Avan[3]

[1]Professeur en Archéomusicologie, Directeur d'ICONEA, Institute of Musical Research, School of Advanced Study, University of London. [2]Docteur en Biologie Cellulaire et Moléculaire de l'Université Paris VI, Chercheur au CNRS, Institut Cochin, INSERM U1016. [3]Directeur du Laboratoire de Biophysique Neurosensorielle de Clermont-Ferrand.

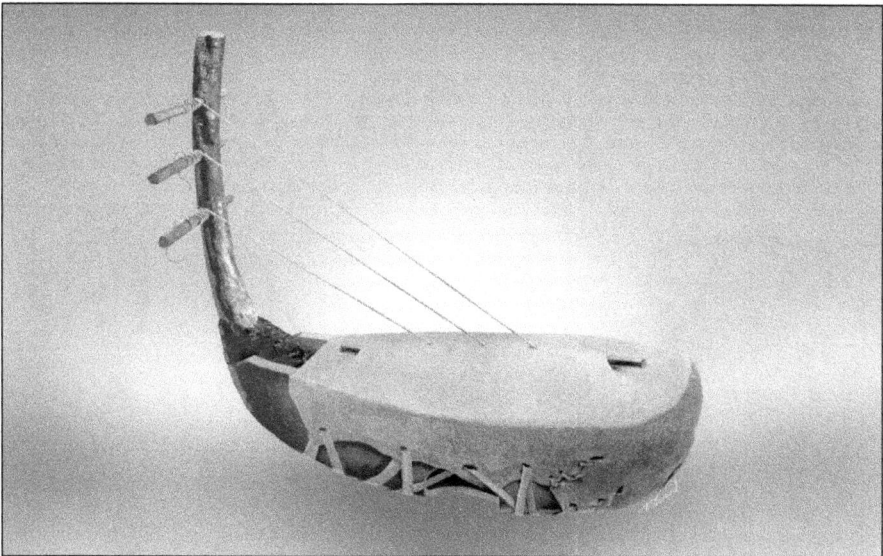

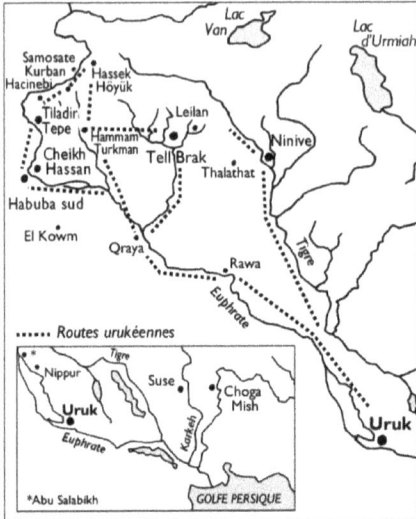

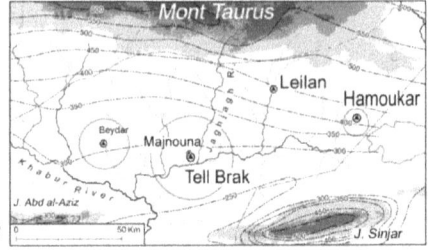

1. *Carte de la Mésopotamie du 4ᵉ millénaire indiquant les principales routes empruntées par les Urukéens lors des échanges avec les populations du Nord. En encadré : position de Choga Mish.*
2. *Carte de la zone de Tell Brak et Hamoukar au Nord de la Jazira.* 3. *Dépôt d'ossements (humain et animal) entassés dans une fosse mise au jour sur l'aire de Majnouna, datant de la première moitié du 4ᵉ millénaire.* 4. *A) Reproduction d'une empreinte d'un sceau-cylindre de la période d'Uruk III. On remarque un dignitaire donnant un épi de céréales à un mouton ; B) sceau-cylindre surmonté d'une sculpture en forme d'ovin correspondant à cette empreinte ; C) vase d'Uruk ou d'Inanna ; D) gros plan des registres inférieurs du vase. En bas, des céréales et des palmiers dattiers, en alternance, symbolisent l'agriculture. En haut, des ovins représentent l'élevage ; E) détail du vase représentant un épi de céréales de forme similaire à celui que tend le dignitaire sur le dessin de l'empreinte A.*

Afin d'obtenir toujours plus de produits qu'elles considéraient comme essentiels pour se distinguer du commun, les élites du sud de la Mésopotamie auraient multiplié les échanges avec celles du nord, décuplant aussi les conflits comme semblent l'attester de récentes découvertes faites en Syrie sur les sites de Tell Brak, Majnouna et Hamoukar où plusieurs fosses communes ont été mises au jour. L'ensemble de ces fosses contenait des centaines, voire des milliers de squelettes de jeunes adultes, sur lesquels des marques laissent présumer une mort violente[1]. Rappelons que Brak était à l'époque un carrefour commercial stratégique. Un sondage profond du site principal a permis de découvrir des éléments prouvant que les locaux importaient des matières premières du Levant Nord et d'Anatolie, qu'ils transformaient ensuite en biens manufacturés[2]. Or, nous savons que si les terres de basse Mésopotamie, riches en limon, favorisaient les cultures et l'élevage, elles ne produisaient pas de pierres semi-précieuses, de métaux, de bois, de silex, ni de basalte ou d'obsidienne, et ne permettaient pas d'obtenir de denrées alimentaires comme l'huile d'olive, le vin ou le miel. En d'autres termes, le sol ne fournissait aucun produit susceptible d'épancher la frénésie ostentatoire des élites dont le pouvoir était en partie conditionné par ces signes extérieurs qui les différenciaient de leurs congénères et des cités voisines. Leurs seuls biens échangeables avec les villages du nord de la Mésopotamie consistaient donc en céréales et en ovins probablement dotés d'une toison d'une longueur et d'une finesse exceptionnelles.

Contrairement aux éleveurs du nord, les Urukéens pouvaient en effet se permettre de nourrir leurs animaux avec des céréales étant donné les quantités considérables d'orge et de blé qu'ils produisaient grâce à l'araire. Or, nous savons aujourd'hui que lorsqu'on nourrit des agneaux avec des céréales et du foin à forte teneur en sel, on obtient une laine des plus fines dont l'épaisseur peut ne pas dépasser 11,8 microns[3]. Dès lors, on peut imaginer qu'entre le nord et le sud, les échanges consistaient en produits exotiques contre des céréales et des ovins dotés d'une toison hors du commun. Ces échanges ne devaient pas se faire sans de longues conversations dans des dialectes différents qui devaient se terminer au mieux par un festin et, dans le pire des cas, en conflits sanglants. L'histoire regorge d'exemples de différends commerciaux qui ont abouti en guerres. Il est donc possible qu'à la suite de massacres comme celui de Tell Brak, les

---

[1] *McMahon, A. (2007) Soltysiak, A. (2007).*
[2] *Oates, J. (2007).*
[3] *Lupton, C.J. et al. (2007).*

*1. A) Représentation de l'empreinte partielle du sceau-cylindre de Choga Mish datant du milieu du 4ᵉ millénaire. On remarque pour la première fois un harpiste entouré de musiciens manipulant des claquoirs et un tambour ; B) fragment de l'empreinte du même sceau-cylindre dans l'argile crue. **2 et 3**. Empreinte d'un sceau-cylindre représentant une scène de banquet avec un harpiste. **4**. A) Empreinte d'un sceau-cylindre du 4ᵉ millénaire sur laquelle on discerne, en haut à gauche, un personnage en train d'étirer de la laine en compagnie d'un harpiste. Il ne s'agit pas, contrairement aux idées reçues, d'un homme buvant au chalumeau, comme nous le verrons au cours de l'analogie suivante ; B) empreinte d'un sceau-cylindre du début du 3ᵉ millénaire sur laquelle on distingue un acte sexuel accompagné par un musicien jouant de la harpe ; C) tablette de la période d'Uruk avec le pictogramme de la harpe ⧄ et celui du mouton ⊕, référence CDLI n° : P003174. Tablettes similaires D) cdli n° : P001443 ; E) cdli n° : P000887 ; F) cdli n° : P001401.*

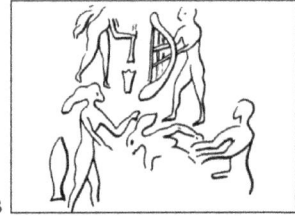

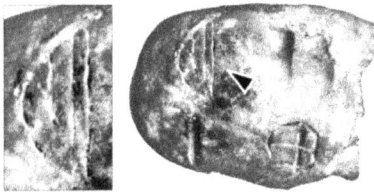

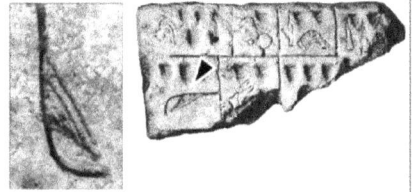

protagonistes aient cherché un moyen de détendre l'atmosphère pour apaiser les tensions lors des négociations. Le plus subtil des arts, et aussi l'un des plus anciens, fut peut-être la solution trouvée par les Urukéens. En effet, c'est à cette époque qu'apparaît pour la première fois la harpe à trois ou quatre cordes, comme en témoigne une empreinte de sceau, datant de la moitié du 4e millénaire, retrouvée à Choga Mish à l'Est d'Uruk en Elam (Iran moderne). Ce sceau représente un personnage assis tenant entre ses mains une harpe arquée à quatre cordes verticales tandis que deux autres individus manipulent respectivement un tambour en forme de bol et des claquoirs[4]. Ainsi, les Urukéens auraient découvert dès le 4e millénaire, grâce à la harpe, que la musique avait la capacité de faire partager collectivement à des individus des sensations et des émotions que, dans d'autres circonstances, ils ne pouvaient éprouver que de façon individuelle. Cela signifie que la fonction première de la harpe et, par extension, de la musique, aurait été l'échange, car elle permettait d'emblée de trouver un terrain commun de compréhension, autrement dit de s'accorder. Dès lors, grâce à ce médiateur remarquable, la musique se serait insérée dans la démarche de communication entre les différentes populations, modifiant leur état d'esprit et participant au développement de leur empathie. En outre, les Urukéens auraient été les premiers à comprendre que, si la musique agissait de façon significative sur l'affectif de ses auditeurs, elle avait aussi une incidence sur leur comportement au cours des négociations. Or, nous savons aujourd'hui que si la musique ne modifie pas l'image d'un produit, elle agit de façon non-consciente sur l'humeur du consommateur qu'elle place dans des conditions plus favorables à l'achat. Dès lors, les aptitudes de la harpe à calmer les humeurs belliqueuses en engendrant des réactions émotionnelles l'auraient placée dans une position souveraine du lever au coucher du soleil. On la retrouve en effet dans les ateliers de poteries, les filatures, sur les barges qui transportent les marchandises, lors des banquets, voire pendant les rapports sexuels. Les Urukéens semblent si fiers de leur invention qu'ils la font graver sur des sceaux-cylindres afin que, même muette, la harpe résonne à l'oreille intérieure de ceux qui verront son empreinte sur les cachets des jarres. Ils la dessinent aussi sur des tablettes d'argile comme le suggèrent les mentions des termes sumériens ban.tur (*ban* signifiant « arc » et *tur*, « petit » donc « petit arc » = harpe) et le signe balag dont la phonétique est l'onomatopée « dub-dub », autrement dit un mot dont la sonorité rappelle ce

---

[4] *Delougaz, P.P.; Kantor, H.J. (1972).*

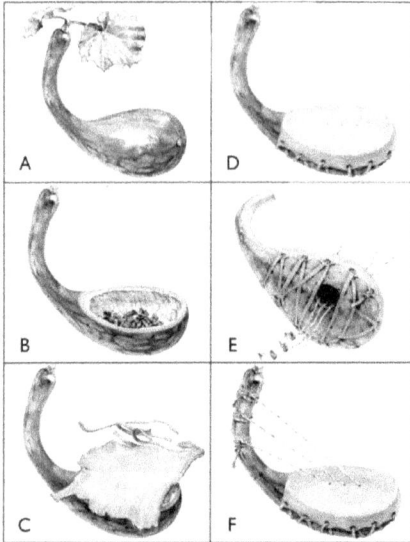

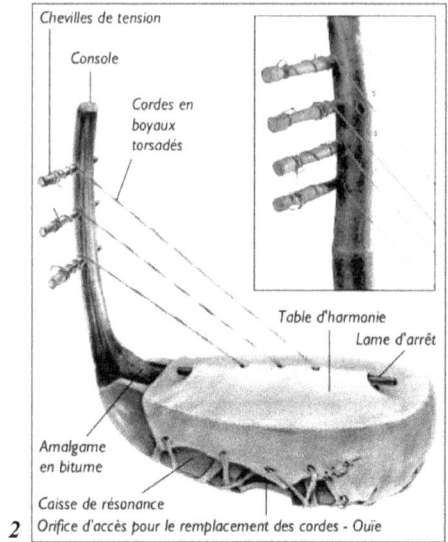

1. Représentation schématique des principales étapes de fabrication d'une harpe à partir d'une courge ou calebasse : A) galbage de la calebasse lors de la pousse ; B) tronquage et égrainage de l'intérieur ; C) découpe de la table d'harmonie et de ses liens de tension dans la même peau ; D) tension de la table d'harmonie ; E) passage des cordes de boyaux torsadés (dont une extrémité est arrêtée par des lames de bois) à travers un trou percé dans le fond de la calebasse ; F) tension et nouage des cordes à la partie manche, ou console, au moyen d'une pièce de tissu grossier. 2. Essai de représentation d'une harpe du 4ᵉ millénaire possédant une console en bois et chevilles de tension pour l'accordage. 3. A et B) Reproduction de deux empreintes de sceaux-cylindres évoquant des convives dégustant des mets au son d'une harpe ; C) plaque de calcaire célébrant un banquet ; D) plaque de calcaire commémorant un festin lors d'échanges.

qu'il désigne. Le pictogramme par lequel on le représente entre 3300 et 3000 avant notre ère évoque clairement une harpe à trois ou quatre cordes, mais cinq siècles plus tard, l'instrument deviendra un tambour[5].

Toutes les harpes de la période d'Uruk/Djemdet Nasr avaient en commun d'être monoxyles ou tout au moins monostructurelles, en d'autres termes, leurs corps ne laissaient pas paraître de distinction morphologique entre la caisse de résonance et le manche qui deviendra console. Il semble que ces instruments étaient fabriqués à partir de cucurbitacées ou de bignoniacées – en général des courges ou calebasses – dont les formes naturelles étaient appropriées. Il est même possible que ces légumineuses ou ces fruits aient fait l'objet d'une domestication à l'aide de techniques simples pour prendre une forme s'accommodant à la fabrication de l'instrument souhaité[6]. La partie évidée de la calebasse/gourde devait être ensuite recouverte d'une peau d'ovin, de bovin ou de porcin tendue en son dos, afin de former une caisse de résonance. Les cordes étaient faites à partir de boyaux torsadés ou de fibres végétales. Leur extrémité inférieure comportait un noeud d'arrêt. Elles étaient enfilées à travers une ou plusieurs baguettes percées, sous la table d'harmonie, afin que les noeuds ne s'échappent pas sous la tension. De même, les extrémités supérieures des cordes devaient être nouées à des bandes de tissu qui étaient enroulées autour de la console afin de maintenir leur tension pour assurer leur accordage. Au cours de cette période et surtout vers la fin du 4e millénaire, on observe un changement progressif de la caisse de résonance qui se développe en volume tandis que le manche/console se réduit. Il est probable que les caisses de résonance aient toujours été faites à partir de calebasses ou de cucurbitacées, mais que les consoles aient été fabriquées en bois pour être plus résistantes aux pressions des chevilles dont les Urukéens se seraient servis plus tard pour assurer la tension des cordes. Les harpes du 4e millénaire étaient toutes probablement de petites tailles. Elles ne devaient avoir en général que trois cordes tendues sur un plan d'inclinaison d'environ 110 degrés, ce qui suggère une disposition anhémitonique s'étalant sur une quinte musicale contenant peut-être une tierce. Ces harpes sont toujours représentées en milieu rural à en juger par la présence d'ovins et autres ruminants à leurs côtés, ce qui signifie qu'elles n'étaient pas destinées à des rituels religieux, mais avaient au 4e millénaire, une utilité pratique, comme le confirment les empreintes de sceaux-cylindres. Cependant, dès le troisième millénaire, elles sont toujours

---

[5] *Dumbrill, R. (1998). Période au cours de laquelle les cités-États sont en guerre.*
[6] *Dumbrill, R. (2012).*

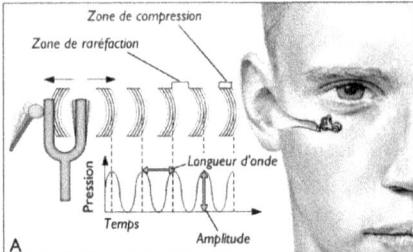

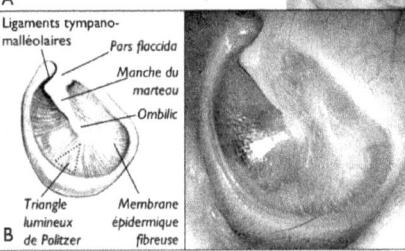

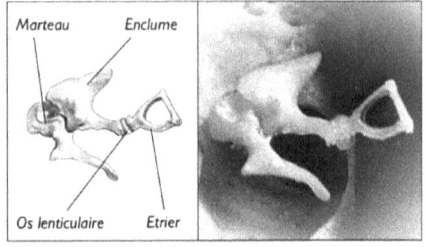

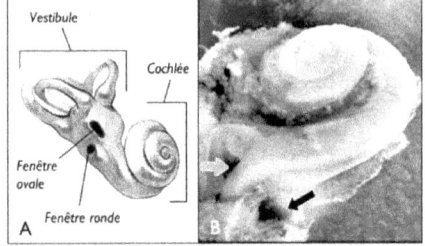

1. A) La distance entre les deux points d'une onde (deux crêtes ou deux creux) est appelée longueur d'onde, l'intensité (énergie) de l'onde (liée à la hauteur des crêtes) est appelée amplitude. B) Le rôle du tympan est de transmettre les vibrations de l'air aux osselets de l'oreille moyenne. 2. La fonction des osselets est de transmettre l'énergie des vibrations de l'oreille externe à l'oreille interne. 3. A) L'oreille interne est composée de deux parties : la cochlée qui est la partie auditive et le vestibule, qui contient les organes de l'équilibre. B) Cochlée dont la capsule otique a été enlevée. Flèche grise : fenêtre ovale ; flèche noire : fenêtre ronde. 4. A) Coupe longitudinale de l'appareil auditif humain ; B) coupe schématique de la cochlée ; C) les vibrations engendrées par la fenêtre ovale suivent la rampe vestibulaire du canal spiral de la cochlée jusqu'à son apex en faisant onduler la membrane basilaire (trajet en gris). Puis elles redescendent (trajet en noir) et ressortent par la fenêtre ronde ; D) schéma de la cochlée déroulée. Les différentes fréquences des ondes de pression dans la rampe tympanique font onduler certaines parties de la membrane basilaire stimulant l'organe de Corti qui repose sur elle.

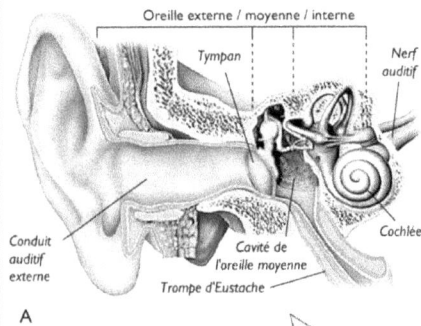

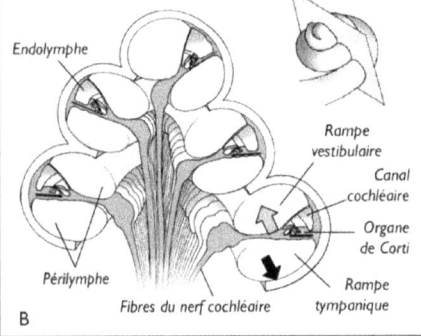

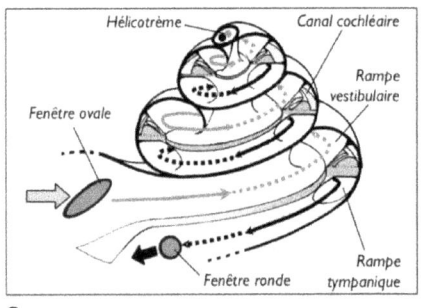

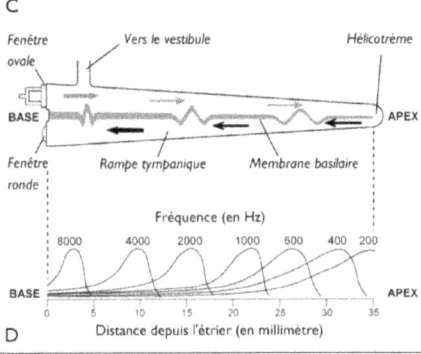

représentées en présence d'Inanna, divinité protectrice de la cité d'Uruk, quand elles ne symbolisent pas la déesse elle-même. Il existe des textes où il est fait mention des animaux d'Inanna et de ses attributs parmi lesquels figurent le roseau, la palme, son astre Vénus et la harpe.

La harpe étant décrite et replacée dans son contexte d'origine, il est intéressant de constater que sa conception repose sur les principes fondamentaux de l'audition. Chez l'homme, la perception du son est tout à fait remarquable. Ce que nous appelons des sons n'est en fait que des mouvements de l'air, de simples variations périodiques de pression qui se propagent comme un front d'onde à la vitesse de trois cents-mètres par seconde. Lorsqu'elles parviennent à l'oreille humaine, elles sont canalisées par le conduit auditif jusqu'à une fine membrane appelée tympan qui sépare l'oreille externe de l'oreille moyenne. Les vibrations du tympan, sous l'effet des variations de pression acoustique, sont transmises à une chaîne de quatre osselets (marteau, enclume, os lenticulaire et étrier) contenus dans la partie pétreuse de l'os temporal. Ces osselets, maintenus entre eux par des articulations et des ligaments, permettent aux vibrations de passer, sans perte d'énergie, du milieu aérien au milieu aqueux de l'oreille interne. Cette dernière, située dans l'os temporal, est une structure complexe constituée d'un labyrinthe osseux et de plusieurs cavités remplies de liquide. Ce réseau continu, composé de canaux, d'ampoules et d'un limaçon enroulé comme une coquille d'escargot, abrite en fait deux organes sensoriels bien distincts. D'une part, le système vestibulaire spécialisé dans la détection et l'adaptation des mouvements du corps dans l'espace et, d'autre part, la cochlée ou limaçon osseux qui constitue l'organe récepteur de l'audition.

La cochlée (du latin *cochlea* qui signifie « escargot ») est une petite structure spiralée de 1,2 mm de diamètre pour 35 mm de long qui prend naissance dans la partie antérieure du vestibule et décrit deux tours trois quarts autour d'un pilier osseux appelé columelle. À son extrémité basale, se trouvent la fenêtre ovale et la fenêtre ronde, qui séparent l'oreille moyenne de l'oreille interne. La cochlée est divisée sur sa longueur en trois compartiments : de part et d'autre se trouvent deux compartiments, la rampe vestibulaire et la rampe tympanique, remplis d'un même liquide, la périlymphe ; au milieu se situe le canal cochléaire limité à sa partie inférieure par la membrane basilaire et à sa partie supérieure par la membrane de Reissner. Le canal cochléaire abrite une structure complexe appelée organe de Corti qui repose sur la membrane basilaire et s'étend sur toute la longueur de la cochlée. C'est cet organe qui assure la transformation

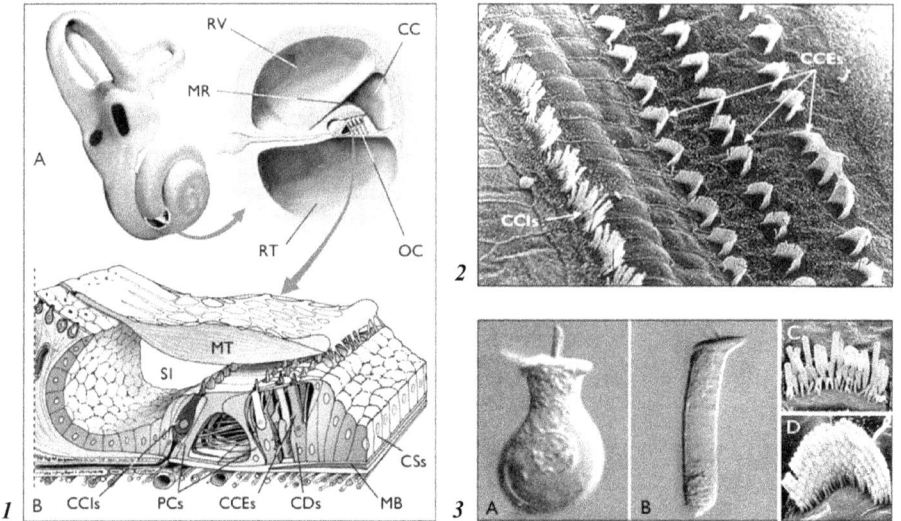

1. A) Section du tour basal d'une cochlée humaine. RV : rampe vestibulaire ; RT : rampe tympanique ; MR : membrane de Reissner ; CC : canal cochléaire ; OC : organe de Corti ; B) organe de Corti dans son ensemble ; SI : sillon interne ; MT : membrane tectoriale ; CCIs : cellules ciliées internes ; PCs : Piliers de Corti ; CCEs : cellules ciliées externes ; CDs : cellules de Deiters ; MB : membrane basilaire ; CSs : cellules de soutien. 2. Organisation des touffes ciliaires des CCIs sur un rang et des CCEs sur trois rangs. 3. A) Cellule ciliée interne ; B) cellule ciliée externe ; C) touffe ciliaire d'une CCI ; D) touffe ciliaire d'une CCE. 4. A et B) Vue en 2D et 3D d'une portion de l'organe de Corti figurant treize cellules ciliées externes (CCEs). Seules neuf d'entre elles ont été représentées (en gris clair, moyen et foncé) suivant leur rangée transversale (RT) respective. Leur position relative sur cette portion détermine la réponse de chacune aux longueurs d'onde f 1, f 2 et f 3. Par contre, des CCEs placées sur une même rangée transversale répondront à une même fréquence. La projection (A) en haut à gauche illustre cette répartition spatiale vue de dessus ; C) section transversale de l'organe de Corti d'un cobaye. Une CCI et trois CCEs sont réparties de part et d'autre du tunnel de Corti. La membrane tectoriale coiffe les stéréocils des CCEs qui reposent sur les cellules de Deiters ; D) coupe en biais de l'organe de Corti.

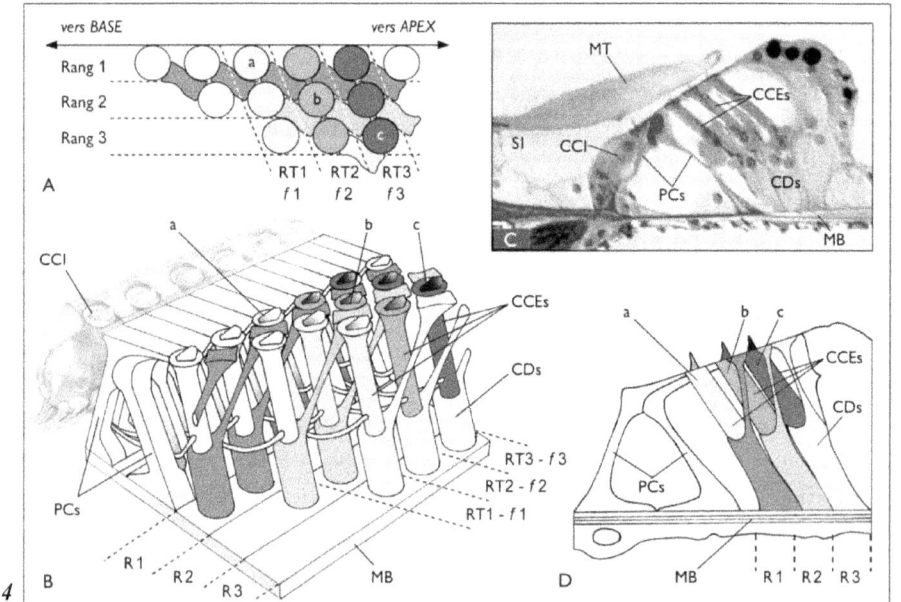

de l'énergie vibratoire en signal électrique interprétable par le cerveau. Il est constitué de 15000 cellules ciliées externes qui se répartissent sur trois ou quatre rangées et de 3500 cellules ciliées internes qui s'alignent selon une seule rangée. Les corps cellulaires de celles-ci baignent dans la périlymphe tandis que leurs touffes ciliaires se dressent dans le canal cochléaire rempli d'endolymphe. L'étanchéité ionique du canal cochléaire est assurée à sa base par la lame réticulaire, qui résulte de l'association très étroite entre les apex des cellules sensorielles et des cellules de soutien de l'organe de Corti et, au sommet, par la membrane de Reissner qui forme le « toit » du canal cochléaire. Lorsque l'étrier se déplace sous la poussée des vibrations du tympan, il met en mouvement le liquide incompressible contenu dans la rampe vestibulaire et le fait remonter jusqu'au sommet de la cochlée où il contourne l'hélicotrème avant de redescendre par la rampe tympanique, mettant finalement en mouvement la fenêtre ronde qui se situe à l'autre extrémité du système. Les mouvements du liquide font onduler la membrane basilaire dont chaque portion vibre à une fréquence donnée. Ces vibrations entraînent un déplacement des cellules ciliées externes, qui sont enchâssées entre la membrane basilaire (par leur pôle basal via les cellules de Deiters) et la membrane tectoriale (via leur touffe ciliaire). Il s'ensuit un mouvement relatif de cisaillement des touffes ciliaires des cellules ciliées externes vis-à-vis de la membrane tectoriale qui provoque la déflexion des stéréocils. Cette dernière conduit à la dépolarisation cellulaire par ouverture mécanique de canaux ioniques. La dépolarisation engendre une contraction rapide des cellules ciliées externes ou électromotilité qui, à son tour, augmente l'amplitude des vibrations de la membrane basilaire. Ce phénomène d'amplification non linéaire a pour conséquence d'augmenter les stimuli faiblement intenses qui pourraient ne pas être perçus sans affecter les stimuli de forte intensité dont l'amplification endommagerait les cellules ciliées. Sous l'effet de cette amplification, les stéréocils des cellules ciliées internes, véritables récepteurs sensoriels de l'organe de l'audition, sont entraînés par la membrane tectoriale et défléchis à leur tour. La dépolarisation de la cellule ciliée interne engendre alors la libération d'un neurotransmetteur à son pôle basal, le glutamate, qui donne naissance à un train de potentiels d'action acheminés via le nerf auditif jusqu'au cerveau.

À ce stade, une première comparaison peut être faite entre le manche de la harpe (ou console) et la membrane basilaire (MB). La console, à laquelle sont fixées les chevilles autour desquelles sont attachées l'une des

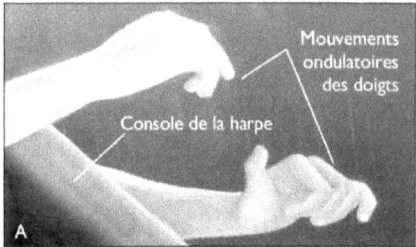
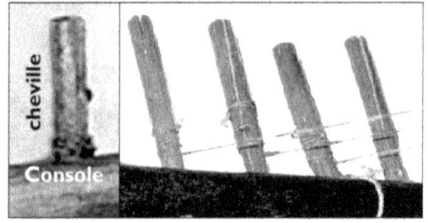
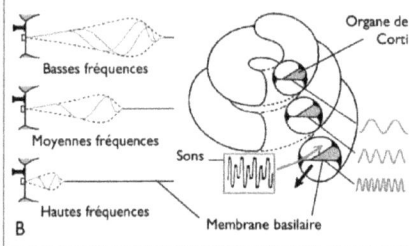
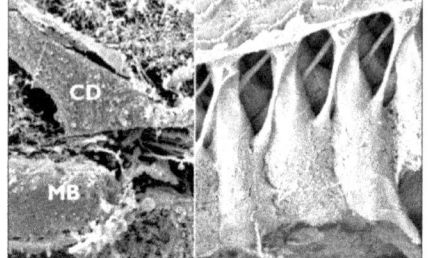

1. A) Les doigts du harpiste complètent le rôle de la console. B) Modèles d'ondulations de la membrane basilaire (MB) en réponse à un signal sinusoïdal. 2. Les chevilles, enchâssées dans la console, permettent de tendre les cordes et de régler leurs fréquences. 3. Les cellules de Deiters, fermement fixées à la MB permettent de moduler l'électromotilité des cellules ciliées externes en modifiant leur tension membranaire. 4. A) Cordes tendues entre la console (via les chevilles) et la table d'harmonie ; B) modes vibratoires d'une corde de harpe. La corde excitée vibre principalement selon trois modes : transversal, longitudinal et de torsion. Ces trois modes coexistent et déterminent le spectre de la corde isolée ; C) CCEs tendues entre la membrane basilaire (via les cellules de Deiters) et la membrane tectoriale ; D) modes vibratoires d'une CCE. En plus des vibrations transversales et longitudinales auxquelles est soumise une CCE, des vibrations de torsion ont été observées. La configuration de l'organe de Corti est telle que les CCEs sont inclinées dans les limites des membranes basilaire et tectoriale, qui s'étendent chacune le long de la cochlée à travers l'organe de Corti. Comme les CCEs sont éprouvées in vivo par les vibrations transversale et radiale de ces membranes, la charge appliquée aux cellules engendre des mouvements de flexion et de torsion.

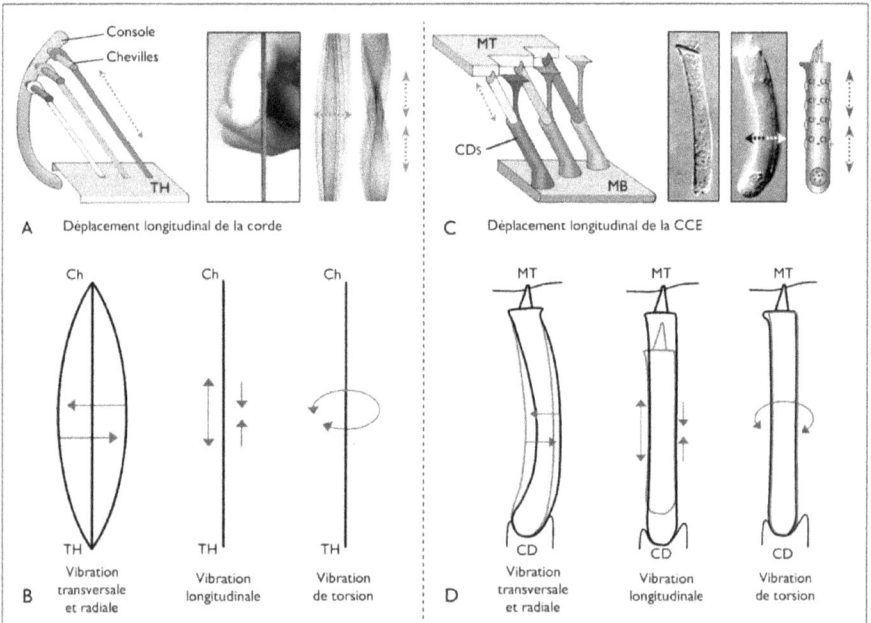

4

extrémités des cordes, peut en effet être comparée à la membrane basilaire à laquelle sont fixées les cellules de Deiters supportant elles-mêmes l'une des extrémités des cellules ciliées externes (CCEs). La console est un élément primordial, car c'est sur celle-ci que reposent directement ou indirectement tous les éléments qui constituent une harpe. L'importance fonctionnelle de la membrane basilaire est elle aussi primordiale, car c'est elle qui supporte directement ou indirectement les différents éléments qui constituent l'organe de Corti. Les doigts du harpiste font vibrer les cordes avec plus ou moins d'intensité, complétant ainsi la fonction de la console qu'il maintient avec une paume contre sa poitrine. De façon identique, les vibrations sonores transmises par la périlymphe provoquent des mouvements vers le haut et vers le bas de la membrane basilaire en une position précise qui font vibrer avec plus ou moins d'intensité les cellules ciliées externes. À l'instar de la console, la membrane basilaire est immobile en tout autre endroit le long de l'organe de Corti.

Une seconde comparaison peut être faite entre les chevilles insérées dans l'épaisseur de la console et les cellules de Deiters (CDs) dont la base est fermement fixée sur la membrane basilaire. Les chevilles ont pour fonction de maintenir solidement les cordes tendues entre la console et la table d'harmonie. De façon analogue, les cellules de Deiters servent à maintenir fermement les cellules ciliées externes (CCEs) tendues entre la membrane basilaire (MB) et la membrane tectoriale (MT). De la même façon que la rotation des chevilles dans un sens ou dans l'autre permet au musicien de tendre ou de détendre les cordes pour les accorder afin de les faire vibrer à la fréquence désirée, il a été récemment démontré[7] que la déformation des cellules de Deiters pouvait moduler la vibration des CCEs auxquelles elles sont associées en modifiant leur tension membranaire. Cette modification locale doit contribuer à affiner la réponse au stimulus acoustique.

Une troisième comparaison peut être faite entre les cordes de la harpe et les cellules ciliées externes de la cochlée. Les cordes sont fixées par une extrémité aux chevilles et par l'autre à la table d'harmonie. Cette attache à ces deux structures confère aux cordes un degré de tension suffisant pour vibrer lorsqu'elles sont pincées. Le pincement d'une corde entraîne un mouvement radial de celle-ci en même temps qu'un léger pivotement de la corde sur elle-même du fait qu'elle est torsadée. Il s'ensuit une propagation ondulatoire dans le sens longitudinal depuis leur

---

[7] *Yu, N.; Zhao, H.-B. (2009).*

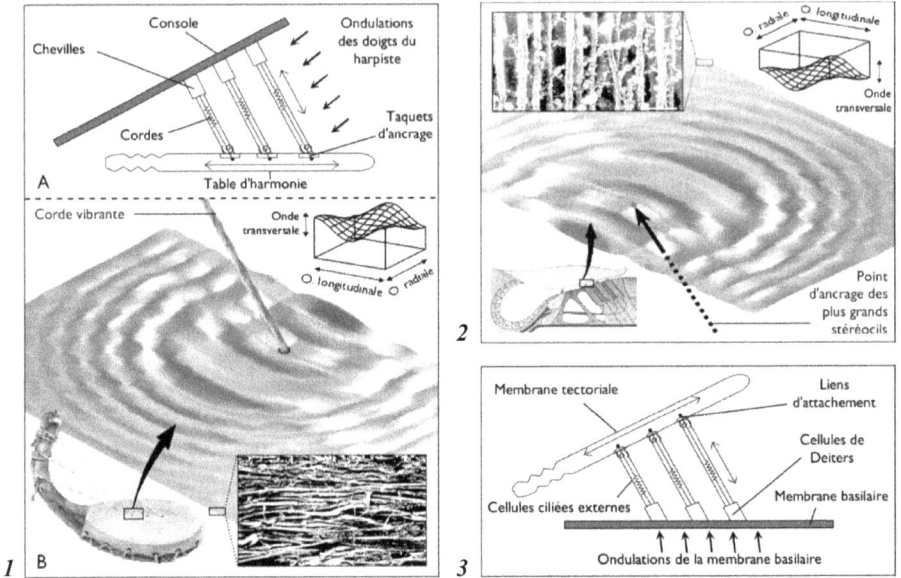

1. A) Modèle dynamique de la partie active d'une harpe urukéenne ; B) Ondes multimodales engendrées par les vibrations d'une corde au sein de la TH et distribution des fibrilles de collagène dans la peau dont est constituée la TH. 2. Ondes multimodales engendrées par les vibrations d'une CCE au sein de la MT et distribution des fibrilles de collagène dans la MT. 3. Modèle dynamique de la partie active de l'organe de Corti. 4. A) La table d'harmonie est une membrane de peau d'animal fibreuse et gélatineuse tendue au-dessus de la caisse de résonance ; B) des taquets permettent de retenir l'extrémité inférieure des cordes sous la table d'harmonie. Ces fines lames de bois horizontales participent à la transmission des vibrations des cordes et empêchent ces dernières sous tension de s'échapper de la table d'harmonie ; C) l'extrémité inférieure des cordes est insérée sous la table d'harmonie qu'elle traverse, comme l'attestent de petits trous visibles à sa surface ; D) la membrane tectoriale est une membrane fibreuse et gélatineuse suspendue au-dessus de l'organe de Corti ; E) des liens d'attachement retiennent l'extrémité des plus longs stéréocils des CCEs en contact avec la membrane tectoriale (MT). Ces liens d'attachement transmettraient les vibrations des CCEs et empêchent ces dernières de se détacher de la membrane tectoriale ; F) l'extrémité des stéréocils les plus longs des CCEs est insérée dans la membrane tectoriale où elle laisse des empreintes en creux parfaitement visibles.

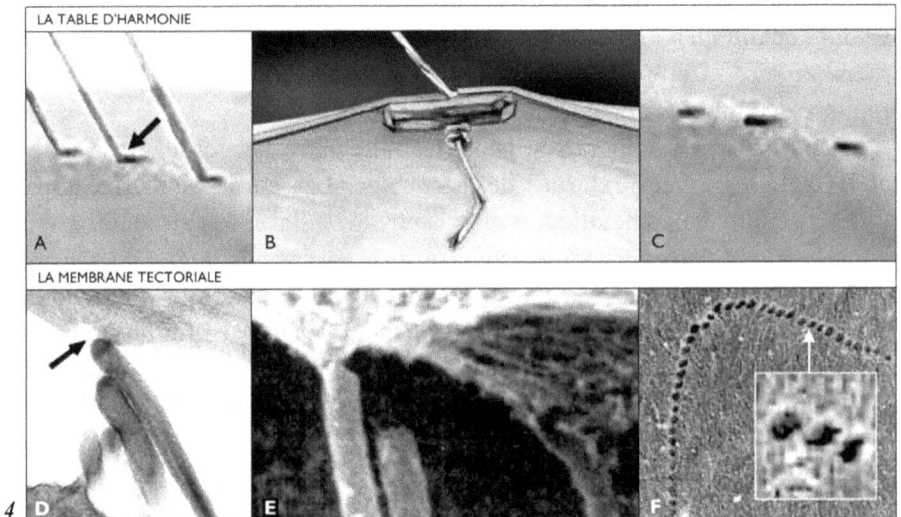

point d'ancrage jusqu'au sein de la table d'harmonie. D'une façon identique, les cellules ciliées externes (CCEs) sont fixées par leur extrémité basale aux cellules de Deiters, et par leur touffe ciliaire à la membrane tectoriale. Ainsi maintenues, les CCEs présentent des mouvements très rapides de contraction/décontraction de leur corps cellulaire – appelés électromotilité cellulaire – couplés à des oscillations périodiques de leur touffe ciliaire. Associés à l'électromotilité, des pivotements de la base des CCEs ont été décrits conduisant à un déplacement radial de la cellule. Il convient d'ajouter que la harpe ne connaît que le mode de mise en vibration des cordes par pincement. Leur disposition ne permet pas en effet de raccourcir l'espace de vibration par appui sur le manche, comme c'est le cas avec un violon. Chaque corde résonne donc à vide et ne produit qu'un seul son. De même, chaque rangée transversale de cellules ciliées externes, de par sa position le long de l'organe de Corti et ses caractéristiques structurales, ne répond qu'à une seule fréquence de stimulation. Enfin, à l'instar des doigts du harpiste qui peuvent bloquer ou étouffer les vibrations de certaines cordes et laisser les autres vibrer librement – voire même par sympathie – de nombreuses fibres efférentes se projettent depuis le système nerveux central sur les CCEs par l'intermédiaire de synapses cholinergiques afin de moduler l'intensité de la réponse de ces dernières[8].

Une quatrième comparaison peut être faite entre la table d'harmonie et la membrane tectoriale. La table d'harmonie est une membrane de peau d'animal fibreuse et gélatineuse tendue au-dessus de la caisse de résonance. L'une des extrémités des cordes est insérée sous la table d'harmonie qu'elle traverse, comme l'attestent la présence de petits trous visibles lorsqu'on les retire. La surface des cordes étant très restreinte, leurs vibrations ne produisent que des sons très faibles. En revanche, si les vibrations des cordes sont transmises à une surface plus grande possédant des propriétés conductrices, les sons qu'elles produisent durent moins longtemps, mais sont d'une plus grande intensité. Outre l'amplification du signal provenant des cordes, la table d'harmonie assure sa transmission vers la caisse de résonance. De même, la membrane tectoriale est une membrane fibreuse et gélatineuse qui recouvre l'organe de Corti. Les extrémités des cils les plus longs des cellules ciliées externes sont insérées dans cette membrane à la surface de laquelle elles laissent des empreintes en creux parfaitement visibles au microscope électronique.

---

[8] *Frolenkov, G.I. (2006) Maison, S.F. et al. (2007) Richard, C. (2010).*

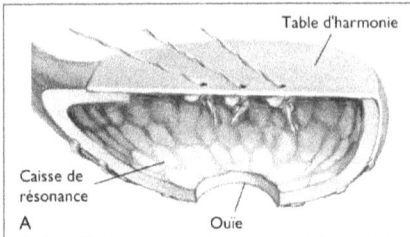

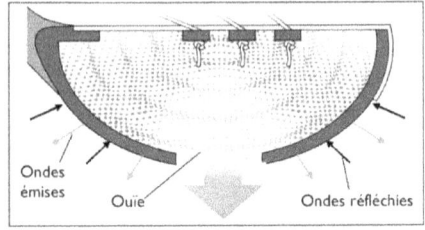

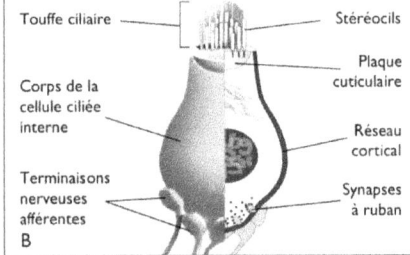

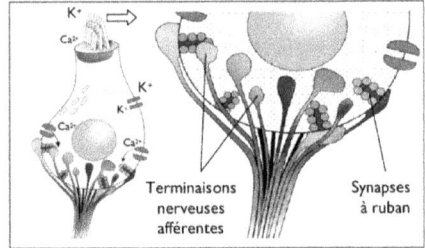

1. A) La caisse de résonance a pour fonction de recevoir et de rendre audible les vibrations des cordes transmises par la table d'harmonie ; B) les cellules ciliées internes ont un corps piriforme ; elles ont pour fonction de façonner le signal avant de le transmettre au cerveau. 2. Lorsque les ondes sonores pénètrent à l'intérieur de la caisse de résonance, elles sont réfléchies par les parois, se rencontrent, s'additionnent et prennent des formes diverses avant de s'échapper pour 1/3 à travers les parois de la caisse et pour 2/3 par son (ou ses) ouïe(s). Ces vibrations rebondissent en partie sur le corps du harpiste et les éventuelles parois d'une enceinte fermée ou semi-ouverte dans laquelle il est susceptible de se tenir, et finissent par se répercuter sur les parois extérieures de la caisse. Elles engendrent alors des micromouvements à l'intérieur de celle-ci qui viennent s'ajouter aux nouvelles ondes ; c'est ce qu'on appelle la réverbération sonore. 3. Les CCIs sont innervées par environ 95 % de fibres afférentes. Chaque fibre ne s'articule qu'avec une CCI. Mais chaque CCI possède entre 10 et 30 fibres afférentes qui lui permettent de convertir un signal d'entrée simple en un message auditif élaboré et enrichi à l'adresse du cerveau. 4. Schéma synthétisant l'analogie entre une harpe urukéenne du 4ᵉ millénaire et l'organe de Corti. Notons que cette analogie n'intègre pas une comparaison entre les socles de bois et les piliers de Corti, car ces arches n'apparaissent sur les harpes qu'au 3ᵉ millénaire pour stabiliser leur structure (voir photo en bas à droite).

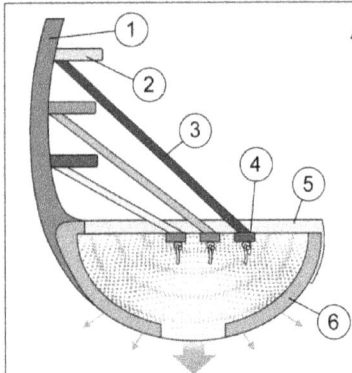

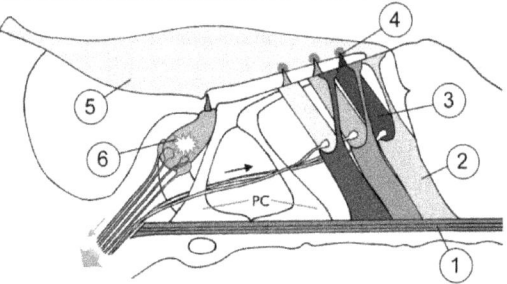

I – Console / Membrane basilaire
2 – Chevilles / Cellules de Deiters
3 – Cordes / Cellules ciliées externes
4 – Taquets / Liens d'attachement
5 – Table d'harmonie / Membrane tectoriale.
6 – Caisse de résonance - Ouïe(s) / Cellule ciliée interne - Fibres afférentes

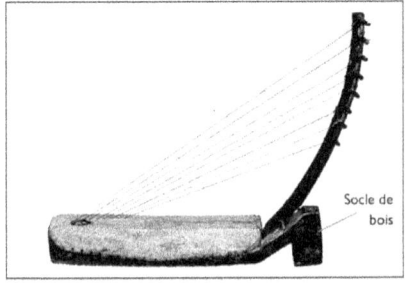

Lorsque les CCEs vibrent, leurs touffes ciliaires s'inclinent et amplifient alors le mouvement relatif entre la membrane basilaire et la membrane tectoriale. Le signal amplifié est alors transmis aux cellules ciliées internes. Ainsi, la membrane tectoriale, tout comme la table d'harmonie, joue un rôle primordial dans la transmission de la stimulation sonore.

Une cinquième comparaison peut être faite aussi entre les taquets d'ancrage et les liens d'attachement de la membrane tectoriale. Les taquets d'ancrage sont de fines lames de bois fixées horizontalement sous la table d'harmonie. Ils participent à la transmission des vibrations et empêchent que les nœuds aux extrémités inférieures des cordes ne s'échappent sous la tension. D'une façon identique, des liens d'attachement, insérés sous l'épaisseur de la membrane tectoriale, ont été observés. Leur présence a pour but d'arrimer l'apex de la plus haute rangée de stéréocils des touffes ciliaires des cellules ciliées externes dans la membrane tectoriale. Cet ancrage promeut l'efficacité de la vibration des CCEs et, dans une moindre mesure, les protège de trop fortes tensions[9].

Enfin, une sixième comparaison peut également être faite entre la caisse de résonance (et son ouïe) et la cellule ciliée interne (et ses fibres afférentes). En organologie, on appelle caisse de résonance la partie d'une harpe qui a pour rôle de recevoir et de rendre audible les vibrations produites par les cordes et la table d'harmonie. Lorsque les ondes sonores pénètrent à l'intérieur de la caisse, elles se heurtent à ses parois. Une partie des ondes est absorbée tandis que l'autre rebondit. Les ondes qui se réverbèrent se rencontrent et s'additionnent et il en résulte un son plus perceptible, qui s'échappe notamment par une ou des ouvertures, situées à la base ou sur les côtés de la caisse, appelées les ouïes. Aux vibrations en deux dimensions, générées par les cordes et transmises par la table d'harmonie, la caisse de résonance apporte au son amplifié une troisième dimension acoustique : sa forme. En effet, la configuration de la caisse façonne naturellement le son, qui peut même être modulé grâce à des pièces de bois rectangulaires, appelées barrages, fixées sur sa base intérieure et sous la table d'harmonie pour guider les ondes et l'enrichir de nouvelles euphonies. Ainsi, selon la complexité et la qualité des barrages, le son et les instruments peuvent respectivement prendre des formes élaborées et différer en puissance et en sonorité. La cellule ciliée interne (CCI) est, quant à elle, la véritable cellule sensorielle de l'organe de Corti dans le mesure où elle perçoit la stimulation extérieure et la transmet au

---

[9] *Richardson, G.P. & al. (2008) Verpy, E.; Leibovici, M. et al. (2011).*

cerveau. La CCI est stimulée mécaniquement par les vibrations transmises par la membrane tectoriale qui défléchissent sa touffe ciliaire apicale. Cette déflexion entraîne une entrée de calcium qui génère à son tour, à la base de la cellule, une libération de neurotransmetteur qui est corrélée à la stimulation. Il s'ensuit dans les fibres nerveuses afférentes des potentiels d'action qui sont conduits par le nerf auditif aux centres nerveux supérieurs. Il a été démontré que les constituants pré et postsynaptiques présentent une distribution morpho-fonctionnelle qui permet à la CCI de façonner sa réponse électrique[10]. Ainsi, à l'instar de la caisse de résonance et des ouïes, la CCI et les fibres nerveuses afférentes convertissent un signal d'entrée simple – oscillation de la touffe ciliaire – en un signal de sortie élaboré.

---

[10] *Safieddine, S.; El-Amraoui, A.; Petit, C. (2012).*

Le Métier à Tisser Vertical et le Système Vestibulaire

Philippe Roi, Tristan Girard, Jean-Daniel Forest[1]†, Christian Chabbert[2]
avec la contribution de Catherine Breniquet[3]

[1]Spécialiste du Proche-Orient Ancien, Chercheur au CNRS, Enseignant à l'Université Paris I Panthéon-Sorbonne, [2]Coordinateur de Recherche au CNRS, INSERM U1051, Institut des Neurosciences de Montpellier, Laboratoire de Physiologie et Thérapie des désordres vestibulaires, [3]Professeur en Histoire de l'Art et Archéologie Antiques à l'Université Blaise-Pascal Clermont II.

*Relecture : **Alain Sans** (Professeur Honoraire de Neurobiologie Sensorielle, INSERM Université de Montpellier), **Michel Leibovici** (Docteur en Biologie Cellulaire et Moléculaire de l'Université Paris VI, Chercheur au CNRS, Institut Cochin, INSERM U1016), **Bernard Schotter** (Administrateur Général du Mobilier National des Manufactures des Gobelins de Paris). Avec la participation de **Anne-Sophie Nivière** (Chef d'Atelier de Haute-lisse à la Manufacture des Gobelins.) et **Marie-Pierre Puybarret** (Tisserande et Enseignante en Art textile, Recherche de textiles anciens pour le CNRS).*

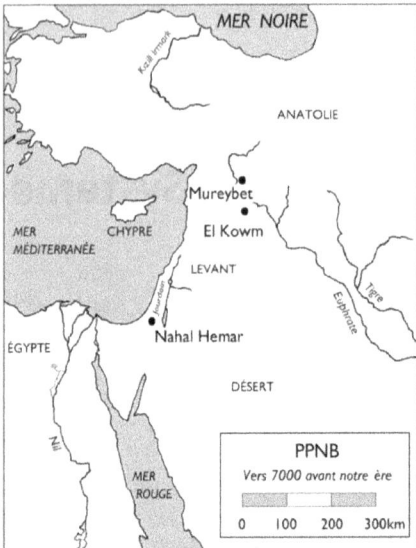

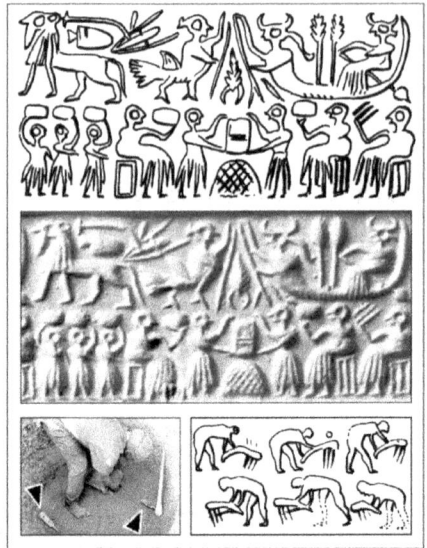

1. Emplacement de la grotte palestinienne du Nahal Hemar (période natoufienne) et de l'oasis d'El Kowm en Syrie (PPNB). 2. Empreinte d'argile (en haut) d'un sceau-cylindre du 3ᵉ millénaire. Elle pourrait attester de l'existence d'échanges entre les Urukéens et les populations du nord de la Mésopotamie. On note, en bas à gauche de l'empreinte, des personnages qui transportent des étoffes et les déplient au centre (peut-être pour les compter et faire observer leur qualité). Ces étoffes semblent faire l'objet d'un échange contre des minéraux précieux qui pourraient être symbolisés par un outil d'extraction minière que semble tenir le personnage assis à l'extrême droite. On retrouve sur une empreinte de sceau cet instrument caractéristique avec ses trois lames – obsidienne ? – encore utilisé de nos jours par les puisatiers africains, munis d'une réserve de lames. 3. A et B) Empreinte en argile et reproduction d'une empreinte d'un sceau-cylindre susien représentant des personnages travaillant sur un métier à tisser horizontal ; C) dessin d'un métier à tisser horizontal identique à celui de l'empreinte du sceau-cylindre, auquel a été ajouté une lame en bois pour faciliter le passage de la navette.

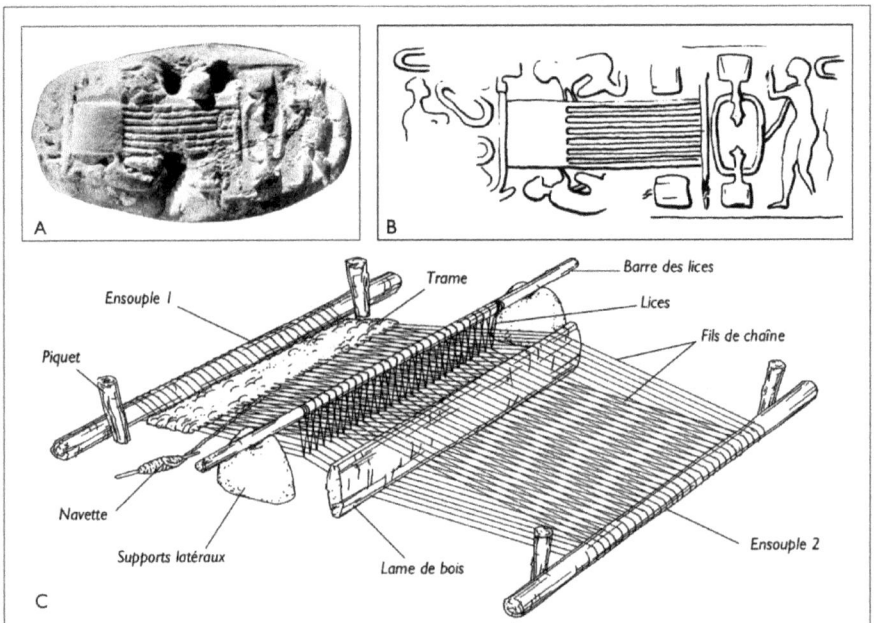

Au cours de la seconde moitié du 4e millénaire, les échanges entre les communautés de haute et de basse Mésopotamie auraient évolué[1], entraînant de profonds changements dans la production des textiles. Il est vraisemblable, en effet, qu'un déséquilibre soit survenu dans les relations de réciprocité entre les Urukéens et les villageois du Nord lorsque ces derniers se sont aperçus que la progéniture des ovins, acquis à grands frais, n'héritait pas des qualités rarissimes de leurs reproducteurs. De fait, les caractéristiques de leur pilosité ne pouvaient se transmettre d'une génération à l'autre sans poursuivre un régime alimentaire composé de céréales et de foin à forte teneur en sel[2] ; régime que les éleveurs du Nord ne pouvaient leur fournir, les récoltes suffisant à peine à nourrir leurs familles. De leur côté, les Urukéens, avec pour seule monnaie d'échange leurs céréales et leurs ovins, n'auraient plus été en mesure d'exiger autant de produits exotiques en ne fournissant que de la laine brute. Seul un produit à forte valeur ajoutée pouvait les sortir de cette impasse, autrement dit des étoffes d'une taille et d'une qualité exceptionnelles, pour la production desquelles les Urukéens auraient été contraints de transformer radicalement leurs méthodes de tissage.

Depuis quatre mille ans déjà, la technique du tissage était utilisée en Orient, comme l'attestent les fragments d'étoffes découverts dans la grotte palestinienne du Nahal Hemar. En outre, des vestiges attribuables à un métier à tisser horizontal datant du PPNB ont été découverts dans une maison de l'oasis d'El-Kowm, en Syrie[3]. Le métier était constitué de deux barres parallèles appelées ensouples, retenues au sol par des piquets. Leur écartement déterminait la longueur du tissu. Les fils tendus en « 8 » entre les ensouples – appelés fils de chaîne – étaient attachés à raison d'un sur deux à une troisième barre horizontale fixe reposant sur deux supports latéraux. Cette barre, dite des lices, formait deux nappes que les artisans, assis de chaque côté du métier, permutaient à l'aide d'une lame de bois placée tantôt à plat, tantôt de chant. L'espace ainsi obtenu permettait le passage de la navette, une simple tige sur laquelle étaient enroulés plusieurs mètres de fil. La trame, une fois glissée, était ensuite tassée au moyen d'un couteau en bois. Au fur et à mesure que l'ouvrage progressait, la barre des lices et ses supports étaient déplacés[4]. En revanche, on ne trouve aucune trace archéologique en Mésopotamie d'un autre type

---

[1] *Schwartz, M. et al. (1999) Pollock, S. (1999) Rothman, M.S. (2002) Huot, J.-L. (2004).*
[2] *NRC (1985) Kott, R. (1998) Jurgens, M.H. (2002) Chavancy, G. (2005).*
[3] *Barber, E.W. (1991).*
[4] *Breniquet, C. (2008).*

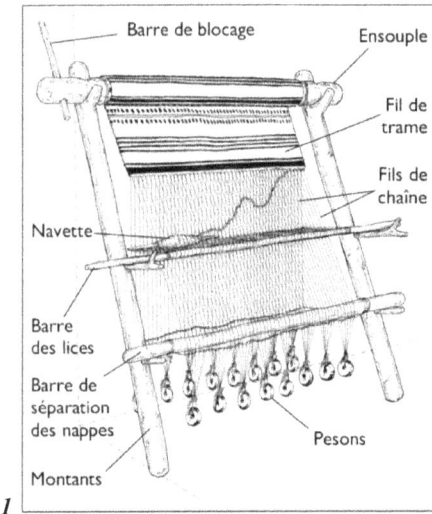

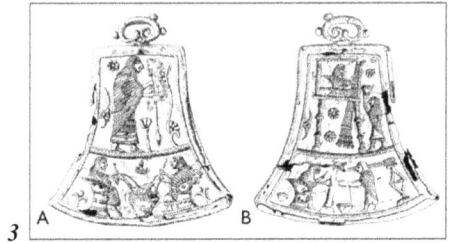

1. *Métier à tisser à pesons en cours d'ouvrage. On remarque que les pelotes, formées au moment de l'ourdissage, ont été dénouées et que l'étoffe est enroulée autour de l'ensouple.* 2. *Lécythe dit « du tissage », à figures noires attribué au peintre d'Amasis, 6ᵉ siècle avant notre ère.* 3. *Tintinnabulum. Pendentif de la culture Villanovienne à Bologne, 7ᵉ siècle avant notre ère. Le décor, disposé sur deux registres, représente une scène de filage (face A) et de tissage (face B).* 4. *Empreintes de sceaux-cylindres – jusqu'alors considérées comme des scènes de banquet et de construction, Pierre Amiet, La Glyptique mésopotamienne archaïque – comparées aux motifs du vase grec attribué au peintre d'Amasis, d'après l'interprétation de Catherine Breniquet et Efthymia Mintsi* (cf. fig. 2) et du pendentif (cf. fig. 3) : A) étirage de la laine ; B) filage de la laine avec une quenouille et un fuseau ; C) pesée de la laine ; D) tissage de l'étoffe ; E) rangement des étoffes.*

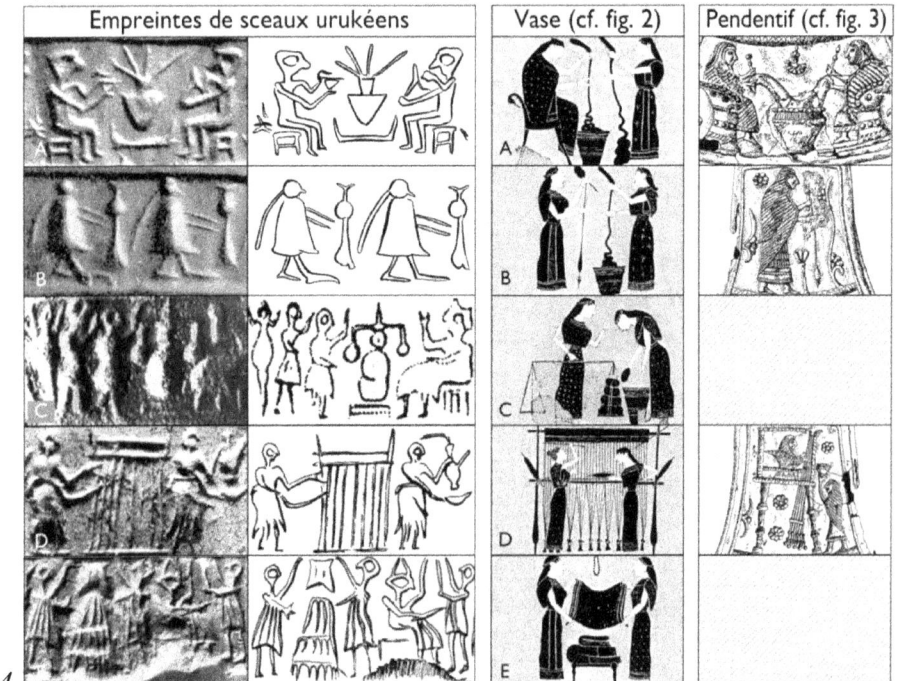

* Breniquet, C. ; Mintsi, E. (2000).

de métier à tisser dit vertical. Il est pourtant admis par les spécialistes du tissage antique que le métier vertical à chaîne lestée par des pesons constituait par excellence le métier à tisser des communautés du bassin méditerranéen. Il se composait de deux montants latéraux verticaux reliés en leur sommet par une ensouple, à laquelle étaient suspendus les fils de chaîne auxquels étaient accrochés des pesons en argile. Une barre d'écartement fixée en partie basse permettait de séparer en deux nappes les fils pairs et impairs, évitant ainsi tout risque d'emmêlement. Une barre des lices était chevillée à mi-hauteur des montants latéraux ; si celle-ci était fixe, la permutation était alors donnée par des baguettes prenant un fil sur deux en alternance. Elle était cependant le plus souvent mobile, reposant sur deux petites fourches en bois fixées sur les montants. Dans ce cas, un artisan toujours debout repoussait la barre contre les montants et la tirait pour assurer la permutation des nappes. La trame, glissée entre les fils de chaîne à l'aide d'une navette, était battue vers le haut, bras levés, avec un couteau de bois, de sorte que le tissu se formait de haut en bas. Les barres des lices pouvaient aussi être multipliées par paires. Manipulées en alternance, elles permettaient la réalisation de l'armure sergé. Une telle configuration se prêtait au tissage de la laine dont les fibres écailleuses s'accrochaient les unes aux autres. La conception même de l'outil offrait de nombreuses possibilités, comme la fabrication de bordures latérales automatiques ou la réalisation de longues étoffes si le métier était installé sur une fosse ou sur une estrade, grâce à une réserve de fils pelotés au-dessus des poids. Le tissu pouvait être enroulé autour de l'ensouple pendant le tissage. Ce procédé permettait de travailler toujours à bonne hauteur et de confectionner de longues bandes d'étoffes. Bien que ce type de métier à tisser soit identifiable sur certains vases grecs et que ses traces archéologiques soient nombreuses autour du bassin méditerranéen, la documentation orientale n'est pas aussi claire. Les pesons retrouvés sont habituellement interprétés comme des poids permettant de lester les filets de pêche, bien que deux spécimens découverts sur le site de Oueili soient ornés d'un décor peint pour le moins incompatible avec un séjour dans l'eau. En conséquence, il est communément admis que les Mésopotamiens tissaient jusqu'au troisième millénaire sur des métiers horizontaux. Ce raisonnement, parfaitement étayé par la documentation disponible, est pourtant contestable. Il suffit, pour s'en convaincre, de décomposer les étapes préalables au tissage d'une étoffe, depuis la livraison des fibres jusqu'à leur fixation sur l'ensouple du métier à tisser. À ce jour, seul le travail des fibres de la laine est documenté

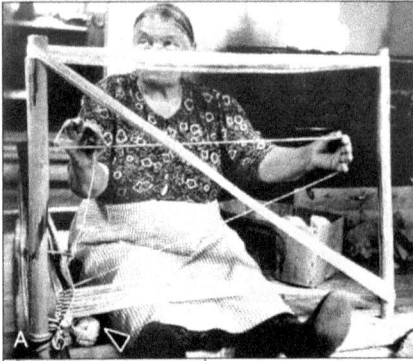

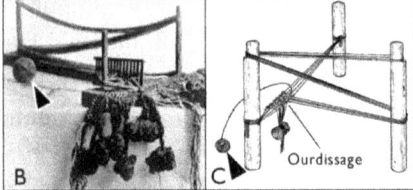

*1. A) Scène d'ourdissage (les pelotes de laine sont indiquées par une flèche noire) ; B) métier à ourdir.
C) Dessin d'un métier à ourdir et de l'ourdissage en cours de réalisation. 2. Partie d'une empreinte
d'un sceau-cylindre représentant une scène d'étirage. 3. Empreinte d'un sceau-cylindre représentant
deux individus placés de part et d'autre d'un métier à ourdir. 4. A) Métier à tisser vertical. On
remarque que des pelotes de fils sont nouées au-dessus des pesons au début de l'ouvrage ; B) empreinte
en argile d'un sceau-cylindre (début du 3ᵉ millénaire) représentant une scène de tissage sur un métier
vertical ; C) vue en coupe des lices au repos : nappes fermées (à gauche) et vue en coupe des lices en
action : nappes ouvertes (à droite).*

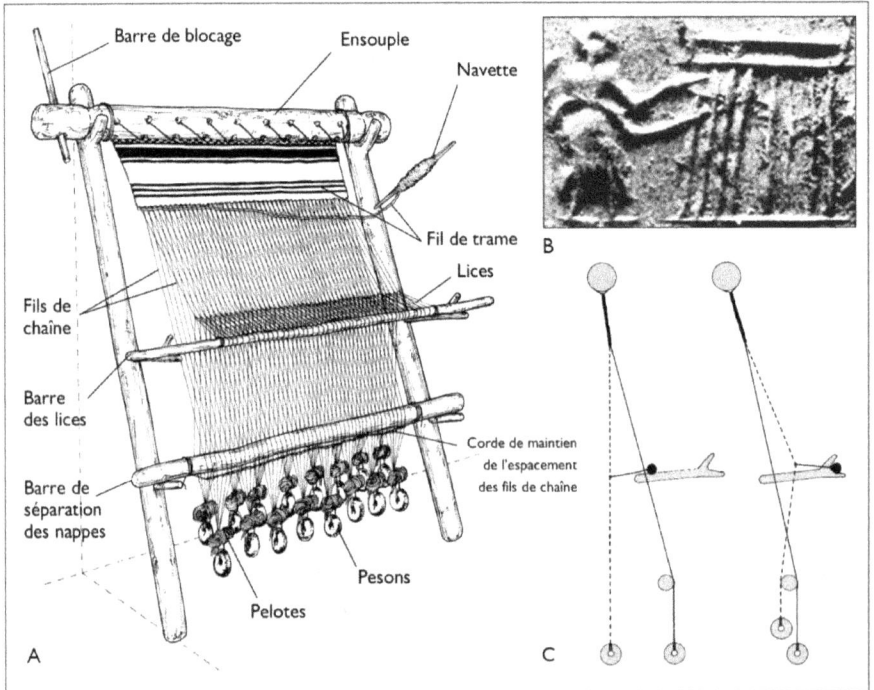

par l'iconographie des sceaux-cylindres protodynastiques[5]. Ceux-ci nous révèlent que ladite laine était mise en balles et pesée sous la conduite d'un personnage, suggérant un contexte « officiel » ou, tout au moins, la surveillance d'un contremaître dans un atelier. Les empreintes de sceaux nous apprennent aussi que la laine était placée dans un vase ou dans un panier pour être filée. La tâche consistait à étirer les mèches de façon à former un ruban, soigneusement enroulé autour d'une quenouille, pour qu'il puisse être filé à l'aide d'un fuseau. Commençait alors l'étape de l'ourdissage, terme désignant la préparation des fils installés sur l'ensouple du métier à tisser pour former la chaîne de la future étoffe. Avec un métier à tisser horizontal, l'ourdissage s'effectue entre trois piquets muraux, disposés en triangle, autour desquels est enroulé en « 8 » un seul fil de chaîne continu. La chaîne ainsi préparée est glissée sur les ensouples du métier horizontal, la permutation des fils de chaîne ayant été prévue dès l'ourdissage. Avec un métier à tisser vertical, l'ourdissage s'effectue d'une façon radicalement différente et nécessite de recourir à un métier à ourdir. Ce dernier se compose de trois piquets au sol, disposés en triangle, dont l'un est à distance variable des deux autres. Son emploi consiste à tisser une bande, destinée à servir de lisière de départ à la future étoffe. Les fils de trame de cette lisière sont étirés à la longueur voulue et enroulés autour du piquet à distance variable, pour être réunis, au fur et à mesure, en petites pelotes qui formeront la chaîne du futur tissu. La bande ainsi tissée est ensuite installée sur l'ensouple du métier vertical, et les pelotes sont déroulées afin de suspendre les poids à la chaîne ainsi formée. Partout où le métier à pesons est attesté, il existe un système d'ourdissage spécifique, celui que nous venons de décrire étant le plus élaboré. Il est conçu pour renforcer le tissu, là où le travail risque de l'endommager. Pour des étoffes dont la chaîne est plus longue, cette opération s'effectue à deux personnes : l'une, assise, tisse la lisière, tandis que l'autre, debout, étire le fil jusqu'au troisième piquet d'autant plus éloigné que le tissu doit être long. Cette opération est clairement représentée sur l'empreinte d'un sceau-cylindre du début du 3e millénaire[6]. Deux personnages stylisés sont placés de part et d'autre d'un motif central. Celui de droite est assis sur un siège à dossier tandis que celui de gauche est debout. Ils semblent tous deux maintenir le motif central. Celui-ci se compose d'un carré dont les diagonales sont indiquées, et dont un côté semble s'enrouler autour de lui à la manière d'une spire carrée.

---

[5] *Frankfort, H. (1955).*
[6] *Hoffmann, M. (1974) Broudy, E. (1979) Breniquet, C. (2000)(2008).*

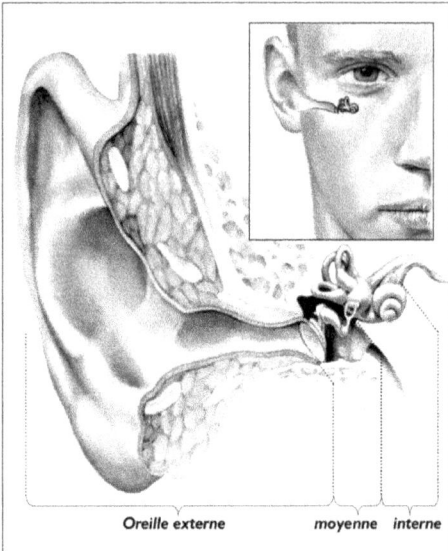

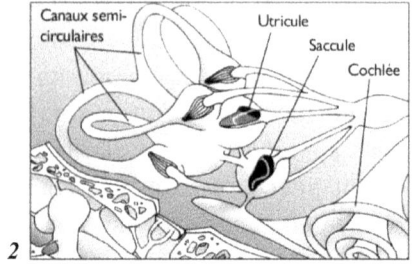

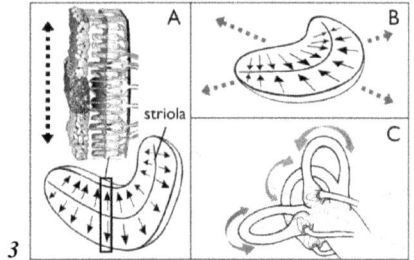

*1. Figure indiquant l'emplacement des oreilles externe, moyenne et interne. **2.** Position des macules utriculaire et sacculaire dans le labyrinthe. **3.** A) (en bas) Schéma d'orientation des kinocils dans la macule sacculaire de part et d'autre de la striola ; (en haut) coupe verticale de la macule sacculaire montrant une sensibilité aux déplacements linéaires verticaux ; B) schéma d'orientation des kinocils dans la macule utriculaire de part et d'autre de la striola, sensibles aux déplacements linéaires horizontaux ; C) les crêtes ampullaires, reliées aux trois canaux semi-circulaires disposés dans les trois plans orthogonaux de l'espace, décèlent les accélérations angulaires. **4.** A) Déplacements linéaires verticaux – sensibilisation du saccule ; B) déplacements linéaires horizontaux – sensibilisation de l'utricule ; C) accélérations angulaires frontales, horizontales et sagittales : sensibilisation des crêtes ampullaires des canaux semi-circulaires.*

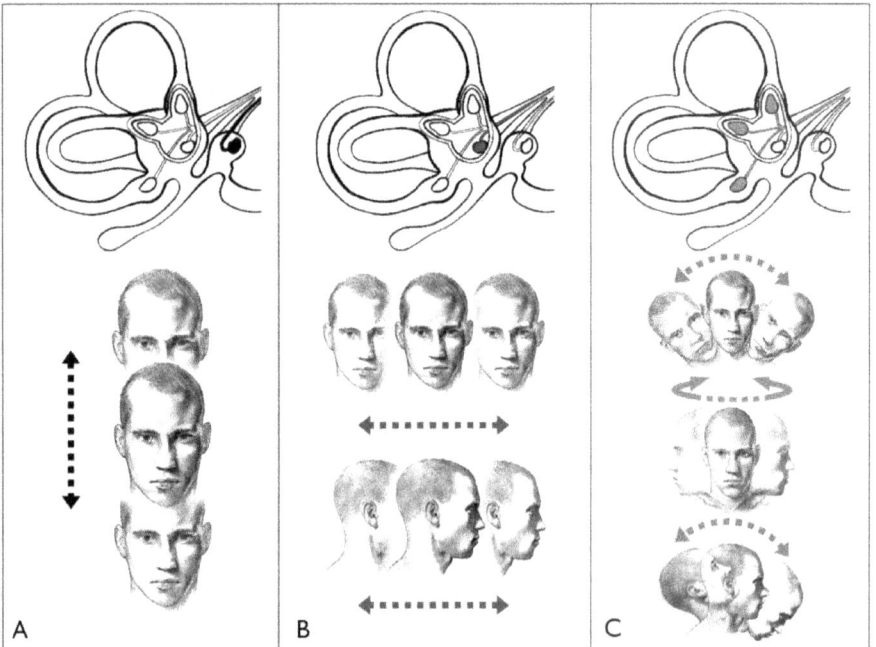

Sous ce motif, on remarque trois points. En fait, ce dessin représente la fabrication d'une lisière sur un ourdissoir. En effet, les Sumériens, pour lesquels la représentation de trois quarts n'existait pas, avaient opté pour la juxtaposition de deux plans perpendiculaires sur une même représentation présentée à plat au regard. La lisière est néanmoins clairement indiquée au double côté inférieur, de même que l'étirement du fil, ainsi que les pelotes symbolisées par les points. La représentation de ce métier à ourdir sous-entend donc l'emploi, en Mésopotamie, du métier à tisser vertical, et ce dès le 4ᵉ millénaire.

Le métier à tisser vertical étant décrit et replacé dans son contexte d'origine, il est intéressant de constater que son mode de fonctionnement repose sur deux concepts essentiels : la verticalité et la pesanteur. Chez l'homme, la perception de la pesanteur et la notion de verticalité résultent de l'interaction de plusieurs capteurs sensoriels : les récepteurs vestibulaires – spécialisés dans la détection des déplacements statiques et des accélérations linéaires et angulaires –, les propriocepteurs musculaires et articulaires et les capteurs visuels. L'ensemble de ces informations sensorielles informe le système nerveux central sur la position de la tête par rapport au tronc et aux membres et, au-delà, sur la stature et le déplacement de l'organisme par rapport au vecteur gravitationnel. Sur un plan conceptuel, des similitudes apparaissent entre le mode de fabrication d'une étoffe à l'aide d'un métier à tisser vertical et le mode d'acquisition de l'information vestibulaire, responsable de la notion de verticalité chez l'homme. Le tissage d'un textile par les Mésopotamiens ainsi que l'acquisition et le traitement d'une information vestibulaire emploient, en effet, un même élément moteur : la force de gravité terrestre.

La conception d'une étoffe sur un métier à tisser vertical consiste, nous l'avons dit, à fabriquer un tissu, grâce à l'entrecroisement de fils verticaux dits de chaîne – mis en tension par des masses inertielles appelées pesons – et d'un fil horizontal appelé trame. Dans ce cas précis, l'utilisation de la force de gravité comme force mécanique additionnelle constitue une avancée technique majeure par rapport à l'utilisation du métier à tisser horizontal. De la même manière, la détection de la pesanteur terrestre par les récepteurs otolithiques repose sur un dispositif biologique dont l'élément moteur est la force de gravité[7]. Rappelons que l'oreille interne renferme, dans le volume d'une noisette, un récepteur acoustique d'une extrême sensibilité : la cochlée, et un système de capteurs inertiels fonctionnant dans

---

[7] *Harada, Y. et al. (1998) Lundberg, Y.W. et al. (2006) Sans, A. (2008).*

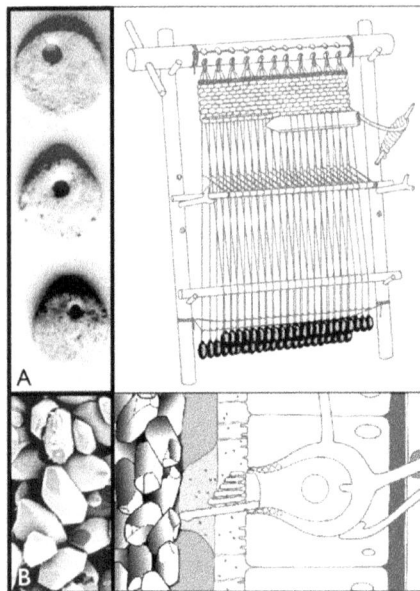

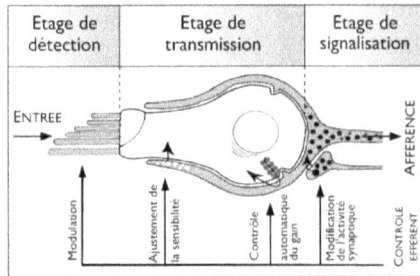

1. *Schémas (en haut) d'un métier à tisser vertical avec ses pesons – en gris foncé – et (en bas) d'une cellule ciliée de la macule sacculaire dont le kinocil est au contact de la membrane gélatineuse soutenant la couche d'otolithes. Sur les côtés, pesons (A) et otoconies (B).* **2.** *Schéma résumant le contrôle de la prise de l'information par une cellule vestibulaire de type I.* **3.** *A) Vue de profil d'une cellule de type I de la macule sacculaire ; B) vue de face de la touffe ciliaire de la même cellule (microscopie à balayage).* **4.** *A) Ensouple et fils de chaîne d'un métier à tisser vertical – Plaque cuticulaire et stéréocils d'une cellule sacculaire ; B) gros plan sur la corde de maintien de l'espacement des fils de chaîne – Gros plan sur les liens latéraux qui relient les stéréocils ; C) ensouple sur laquelle sont solidement cousus les fils de chaîne – Plaque cuticulaire dans laquelle sont enracinés les stéréocils.*

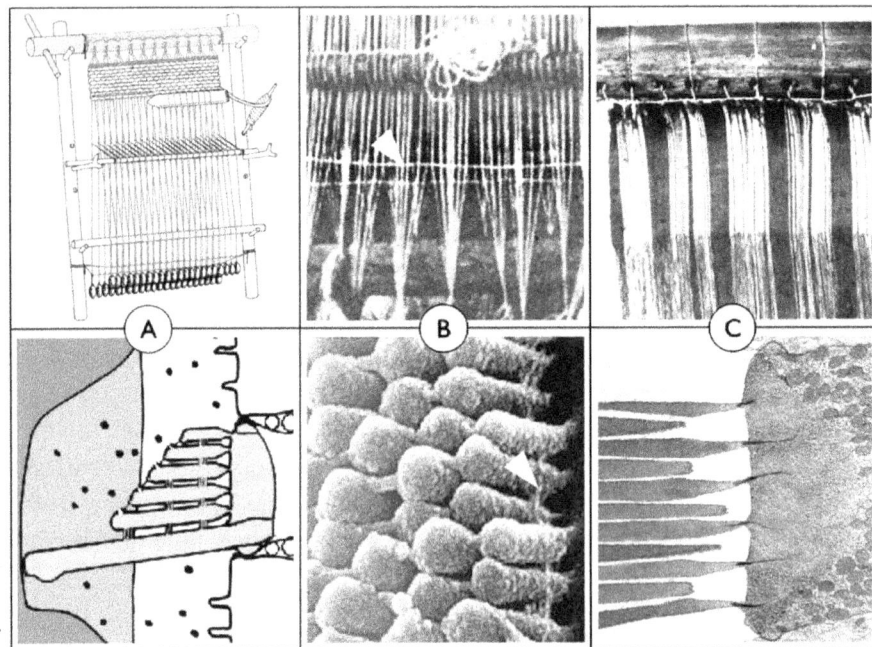

les trois dimensions de l'espace : le vestibule. Ce dernier renseigne, en permanence, les centres nerveux supérieurs sur la position de la tête et sur les accélérations subies. Le vestibule se compose de cinq épithéliums sensoriels, chacun spécialisé dans la détection d'un type de stimulation mécanique. Les crêtes ampullaires présentes dans les trois canaux semi-circulaires disposés dans les trois plans orthogonaux de l'espace décèlent les accélérations angulaires, tandis que deux macules signalent les déplacements linéaires et les positions statiques de la tête. La macule utriculaire est orientée essentiellement dans un plan horizontal, perpendiculairement à la macule sacculaire située, quant à elle, dans un plan vertical. Toutes deux détectent la force de gravité selon la position de la tête. Le rôle des épithéliums sensoriels maculaires consiste donc à traduire les stimulations mécaniques, induites par la pesanteur, en messages électriques, lesquels sont ensuite décodés par le système nerveux central. Cette opération s'effectue grâce à la présence de mécanorécepteurs au niveau des macules, les cellules ciliées, dont l'apex baigne dans un liquide appelé endolymphe. Le bon fonctionnement de ces cellules dépend d'une part de la présence dans l'endolymphe d'une haute teneur en ions potassium $K+$ et d'autre part de l'existence, à la surface des macules d'amas de cristaux de calcite, les otolithes – littéralement pierres d'oreille – ou otoconies[8]. Les otoconies rendent la membrane otolithique considérablement plus lourde que les structures et les liquides qui l'entourent. Un simple mouvement linéaire de la tête dans le champ de gravité terrestre entraîne un léger déplacement de cette membrane qui exerce, par un effet de cisaillement, une traction sur le kinocil et les stéréocils composant la touffe ciliaire des cellules sensorielles. La tension qui en résulte a comme conséquence l'ouverture des canaux situés à l'apex des stéréocils, conduisant à l'entrée d'un flux d'ions positifs – ou cations – à l'intérieur des cellules. Cet influx de cations entraîne une dépolarisation membranaire qui aboutit à l'excitation électrique des cellules. Les cellules ciliées opèrent ainsi une transduction mécanoélectrique. Un mouvement dans le sens opposé conduit à la fermeture des canaux de transduction et produit une hyperpolarisation qui inhibe les cellules. Ainsi, suivant la direction de la stimulation, chaque cellule ciliée favorise ou empêche le départ d'une information vers le système nerveux central[9].

À ce stade, une première comparaison peut être faite entre un métier à tisser vertical et une cellule ciliée de type I de la macule sacculaire. Les

---

[8] *Sans, A. (2008).*
[9] *Flock, A.; Duvall, A.J. (1965).*

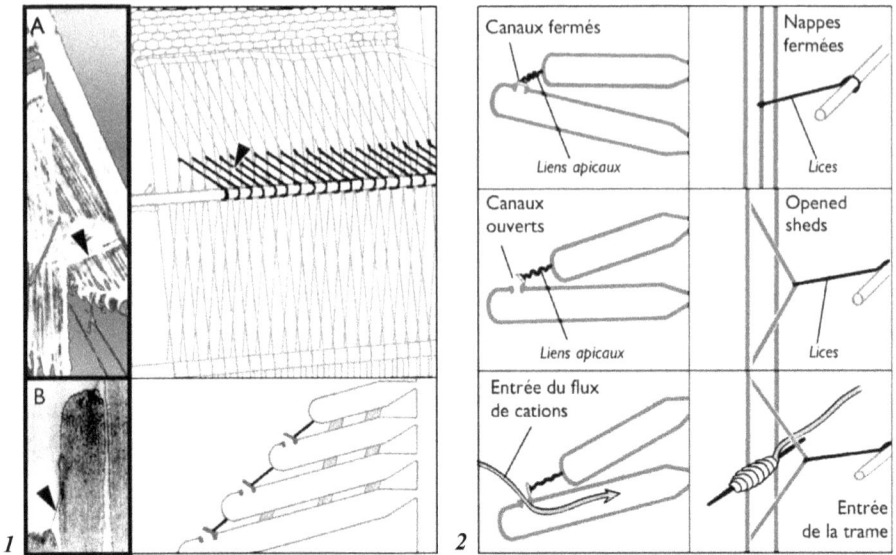

1. A) Lices d'un métier à tisser permettant l'ouverture et la fermeture des nappes de fils de chaîne ;
B) liens protéiques apicaux permettant l'ouverture et la fermeture des canaux de transduction des
stéréocils. 2. Système d'ouverture et de fermeture des canaux de transduction comparé à celui des
nappes de chaîne. 3. A) Schéma de la touffe ciliaire d'une cellule de la macule sacculaire vue de face et
de profil, ainsi que ses différentes modulations de l'information nerveuse selon le nombre de canaux
ouverts (a,b,c) ; B) schéma des nappes de fils de chaîne d'un métier à tisser vues de face et de profil,
ainsi que ses différentes armures, ou types d'enchevêtrement, selon le nombre de barres de lices activées.

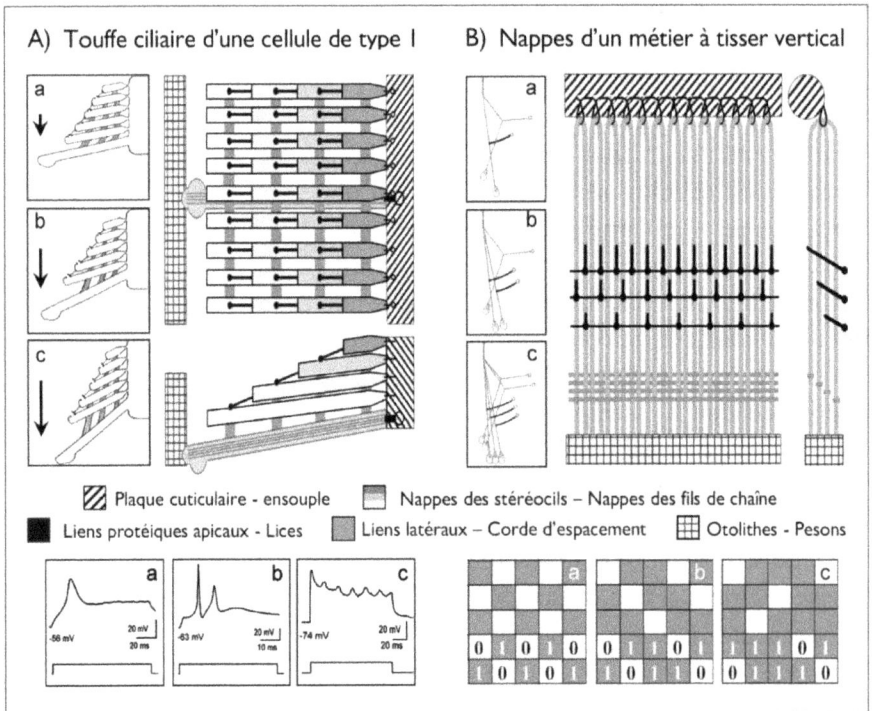

pesons qui exercent une traction sur les fils de chaîne fixés à l'ensouple peuvent en effet être comparés aux otolithes qui exercent une tension sur les stéréocils ancrés dans la plaque cuticulaire. Le rôle des pesons et des otolithes est identique : les pesons maintiennent tendus les fils de chaîne, ce qui est essentiel pour assurer un passage correct de la trame lors du tissage, tandis que les otolithes assurent un transfert efficace de la force gravitationnelle aux stéréocils lors du mouvement. De même, les fils de chaîne sont répartis en deux ou plusieurs nappes selon la qualité et les motifs que l'artisan souhaite donner à l'étoffe. Les stéréocils sont également organisés par nappes de même grandeur et disposés à l'apex de la cellule ciliée, mais selon une taille croissante jusqu'au kinocil. Il est à souligner que les fils de chaîne sont maintenus entre eux par une corde transversale enroulée autour de chaque fil pour que l'espace qui les sépare soit respecté et qu'ils ne s'enchevêtrent pas. De façon analogue, les stéréocils sont reliés entre eux par des liens protéiques latéraux qui maintiennent la cohésion mécanique de la touffe ciliaire lors des mouvements de déflexion, les empêchant ainsi de se chevaucher[10]. Enfin, l'ensouple, sur laquelle sont fixés les fils de chaîne, peut être comparée à la plaque cuticulaire de la cellule sensorielle sur laquelle sont fixés les stéréocils[11]. L'ensouple est munie, en effet, d'encoches dans lesquelles s'insèrent les fils de chaîne tandis que la plaque cuticulaire, structure rigide située à l'apex de la cellule, est pourvue de filaments d'actine qui s'interconnectent de façon croisée avec les racines des stéréocils afin de les maintenir solidement.

Une deuxième comparaison peut être réalisée entre le système d'ouverture des nappes du métier à tisser et celui des canaux de transduction des stéréocils d'une cellule ciliée de type I. Nous avons expliqué précédemment que lorsque le tisserand tire la barre des lices, les fils de chaîne auxquels elle est reliée se déplacent avec elle séparant les chaînes en deux ou plusieurs nappes. Ces dernières permettent le passage de la trame. Un déplacement de la barre des lices dans le sens opposé va, au contraire, entraîner la fermeture des nappes. Or, lorsque la touffe ciliaire d'une cellule vestibulaire s'incline dans le sens du kinocil, sous l'effet d'une accélération, la traction qui s'exerce sur les rangées de stéréocils, entraîne l'ouverture de canaux ioniques. Cette ouverture s'effectue par l'intermédiaire de liens protéiques apicaux – comparables aux lices – et permet l'entrée d'un flux de cations – comparable à la trame. À l'inverse, un déplacement de la touffe

---

[10] *Goldberg, J.M. et al. (2012).*
[11] *Derosier, D.J.; Tilney, L.G. (1989).*

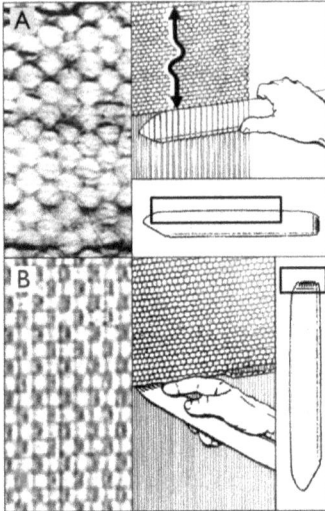

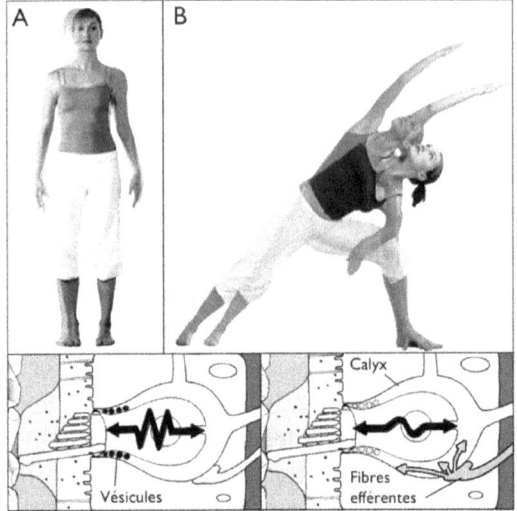

1. Opération de tassage des duites avec une lame de tisserand : A) tassage peu serré, effectué sur toute la longueur de la trame avec le « tranchant » de la lame ; B) tassage très serré, effectué sur une certaine zone de la trame avec l'extrémité de la lame munie de petits denticules. 2. A) Lors de petits mouvements posturaux, il se produit une libération de neurotransmetteur, contenu dans les vésicules situées à l'apex du calice nerveux, ajustant la contraction de la cellule de type I ; B) lors de grands mouvements, la fibre efférente peut entraîner la dépolarisation du calice, provoquant la contraction ou le relâchement de la cellule et la modulation du message vestibulaire afférent. 3. A) Portion d'une macule sacculaire ; B) macule sacculaire. On remarque en son centre des cellules de type I à calice ; C) métier à tisser de haute lices de la Manufacture des Gobelins (L : 8,60m, H : 3,60m, P : 1,35m). Par rapport à un métier à tisser vertical du 4ᵉ millénaire comparé à une cellule ciliée, le métier des Gobelins devrait être comparé à la macule sacculaire dans sa totalité ; D) tissage d'une tapisserie aux Gobelins. On remarque qu'à l'instar du saccule dont l'information n'est localisée que sur certaines zones, le tissage s'effectue par petites zones sur plusieurs dizaines de duites de hauteur en fonction des motifs.

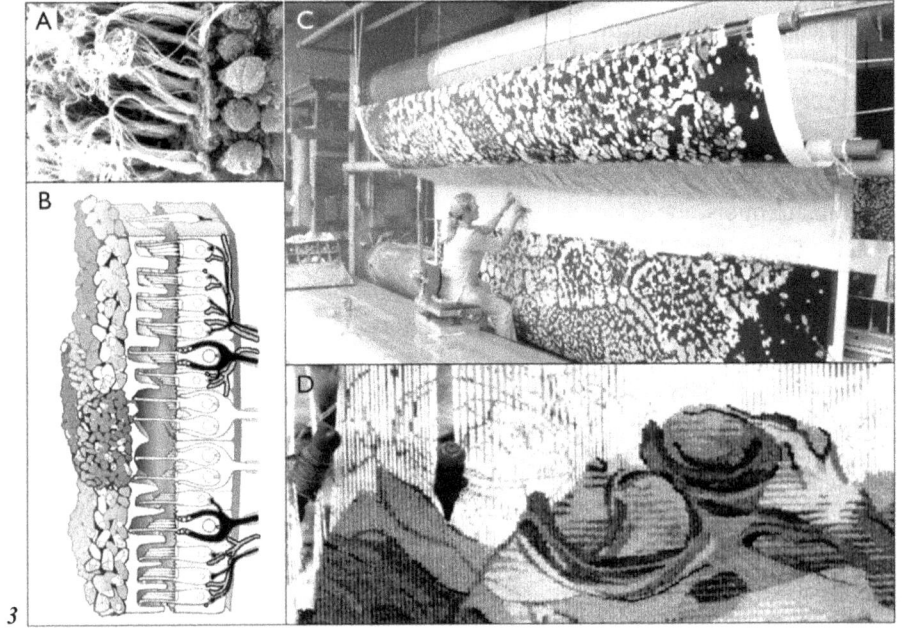

ciliaire dans le sens opposé entraîne la fermeture des canaux de transduction et stoppe l'entrée des cations[12]. Il s'agit donc de processus similaires. En outre, l'intervention de l'homme sur l'étoffe lors du tissage s'effectue, nous l'avons dit, par l'intermédiaire de la barre des lices. Or, un métier peut comporter plusieurs barres des lices, reliées chacune à une nappe, qui, lorsqu'elles sont utilisées en alternance, permettent de concevoir des armures différentes. De la même façon, la modulation de l'information nerveuse d'une cellule ciliée vestibulaire s'effectue en ouvrant à l'état de repos un nombre de canaux de 10 à 15 % – mais jamais nul – et lors d'une accélération élevée un nombre de canaux pouvant atteindre plus de 50% – mais jamais 100%. En effet, tous les canaux ne peuvent être ouverts en même temps, au même titre qu'on ne peut tirer d'un seul mouvement tous les fils de chaîne. Si l'intensité de l'accélération est forte, de nombreux canaux sont ouverts et l'entrée de cations dans la touffe ciliaire est massive. À l'inverse, si l'intensité de l'accélération est faible, peu de canaux sont ouverts et l'entrée de cations dans la touffe ciliaire est faible. Il en résulte un courant de mécano-transduction plus ou moins fort dans la cellule sensorielle, une dépolarisation, entraînant une entrée de calcium et une libération de neurotransmetteur plus ou moins importante : le glutamate. Ce dernier va entraîner sur la fibre nerveuse un potentiel postsynaptique excitateur, à la suite d'une transformation de type analogique. Ce potentiel donnera à son tour des potentiels d'action, à la suite d'une transformation de type binaire (digital) qui par ses variations de fréquences va sculpter le message nerveux. De la même manière, le passage modulé de la trame à travers les nappes de fils de chaîne va permettre de réaliser des armures plus ou moins complexes, les trois armures fondamentales étant la toile, le sergé et le satin[13].

Une troisième comparaison enfin peut être faite entre le tassage serré ou lâche des duites – un aller-retour du fil de trame à travers les fils de chaîne – et le contrôle du message sensoriel par les cellules de type I. Le tassage a pour objet de réguler la densité des fils de trame dont dépend la qualité d'une étoffe. Pour tasser, l'artisan introduit entre les nappes une longue lame de bois munie de petites denticules sur une de ses extrémités. Le tassage varie selon qu'il est appliqué avec les denticules sur certaines zones de la trame ou avec le tranchant de la lame sur toute sa longueur. Si le tassage est trop serré, il fait perdre à la laine son moelleux et, si elle est

---

[12] *Naunton, R.F. (1975) Chan, Y.S. et al. (2002).*
[13] *Notons que l'armure satin n'est pas attestée à l'époque d'Uruk.*

teintée, lui fait subir une altération visuelle de sa coloration. Si le tassage est trop lâche, les fils de chaîne peuvent être visibles sous forme de pointillés, de tuyaux d'orgue ou de bouclettes. De même, une cellule ciliée de type I présente la singularité de pouvoir autoréguler la prise de l'information sensorielle, parce qu'elle est enserrée par un calice nerveux afférent qui contient à son apex des microvésicules synaptiques susceptibles de libérer un neurotransmetteur lorsque ce calice est dépolarisé. Ce neurotransmetteur provoque, pense-t-on, une contraction – ou au contraire un relâchement – du sommet de la cellule entraînant un ajustement de la plaque cuticulaire portant la touffe ciliaire. Cette contraction – ou ce relâchement – aurait pour effet de moduler la tension des stéréocils et par là même, la prise d'information de la cellule. Il existe, de surcroît, un deuxième contrôle assumé par les fibres efférentes. Ces fibres qui se projettent depuis le tronc cérébral vers la macule sacculaire contactent le calice nerveux afférent et libèrent des neurotransmetteurs qui exercent un contrôle sur la polarisation du calice. Elles pourraient ainsi agir indirectement sur la contraction apicale de la cellule ciliée de type I – qui dépend de la polarisation du calice – mais aussi sur la qualité du message sensoriel en modulant le départ du message nerveux vers les centres supérieurs et en assurant le contrôle et le cadencement de l'information vestibulaire[14].

---

[14] *Hurley, K.M. et al. (2006) Castellano-Mũnoz, M. et al. (2010).*

L'Image de Cônes et le Système Visuel

Philippe Roi, Tristan Girard, Jean-Daniel Forest[(1)]†, Serge Picaud[(2)]

[(1)]Spécialiste du Proche-Orient Ancien, Chercheur au CNRS, Enseignant à l'Université Paris I Panthéon-Sorbonne.
[(2)]Docteur en Neurosciences, Directeur de Recherche INSERM, Chercheur à l'Institut de la Vision, Responsable de l'équipe : Traitement de l'Information Visuelle.

*Relecture : **Margarete van Ess** (Spécialiste du Proche-Orient Ancien, Directeur du département Orient-Abteilung du Deutsches Archäologisches Institut), **Joachim Marzahn** (Spécialiste du Proche-Orient Ancien, Chercheur au Staatliche Museen zu Berlin, Vorderasiatischen Museums), **José-Alain Sahel** (Docteur en Médecine, Membre de l'Académie des Sciences, Professeur des Universités Paris 6 et UC London, Chef de Service (CHNO des XV-XX, Fondation Rotschild), **Édmont Couchot** (Professeur Émérite des Universités, ancien Directeur du Département des Arts et Technologies de l'image de l'Université Paris VIII).*

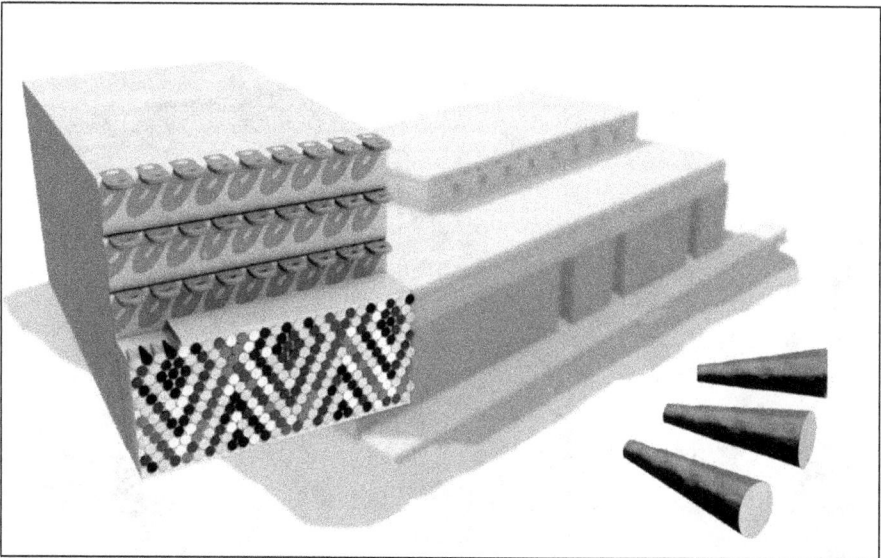

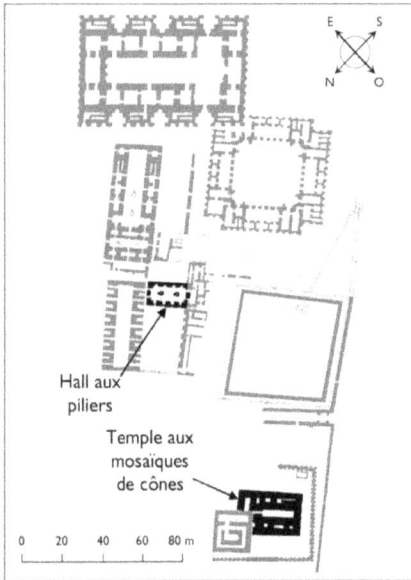

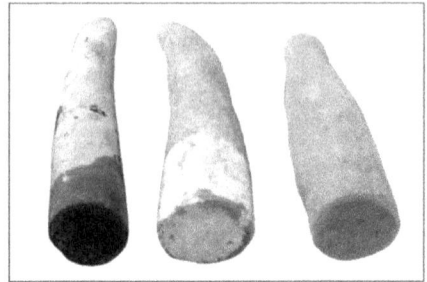

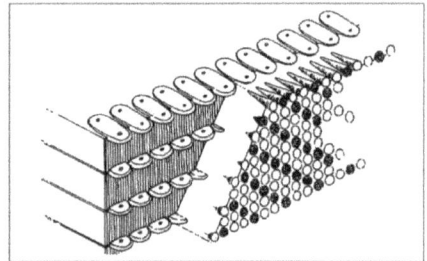

1. Plan des principaux bâtiments de l'Eanna d'Uruk à la fin du 4ᵉ millénaire. La plupart étaient jadis considérés comme des temples, mais ils constituaient plutôt un complexe de palais au sein duquel évoluait l'élite. 2. Cônes en argile peints en noir, blanc et rouge. 3. Technique de mise en place des cônes. Dans certains cas, des crampons en terre cuite servent à assujettir le revêtement décoratif à la maçonnerie du mur. 4. Cônes d'argile ornant un bâtiment de l'Eanna d'Uruk. Leur couleur étant fanée, les motifs qu'ils forment sont à peine discernables. Ils sont néanmoins restés en place alors que le mur d'argile s'est effrité. D'une longueur de 10 cm pour un diamètre de 1,5 cm, ces cônes étaient cuits, peints puis enfoncés dans l'enduit pour former des figures géométriques. A) Revêtement de cônes vus de profil.

La culture d'Uruk, qui se développe en Mésopotamie au cours du 4e millénaire, est particulièrement complexe. Les communautés humaines qui la composent sont à la fois hétérogènes et structurées. En cette fin du 4e millénaire, la population, essentiellement urbaine, se partage en groupes de parenté pyramidaux, hiérarchisés entre eux. Les plus éminents constituent une élite, au sein de laquelle l'appareil d'État naissant recrute ses représentants. La gestion du corps social prend ainsi un caractère familial, puisque l'ordre généalogique définit à la fois le statut inné des individus et la répartition des responsabilités. Cette élite a des moyens considérables, dans la mesure où sa position, au sommet de l'ordre hiérarchique, lui permet de mobiliser toute la main-d'œuvre dont elle a besoin pour son entretien et pour le fonctionnement de l'État. Ses exigences sont hors du commun, aussi bien sur le plan quantitatif que qualitatif, ce qui la conduit à planifier la gestion des ressources et à gérer la productivité. L'élite modernise ainsi l'activité agricole, structure le tissu urbain, invente des méthodes d'organisation et de gestion, développe une proto-industrie du textile. En outre, elle stimule l'innovation technique à travers la demande qu'elle adresse aux différents corps d'artisans, car tout ce qui est valorisé socialement doit se manifester de façon apparente, voire ostentatoire[1].

C'est probablement par les pratiques vestimentaires que l'élite commence à marquer sa différence la plus profonde et la plus durable. Cette quête du visuel doit logiquement se traduire par des vêtements ornés de couleurs perceptibles de loin. Dans la même perspective, les bâtiments collectifs, dans lesquels se matérialisent les institutions, se doivent d'être les fleurons architecturaux de la cité. Leur situation surélevée, leur volume, la qualité de leurs décors, doivent attirer l'attention, fournir des repères et constituer, au sens propre, un rappel à l'ordre permanent. L'une des solutions adoptées pour embellir ces bâtiments consiste à réaliser, sur leurs murs, des mosaïques constituées de cônes d'argile en couleur[2]. La plus ancienne attestation de ce mode de décoration remonte à Tell Mismar, 4000 ans avant notre ère, mais il ne se répand qu'à la fin du 4e millénaire, comme en témoignent les nombreux fragments qui jonchent les sites urukéens de la plaine alluviale et des colonies urukéennes longeant l'Euphrate. Par la suite, il disparaît totalement, sans doute parce que les Cités-États du 3e millénaire, de plus en plus engagées dans une spirale conflictuelle,

---

[1] *Forest, J.-D. (1996).*
[2] *Brandes, M.A. (1968) Edwards, I.E.S. et al. (1971) Charvat, P. (2002) Akkermans, P.M.M.G.; Schwartz, G.M. (2003).*

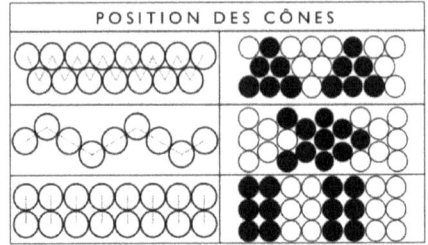

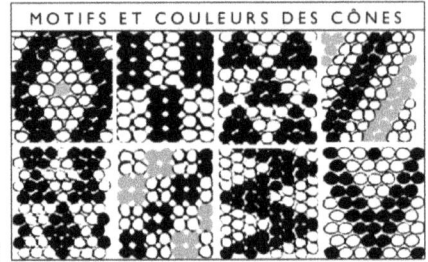

1. Les cônes étaient aussi employés pour décorer les façades internes et externes de certains édifices, comme le hall aux piliers de l'Eanna. 2. Les Urukéens employaient trois méthodes différentes pour disposer les cônes à l'intérieur des niches : la première, dite horizontale, consiste à les emboîter par rangées superposées ; la deuxième, dite verticale, à les décaler de 30° vers le haut ou vers le bas, de manière alternative ; la troisième enfin, dite en carré, à les empiler les uns sur les autres, rangée par rangée. 3. Huit formes principales ont été identifiées, à partir desquelles les Urukéens ont conçu 82 motifs différents – chevrons, carrés, losanges, obliques, rectangles, sabliers, triangles et zigzags – avec lesquels ils constituent des dizaines de dessins, ne variant parfois que par quelques détails. 4. Le Hall aux Piliers ne mesure que 20 mètres de long sur 12 de large. Construit en briques, il est rehaussé de niches enduites d'un mortier argileux destiné à recevoir les cônes. On dénombre, sur les douze piliers qui délimitent les douze portes de l'édifice, 231 niches décorées de mosaïques en cônes. 71 se trouvent à l'extérieur (noir) et 160 à l'intérieur, dont 52 de face (gris clair) et 108 sur les côtés (gris moyen). Il convient de préciser que, sur ces 231 niches, 20 sont ornées de mosaïques incomplètes et 15 ne possèdent plus qu'un fragment de motif. En outre, les niches des faces externes et internes du bâtiment sont décorées de cônes d'un diamètre de 1,5 à 1,8 cm, tandis que les niches des parois latérales, à l'intérieur de l'édifice, sont incrustées de cônes d'un diamètre de 1,2 à 1,5 cm. Sur le plan des couleurs, les mosaïques se divisent en deux groupes : 108 panneaux sont constitués de cônes noirs et blancs et 123 panneaux de cônes noirs, blancs et rouges.

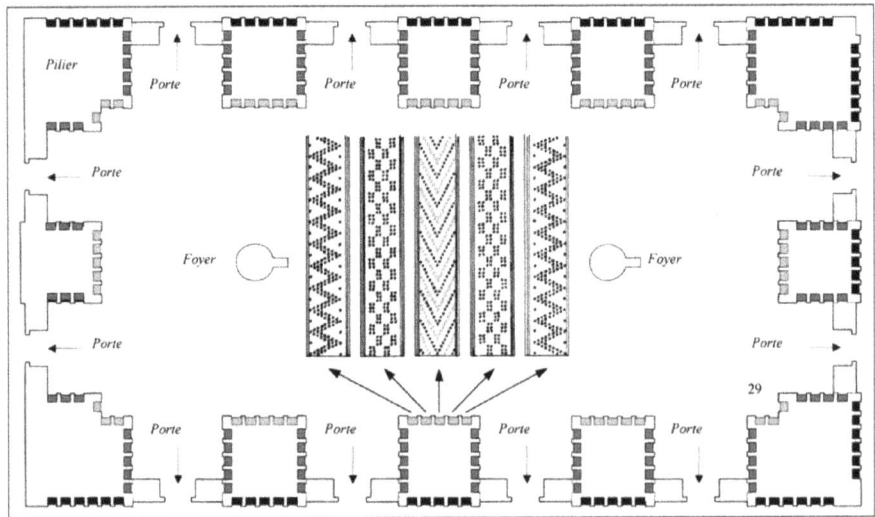

doivent concentrer toutes leurs ressources vers l'effort de guerre. Ces cônes, trapus ou effilés, sont façonnés en terre cuite ou parfois taillés dans la pierre. Ils sont maintenus côte à côte par un mortier argileux, plus rarement par du plâtre, de telle sorte que leurs bases colorées dessinent des décors géométriques sur tout ou partie du mur. Les cônes sont modelés à l'aide d'une tablette de bois, puis séchés au soleil avant d'être cuits au four. La coloration des terres cuites montre qu'il s'agit d'une cuisson en atmosphère oxydante. Quant aux trois couleurs de base, elles sont d'origine minérale : le bitume pour le noir, la chaux pour le blanc et le fer pour le rouge. Elles sont appliquées sur la tête des cônes avant la cuisson, par trempage dans une solution colorante ou à l'aide d'un pinceau[3].

Parfois, les cônes couvrent de vastes surfaces, mais ils peuvent aussi être assemblés sous forme de panneaux restreints, encadrés et délimités par l'enduit des murs. Les exemples les plus représentatifs se trouvent à Uruk, dans la zone centrale de l'Eanna, un complexe palatial aménagé au sommet d'un tell plus ancien qui surplombait l'habitat environnant. Parmi les seize édifices mis au jour, quatre sont décorés de mosaïques de cônes. Les motifs géométriques formés de chevrons, damiers, losanges, sabliers, triangles et zigzags, seraient issus d'un répertoire très ancien faisant référence au principe du renouvellement de la société par l'alliance ; mais on ne saurait dire si les motifs ont conservé cette signification à l'époque d'Uruk ou si leur valeur n'est plus que décorative. Il a été suggéré, au sujet d'un de ces bâtiments – le hall aux piliers – que le décor intérieur pouvait rappeler la marche annuelle du soleil à travers les proportions changeantes des couleurs, le noir correspondant à la nuit et le rouge au jour. On a songé aussi au fait que les motifs retenus désignaient autant de groupes de parenté, formant ainsi une sorte de protohéraldique. On constate cependant que la plupart des motifs du hall aux piliers sont récurrents, contrairement à ce que l'on attendrait si chaque panneau devait permettre d'identifier un groupe spécifique. On note aussi que les édifices décorés de mosaïques sont tous des bâtiments collectifs. Or, si le pouvoir est entre les mains des grandes familles, et en particulier de celle du roi, ce dernier doit en même temps transcender ses liens d'appartenance pour imposer l'institution qu'il symbolise. Il a donc intérêt à effacer les particularismes, au lieu de souligner l'origine de ceux qui la représentent. En fait, ce n'est ni par leurs dessins, ni par leurs fonctions que les mosaïques

---

[3] *Van Buren, E.D. (1946) Brandes, M.A. (1968) Giovino, M. (2007) Von Dassow, E. (2009).*

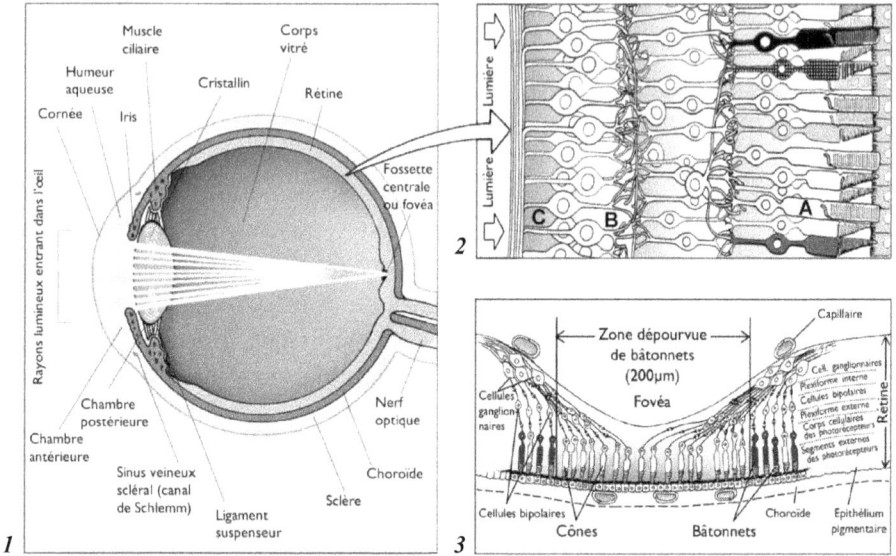

1. *Structure interne de l'œil. La lumière émanant d'un objet atteint l'œil sous forme de rayons parallèles qui sont focalisés par la cornée et le cristallin sur la fossette centrale de la rétine, ou fovéa.* 2. *Schéma des circuits fondamentaux de la rétine. Une chaîne de trois neurones – A) photorécepteurs, B) cellule horizontale, C) cellule ganglionnaire – constitue la voie verticale transmettant les informations visuelles au cerveau. La vision diurne est assurée par trois types de photorécepteurs à cône (vert = gris clair, bleu = gris foncé, rouge = tramé) alors que la vision nocturne provient des photorécepteurs à bâtonnet (noir).* 3. *Schéma d'une coupe de la fovéa humaine. Les vaisseaux et les couches cellulaires les plus superficielles sont déplacés de sorte que les rayons lumineux ne subissent qu'une diffusion minimale avant d'atteindre les segments externes des cônes au centre de la fovéa.* 4. *Diagramme montrant la distribution des cônes, suivant une coupe horizontale de la rétine, passant par la fovéa et la tache aveugle. La région fovéale ne contient que des cônes et est entourée d'un anneau dense de bâtonnets. On peut noter, sur les mosaïques de photorécepteurs en encadrés, la densité décroissante des cônes vers la périphérie.*

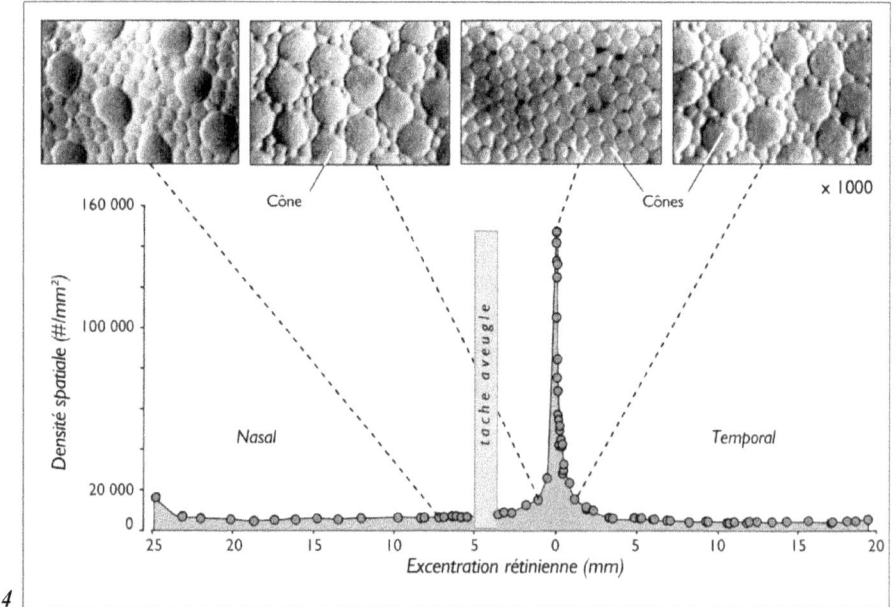

de cônes se révèlent être une invention remarquable, mais parce qu'elles constituent le stade initial des procédés de reproduction de l'image. Les décors peints sur les parois des grottes, les murs des maisons ou les panses des poteries ne peuvent en effet être reproduits sans perte de définition. Par conséquent, l'intervention d'artisans exigeants sur les critères de qualité doit pallier cette faiblesse et, ainsi, minimiser cette perte par des travaux longs et fastidieux. Or, au 4e millénaire, les Urukéens éprouvent le besoin d'étendre, sur les murs des bâtiments publics, des motifs géométriques en quantités considérables si l'on en juge par les nombreuses mosaïques mises au jour et les millions de cônes qui jonchent le sol. Il leur faut donc inventer un système permettant à des ouvriers, et plus seulement à des artisans, de reproduire ces motifs. Or, avec des cônes d'argile standardisés et peints, cette définition peut être dupliquée avec précision, ligne par ligne et point par point, comme on le ferait avec un carton de tapissier. Dès lors, les motifs peuvent être mis en mémoire, enregistrés sur des tablettes de bois ou d'argile, faire l'objet de copies véhiculées à travers l'espace, et cependant être restitués à l'identique. La définition restera toujours égale à elle-même, puisqu'il ne s'agit que de transmettre des diamètres de cônes intangibles, des positions ligne par ligne invariables et des couleurs identiques. À support égal, la copie peut donc être considérée comme le double fidèle de l'original, en d'autres termes, comme son image.

Les mosaïques de cônes étant décrites et replacées dans leur environnement, il est intéressant de constater que leur conception repose sur les principes fondamentaux de la vision. Décomposer en points d'image une représentation, faire ressortir ses contrastes, compresser l'information et la traduire sous une forme transmissible dans le but de la reconstruire, sont précisément les concepts de base sur lesquels s'appuie l'appareil visuel pour nous procurer une perception de notre environnement. Pour analyser l'image rétinienne, le système visuel dispose de photorécepteurs. Il en existe deux sortes : les bâtonnets, sensibles à de faibles intensités de lumière, et les cônes, responsables de la vision diurne et de la perception des couleurs. Chez l'homme, la distribution des photorécepteurs est telle que la région centrale à l'origine de l'acuité visuelle, appelée fovéa, ne comporte que des cônes dont la densité diminue rapidement à distance de cette zone. Les cônes sont aussi subdivisés en trois groupes de sensibilité spectrale différente – bleu, vert, rouge – dont les combinaisons variées permettent la perception de toutes les

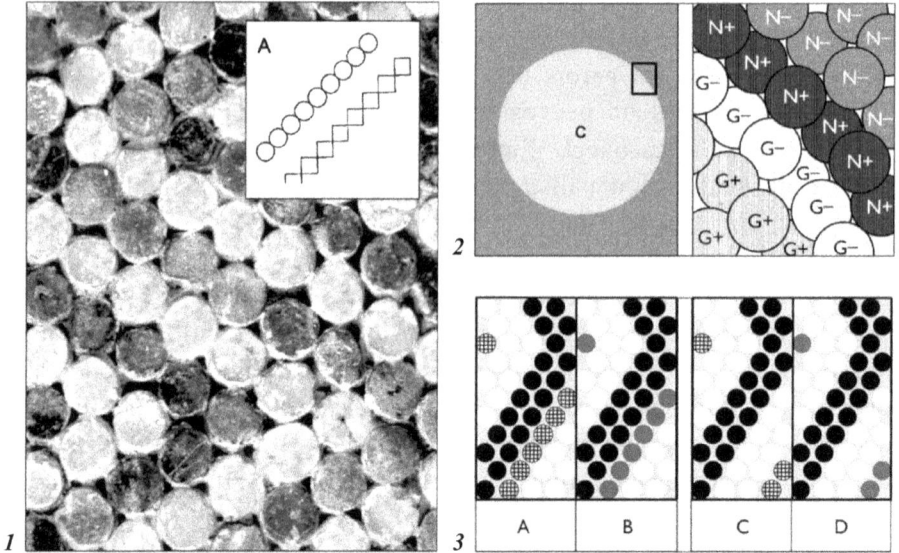

1. Cônes d'argile d'un mur vu de face. A) Empilements en diagonale de pixels ronds et carrés. 2. Lorsque les cônes visualisent les bords d'un objet gris sur fond noir, ils signalent la présence d'un gris plus clair qu'au centre de l'objet et, inversement d'un noir plus intense que sur l'ensemble du fond. 3. Les Urukéens ont compris qu'en plaçant les cônes rouges – indiqués en tramé – près des cônes noirs (A) ceux-ci allaient être perçus comme un gris intense dans la pénombre (B). Par conséquent, ils les ont séparés par des cônes blancs pour renforcer le contraste (C) afin de mieux les percevoir (D). 4. Schéma représentant les principales classes de neurones rencontrées dans la rétine par la lumière (cônes bleu, vert, rouge = tramé ; cellules horizontales = gris clair ; cellules ganglionnaires = gris) signalant les différentes sensibilités spectrales. Cette disposition particulière de la zone d'absorption de la lumière, dans la partie la plus externe de la rétine, présente l'avantage de placer les segments externes des photorécepteurs au contact de l'épithélium pigmentaire et de la choriocapillaire qui pourvoient la rétine en oxygène et en nutriments.

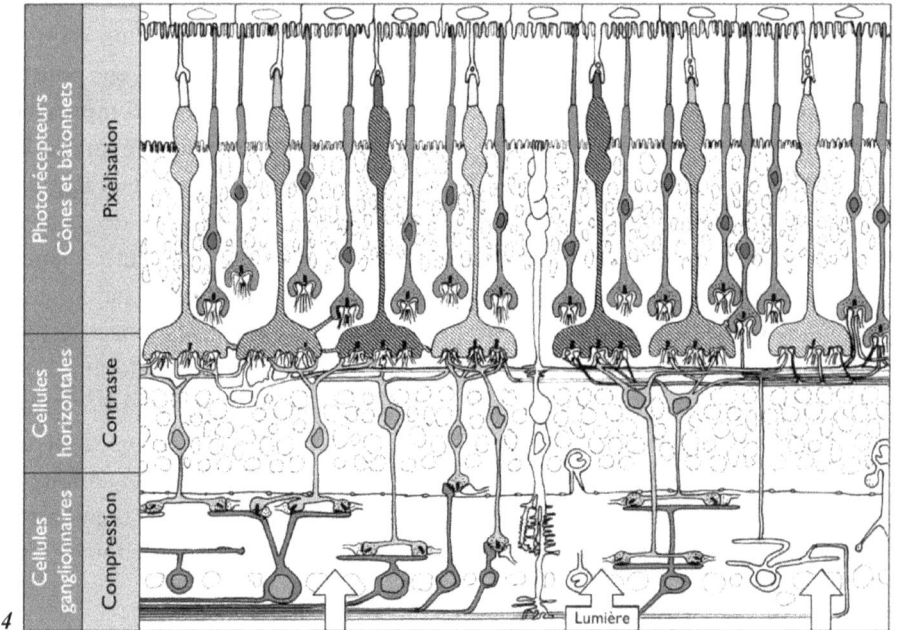

couleurs du spectre visible[4]. À ce stade, une première comparaison peut être établie avec les mosaïques de cônes de la cité d'Uruk. Leurs motifs sont, en effet, décomposés en points d'image élémentaires ou, si l'on préfère, chaque cône d'argile représente la plus petite surface homogène. Dans la rétine, les points d'image sont constitués par le segment externe, c'est-à-dire la partie photosensible des photorécepteurs. L'ensemble des segments externes est ordonné sous la forme d'une matrice dont la section est semblable aux empilements de cônes des mosaïques d'Uruk. La forme circulaire des points d'image, qu'il s'agisse des segments externes des photorécepteurs ou des cônes d'argile, revêt un avantage particulier pour la formation des images. En effet, l'assemblage oblique de points d'image circulaires engendre la perception d'une ligne, tandis que l'empilement en diagonale de points d'image carrés produit un effet d'escalier.

Pour augmenter le contraste au bord des objets, le système visuel dispose d'un réseau de neurones, les cellules horizontales, qui produisent des interactions latérales inhibitrices entre les photorécepteurs. Ces interactions sont telles que lorsque des cônes détectent les bords d'un objet gris sur fond noir, il est perçu plus clair sur son pourtour alors qu'inversement, le fond apparaît plus sombre à proximité de cet objet. Cette augmentation des contrastes, au risque de déformer la réalité, a pour objectif de nous permettre de détecter et éventuellement d'appréhender un objet qui se confond avec son environnement[5]. À ce sujet, nous pouvons établir une deuxième comparaison avec les mosaïques urukéennes. La distribution des cônes semble, en effet, volontairement disposée pour augmenter le contraste des motifs. Ainsi, on note que les cônes rouges sont toujours placés au contact direct des cônes blancs et non à proximité des noirs qui auraient pu se confondre avec les rouges, perçus comme gris intense dans la pénombre. La présence de ces contrastes devait faciliter la perception des mosaïques, renforcer leur pouvoir d'attraction et probablement contribuer à leur mémorisation.

Après avoir été décomposée en points d'image et 'contrastée', l'information visuelle est ensuite compressée dans le second niveau d'intégration de la rétine, appelé couche plexiforme interne. Cette compression peut être mise en évidence dans la réponse des cellules ganglionnaires, dernier relais avant le cerveau. Ces cellules sont réparties en sous-groupes dont certains vont transmettre une information sur la position spatiale de l'objet ou sur la durée de son exposition devant

---

[4] *Attwell, D. (1990) Archer, S. (1995) Ahnelt, P.K.; Kolb, H. (2000).*
[5] *Rodieck, R.W. (1998)(2003) Sarthy, V.; Ripps, H. (2001).*

1. Les mosaïques de cônes peuvent être subdivisées en partitions (A) chacune d'elles correspondant au plus petit élément dont la connaissance est essentielle et suffisante pour reproduire l'intégralité d'une mosaïque (B). 2. L'information visuelle, codée par la rétine sous forme de potentiels d'action, est transférée au cerveau par les cellules ganglionnaires qui se prolongent dans le cerveau par le nerf optique. 3. A) Projection centrale des cellules ganglionnaires de la rétine dans le cerveau ; B) voie visuelle allant de l'œil au cerveau. 4. À l'instar du codage des informations visuelles et des images numériques, les mosaïques de cônes auraient été conçues pour être traduites et transcrites sur des tablettes d'argile. A) Chaque partition se décompose sous la forme de lignes horizontales – Hall aux piliers, porte I, pilier I côté droit, niche 1 ; B) chacune de ces lignes peut être décomposée en valeurs numériques ; C) chaque couleur peut être traduite par un pictogramme ; D) une partition peut être compressée sous la forme de pictogrammes et de valeurs numériques afin d'être transportée sur de longues distances pour être reproduite à l'identique, autrement dit sans perte d'informations. La tablette dessinée ici est une composition artistique dont le modèle original existe peut-être dans les réserves de quelque musée.

les photorécepteurs. En ce qui concerne l'information sur la position spatiale, la compression se traduit par l'activation transitoire de toutes les cellules ganglionnaires reliées aux cônes stimulés par l'objet. L'activation est transitoire parce qu'elle ne perdure pas, en dépit du maintien de l'objet dans le champ visuel. À l'inverse, l'information temporelle se réduit à souligner la position de l'objet pendant tout le temps d'exposition. Cette compression de l'information est possible, car elle est traitée en parallèle dans chaque direction de visée par une maille neuronale[6]. Ce principe de compression de l'information contenue dans une image nous offre une troisième comparaison avec les mosaïques de cônes d'Uruk. En effet, ces dernières peuvent être subdivisées en partitions, elles-mêmes constituées d'un motif géométrique récurrent – triangle, carré, chevron, zigzag, etc. – de différentes couleurs. Chaque partition correspond au plus petit élément dont la connaissance est essentielle et suffisante pour reproduire l'intégralité d'une mosaïque. De fait, les informations concernant la disposition des cônes sur l'entière surface d'une niche ou l'ensemble d'un mur, peut être compressée sous la forme d'une partition.

Une fois réduite, l'information visuelle doit être traduite pour être véhiculée de la rétine vers le cerveau. En effet, si les photorécepteurs transforment la lumière en une variation de leur potentiel membranaire, l'information visuelle est ensuite codée par la rétine sous forme de potentiels d'action d'amplitude constante, transférables au cerveau sans perte de signal. Ce n'est plus l'amplitude qui confère l'information, mais la fréquence des potentiels d'action ou impulsions. Cette traduction est réalisée dans toutes les cellules ganglionnaires qui se prolongent dans le cerveau par le nerf optique, véritable autoroute de l'information visuelle. C'est le décodage de ces informations dans le cerveau qui permet de produire les images visuelles à la base de notre perception du monde[7]. De même, après leur compression sous forme de partitions, les informations contenues dans les mosaïques urukéennes étaient probablement traduites et transcrites sur des tablettes de bois ou d'argile afin d'être reproduites. Pour chaque ligne de la partition, la distribution des cônes d'argile devait être représentée par une séquence de pictogrammes symbolisant la couleur, chaque pictogramme étant associé à des encoches représentant le nombre de cônes consécutifs correspondant à cette couleur. La connaissance du codage de la tablette aurait permis ainsi de reproduire la

---

[6] *Purves, D. et al. (2004).*
[7] *Cohen, B.; Bodis-Wollner, I. (1998).*

mosaïque à l'identique. Ces comparaisons avec le système visuel pourraient être généralisées à d'autres procédures de représentation de l'image, qu'elle soit d'origine photographique, informatique ou vidéographique. Les Urukéens ont en effet formalisé une partie importante des principes de base de la reproduction de l'image numérisée, qui est aujourd'hui un moyen d'expression et d'information caractéristique de notre civilisation.

La répartition géométrique des cônes et la compression de cette information sur des tablettes d'argile s'apparentent autant à la compression de l'information visuelle dans la rétine qu'à la compression d'images numériques. En effet, la composition des structures à cônes selon des trames verticales et horizontales de points identiques en taille correspond exactement à la composition des images numériques pixélisées, le pixel étant représenté par le cône. Cette structure, organisée selon un repère orthogonal, autorise la compression des images numériques pour leur stockage et leur transfert. Les architectes et/ou artisans de la ville d'Uruk seraient donc les premiers inventeurs de l'image pixélisée autorisant sa compression pour son transfert à distance sans perte d'informations.

CHAPITRE 3

Les Analogies Sensorielles

Philippe Roi, Tristan Girard

Relecture : **Jean-Daniel Forest†** *(Spécialiste du Proche-Orient Ancien, Chercheur au CNRS, Enseignant à l'Université Paris I Panthéon-Sorbonne),* **Claude Rochet** *(Historien, Spécialiste de la Complexité, Professeur Associé en Sciences de Gestion à l'Université d'Aix-Marseille III, Institut de Management Public),* **Frédéric Devaux** *(Docteur en Génétique Moléculaire à l'Université Paris VI, Expert Généticien. Maître de Conférences à l'École Normale Supérieure de Paris),* **Serge Picaud** *(Docteur en Neurosciences, Directeur de Recherche INSERM, Chercheur à l'Institut de la Vision, Responsable de l'équipe Traitement de l'Information Visuelle),* **Marie-Dominique Gineste** *(Habilitée à diriger des recherches, Maître de Conférences en Psychologie Cognitive à l'Université de Paris XIII),* **Tania Vitalis** *(Chargée de Recherche INSERM, CNRS UMR 7637, ESPCI, Laboratoire de Neurobiologie et Diversité Cellulaire, Paris).*

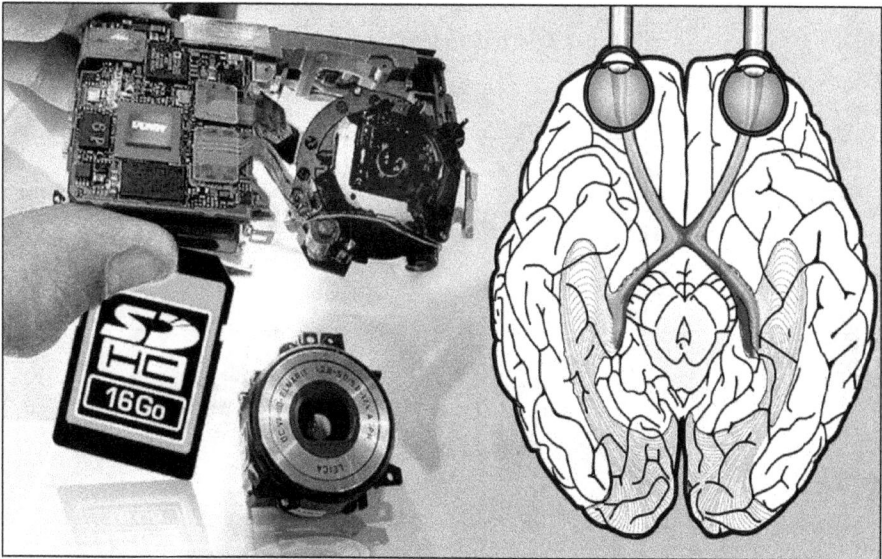

ÉVOLUTION SENSORIELLE DES SEPT INVENTIONS URUKÉENNES		
	L'image de cônes	
	Le métier à tisser vertical	
	La harpe	
	La comptabilité	
	L'écriture	
	Le moule à briques normalisé	
	L'araire	

À lire de bas en haut

Pour évoluer et se développer dans son environnement, l'homme dispose : de pieds grâce auxquels il se tient debout en équilibre et se déplace dans l'espace ; de mains, à l'aide desquelles il touche, appréhende et manipule la matière ; d'une bouche grâce à laquelle il goûte les saveurs et produit des sons articulés ; d'un nez au moyen duquel il sent les odeurs ; d'oreilles qui lui permettent de capter et de transformer les ondes sonores en signaux électriques perçus par le cerveau ; d'appareils vestibulaires grâce auxquels il contrôle sa posture et s'oriente dans l'espace ainsi que d'yeux par lesquels il perçoit, à distance, les reliefs, les formes et les couleurs de l'univers qui l'entourent. Nous savons aussi que l'esprit humain, c'est-à-dire l'ensemble des facultés qui nous permettent d'acquérir des connaissances et d'adapter notre comportement, aspire au moins à trois finalités : la première consiste à traduire et catégoriser des informations par l'intermédiaire de capteurs sensoriels ; la deuxième s'applique à employer et interpréter ces données pour construire et compléter une représentation du monde ; la troisième s'emploie à comparer cette représentation aux précédentes afin d'en noter les variations pour prévoir son évolution.

Dans le chapitre précédent, nous avons mis en évidence que sept inventions urukéennes du 4e millénaire avant notre ère furent conçues selon des principes d'organisation comparables à ceux qui permettent aux sens de recueillir les informations qu'ils transmettent au cerveau. À ce stade de notre réflexion, il est toutefois trop tôt pour définir si le développement de ces concepts résulte de la projection intuitive de mécanismes biologiques, d'un ordre logique préalablement tracé pour nous aider à décoder l'organisation sémantique de notre esprit, ou s'il est le fruit d'une heureuse coïncidence. Pour le vérifier, il convient tout d'abord de s'interroger sur les contraintes, liées au développement de la culture urukéenne, qui ont favorisé l'invention de ces techniques. Nous savons, par exemple, que l'exploitation du sol en vue d'une production végétale possède sa propre logique, contraignant la société qui l'adopte à se soumettre à ses exigences. Ainsi, la culture céréalière encourage la natalité, les échanges matrimoniaux à distance et le développement d'une structure lignagère qui place l'aîné au premier plan[1]. Il est naturel, en effet, que dans une société où tout repose sur l'énergie humaine, les membres d'une collectivité s'efforcent d'avoir beaucoup d'enfants pour obtenir de l'aide durant leur vie active et une assistance au-delà. Ce mode

---

[1] *Forest, J.-D. (1996).*

132

de vie entraîne un essor de la démographie qui bouleverse l'aménagement de l'espace rural, car les communautés réagissent le plus souvent à cet accroissement par la segmentation. Ainsi, lorsqu'un village s'étend, des pans lignagers quittent le groupe pour en fonder un autre dans les environs. C'est une manière efficace d'éviter les tensions sans remettre en cause l'entraide entre générations, ni modifier les traditions culturelles. Toutefois, certains environnements sont plus difficiles à maîtriser et conduisent à user d'autres moyens. L'irrigation, en particulier, nécessite une collaboration plus étroite et incite les individus à demeurer ensemble. Il faut mobiliser la main-d'œuvre, constituer des équipes, planifier les travaux pour creuser des canaux, élever des digues, acheminer l'eau lorsqu'elle vient à manquer et la détourner si le fleuve est en crue. Ainsi, dans le cadre d'un environnement difficile, la culture des sols implique des contraintes, ou impose des servitudes qui encouragent les gens à se regrouper et les oblige à toujours s'organiser davantage à mesure que la population s'accroît[2]. En fait, les hommes s'adaptent aux situations qu'ils rencontrent et résolvent des problèmes spécifiques par les façons qu'ils jugent les plus appropriées. Il s'avère que faute de moyens techniques, les solutions retenues par les sociétés anciennes sont d'abord d'ordre social. Les mécanismes d'entraide et de collaboration s'inscrivent dans des réseaux relationnels intangibles ; la parenté, la généalogie, avec le cas échéant tout ce que celle-ci peut avoir de hiérarchique. Or, si ces solutions répondent aux exigences du moment, l'expansion du corps social – quand il n'y a pas segmentation – suscite d'autres problèmes d'organisation et engendre de nouvelles contraintes. On n'administre pas, en effet, une communauté vaste et étendue aussi facilement qu'une collectivité restreinte. La structure de contrôle doit se transformer et cette conversion passe par une hiérarchisation du corps social qui fait appel aux seuls chefs lignagers. Par ailleurs, si la communauté a besoin d'un appareil de contrôle adapté à la situation, celui-ci a pour sa part des besoins spécifiques, tant pour répondre aux exigences de la collectivité, que pour se perpétuer. Constitué essentiellement de l'élite, eu égard au mode de recrutement en vigueur, cet appareil fonctionnel semble exprimer très vite des besoins considérables. Ses exigences ne sont pas réparties sur l'ensemble de la population. Elles se concentrent sur un petit nombre d'individus, choisis parmi les plus habiles, sur lesquels elles font peser de lourdes contraintes. Aussi, pour les alléger, ces derniers vont devoir

---

[2] *Abdus, S.; Taylor, J.C. (1990).*

chercher des réponses appropriées. C'est dans ce cadre spécifique que se manifeste l'innovation technique dont l'objectif consiste à simplifier les corvées tout en satisfaisant les besoins. Dans cette optique, l'araire constitue une réponse pour cultiver, à moindre coût humain, les terres allouées à l'élite occupée à faire fonctionner l'appareil de l'État. De même, le moule à briques normalisé permet à des hommes d'effectuer, en plus de leurs activités, de grands projets architecturaux. L'écriture devient, elle aussi, indispensable pour qualifier les denrées, leur origine et leur destination, comme la comptabilité pour gérer les quantités de marchandises échangées. De façon analogue, la harpe est inventée pour apaiser les esprits belliqueux lors des transactions et le métier à tisser vertical pour produire une contrepartie permettant d'acquérir des produits exotiques, tandis que l'image de cônes est inventée pour justifier l'action de l'élite et le principe de royauté. Il faut noter cependant que ces innovations ne se matérialisent que pour servir la sphère très restreinte du pouvoir, là où les exigences et les contraintes sont les plus fortes sur les producteurs, notamment en matière de qualité, de quantité et de délai. Rappelons également que la plupart de ces innovations se situent dans un continuum technique et qu'elles vont prendre beaucoup de temps pour se généraliser. Cela étant, l'innovation technologique n'est pas à elle seule déterminante. Il faut aussi prendre en compte la capacité d'adaptation de la société urukéenne soumise à une augmentation croissante de sa population, ainsi que le remodelage progressif de l'appareil de contrôle qu'elle entraîne.

Reste l'ordre dans lequel apparaissent ces inventions. D'abord l'araire, puis le moule à briques normalisé, l'écriture, la comptabilité, la harpe et le métier à tisser vertical, et enfin l'image de cônes. Pour une bonne compréhension de nos travaux, il est important de savoir si ces inventions sont le fruit d'une dynamique déterministe ou d'un système instable, autrement dit imprédictible sur le long terme malgré leur simplicité apparente et leur petit nombre de variables. Pour ce faire, nous allons devoir nous interroger sur la complexité, le raisonnement et surtout l'analogie, si souvent sollicitée dans cet ouvrage. Mais commençons par la complexité. Ce concept scientifique et philosophique émerge d'une succession d'évènements constituant un tout, dont la valeur est supérieure à la somme de ses éléments et dont on ne peut discerner les différents niveaux d'organisation qu'en ordonnant de manière arborescente les entités qui la composent pour observer leurs interactions[3]. De fait, l'évolution des techniques du 4ᵉ millénaire obéit au principe d'évolution des systèmes complexes. On considère qu'il est impossible de donner une description élémentaire d'un système dit « complexe », car on pense que les idées et les actions des individus partent d'un point et s'élancent comme des ramifications, sans qu'un ordre logique ne trace au préalable les voies à explorer. On suppose donc que c'est de façon progressive et aléatoire que le sens global s'installe pour parfaire l'ordonnance de l'ensemble des idées et des actions. Après avoir essayé de multiples combinaisons, le sens global ne retiendrait finalement que celle qui lui permet de parvenir à un état stable, autrement dit approprié au pilotage de la complexité de l'environnement. Nos recherches nous conduisent à être plus nuancés par rapport à ces affirmations. Que se passe-t-il, en effet, lorsque nous sommes confrontés à un problème nouveau ? Et tout d'abord qu'est-ce qu'un problème ? Selon une définition communément admise, un problème est une difficulté qu'il faut résoudre pour obtenir un certain résultat. Il se divise en trois phases : d'abord un état initial – une situation de départ jugée insatisfaisante – ensuite des contraintes – qui agissent sur l'état initial plus ou moins efficacement – et enfin un état final – qui est la conséquence de l'état initial modifié par les contraintes dans le but d'obtenir la situation désirée. Ainsi, un problème peut être conceptualisé comme une « différence » entre une situation présente et une situation désirée qu'il faut corriger pour que la première situation devienne la seconde. Pour y parvenir, l'esprit humain utilise une suite de procédures extrêmement complexes qui nécessitent la participation de nombreux sous-systèmes impliqués dans l'analyse perceptive de la situation, la recherche d'informations en mémoire, les processus de décision, ainsi que la planification, le contrôle et l'exécution de la réponse. L'étude du raisonnement aide à comprendre par quels processus l'esprit humain interprète les informations qu'il recueille par le filtrage de ses sens, la façon dont il les transforme, les catégorise et les exploite pour en tirer de nouvelles connaissances. Ainsi, plusieurs formes de raisonnement furent distinguées, parmi lesquelles le raisonnement déductif qui aboutit à des conclusions valides à condition de suivre le schéma formel du raisonnement ; le raisonnement inductif qui élabore des hypothèses à partir de certains paramètres en laissant une incertitude sur la validité de la conclusion ; et enfin le raisonnement par analogie qui établit un rapport

---

[3] *Morin, E. (1990)(2005)(2007) Clergue, G. (1997)*

inhabituel entre deux domaines pour en montrer les ressemblances afin d'en tirer des conceptions nouvelles[4]. La déduction est un raisonnement progressif et rigoureux qui part de la cause pour aboutir à l'effet. À l'inverse, l'induction est une démarche régressive qui remonte de l'effet à la cause. Ces deux types de raisonnement nécessitent de disposer de la description la plus précise et la plus complète des différents facteurs ou éléments constituant le sujet de réflexion. Lorsqu'ils sont réunis, le raisonnement évolue dans un système fermé de conclusions. Seulement, dans la majorité des cas, l'information qui permettrait de raisonner d'une façon formelle n'est pas disponible. Chacun de ces deux modes de raisonnement a des limites fortement soulignées par l'épistémologie contemporaine : le raisonnement déductif peut conduire à faire prévaloir l'arbitraire d'une théorie et ne retenir que les faits qui viennent la corroborer. À l'inverse, le raisonnement inductif peut permettre de donner une valeur scientifique à des vérités empiriques. Pour gérer cette situation, l'esprit humain a développé la capacité de réviser ses inférences, ou si l'on préfère, de modifier les modèles ou théories qu'il fabrique à partir des informations qui lui sont fournies en fonction de l'évolution des évènements. Pour opérer cette révision, il se sert essentiellement du raisonnement par analogie.

Depuis Aristote, l'analogie a reçu des acceptions qui, pour certaines, s'apparentent à la conception aristotélicienne – une identité de rapports – et pour d'autres s'en éloignent. À cela, il convient d'ajouter l'extrême diversité des situations dans lesquelles l'analogie et, par voie de conséquence, la pensée analogique ont été repérées et analysées depuis l'acquisition de connaissances jusqu'à la résolution de problèmes, en passant par la découverte scientifique, l'argumentation juridique et la conception artistique. Cependant, le noyau autour duquel s'organisent les intellections et les définitions de l'analogie demeure la ressemblance, ce qui implique une relation entre deux univers comparés. À partir de ce concept de base, l'analogie caractérise, pour certains, les propriétés objectives de chacun de ces univers. La ressemblance repose alors sur des propriétés avérées, qui permettent de souligner les similitudes, et de prédire de nouvelles propriétés pour l'un ou l'autre de ces univers. Pour d'autres, l'analogie consiste en un transfert de connaissances d'une situation à une autre, ce qui rend la nouveauté familière, en la reliant à un savoir antérieur. D'autres, encore, considèrent qu'une analogie est ce qui

---

[4] *Coulon, D.; Ripoll, T. (2001).*

rend possible de comprendre une situation dans les termes d'une autre. Tous admettent cependant qu'elle s'élabore à partir d'un domaine connu, la connaissance source, et d'un domaine nouveau, la connaissance cible[5].

Le raisonnement analogique s'effectue, quant à lui, en plusieurs étapes. La première consiste à encoder la connaissance source et la connaissance cible, autrement dit à recueillir, assimiler et synthétiser les informations à leur sujet pour en extraire les caractéristiques. La deuxième étape s'emploie à accoler la connaissance source à la connaissance cible pour identifier leurs spécificités communes. La troisième étape a pour objet de transférer certains aspects de la connaissance source vers la connaissance cible, sur la base de traits communs – une distinction étant faite entre les traits de surface, observables immédiatement, et les traits de profondeur qui ne sont pas discernables aussitôt, mais nécessitent des recherches approfondies. Une quatrième étape, enfin, consiste à justifier ce transfert en élaborant une théorie d'un niveau plus élevé que celui des deux types de connaissances.

De nombreuses découvertes scientifiques sont issues de ce procédé[6]. À titre d'exemple, citons l'analogie qui permit au chimiste français Lavoisier d'établir un rapport entre le charbon et le diamant, parce que l'un et l'autre libèrent, lorsqu'on les chauffe, du gaz carbonique. Gêné par des propriétés physiques trop dissemblables, Lavoisier écrit dans son mémoire 'Sur la destruction du diamant par le feu' : « il serait déraisonnable sans doute de pousser cette analogie trop loin »[7]. Et pourtant, quelques années plus tard en 1797, le chimiste britannique Tennant découvre que le diamant est une forme de cristallisation du carbone à l'instar du charbon. Citons aussi celle de Maxwell en 1860, qui a réellement promu l'analogie au rang de méthode scientifique, en permettant une avancée capitale dans la connaissance des phénomènes électromagnétiques[8]. On ne disposait à l'époque que de théories abstraites sur les phénomènes électriques, ainsi que de quelques concepts sur les champs magnétiques – le lien entre les deux phénomènes étant loin d'être réalisé. Maxwell eut alors l'intuition d'imaginer le champ électrique sous la forme d'un fluide virtuel incompressible, dont il pouvait extrapoler les mouvements dans des termes géométriques. Il comprit que ce champ se comportait « comme un ensemble de roues, de poulies et de fluides », ce

---

[5] *Gineste, M.-D. (1997) Rosch, E.; Lloyd, B.B. (1978) Ramscar, M.; Pain, H. (1996).*
[6] *Miller, A.L. (1996)(2000).*
[7] *Lavoisier, A.-L. (1772).*
[8] *Maxwell, J.C. (1856).*

qui lui permit d'élaborer ses équations restées fameuses. Des études ont cependant démontré que l'analogie n'est pas toujours efficace. Si elle est un moyen de rendre la nouveauté familière en la reliant à un savoir antérieur, elle n'en est pas moins subordonnée à la sélection d'un sujet source dont le contenu est établi par le concepteur de l'analogie. Il y a donc un risque important qu'une partie de cette source soit occultée, mal interprétée ou adaptée sur mesure pour le succès de la simulation. L'étape au cours de laquelle est sélectionnée la connaissance source est donc cruciale. De cette sélection dépend, en effet, la réussite du transfert analogique après sa projection.

Tout d'abord, les informations doivent se présenter comme une structure mémorisée avec précision et complétude. Disposer d'informations éparses sur un sujet ne suffit pas. Les unités d'information doivent être clairement identifiées, validées et regroupées pour constituer un ensemble rationnel. Par exemple, la nature de la lumière, ses lois de diffusion, de propagation, de réflexion, l'anatomie de l'œil, l'organisation rétinienne, ainsi que le fonctionnement des photorécepteurs, sont autant d'unités d'information qui peuvent être regroupées pour constituer une connaissance source cohérente, celle du fonctionnement de la vision, dans la perspective, par exemple, d'une analogie entre l'œil et un appareil photo numérique.

Le second ensemble de conditions, qui garantit l'efficacité de la projection de structures, concerne l'organisation de la connaissance source et de la connaissance cible. La relation d'analogie entre les deux sera d'autant plus certaine que cette configuration rassemblera plusieurs caractéristiques fondamentales. La première de ces caractéristiques est la clarté, autrement dit la précision avec laquelle chaque unité d'information du sujet source est reliée avec une et une seule unité d'information du sujet cible qui lui est analogue. Par exemple, si l'iris de l'œil peut être mis en relation avec le diaphragme d'un appareil photo numérique, il ne peut l'être qu'avec lui. De même, si nous relions les photorécepteurs de la rétine aux photocapteurs de l'appareil numérique, puisque tous deux transforment l'énergie lumineuse en potentiel électrique ou en courant, la clarté de l'analogie garantit la projection et le transfert entre les deux sujets. La deuxième caractéristique est la richesse de l'analogie liée à l'identité des fonctions et du nombre de relations unissant les concepts du domaine de connaissance. Ainsi, la richesse d'une analogie repose sur le nombre des prédicats extraits de la connaissance source, comparés à ceux de la connaissance cible. À l'inverse d'une analogie pauvre – où peu de relations sont projetées – une analogie riche implique l'existence de nombreuses corrélations entre le domaine source et le domaine cible[9]. Par exemple, l'analogie entre l'œil et l'appareil photo numérique est riche, car d'autres prédicats peuvent être projetés, tels que les propriétés communes du cristallin et de la lentille frontale, du réseau neural rétinien et du microprocesseur d'un analyseur d'images, du nerf optique et du câble de transfert, ou encore du cortex strié et de la carte mémoire. La troisième caractéristique concerne l'ordre dans lequel la mise en correspondance des arguments est effectuée. Celui-ci peut être orienté de la surface vers la profondeur, ou inversement. Ainsi, pour reprendre l'analogie entre l'œil et l'appareil photo numérique, la projection de la source vers la cible se fera de la surface vers la profondeur, autrement dit, depuis le cristallin et l'objectif jusqu'au cortex strié et la carte mémoire, et ce afin de respecter la séquence de traitement de l'image, identique dans les deux systèmes. À l'inverse, une analogie utilisant une connaissance source telle qu'une bibliothèque pour expliquer le génome eucaryote est plus pertinente si l'on part de la profondeur pour aller vers la surface. On peut ainsi comparer les livres aux gènes, leurs introductions aux promoteurs, leurs développements aux phases codantes et les notes de bas de page aux séquences transcrites non traduites. Les rayonnages, qui supportent les livres et les rendent plus ou moins accessibles selon leur disposition, seront comparés aux chromosomes et à la distinction euchromatine/hétéro-chromatine ; la bibliothèque (avec ses livres, qui abordent des thèmes similaires, rangés sur des rayonnages différents) étant, quant à elle, comparée au noyau de la cellule (avec ses gènes de fonctions similaires dispersés parmi plusieurs chromosomes). D'autres caractéristiques ont une grande importance dans la conception et la validité d'une analogie, en particulier sa capacité d'abstraction, dont l'idée et la théorie qui l'accompagne remontent, une fois encore, en droite ligne à Aristote[10]. L'intellect, dit-il, tire des concepts ou des idées générales, de l'observation des objets concrets. Ainsi, une table, une chaise et un lit peuvent être réduits au concept abstrait de meubles. De même, à un haut niveau d'abstraction, le moule à briques, la brique, le mur, la maison, le village et la cité peuvent être réduits au concept d'architecture ou d'urbanisme. Corrélée à la notion d'abstraction, celle de mise en relief ou de hiérarchisation des propriétés des sujets concernés traduit des événements en signes pour interpréter d'autres événements.

---

[9] *Gineste, M.-D. (1997).*
[10] *Aristote (Métaphysique II. 1077 b-1078 b).*

Par exemple, un panneau de signalisation représentant un homme travaillant avec une pelle nous indique la présence de travailleurs sur le bord de la route. Il nous incite aussi à ralentir pour les préserver d'un accident, à faire attention aux gravillons qui pourraient endommager le pare-brise, à fermer les vitres et à brancher le circuit interne d'aération pour ne pas être incommodés par d'éventuelles odeurs de goudron. Par conséquent, nous allons consciemment au-delà de l'information perçue sur le panneau, qui ne représente qu'un personnage de profil, à l'échine courbée, tenant une pelle dont l'extrémité est plantée dans un tas de terre.

Ce que nous voulons exprimer par l'expression « mise en relief », c'est la façon dont l'esprit catégorise des indices concernant différents sujets dans le but d'y accéder dans le temps et éventuellement d'établir des analogies susceptibles de nous aider à anticiper ou à prédire des actes ou des évènements futurs. Une fois le processus de transfert analogique achevé, c'est-à-dire la connaissance cible interprétée à partir des inférences tirées de la connaissance source, l'ultime phase de l'apprentissage commence. Les connaissances cibles et leurs solutions sont en effet mémorisées pour devenir, à leur tour, des connaissances sources qui aideront à résoudre de nouveaux problèmes. Cet apprentissage se fait en grande partie par catégorisation. Ce processus fondamental dans l'adaptation de l'homme à son environnement a pour fonction d'organiser et de classer : les objets de même nature – ou de propriétés identiques – les noms par lesquels ils sont désignés, et les représentations qui permettent de les conserver en mémoire[11]. Par exemple, nous catégorisons lorsque nous regroupons sous la désignation 'supports d'écriture' : des tablettes d'argile, des papyrus, des parchemins, des feuilles de papier, des disquettes informatiques ou des tablettes numériques. De même, nous catégorisons lorsque nous opérons des groupements de personnes dans des classes d'équivalence, selon les traits qui les caractérisent et qu'elles ont en commun. Ces taxonomies de personnes sont relativement stables, dans la mesure où elles sont en général psychologiquement partagées par des individus qui appartiennent à une même communauté linguistique. Ainsi, l'abstraction, la mise en relief et la catégorisation d'informations auxquelles nous sommes sensibles nous permettent de construire des ensembles structurés à des niveaux de généralités ou de spécificités – bien sûr différents – selon l'avancement de nos connaissances dans un domaine. Ces trois

---

[11] *Gineste, M.-D. (1997).*

mouvements de la pensée correspondent aux trois dimensions de la systématicité, un procédé par lequel les connaissances sont organisées dans la mémoire humaine[12].

Sur la base de ce développement, il semble que l'analogie et la catégorisation constituent l'essence même de la compréhension humaine. Or, nos travaux nous conduisent à penser qu'il existe un autre processus d'analogies sensorielles et de catégorisation à côté de celui, bien connu des psychologues, qui divise l'environnement en classes d'équivalence. Pour le comprendre, il faut dépasser le cadre traditionnel des études de l'analogie. La plupart des recherches en psychologie cognitive et en intelligence artificielle privilégient en effet la thèse selon laquelle l'analogie et la catégorisation sont fondées sur la ressemblance, ou plus exactement, qu'elle est une « sorte de » ressemblance entre deux domaines. De fait, les hypothèses s'articulant autour de l'interaction entre deux systèmes séparés – tels que les inventions urukéennes et les organes des sens – ont été mises à l'écart de l'investigation expérimentale et de la simulation.

Cela étant, il reste aussi à découvrir comment des inventions du 4ᵉ millénaire pouvaient être si fortement empreintes de mécanismes biologiques, alors que les modèles d'origine étaient inaccessibles à la perception et à la compréhension. Si l'on peut justifier l'invention de l'araire et du moule à briques normalisé par la seule observation des pieds et des mains, il n'en va pas de même pour la conception de l'écriture, de la comptabilité, de la harpe, du métier à tisser vertical et de l'image. Les Urukéens ne disposaient en effet d'aucune technologie leur permettant d'observer des bourgeons du goût, des cellules olfactives, l'organe de Corti, une macule vestibulaire, ou des photorécepteurs rétiniens. En revanche, l'intégration de schémas biologiques pourrait indiquer qu'une pensée est préordonnée par l'organisation des structures corticales qui la produisent. De cette façon, une invention subirait lors de sa conception trois contraintes majeures : la première lui serait imposée par son environnement et notamment la gravité ; la deuxième par l'anatomie et la physiologie des organes sensoriels – puisque la pensée est en grande partie le résultat de l'utilisation dans un réseau de neurones de tous les éléments qui entrent en interaction avec le champ mental d'un individu par l'intermédiaire de ses sens –, la troisième enfin lui serait prescrite par le respect des propriétés du système physique qui l'engendre, autrement

---

[12] *Gineste, M.-D. (1997).*

dit le cerveau[13]. Or, nous savons que ce dernier possède deux particularités essentielles. D'une part, une plasticité qui lui permet de se modifier constamment en fonction des expériences, et qui ne se limite pas à des zones particulières, mais qui s'étend à la totalité du cerveau. D'autre part, une connectivité qui, malgré son extrême densité, n'est pas aléatoire mais reflète une architecture particulière constituée d'amas de neurones reliés entre eux par un vaste réseau de connexions réciproques. Ainsi, du simple fait de l'évolution, la logique des processus naturels, qui régit la formation des organes des sens, serait en quelque sorte incorporée dans les réseaux neuraux du cerveau humain. À ces architectures génétiques, morphologiques et physiologiques, viendrait s'ajouter l'empreinte plus abstraite du non-conscient cognitif qui participe aux phases initiales de l'organisation de la pensée. C'est lui, s'inspirant de tout ou partie d'un organe des sens, qui réunirait les éléments d'une invention. Autrement dit, le non-conscient cognitif se servirait des éléments constituant, par exemple, une cellule ciliée de type I de l'appareil vestibulaire (le domaine source) pour inspirer au conscient la forme et l'assemblage des pièces qui lui permettront de concevoir un objet comme un métier à tisser vertical (le domaine cible). Ainsi, les deux domaines seraient différents, mais les rôles que chacun jouerait dans la structure de relation seraient identiques. Dès que l'appariement et la projection par le non-conscient cognitif seraient réalisés, il deviendrait possible pour le conscient de construire le nouveau domaine, autrement dit de percevoir ou de se représenter l'objet mentalement aussi bien sur son plan structurel que fonctionnel et ainsi, de le concrétiser sur le plan réel. Il s'agirait là de ce que nous appelons une « invention ».

Si l'existence du non-conscient a été formulée il y a déjà plus d'un siècle, les démonstrations tangibles de celle-ci, ainsi que la signification précise de certains de ses attributs, sont le fruit des neurosciences cognitives modernes[14]. La pathologie n'a pas été en reste, contribuant largement à reconnaître que des patients affectés d'amnésies, provoquées par des lésions irréversibles, pouvaient néanmoins adapter leur comportement à certains évènements passés, dont ils ne pouvaient se souvenir consciemment. Une étude du non-conscient s'est alors développée, affranchie de la psychanalyse et de ses conflits, de ses privilèges du désir et de ses représentations refoulées. Ce mouvement de recherche, actuellement en pleine expansion, a permis non seulement

---

[13] *Imbert, M. (2006).*
[14] *Morris, J.S. et al. (1998) Buser, P. (2005) Naccache, L. (2006).*

d'identifier de nombreux processus révélant le non-conscient, mais aussi d'en dessiner de plus en plus finement les contours. Ainsi, certains actes n'atteignent notre conscience qu'après avoir eu lieu, faute de quoi l'existence au quotidien serait insupportable. Par conséquent, le non-conscient englobe un vaste ensemble de processus, en particulier moteurs, qui échappent au contrôle actif de la conscience, autrement dit qui se produisent sans avoir intentionnellement fixé les objectifs ou évalué les résultats. En effet, l'exploration de certaines pathologies neurophysio-logiques, telle que la mémoire aveugle, confirme que le conscient ne représente en réalité que la partie émergée de l'iceberg. Ce syndrome a été décrit par Larry Weiskrantz de l'Université d'Oxford[15]. Ses observations ont longtemps suscité des polémiques, voire une certaine incrédulité, pour finalement être pratiquement acceptées par le plus grand nombre, à l'exception de quelques sceptiques irréductibles. Dans la tradition neurologique classique, la cécité liée à une lésion partielle ou totale de l'aire corticale visuelle, dite striée – rebaptisée aire V1 –, était considérée comme une pathologie bien délimitée, avec un scotome dans la partie du champ visuel, c'est-à-dire une zone de vision totalement obscure. Interrogés sur leur vécu perceptif, les patients répondaient toujours qu'ils ne voyaient rien dans la partie aveugle de leur champ visuel. Weiskrantz et ses collaborateurs eurent alors l'idée de modifier la nature même de l'examen des sujets en leur imposant de répondre à des questions précises. Ils devaient cette fois répondre par oui ou par non sur la présence éventuelle d'un stimulus dans leur champ aveugle, sur sa position dans le champ, ainsi que sur ses déplacements aléatoires. Or, dans ces conditions, les patients se sont montrés capables de toute une série de performances visuelles, qui ne doivent rien au hasard, à l'intérieur même de leur scotome. Il en résulte que ces sujets étaient encore en mesure, malgré leur cécité, de traiter des informations visuelles à l'intérieur de leur champ aveugle, sans pour autant en être conscients. D'autres pistes du non-conscient ont été fournies par l'observation de patients souffrant de négligence spatiale. Cette pathologie empêche le sujet de percevoir la moitié de son champ tactile, auditif ou visuel et à l'extrême, tout un côté de son corps. Une expérience a révélé qu'un patient souffrant d'une héminégligence gauche sévère, à qui l'on montre deux dessins presque identiques représentant une maison normale et une maison dont le côté gauche est en feu – côté qui pour lui n'est pas

---

[15] *Weiskrantz, L. (1996) Sahraie, A. et al. (1997).*

perceptible – répond qu'elles sont semblables. En revanche, lorsqu'il est questionné sur la maison dans laquelle il aimerait vivre, il désigne toujours la maison intacte. Ce qui signifie que le traitement implicite des images apparaît préservé malgré la négligence spatiale, autrement dit en l'absence de traitement explicite conscient. Un autre syndrome, la prosopagnosie qui prive les malades de la faculté d'identifier les visages, confirme le test précédent. Placés devant la photo d'un proche parent, ces sujets sont incapables de l'identifier. Mais lorsqu'on leur montre les portraits de plusieurs individus en leur demandant avec lequel ils aimeraient passer la journée, ils désignent systématiquement leur parent. On pourrait ainsi multiplier les exemples, mais les contours du non-conscient ne se révèlent pas uniquement à travers les déficits de la vision ou de la mémoire. Bien que l'on ait pu croire que l'initiation d'une action motrice volontaire dépendait uniquement du conscient, des observations réalisées par exploration électrophysiologique au cours des vingt dernières années, à l'Université de San Francisco, par l'équipe de Benjamin Libet, ont ébranlé cette certitude[16]. Elles ont révélé l'existence d'une succession d'étapes complexes précédant l'exécution d'un geste durant laquelle le non-conscient pouvait agir comme un censeur et interrompre le mouvement.

« Je pense donc je suis », disait René Descartes. Cependant, force est de constater que la majorité de nos actions sont non-conscientes. De fait, ce non-conscient revêt une importance dans nos comportements que l'on ne soupçonnait pas. Bien plus qu'un simple appui à la conscience, il aurait une part prépondérante dans tous les processus cognitifs[17]. À ce titre on estime que 90 % des opérations mentales d'un individu sont non-conscientes. Mais pour énoncer de tels propos, encore faut-il en apporter la preuve. Or, explorer le non-conscient, identifier ses bases cérébrales, concevoir des expériences qui mettent en évidence son importance n'est pas chose aisée. C'est en effet souvent au niveau du protocole que les difficultés surgissent, car tout ce qu'on peut demander à un individu est d'effectuer une tâche consciente et non d'exécuter un acte non-conscient. Il faut donc inventer des tests dont les résultats ne peuvent être interprétés que par l'intercession de processus non-conscients, dont l'effet d'amorçage. Au cours de ce test, un expérimentateur projette sur un écran une liste de mots, de chiffres ou de pictogrammes à un sujet et lui demande d'en sélectionner un de manière aléatoire. Il suffit que l'un

---

[16] *Libet, B. (1985).*
[17] *Buser, P. (2005) Naccache,L.(2006). Coquart, J. (2006).*

d'entre eux ait été préalablement exposé pendant un laps de temps trop bref pour être perçu par le conscient, pour que le sujet choisisse précisément le signe correspondant à cette image subliminale. Le directeur de l'unité INSERM, neuro-imagerie cognitive Stanislas Dehaene, a mis en évidence l'idée selon laquelle on peut comprendre le sens d'un mot écrit sans même avoir eu conscience de le voir[18]. Le test, sur lequel s'appuie sa thèse, consiste à afficher sur un écran d'ordinateur une série de lettres aléatoires, un nombre écrit en toutes lettres, mais qui ne s'affiche que durant 43 millièmes de seconde afin de ne pas être perçu consciemment, et enfin un second nombre qui reste affiché un peu plus longtemps pour être perçu par le conscient. Les sujets doivent indiquer si ce deuxième nombre est inférieur ou supérieur à cinq. Or, lorsque le premier et le deuxième nombre sont tous deux inférieurs ou supérieurs à cinq, la réponse est plus rapide, attestant ainsi que les sujets perçoivent bien la valeur du premier chiffre, bien qu'ils n'en aient pas eu conscience. Mais Stanislas Dehaene et son équipe sont allés plus loin. Puisque les sujets volontaires répondaient à ce test en appuyant sur les touches d'un clavier, ils en ont profité pour enregistrer, en parallèle, l'activité électrique et les variations de débit sanguin dans leur cerveau. Ils se sont alors aperçus que, lorsque le chiffre imperceptible au conscient s'affiche, la zone corticale motrice de la main qu'ils auraient utilisée s'ils avaient dû indiquer la position de ce chiffre par rapport à cinq était activée. La perception subliminale d'un mot peut donc avoir une influence sur l'activité motrice en plus de son traitement sémantique[19].

Un autre exemple de traitement non-conscient concerne la mémoire implicite. Susan Sara du Laboratoire de Neurobiologie des Processus Adaptatifs au CNRS et Viviane Devauges du Centre d'Imageries Plasmoniques Appliquées de l'Institut Langevin, ont étudié l'influence des neuromodulateurs – molécules qui agissent sur les neurones – et ont mis en évidence la part émotionnelle de la mémoire implicite[20]. L'une de ses expériences consiste à placer un rat dans une cage à deux compartiments. L'un est grand et lumineux, l'autre petit, sombre et équipé de barreaux. Le comportement spontané du rat est de se réfugier à l'intérieur du petit compartiment, mais une fois à l'intérieur il reçoit une petite décharge électrique sur les pattes. Lorsque quelques semaines plus tard, le rat est replacé dans cette cage, il récidive et pénètre dans le même

[18] *Dehaene, S. et al. (2006).*
[19] *Dehaene, S. (2007).*
[20] *Devauges, V.; Sara, S.J. (1990).*

compartiment. Toutefois, il présente tous les signes caractéristiques de la peur : poils hérissés, déjections, activité élevée des neurones noradrénergiques. En fait, son environnement lui fait ressentir une situation négative, bien qu'il n'ait pas souvenir de la précédente et douloureuse expérience. La trace mnésique laissée par l'essai antérieur se décompose donc en deux phases : l'une cognitive, l'autre émotionnelle. Une autre expérience de ce type a été menée par le Professeur Antonio Damasio lorsqu'il dirigeait le département de neurobiologie de l'université de l'Iowa. Il fit à cette époque la connaissance de David, alors âgé de quarante-six ans[21]. David souffre du déficit le plus grave de l'apprentissage et de la mémoire qui n'ait jamais été rapporté. Il ne possède qu'une mémoire à court terme qui n'excède pas quarante-cinq secondes. Par conséquent, il est incapable d'apprendre un fait nouveau, il ne peut retenir aucun son, image, odeur ou mot, ni effectuer aucun travail. De même, il ne peut reconnaître une personne s'il ne la connaissait pas avant sa pathologie, que ce soit à partir de son visage, de sa voix ou de son nom ; pas plus qu'il ne peut se souvenir de quoi que ce soit se rapportant à l'endroit où il l'a rencontrée ou encore des évènements qui se sont déroulés entre lui et cette personne. Le déficit de David a pour cause une lésion importante des deux lobes temporaux, à la suite d'une encéphalite aiguë nécrosante herpétique. Cette dernière a affecté l'hippocampe – dont l'intégrité est indispensable pour retenir des faits nouveaux – et l'amygdale – un groupe de neurones situés au pôle rostral du lobe temporal impliqué dans la peur et l'émotion. Antonio Damasio avait entendu dire que David semblait manifester, dans sa vie quotidienne, des préférences et des aversions constantes envers certaines personnes. Par exemple, dans le lieu où il vécut les vingt dernières années, il y avait des individus bien précis auprès desquels il se rendait fréquemment lorsqu'il voulait une cigarette ou une tasse de café, et certains individus qu'il n'approchait jamais. La constance de ces comportements était d'autant plus singulière, que David ne pouvait reconnaître aucun d'entre eux, ni se rappeler leurs noms, ni même se souvenir d'avoir passé un moment en leur compagnie. Antonio Damasio décida de vérifier s'il s'agissait vraiment d'une coïncidence et pour ce faire procéda à des tests empiriques. Il mit au point, notamment avec son collègue Daniel Tranel, un exercice appelé depuis « l'expérience du bon et du mauvais garçon »[22]. Sur une période d'une semaine, ils firent

---

[21] *Damasio, A. (1999).*
[22] *Damasio, A. (1999).*

évoluer David au sein de trois types distincts d'interactions humaines entièrement contrôlées. Dans la première, il s'agissait d'effectuer une tâche plaisante, aux côtés d'une personne très agréable qui l'encourageait et le récompensait sans que David ait à demander quoi que ce soit. C'était le bon garçon. La deuxième interaction faisait intervenir un individu émotionnellement neutre qui confiait à David des activités ni plaisantes, ni désagréables et qui lui répondait favorablement, mais seulement lorsque ce dernier se manifestait. C'était le garçon neutre. La troisième interaction impliquait une personne dont les manières étaient brusques, qui employait David à une tâche aussi fastidieuse que lassante et qui répondait toujours par la négative à toutes ses requêtes. C'était le mauvais garçon. La mise en scène de ces différentes situations fut programmée sur une durée de cinq jours consécutifs, mais toujours pendant un laps de temps bien spécifié pour qu'Antonio Damasio et Daniel Tranel puissent mesurer et comparer l'exposition au bon, au neutre et au mauvais garçon. Une fois que toutes ces rencontres furent effectuées, ils lui proposèrent de participer à deux tâches distinctes. Au cours de l'une d'entre elles, David devait observer deux séries de quatre portraits parmi lesquels avait été glissé le visage de l'un des trois individus de l'expérience, puis ils lui demandèrent auprès duquel il se rendrait s'il avait besoin d'aide, et pour que les choses soient plus claires encore, lequel était son ami. David se comporta alors de la manière la plus stupéfiante qui soit. Lorsque l'individu qui avait été positif à son égard faisait partie du groupe des quatre, David choisissait le bon garçon dans 80 % des cas, ce qui indiquait que son choix ne se faisait manifestement pas de manière aléatoire. Seul le hasard aurait fait choisir à David chacun des quatre dans 25 % des cas. L'individu neutre était choisi avec une probabilité qui n'était pas supérieure au hasard. Quant au mauvais garçon, il n'était jamais choisi ! Ce qui, une fois encore, s'opposait à un comportement aléatoire. Au cours d'une seconde tâche, Antonio Damasio et Daniel Tranel invitèrent David à regarder les visages des trois individus, et à exprimer ce qu'il savait à leur sujet. De fait, David ne les reconnut pas. Il fut incapable de les nommer, de se rappeler les avoir rencontrés et n'eut aucun souvenir des tâches qu'il avait effectuées avec eux. Mais, lorsqu'ils lui demandèrent lequel parmi ces trois individus était son ami, il choisit à plusieurs reprises le bon garçon. Les résultats de cette expérience méritaient d'être approfondis. Rien dans l'esprit conscient de David ne pouvait l'inciter à choisir le bon garçon et à rejeter le mauvais. Il ignorait pourquoi il choisissait l'un et repoussait l'autre ; il le faisait spontanément.

Sa préférence non-consciente était en fait liée aux émotions et aux sentiments qu'il avait éprouvés lors de l'expérience, ainsi qu'à leur réinduction partielle non-consciente au moment où il se trouvait soumis au test. David n'avait pas acquis une connaissance nouvelle du type de celle qui peut se manifester dans l'esprit d'un individu ordinaire, mais « quelque chose » était demeuré dans son cerveau et pouvait produire des résultats sous la forme d'actions et de comportements. Le cerveau de David pouvait engendrer des actions subordonnées à la valeur émotionnelle ou sentimentale des rencontres originelles, qu'elles aient été causées par la récompense ou par l'absence de récompense. Pour que cette idée soit plus claire, il faut relater une observation qu'Antonio Damasio a faite au cours de cette expérience. Il était en train de conduire David à une rencontre avec le mauvais garçon, quand soudain, au moment d'entrer dans le corridor menant à la pièce attribuée à ce dernier, David éprouva une sorte de réticence, presque un désarroi. Il s'arrêta, hésita un moment puis se laissa conduire calmement jusqu'à la salle d'examen. Antonio Damasio en profita pour lui demander si quelque chose n'allait pas, s'il pouvait l'aider en quoi que ce soit. Mais comme c'était à prévoir, David lui répondit par la négative. Et de fait, rien ne lui venait à l'esprit si ce n'est, peut-être, une émotion confuse, brève et indéterminée. Pourtant, il n'y avait aucun doute sur le fait que la vue de la pièce au fond du couloir dans laquelle l'attendait le mauvais garçon, avait induit cette réponse émotionnelle brève, suivie de ce trouble passager. Toutefois, en l'absence d'informations catégorisées pouvant faire l'objet d'analogies par rapport aux expériences précédentes – qui seules auraient fourni à David les raisons de son malaise – les troubles engendrés par l'émotion qu'il ressentit restèrent isolés, déconnectés et sans effet sur sa décision de poursuivre ou non son chemin[23]. Ainsi, la situation qui vient d'être décrite permet de faire plusieurs remarques. Tout d'abord, la conscience centrale de David est intacte. Ensuite, si dans le contexte de l'expérience du bon et du mauvais garçon, les émotions et les sentiments de David ont été induits de façon non-consciente, dans d'autres contextes il éprouve des sentiments conscients tels que le plaisir de l'action, du toucher, du goût, de l'olfaction, de l'audition et de la vision. Enfin, compte tenu de la destruction subie par plusieurs régions corticales et sous-corticales de son encéphale, il semble que ces dernières n'aient pas la prérogative des émotions, des sentiments et de la conscience. Pour conclure, il faut

---

[23] *Damasio, A. (1999).*

préciser que la personne qui jouait le rôle du mauvais garçon dans cette expérience était une jeune et très belle neurologue. Antonio Damasio et Daniel Tranel s'étaient aperçus, en effet, que David était resté sensible aux charmes féminins. Cependant, toute la beauté du monde aurait été incapable de compenser l'émotion négative induite par les manières du « mauvais garçon » et la tâche fastidieuse qu'il devait effectuer sous son autorité.

Dans un autre registre, mais plus proche de notre sujet, tout aussi étonnantes sont les « intuitions » qui frappent sans prévenir à la porte du conscient pour dénouer un problème jusqu'alors insoluble[24]. Tout se passe comme si une découverte ou une invention comportait une phase initiale d'intuition guidée par l'implicite, qui dans un second temps fait place à une succession d'étapes conscientes. La littérature scientifique abonde de descriptions, ou plutôt d'impressions subjectives et introspectives de cette nature. On pense, bien sûr, à la théorie de l'atomisme de Leucippe, à la poussée d'Archimède et son fameux eurêka, à la théorie de la gravitation d'Isaac Newton, au courant d'induction permanent de Michael Faraday, à la formule développée du benzène de Friedrich Kékulé, à la transmission nerveuse chimique de Otto Loewi ainsi qu'aux autodescriptions de Henri Poincaré et Jacques Hadamard[25], sans oublier les nombreuses allusions, parfois discrètes, souvent gênées, de chercheurs contemporains au sujet de leurs découvertes, qu'elles soient techniques ou théoriques. Toutefois, si les scientifiques sont nombreux aujourd'hui à discourir sur l'intuition, ils ne cherchent pas pour autant à développer ses aspects ou à découvrir sa nature. Ils parlent d'idées implicites, de connaissances tacites ou d'un savoir inexprimé. Henri Poincaré n'avait pourtant pas hésité en 1908 à ouvrir la voie en proposant devant la Société de Psychologie son modèle à quatre temps au sujet de la découverte des fonctions fuschiennes, une certaine classe de fonctions mathématiques sur lesquelles il s'échinait en pure perte et dont il perça subitement le mystère en montant dans un autobus. Ce modèle à quatre temps était le suivant : un premier temps de travail conscient au cours duquel le chercheur utilise ses connaissances antérieures pour définir le problème et trouver de quelle façon le résoudre ; un deuxième temps de travail non-conscient au cours d'une période de repos ou de diversion pendant laquelle le conscient se détourne du problème ; un troisième temps d'intuition ou d'illumination, qui implique une part

[24] *Miller, A.I. (1996) (2000).*
[25] *Hadamard, J.; Poincaré, H. (1993).*

d'émotions ; enfin, un quatrième temps de travail conscient pour vérifier que l'idée intuitive qui a permis de trouver une solution est réellement effective. Cette dernière phase est essentielle, car l'expérience d'illumination ne garantit pas l'adéquation de cette lumière à l'objet auquel elle est censée s'appliquer. Mais c'est au mathématicien Jacques Hadamard que nous devons la description la plus originale et la plus moderne du non-conscient. Il l'imagine constitué de couches superficielles en dessous desquelles existerait une série de strates de plus en plus profondes. À l'appui de cette hypothèse, il classe ensuite comme plus intuitif un esprit dont les idées se combinent dans les zones profondes du non-conscient, et comme plus logique un esprit dont les idées se forment dans les zones les plus superficielles. Par cette analyse, Jacques Hadamard apporte un des arguments les plus puissants en faveur d'une intervention de processus mentaux non-conscients dans la découverte en mathématiques, mais aussi dans toutes les formes de conceptualisation, à savoir que les sources de l'invention ne résident pas dans la conscience, mais sont la conséquence d'un travail d'incubation non-conscient et d'une sélection d'idées qui passent dans la conscience. Ainsi, la découverte intuitive ne se réduirait ni au hasard, ni à une combinatoire consciente, mais consisterait en un choix de l'utile et en une élimination de l'inutile[26]. C'est ce que Jean-Pierre Changeux et Alain Connes appelleront plus tard le « darwinisme mental », ou le mécanisme d'élimination de l'inutile. Certes, ce n'est qu'une phase préliminaire à l'invention, mais c'est une étape cruciale au cours de laquelle s'opère une sélection des éléments fondateurs de l'invention. Quant au phénomène qui déclenche cette sélection, Jacques Hadamard pense qu'il découle de l'harmonie des nombres et des formes tandis que Henri Poincaré l'attribue à la beauté scientifique. Il est certes difficile d'admettre que ces processus d'incubation et d'illumination non-conscients puissent être dirigés par une exigence esthétique, mais n'oublions pas que lorsque ces représentations furent énoncées, l'inconscient était l'apanage de la psychanalyse, alors seule détentrice du domaine. De nos jours, il est probable que les idées des mathématiciens intuitionnistes appartiendraient plus volontiers au non-conscient cognitif.

Ainsi donc, si l'on ignore toujours la nature du phénomène permettant de sélectionner les éléments fondateurs d'une invention – ainsi que beaucoup d'autres concepts que nous regroupons, non sans orgueil, sous

---

[26] *Changeux, J.-P.; Connes, A. (1992).*

l'appellation de « créations » – on peut raisonnablement concevoir que le non-conscient cognitif utilise une importante quantité d'énergie pour y parvenir. Or, si le cerveau est l'organe qui consomme le plus d'énergie dans l'organisme – soit 20 % alors qu'il ne représente que 2 % du poids de ce dernier – on estime que seule une faible part de l'activité neuronale résulte de réactions à des stimuli. L'imagerie fonctionnelle, avec la tomographie par émission de positrons et l'imagerie par résonance magnétique nous révèlent en effet que lors des réactions à des stimuli, les augmentations du flux sanguin dans le cerveau – mesurées par la quantité d'oxygène que le sang transporte – ne représentent que 5 à 10 % du flux normal. Parfois même, l'accroissement de la consommation d'énergie associée à ces modifications circulatoires ne dépasse pas 1 %. Ce qui signifie que le cerveau dépense la majeure partie de l'énergie qu'il consomme à des activités dont nous ignorons tout à ce jour. Or, cette connaissance est essentielle pour comprendre la nature profonde de la fonction cérébrale. Ce constat n'est pas récent, même si ce n'est qu'aujourd'hui que nous pouvons l'étudier de façon quantitative. Depuis plus de deux siècles, deux idées coexistent. La première considère que le cerveau agit sous l'effet d'informations recueillies par les sens : l'acquis ; la seconde estime qu'il opère de façon autonome et que les stimuli sensoriels interagissent avec son fonctionnement plus qu'ils ne le déterminent : l'inné. Si aucune de ces deux idées ne l'a encore emporté, c'est tout de même la première qui motive l'essentiel des recherches en neurosciences ; ceci n'est guère étonnant si l'on considère l'immense succès des expérimentations mesurant les réactions du cerveau à des stimuli externes. Cependant, n'étudier que ses réactions aux stimuli occulte une grande partie du fonctionnement cérébral, car ainsi que nous l'avons dit précédemment, l'activité neuronale consomme de façon spontanée beaucoup plus d'énergie que lorsqu'elle réagit à des stimuli. Alors à quoi sert cette « énergie noire »[27], ainsi nommée en référence aux découvertes des astrophysiciens, qui ont calculé que l'ensemble des étoiles et des planètes ne représentent qu'une infime partie de l'énergie totale de l'univers ? Pour l'équipe de Malia Mason, du Dartmouth Collège d'Hanover dans le New-Hampshire (USA), cette « énergie noire » ne reflète que la cognition libre, autrement dit les pensées indépendantes de tout stimulus, telles que les rêves éveillés[28]. À partir de ce postulat, Marcus Raichle, professeur à la faculté de médecine de l'Université

---

[27] *Daninos, F. ; Astier, P. ; Pain, R. (2008).*
[28] *Mason, M. et al. (2007).*

Washington à Saint-Louis dans le Missouri (USA) répond que si, effectivement, la cognition libre représente une fraction de l'activité cérébrale, elle ne peut être la cause de la majorité de la dépense énergétique puisque, sous anesthésie générale – par conséquent, sans cognition consciente – l'activité spontanée est toujours soutenue. Il en déduit donc que la cognition libre doit, comme la réponse à des stimuli contrôlés, ne représenter qu'une part infime de l'ensemble du travail cérébral[29]. Pour Eilio Salinas de la faculté de médecine de Wake Forest en Caroline du Nord (USA) et Terrence Sejnowski, de l'Université de San Diego en Californie (USA), l'activité spontanée du cerveau facilite la réaction aux stimuli en équilibrant les informations excitatrices et inhibitrices que reçoivent en permanence les neurones. C'est de cet équilibre que dépendrait leur réactivité[30]. Cette hypothèse est séduisante, car elle est aussi employée en ingénierie où l'ajustement d'un équilibre de forces permet une manipulation plus précise d'un objet que l'application d'une force unique. Cela implique une consommation d'énergie plus importante pouvant être multipliée par deux, voire trois dans certains cas exceptionnels. Appliquée au cerveau, cette proportion ne représente que 10 à 30 % maximum de la consommation cérébrale et ne justifie pas les 70 % restant. Enfin, pour Bruno Olshausen de l'Université de Cornell (USA), cette activité spontanée permanente permet au cerveau de se représenter et de traiter les informations de manière globale et cohérente[31]. En résumé, le cerveau serait doté, dès sa conception, de capacités de classification et de prédictions génétiquement déterminées. Celles-ci lui permettraient, au fur et à mesure de ses expériences, de construire une représentation du monde relative aux connaissances acquises et d'opérer des prédictions sur l'avenir. Si rien ne s'oppose à cette hypothèse, cette dernière, néanmoins, ne permet pas d'énoncer les fonctions de l'activité spontanée, ni de justifier les quantités considérables d'énergie noire consommée par le cerveau. Il est vrai que l'approche expérimentale est au centre d'un dilemme. Celle-ci doit en effet révéler la nature de cette activité sans avoir recours aux stimuli contrôlés. Les signaux émis lors des expérimentations IRMf sont si bruyants que les chercheurs sont contraints de corriger leurs données pour réduire ce bruit et augmenter l'intensité du signal qu'ils cherchent à isoler. Or, une part considérable de ce bruit continu traduit non seulement une activité

---

[29] *Raichle, M.E. (2006).*
[30] *Salinas, E.; Sejnowski, T.J. (2001).*
[31] *Olshausen, B. (2002).*

neurale spontanée, mais révèle aussi, malgré l'absence de comportements observables, des schémas de cohérence au sein de systèmes cérébraux connus. Cela pourrait signifier, comme le pense Bruno Olshausen, que ces systèmes sont actifs et ne servent pas seulement à répondre à des besoins, mais aussi à les anticiper en fonction d'expériences passées. Cette théorie semble confirmée par les récentes découvertes des chercheurs de Neurospin (Centre d'imagerie cérébrale en champ intense de Saint Aubin en Essonne-France) qui ont démontré au cours de l'année 2008 que des fluctuations spontanées des zones spécialisées du cerveau avaient un impact sur la perception. Pour ce faire, ils ont soumis douze sujets volontaires à une IRMf en leur présentant de manière brève (150ms) et répétée (à intervalles réguliers d'au moins 20s) un stimulus ambigu. Celui-ci représentait un vase constitué de deux visages. Lors des essais, 50 % des sujets ont perçu le vase, tandis que les 50 % des sujets restants ont distingué les visages. En étudiant les résultats détaillés des IRMf, les chercheurs ont constaté chez les sujets qui avaient perçu les visages, un niveau élevé d'activité spontanée d'une zone du cerveau très fortement impliquée dans la reconnaissance faciale, et cela bien avant de percevoir le stimulus ambigu. Ces fluctuations spontanées, considérées par beaucoup de chercheurs comme du « bruit », étaient de surcroît plus élevées que dans les essais où les sujets avaient perçu le vase. Ils en déduisirent que plus l'activité spontanée dans cette zone avant présentation du stimulus était intense, plus les probabilités que le sujet voit les visages plutôt que le vase étaient grandes. Cela signifie qu'il est possible de déduire, de l'activité spontanée d'un sujet, de quelle façon il percevra le stimulus, et ce bien avant sa présentation. Ces résultats remettent en question la vision béhavioriste du cerveau. Contrairement aux idées reçues, celui-ci n'est pas silencieux en l'absence de stimulations sensorielles et ne réagit pas de façon réflexive aux stimuli extérieurs. Les fluctuations de l'activité spontanée correspondent à une dynamique intrinsèque du cerveau qui ne s'arrête jamais de générer des hypothèses sur les représentations qu'il se fait du monde.

Pour notre part, nos observations nous conduisent à penser que l'activité spontanée du cerveau est celle du non-conscient cognitif animé par une grande quantité d'énergie noire grâce à laquelle il catégorise son environnement sous la forme de séquences sensorielles complexes. L'évolution du cerveau résulte, en effet, d'une interdépendance étroite avec son environnement dont la contrainte majeure est la gravité. C'est sur la base de cette référence fondamentale et de la perception sensorielle que l'homme planifie ses actions. Ce qui nous conduit en premier lieu à nous interroger sur le principal moyen que les organes des sens utilisent pour transmettre rapidement leurs informations au cerveau. La majorité des neurobiologistes s'accordent, à ce sujet, sur le rôle primordial des potentiels d'action. Cependant, leurs avis divergent quant à la nature du code neuronal véhiculé par ces impulsions nerveuses. Un mouvement, un contact sur la peau, une substance alimentaire, un odorant, une vibration sonore, un déséquilibre ou une onde lumineuse provoquent une augmentation de la fréquence de décharge des potentiels d'action. Quand le même stimulus se répète en boucle, le nombre moyen d'impulsions est relativement stable, bien que le déphasage temporel des potentiels d'action puisse varier. Par exemple, une cellule sensorielle va émettre 12 impulsions de plus que son taux spontané, puis 11, 14 et 15 impulsions lors de sa stimulation. La réponse moyenne de la cellule sensorielle sera donc de 13 impulsions. Ce comportement est couramment observé et justifie l'idée selon laquelle les cellules sensorielles encodent l'information par la fréquence des potentiels d'action qu'elles émettent ; l'information pertinente serait ainsi représentée par cette fréquence, certes variable, mais pouvant faire l'objet d'une moyenne sur de nombreux essais. Ce codage nécessite une population de neurones dédiés qui partagent plus ou moins les mêmes caractéristiques, avec l'avantage de résister aux perturbations. Elle est simple, efficace et semble compatible avec des décennies de travaux aussi bien théoriques qu'empiriques, notamment pour les neurones sensoriels. Il faut savoir, cependant, que de nombreuses expériences suggèrent que le code neural dépasse le simple codage par la fréquence. En réalité, les neurones sensoriels effectueraient des opérations beaucoup plus complexes et la distribution temporelle fine des potentiels d'action contiendrait de nombreuses informations que nous ne savons pas encore interpréter. Le mot 'information' doit être pris ici dans son sens courant, qui n'est pas celui de la théorie de la communication de Claude Shannon, formalisée comme réduction d'incertitudes. Les informations dont il est question ici sont des renseignements que le système nerveux central reçoit et qui permettent à l'organisme d'acquérir une connaissance sur le monde extérieur et intérieur qu'il perçoit. Ces renseignements sont codés sous forme de potentiels d'action, indexés et transmis dans le but d'engendrer une réponse essentiellement sous la forme d'opérations motrices et de sécrétions endocrines. Le cerveau ne perçoit donc l'environnement que par l'intermédiaire des organes des sens et ne peut mettre en pratique les idées qu'il engendre que par leur intercession. Il est par conséquent envisageable qu'il emploie une codification sensorielle pour intégrer et combiner les informations transmises simultanément par ses récepteurs sensoriels pour obtenir une représentation unifiée du monde et interagir correctement avec lui. Cette codification serait non-consciente pour ne pas submerger le conscient, et spontanée afin de catégoriser les stimuli en les regroupant selon les caractères qu'ils ont en commun. De même que les informations nécessaires au développement et au fonctionnement des organismes vivants sont fournies par six composés chimiques – à savoir un groupement phosphate, un sucre et quatre bases azotées, qui forment les nucléotides de l'ADN – il est possible de concevoir que les informations relatives à ce que l'homme perçoit de l'univers fassent l'objet, par le non-conscient cognitif, d'une synthèse à partir d'un code sensoriel. Celui-ci serait constitué de sept symboles : le pied, la main, la bouche, le nez, l'oreille, le vestibule et l'œil, agencés sous forme de séquences pour constituer des assemblées de neurones associés dans différents sites du cerveau.

Connaître les lettres d'un alphabet ne signifie pas cependant maîtriser un langage, surtout s'il est plus avancé que ceux qui nous sont familiers, c'est-à-dire fonctionnant à de multiples niveaux et dans de multiples dimensions. Nous avons besoin aussi d'un mode d'emploi des principes élémentaires ou fondamentaux. En fait, celui-ci a toujours été là, enfoui dans notre non-conscient cognitif. Il s'est lentement constitué au cours de l'évolution et apparaît en filigrane à travers toutes nos pensées, nos actions et nos réalisations. Il nous faut seulement apprendre à le discerner au sein de cette masse croissante d'informations qui le dissimule à notre conscient. Cela fera l'objet du deuxième tome de *La Théorie Sensorielle*. Dans cet ouvrage nous démontrerons l'existence d'un code sensoriel non-conscient, qui peut être perçu sous l'aspect de pictogrammes symbolisant les sept sens. Ce code permet de formuler avec concision les informations qu'un être humain est susceptible de percevoir au cours d'une vie, sous forme de triplets – un ensemble de trois pictogrammes sensoriels – qui peuvent être synthétisés dans un tableau permettant de reconstituer le passé, comprendre le présent et appréhender des faits futurs.

Présentation des Travaux Connexes

Tandis que nous rédigions *La Théorie Sensorielle*, nous avons été amenés à faire trois expériences.

La première consistait à retracer l'évolution d'une invention urukéenne, en l'occurrence celle du métier à tisser vertical du 4ᵉ millénaire jusqu'à nos jours. Nous avons pu ainsi identifier les phases de son évolution et découvrir les innovations dont cet instrument fut à l'origine, tel que l'ordinateur.

La deuxième expérience concernait le temps. En effet, une question majeure, qui reste sans réponse à ce jour, est la compréhension de la manière dont le cerveau mesure le temps. Possédons-nous une horloge interne ? Les évènements sont-ils enregistrés sous forme de séquences sensorielles ? Et si c'est le cas, comment sont-elles alors programmées par le cerveau et indexées dans l'espace et dans le temps ? Chaque mouvement que nous exécutons, chaque geste que nous faisons, chaque saveur que nous goûtons, chaque odeur que nous respirons, chaque son que nous percevons, chaque itinéraire que nous choisissons ou chaque objet que nous visualisons, est-il mémorisé et indexé temporellement ? Si c'est le cas, nous pourrions alors reconstituer nos expériences en recueillant l'enregistrement de ces séquences et anticiper leur évolution.

Pour tenter de répondre à ces questions, nous avons cherché la façon dont le non-conscient cognitif avait inspiré au conscient le concept de l'horloge mécanique à foliot. En d'autres termes, nous sommes partis de l'hypothèse selon laquelle, pour engendrer au sein du conscient le concept de l'horloge mécanique, le non-conscient cognitif s'était probablement servi, comme pour les sept autres inventions urukéennes, de tout ou partie d'un organe sensoriel qu'il utilisait lui-même pour mesurer le temps.

La troisième expérience consistait à observer si la séquence urukéenne du 4e millénaire, avec ses sept inventions, s'était reproduite au cours des millénaires suivants. En réalité, nous voulions vérifier si le fait de modifier, d'améliorer ou de faire progresser la première invention de la séquence, autrement dit l'araire, provoquait *de facto* l'évolution des six inventions suivantes. Nous avons découvert que c'était le cas cinq millénaires plus tard, en France entre les 11e et 20e siècles de notre ère, lorsque l'araire subit des modifications profondes qui donnèrent naissance à la charrue.

Ces trois expériences n'entraient pas dans le cadre des inventions urukéennes, sujets du présent ouvrage. Aussi, avons-nous décidé de les regrouper sous l'appellation de 'travaux connexes', pour les livrer à la réflexion de nos lecteurs.

Du Métier à Tisser à la Prothèse Vestibulaire

Philippe Roi, Tristan Girard

*Relecture : **Pierre Mounier Kuhn,** Ingénieur CNRS à l'Université de Paris-Sorbonne, Historien de l'Informatique. Membre Associé, Centre Alexandre Koyré-CRHST (Centre de Recherche en Histoire des Sciences et des Techniques).*

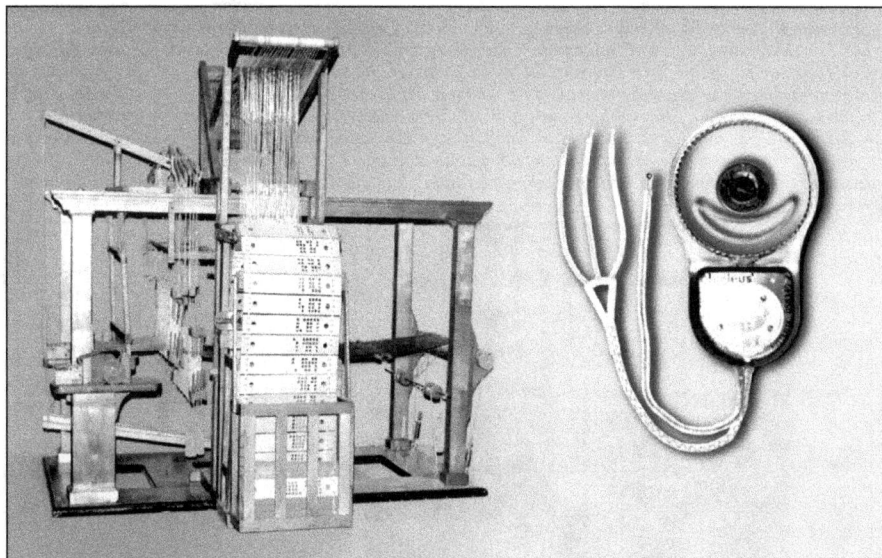

1. Métier à tisser de Joseph-Marie Jacquard et son principe de programmation par cartes perforées. On remarque en bas les fils de chaîne tendus par des pesons selon le concept du métier à tisser vertical inventé par les Mésopotamiens au 4ᵉ millénaire avant notre ère. 2. Machine analytique de Charles Babbage, qui s'est inspiré, pour la concevoir, du métier à tisser Jacquard. 3. Machine mécanographique de Herman Hollerith, s'inspirant du travail de Babbage. A) Cartes perforées utilisées par Hollerith pour le recensement de 1890. Elles étaient constituées d'un type de bristol brun et mesuraient environ 13,7 cm x 7,5 cm. L'information y était codée en perforant les cases associées aux réponses fournies par l'usager. À une question à laquelle on ne répond que par OUI ou par NON, une seule case était associée ; un oui étant représenté par une perforation alors que l'absence de perforation signifiait non.

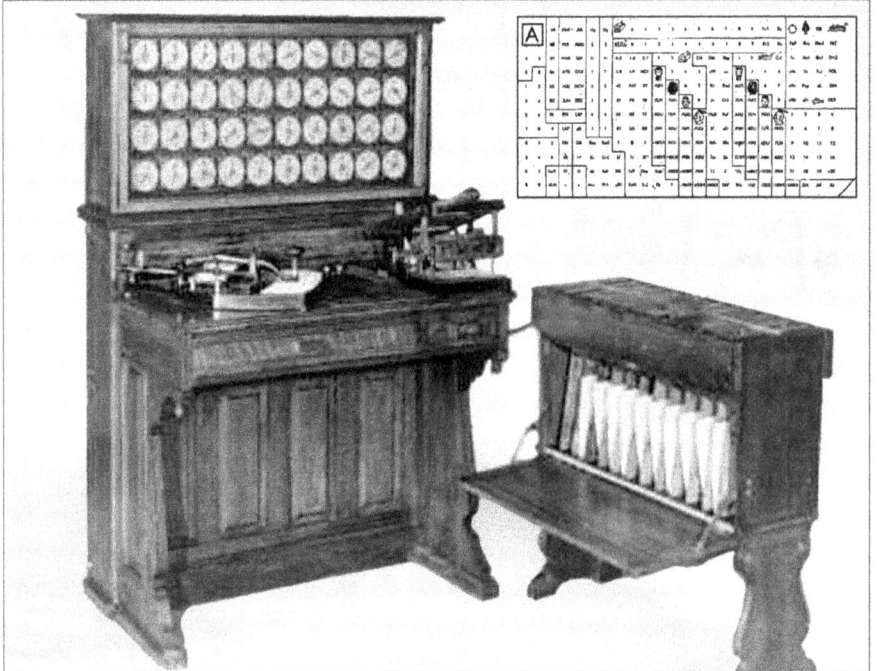

Si le métier à tisser vertical n'évolue quasiment pas jusqu'à la fin du 17ᵉ siècle, trois hommes – Bouchon, Falcon et Vaucanson – travaillent successivement au cours du 18ᵉ siècle à son automatisation. Vers 1804, Jean-Marie Jacquard (1752-1834) réunit les inventions de ses prédécesseurs et fabrique un métier programmé par des cartes perforées reliées les unes aux autres, que traversent ou non des tiges métalliques selon les motifs à réaliser[1]. Ainsi, il met en œuvre les notions techniques de programme enregistré et de séparation des mécanismes de commande et d'exécution, qui existaient déjà sur des automates et des boîtes à musique, mais sans l'apport d'une réflexion conceptuelle qui permette de faire avancer la technique. Cette réflexion est amorcée par le mathématicien Charles Babbage (1792-1871) qui s'inspire du métier à tisser de Jacquard et invente une machine analytique capable « de résoudre n'importe quelle équation et d'exécuter les opérations les plus compliquées de l'analyse mathématique »[2]. Ce projet très complexe est mal géré et Babbage finit par lasser financiers et techniciens. À sa disparition, il laisse l'idée d'une architecture mécanique, le calculateur programmable, avec une unité d'entrée, une unité arithmétique et logique, une unité de stockage, une unité de sortie et une unité de commande. Cette idée va inspirer plusieurs inventeurs jusqu'au milieu du 20ᵉ siècle, époque à laquelle l'électronique transformera ce type d'architecture. Entre-temps, à la fin du 19ᵉ siècle, l'électricité permet d'augmenter la vitesse des machines mécaniques et de leur donner plus de souplesse d'emploi. L'ingénieur américain Herman Hollerith (1860-1929) invente une machine mécanographique pour effectuer des statistiques, qui s'inspire du calculateur de Babbage. Elle exploite des cartes perforées de 12 cm sur 6, regroupant les 210 cases nécessaires pour enregistrer toutes les informations du recensement de la population américaine en 1890. Les informations sont codées, sur le mode oui-non, sous forme de trou ou d'absence de trou dans chaque colonne de la carte. Quand une carte passe dans la machine, chaque trou établit un contact électrique qui permet à la fois de comptabiliser l'information et d'aiguiller la carte vers des boîtes de tri. Ainsi équipés, les agents chargés du dépouillement effectuent leur tâche en deux ans et demi au lieu de huit pour le recensement précédent. Le succès de cette machine incite son inventeur à quitter l'administration américaine pour fonder en 1896 la Tabulating Machine Company. Celle-ci sera rebaptisée, en 1924, IBM – International Business Machines Corp.

---

[1] *Segal, J. (2003) Bell, T.F. (2010) Essinger, J. (2007).*
[2] *Morrison, P. Morrison, E. (1961) Bubbey, J.M. (1978).*

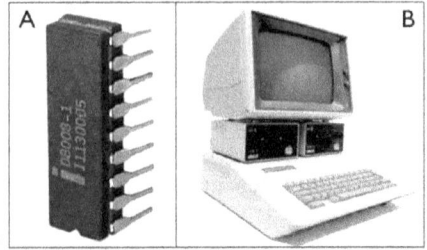

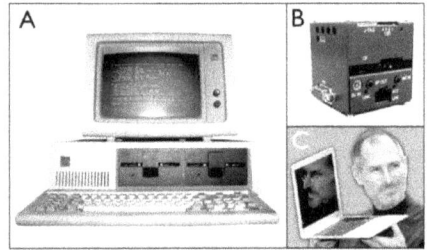

1. L'ENIAC, la machine décimale conçue par J. Eckert et J.W. Mauchly est composée de 40 armoires et pèse 30 tonnes. 2. A) En 1969, Intel produit la première mémoire intégrée ou microprocesseur ; B) en 1977, S. Wozniak et S. Jobs mettent au point le célèbre Apple IIe. 3. A) L'IBM PC est le premier ordinateur personnel produit avec des composants standards du marché ; B) en 2006, la firme japonaise Shimafuji met au point le PC de bureau Space Cut, avec ses 5 cm de côté, il inclut un processeur de 33 MHz, une RAM de 64 Mo, des ports USB et un lecteur de carte compact ; C) en 2008, S. Jobs présente l'ordinateur ultra-portable MacBook Air développé par Apple, il pèse 1,36kg, possède un processeur de 1.86 GHz et un disque dur de 120 Go. 4. Modèle conceptuel de neuroprothèse vestibulaire totalement implantable. L'implant est basé sur des gyroscopes tridimensionnels miniaturisés intégrés sur un microprocesseur unique. A) Prototype d'unité multi-capteurs comprenant accéléromètres et gyroscopes ; B) illustration schématique de l'application du 'système micro-électro-mécanique' (MEMS*) du gyroscope axe angulaire Z à intégration de taux.

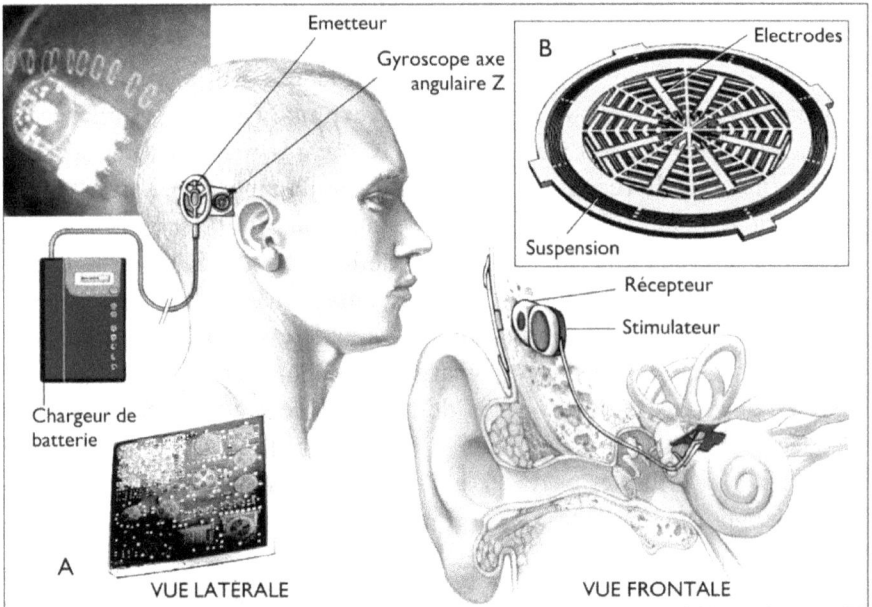

* Micro-Electro-Mechanical Systems.

IBM occupe un marché qu'elle dominera longtemps, bien qu'apparaissent des concurrents, comme Powers ou la Compagnie des Machines Bull, qui développent des technologies comparables.

Peu avant la Seconde Guerre mondiale, les Américains Howard Aiken et Georges Stibitz conçoivent des calculatrices à base de relais électromécaniques, mais c'est en 1945 que Presper Eckert et John Mauchly réalisent la première grande calculatrice électronique dévoilée au public. L'ENIAC – Electronic Numerical Integrator And Computer – est un énorme système de trente tonnes occupant un espace de 170 m^2, qui ne pourrait rivaliser aujourd'hui qu'avec une humble calculatrice de poche. Ces ingénieurs tirent les leçons de l'expérience en discutant avec le mathématicien John Von Neumann (1903-1957) : l'électronique révèle des défauts hérités de l'architecture mécanique. La solution réside dans le concept de programmes enregistrés, plus exactement de programmes et de données enregistrées sous forme électronique dans la mémoire interne de la machine et non plus sur un support matériel. Ce concept est assez convaincant, malgré les difficultés qu'il implique, pour entraîner à sa suite de nombreux savants et ingénieurs à travers le monde, qui s'attellent à sa mise en œuvre. Les premiers ordinateurs entreront en fonction autour de 1950, en Angleterre et aux États-Unis. L'industrie informatique suit très rapidement, IBM en tête. L'architecture de Von Neumann est encore celle des microprocesseurs actuels. Cependant, si la structure des machines reste stable durant 60 ans et si l'industrie n'évolue que progressivement, une véritable révolution va transformer les composants électroniques. En deux décennies, se succèderont les tubes électroniques, les transistors et les circuits intégrés dont les microprocesseurs sont les plus perfectionnés[3].

Le premier microprocesseur est inventé en 1972 par la société américaine INTEL et permet aux Français André Truong et François Gernelle de concevoir le premier micro-ordinateur, baptisé MICRAL, commercialisé dès 1973[4]. Il ne possède ni écran, ni clavier et les entrées se font par commutateurs, tandis que l'affichage s'effectue par voyants. À partir de 1975, d'autres micro-ordinateurs apparaissent, comme l'ALTAIR de la société américaine MITS qui utilise un compilateur de langage Basic rédigé par deux étudiants : Bill Gates et Paul Allen. En 1977, Stephen Wozniak et Steven Jobs réalisent l'APPLE IIe, premier micro-ordinateur équipé d'un clavier et d'un écran, pouvant en outre

---

[3] *Lilen, H. (2003).*
[4] *Lilen, H. (2003) Miller, F.P. et al. (2010).*

recevoir des extensions grâce à ses connecteurs incorporés[5]. Il est bientôt suivi du LISA et, en 1984, du MACINTOSH. Entre-temps, IBM réalise l'importance de la micro-informatique et construit un ordinateur en moins d'un an, en assemblant des composants standards disponibles sur le marché. Cet « IBM PC » – Personnal Computer – présenté en 1981, s'impose comme un standard. Son clonage à outrance permet de réduire ses coûts de production et son prix de vente. Son architecture ouverte offre à divers constructeurs l'occasion de proposer une multitude de cartes internes et de périphériques. Le grand public est peu à peu séduit et le PC s'impose dans les foyers, ouvrant la porte aux médias numériques.

Aujourd'hui, le marché de la micro-informatique dépasse celui de toutes les catégories d'ordinateurs réunies. On comptait en 2010, un milliard et demi de micro-ordinateurs dans le monde. Devenus portables, ils ont envahi tous les secteurs d'activité. Les microprocesseurs se sont répandus parallèlement dans toutes les industries. Leur miniaturisation permet désormais de les intégrer dans le corps humain sous forme de neuroprothèses, autrement dit de prothèses pouvant se substituer partiellement au système nerveux ou aux organes des sens afin d'en assurer certaines fonctions. Sur la base de différentes études épidémiologiques, il est établi que l'opportunité de restaurer un vestibule affaibli ou détruit est une option thérapeutique d'avenir pour restituer la fonction de contrôle de l'équilibration. Les récentes avancées dans l'optimisation des microprocesseurs et autres systèmes électroniques rendent aujourd'hui possible ce défi. Des universités ont mis au point des processeurs miniaturisés capables de piloter des gyroscopes et accéléromètres linéaires et angulaires qui imitent le fonctionnement des détecteurs vestibulaires[6].

Ainsi, le cercle est bouclé. Six mille ans après son invention par les Urukéens, le métier à tisser vertical, élaboré sur un schéma analogue à celui d'une cellule ciliée de type 1 de l'appareil vestibulaire, a évolué vers une automatisation. Celle-ci a engendré le concept de l'informatique grâce auquel il est désormais envisageable de fabriquer des neuroprothèses pour pallier les déficits des vestibules détériorés[7].

---

[5] *Dormehl, L. (2012).*
[6] *Clark, B.; Stewart, J.D. (1968) Benson, A. et al. (1989).*
[7] *Shkel, A.M.; Zeng, F.G. (2006) Constandinou, T.G. et al. (2007) Golub, J.S. et al. (2011).*

L'Horloge Mécanique et la Cellule Ciliée Vestibulaire

Philippe Roi, Tristan Girard, Alain Sans[(1)], Christian Chabbert[(2)]

[(1)]Professeur Honoraire de Neurobiologie Sensorielle, INSERM, Université de Montpellier, [(2)]Coordinateur de Recherches au CNRS, INSERM U1051, Institut des Neurosciences de Montpellier, Laboratoire de Physiologie et Thérapie des désordres vestibulaires.

Relecture : **Joseph FLORES**, *Historien, Horloger, Rédacteur de la revue Horlogerie Ancienne, Membre de l'Association Française des Amateurs d'Horlogerie Ancienne.* **Enrique SOTO**, *Docteur en Science, Benemérita Universidad Autónoma de Puebla, Instituto de Fisiología.* **Michel LEIBOVICI**, *Docteur en Biologie Cellulaire et Moléculaire de l'Université Paris VI, Chercheur au CNRS, Institut Pasteur, puis Institut Cochin, INSERM U1016.*

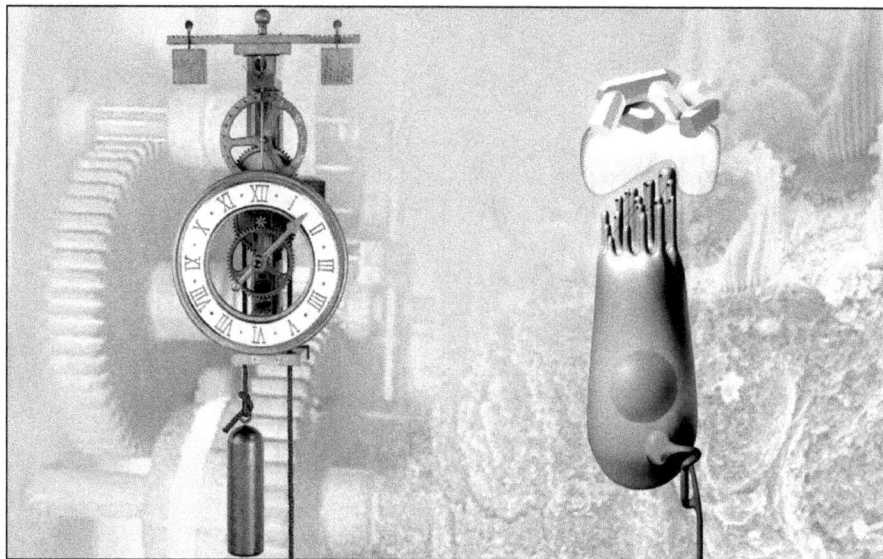

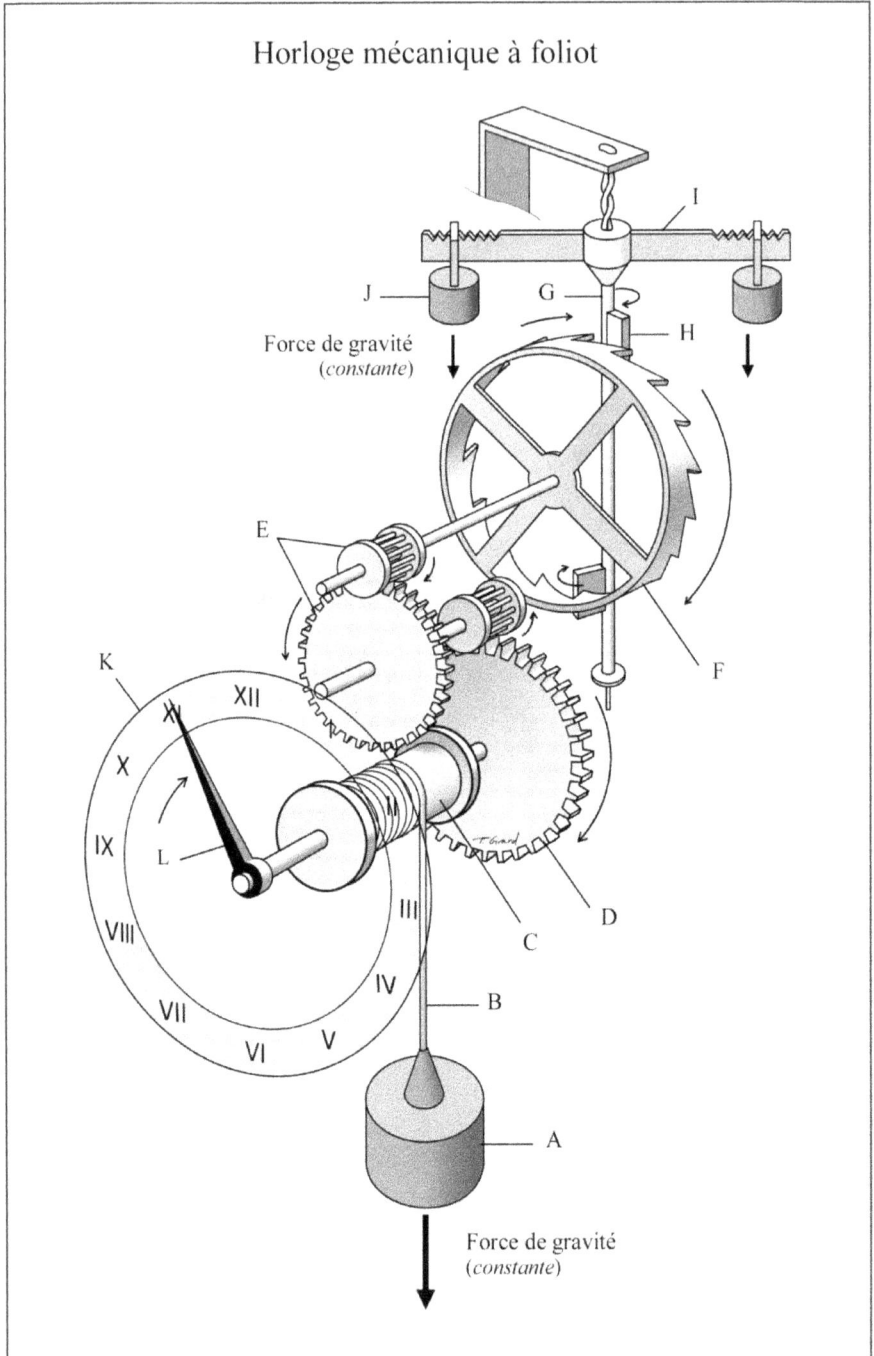

Horloge mécanique à foliot

Schéma de principe du fonctionnement d'une horloge mécanique à foliot : A) poids ; B) corde ; C) tambour ; D) roue du tambour ; E) train d'engrenages ; F) roue de rencontre ; G) palettes ; H) verge ; I) foliot ; J) régules ; K) écran ; L) aiguille.

Inventée entre 1200 et 1300 de notre ère, l'horloge mécanique à foliot entraîne une transformation qualitative du concept de temps qui cesse d'être celui du gnomon, du cadran solaire, de la clepsydre et du sablier. Le gnomon dont l'origine remonte aux débuts de l'agriculture est un simple bâton planté dans le sol. En mesurant la longueur de l'ombre projetée par l'objet au cours de la journée, on peut étudier les mouvements apparents du soleil et en déduire les différents moments du jour. L'instrument postérieur au gnomon est le cadran solaire que l'on voit encore aujourd'hui sur les façades de quelques bâtiments. Inventé par les Mésopotamiens, il se compose d'un style et d'une base plane, sphérique ou cylindrique sur laquelle sont tracées des lignes marquant les subdivisions de la journée. Selon son degré de perfectionnement, le cadran solaire peut être un instrument très précis, il a le défaut cependant de ne pas fonctionner la nuit ou lorsque le ciel est couvert. Pour remédier à cet inconvénient, les Égyptiens inventent la clepsydre. Son nom vient du grec *klepsydra*, et servait à limiter le temps de parole des avocats lors des procès. C'est un instrument qui mesure le temps par l'écoulement d'une certaine quantité d'eau d'un récipient gradué dans un autre. L'avantage de la clepsydre est de s'affranchir du soleil, mais son inconvénient est de ne pas fonctionner pendant les hivers rigoureux des régions septentrionales, car l'eau gèle. Il faut donc inventer un nouvel instrument pour pallier ces faiblesses : ce sera le sablier. Il n'apparaît en Gaule qu'au 7ᵉ siècle, car sa fabrication exige tout le savoir-faire des maîtres verriers. L'écoulement du sable est en effet compromis s'il n'est pas protégé de l'humidité. Le sablier nécessite, en outre, d'être retourné plusieurs fois par jour. Il convient donc d'inventer un instrument fonctionnant de jour comme de nuit, qui ne gèle pas en hiver et qui ne réclame qu'un minimum de surveillance. Or, après avoir découvert avec le gnomon et le cadran solaire qu'on pouvait interpréter le déplacement du soleil dans l'espace comme une manifestation du temps, on s'est rendu compte que son écoulement traduit par un flux d'eau ou de sable pouvait être fractionné. Aussi, l'idée de partager le temps grâce à l'adoption d'un rythme régulier s'est peu à peu imposée avec la première horloge à foliot, à la fin du 13ᵉ siècle[1]. Désormais, la mesure du temps ne dépend plus des éléments naturels ; c'est un temps mécanique, divisible en unités successives. L'invention de l'horloge à foliot est un événement historique d'une portée considérable, parce qu'il introduit la notion, pour le temps, de

---

[1] *Danese, B.; Oss, S. (2008) Dennis, M. (2010).*

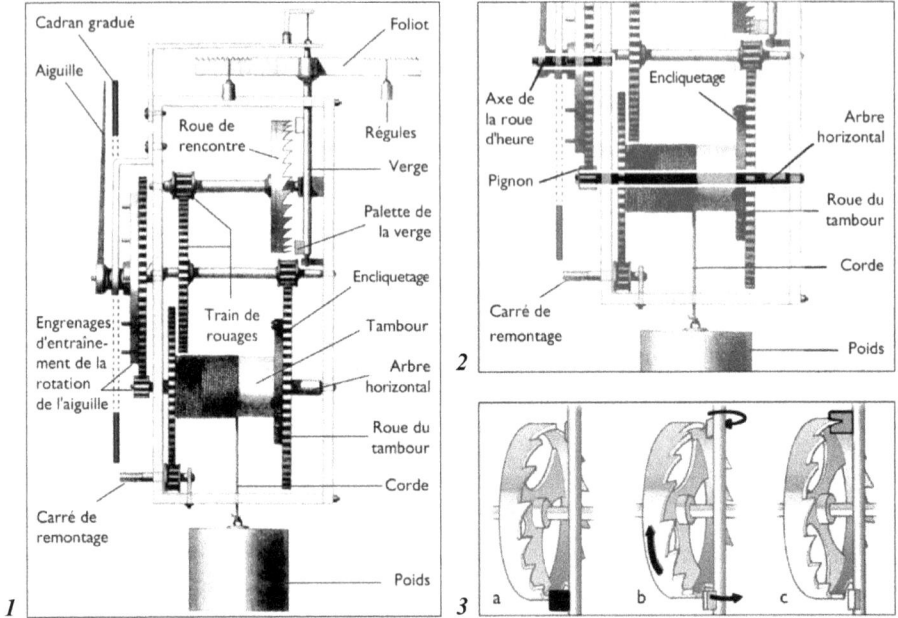

1. Horloge mécanique à foliot. 2. Sous l'effet de la chute d'un poids entraînant la rotation d'une roue de rencontre elle-même reliée à un train de rouages, des impulsions sont transmises, par l'intermédiaire d'un pignon et d'une roue dentée, à une aiguille qui indique l'heure sur un cadran gradué. 3. Les impulsions données par les dents de la roue sur les palettes de la verge entretiennent le mouvement de l'oscillateur à foliot lancé alternativement d'un côté puis de l'autre. 4. A) La chute du poids entraîne la rotation de l'aiguille ; B) les impulsions données par les dents de la roue de rencontre sur les palettes de la verge verticale d'un foliot, muni de régules en ses extrémités, entretiennent une oscillation dans un mouvement de va-et-vient ; C) la position des régules, qui peuvent être rapprochées ou éloignées du point de pivotement, a pour effet de changer le moment d'inertie du foliot par modification de son rayon de giration. En rapprochant les régules du centre, on réduit le rayon de giration, le foliot bat plus vite et on fait avancer l'horloge, et inversement.

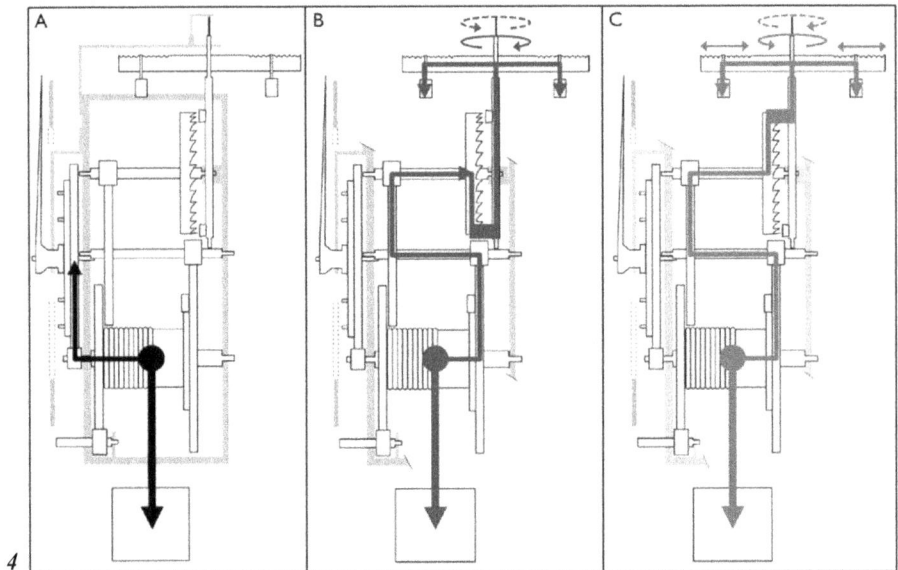

rythme séquentiel régulier. Il s'agit d'une révolution profonde, car cette invention exploite la force de gravité, en l'utilisant pour la première fois comme moteur et régulateur du système. Considérons le principe de fonctionnement de la première horloge mécanique à foliot : la chute d'un poids, relié par une corde à une poulie comportant un encliquetage, entraîne la rotation d'une roue verticale nommée roue de rencontre, dont le mouvement est régulé par un système dit d'échappement ; il en résulte des impulsions transmises à un train de rouages qui coordonne la rotation périodique d'une aiguille qui indique l'heure sur un cadran gradué. On pourrait croire que l'horloge mécanique n'est rien d'autre que la forme perfectionnée des clepsydres et des sabliers où la pesanteur sert aussi à mesurer le cours du temps, par écoulement de l'eau ou par glissement de sable ; mais il n'en est rien. La vitesse de chute du poids d'une horloge mécanique produit une accélération qui oblige les rouages à tourner de plus en plus vite et empêche le mouvement périodique du cadran. La solution consiste ici à cadencer et réguler, par un système alternatif de blocage-déblocage (nommé système d'échappement) le mouvement de la roue de rencontre et, à travers elle, la rotation du tambour et le dévidage de la corde qui retient le poids afin qu'il s'effectue périodiquement. À cette fin, la roue de rencontre est munie de dents courbées qui agissent sur les palettes, elles-mêmes assujetties à une tige verticale appelée verge, sur laquelle est fixée une barre horizontale, le foliot. L'impulsion transmise par la roue de rencontre sur l'une des palettes de la verge initie le mouvement d'oscillation du foliot qui, par retour grâce à l'inertie de ses régules – petits poids déplaçables fixés à ses extrémités – libère la roue de rencontre. Celle-ci, entraînée à nouveau par la chute du poids relâché, fournit alors une nouvelle impulsion sur l'autre palette, et ainsi de suite. Le mouvement cadencé qui en résulte est transmis par le train de rouages à l'aiguille selon un mouvement périodique[2].

L'horloge mécanique à foliot étant décrite, comparons à présent son mécanisme avec celui d'une cellule ciliée de type II de la macule sacculaire au repos de l'appareil vestibulaire. Ce dernier, nous l'avons dit lors de l'analogie avec le métier à tisser vertical, a trois fonctions connues à ce jour : la première consiste à stabiliser la vision par les réflexes vestibulo-oculomoteurs ; la deuxième à orienter le corps en mouvement dans l'espace ; la troisième à assurer la perception du mouvement. Le vestibule se compose de trois canaux semi-circulaires, percevant les accélérations angulaires.

---

[2] *Laviolette, J.G. (2003) Florès, J. (2009) Melguen, B. (2009).*

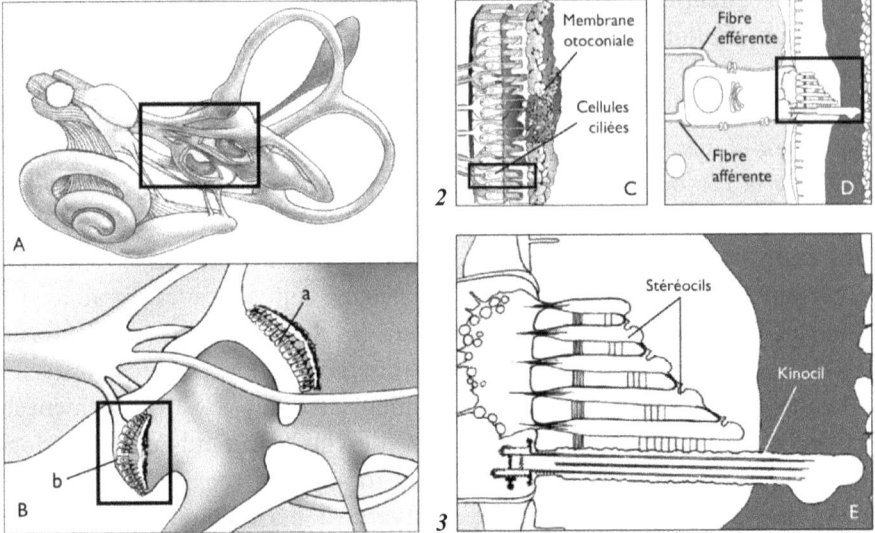

1, 2 et 3. Agrandissements successifs de l'appareil vestibulaire. A) Localisation des macules dans l'oreille interne ; B) positionnement des macules a) utriculaire et b) sacculaire selon l'axe vertical ; C) macule sacculaire dont l'épithélium est composé de cellules sensorielles en contact avec la membrane otoconiale ; D) cellule de type II dont l'apex contacte la membrane otoconiale ; E) touffe ciliaire enracinée dans la plaque cuticulaire. 4. Comparaisons entre une horloge à foliot et une cellule de type II : (1) le poids comme la membrane otoconiale tiennent lieu de masses inertielles ; (2) la corde et le corps du kinocil assurent le transfert de la force de gravité ; (3) les mouvements de la roue de rencontre de l'horloge assurent un cadencement régulier, comme celui de la touffe ciliaire de la cellule ; (4) le train d'engrenages engendre des impulsions mécaniques, comme la mécanotransduction génère un neurotransmetteur (le glutamate) ; (5) le codage temporel qui en résulte est transmis, pour l'horloge, par la rotation de l'aiguille sur le cadran gradué et, pour la cellule, par la voie afférente ; (6) l'auto-régulation des systèmes s'effectue, pour l'horloge, par l'action des régules du foliot sur la roue de rencontre, et pour la cellule, par les impulsions des fibres efférentes sur la touffe ciliaire.

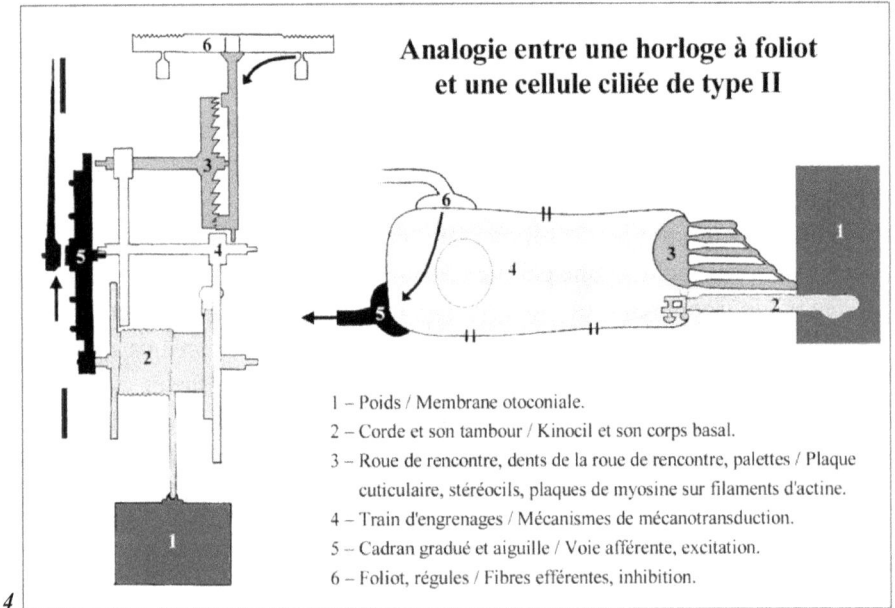

Analogie entre une horloge à foliot et une cellule ciliée de type II

1 – Poids / Membrane otoconiale.

2 – Corde et son tambour / Kinocil et son corps basal.

3 – Roue de rencontre, dents de la roue de rencontre, palettes / Plaque cuticulaire, stéréocils, plaques de myosine sur filaments d'actine.

4 – Train d'engrenages / Mécanismes de mécanotransduction.

5 – Cadran gradué et aiguille / Voie afférente, excitation.

6 – Foliot, régules / Fibres efférentes, inhibition.

Ils sont reliés par deux de leurs extrémités à l'utricule, sensible aux mouvements linéaires horizontaux, qui communique avec le saccule réceptif aux mouvements linéaires verticaux. Leurs épithéliums se composent de cellules sensorielles (de type I et de type II) dont les touffes ciliaires baignent dans l'endolymphe[3]. La partie apicale de ces dernières est insérée dans une mince membrane protéique recouverte de cristaux de carbonate de calcium appelés otolithes ou otoconies.

Une première comparaison peut être faite entre une horloge mécanique à foliot et une cellule ciliée de type II de la macule sacculaire – que nous avons choisie pour cette démonstration – concernant la gravitation. En effet, l'une comme l'autre la transforme en énergie motrice, puis la transfère pour alimenter une fonction annexe. Sur un plan structurel, plusieurs éléments peuvent être mis en parallèle de façon remarquable. Tout d'abord, le poids de l'horloge et la portion de membrane otoconiale au contact avec le kinocil de la cellule ciliée constituent des masses inertielles indispensables à la transformation de la force de gravité en énergie motrice[4]. Ensuite, le transfert direct de cette énergie s'opère, dans les deux cas, de façon mécanique. Pour l'horloge, il s'effectue par le moyen d'une corde, enroulée autour d'un tambour, dont l'extrémité est rattachée à un poids ; pour la cellule sacculaire, il s'opère par l'intermédiaire du kinocil dont la partie apicale est enchâssée dans la membrane otoconiale alors que la partie basale est solidaire de la cellule par une structure spéciale, le corps basal.

Une deuxième comparaison concerne le codage temporel. Pour l'horloge, il s'effectue par l'intermédiaire des dents de la roue de rencontre associées aux palettes de la verge – elle-même reliée à l'inertie des régules du foliot – qui ralentissent la chute du poids et induisent la périodicité du mouvement des engrenages, par une action de blocage-déblocage. Le foliot effectue ainsi un mouvement de va-et-vient sous forme d'oscillations rythmant le mouvement de rotation de la roue de rencontre de façon parfaitement régulière. De la même manière, il a été très récemment démontré que la touffe de stéréocils, enracinée dans la plaque cuticulaire – une structure rigide située à l'apex de la cellule et pourvue de filaments d'actine qui s'interconnectent de façon croisée avec les racines des stéréocils afin de les maintenir solidements fixés – était animée d'oscillations spontanées de l'ordre de 5 Hz, dont le résultat a pour

---

[3] *Alfon Rüsch, A. (1998).*
[4] *Sans, A. (2001)(2007).*

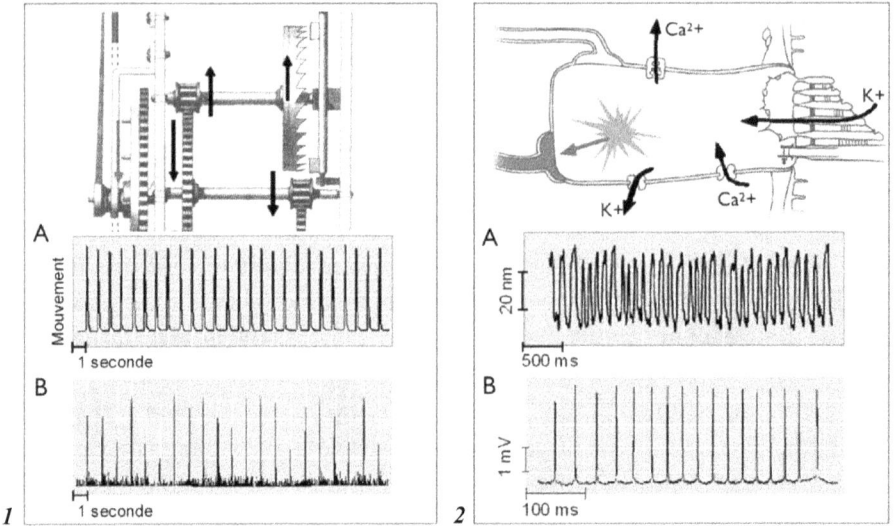

1. A) Représentation par un graphique du mouvement de la roue de rencontre d'une horloge à foliot ; B) enregistrement sonore du cadencement de la roue de rencontre d'une horloge à foliot. **2.** A) Graphique de l'enregistrement d'oscillations spontanées, affectant la touffe ciliaire d'une cellule de type II. B) activité électrique spontanée de la fibre afférente connectant la cellule au repos. **3.** A) et B) Déplacement des stéréocils ; ouverture du canal de transduction; glissement de la plaque de myosine sur le filament d'actine et fermeture du canal ; C) et D) au même titre que la cadence de l'horloge peut être ralentie en déplaçant les régules du foliot du centre vers les extrêmes ; E) les fibres nerveuses efférentes exercent un contrôle sur le cadencement de l'information sensorielle vestibulaire. Ce dernier entraîne une modulation du fonctionnement des canaux ioniques de la cellule et un contrôle du message vestibulaire sur la fibre afférente ; F) apex d'une touffe ciliaire ; G) enchâssement des stéréocils dans la plaque cuticulaire ; H) kinocil entraîné par des déplacements des stéréocils régulés par l'action des fibres efférentes.

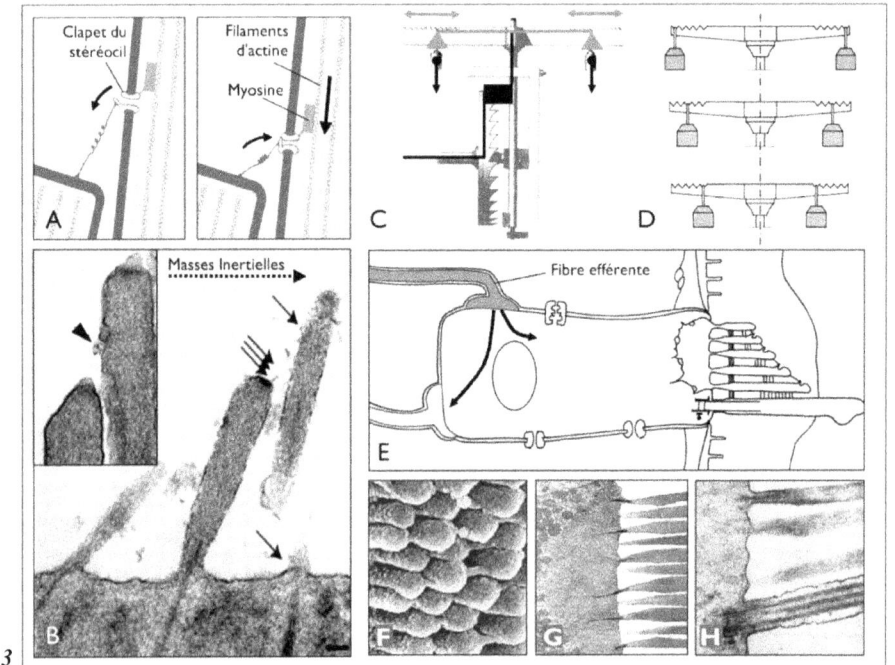

effet l'ouverture et la fermeture alternée des canaux de mécanotransduction[5]. Il s'ensuit que la transduction vestibulaire est remarquablement rapide, car elle ne passe pas par l'intermédiaire d'un médiateur chimique susceptible de la retarder. Elle survient en fait en quelques microsecondes – sachant qu'elle n'a pas de seuil de stimulation puisque l'enregistrement de vibrations est de l'ordre de 0,3 nm. Ces deux caractéristiques de la mécanotransduction, rapidité et absence de seuil, sont aussi rendues possibles par la propriété dite « d'adaptation » des canaux de transduction. En effet, la tension exercée sur les liens protéiques apicaux qui gouvernent l'ouverture et la fermeture des canaux de transduction se trouve relâchée suite à un glissement de la plaque de myosine sur son socle d'actine. Il se produit alors une fermeture automatique des « clapets » des stéréocils. C'est ainsi que les oscillations de la touffe ciliaire, amplifiées sous l'effet de la pesanteur par les micromouvements de la membrane otoconiale, provoquent in fine des dépolarisations de la cellule ciliée de type II. Celles-ci vont entraîner la libération cadencée d'un neuromédiateur, le glutamate, qui engendre sur la fibre nerveuse afférente des trains de potentiels d'action. Il en résulte, pour une cellule de type II au repos, un codage sensoriel dont le cadencement est étonnamment similaire au codage temporel effectué par une horloge à foliot. Ainsi, d'un point de vue fonctionnel, des comparaisons formelles existent entre le corps de la roue de rencontre et la plaque cuticulaire ; entre les dents de la roue de rencontre et les stéréocils enracinés dans la plaque cuticulaire ; entre les mouvements de blocage/déblocage des palettes de la verge et les mouvements de fermeture/ouverture des canaux de transduction et, enfin, entre le train de rouages qui engendre des impulsions mécaniques et la cellule sensorielle qui libère le neuromédiateur. Dans les deux cas, il en résulte un codage binaire de l'énergie motrice produite par le mouvement des masses inertielles, qu'il s'agisse du poids de l'horloge ou de la membrane otoconiale.

Une troisième comparaison concerne le réglage de la cadence du mouvement des palettes de la verge par les régules du foliot et le contrôle du cadencement de l'information sensorielle d'une cellule ciliée par les fibres efférentes. Les régules du foliot peuvent, en effet, être rapprochées ou éloignées du point de pivotement. Cela a pour effet de modifier – par le changement du rayon de giration – l'instant au cours duquel la verge oscille avec ses palettes, bloquant ou débloquant la roue de rencontre et, à

---

[5] *Martin, P. et al. (2003) Rutheford, A.M.; Roberts, M. (2009).*

travers elle, le mouvement de rotation initié par la chute du poids. Cette action, modulée par la position des régules, a pour but d'éviter le blocage ou l'emballement du système en maintenant la cadence à une vitesse constante. À l'instar des régules, les fibres nerveuses efférentes, qui se projettent depuis le tronc cérébral vers les cellules de la macule sacculaire, modulent le voltage de la cellule ciliée, entraînant la diminution ou l'augmentation de la libération de neuromédiateurs et donc une diminution ou une augmentation du rythme de potentiels d'action sur la fibre nerveuse afférente[6]. Ainsi donc, au regard de cette analogie, il nous est permis d'envisager la possibilité que l'homme possède, à l'intérieur de l'oreille interne, une horloge vestibulaire.

---

[6] *Castellano-Mũnoz, M. et al. (2010).*

Une Séquence Française

Philippe Roi, Tristan Girard

Relecture : **Monique BOURIN**, *Professeur d'Histoire du Moyen-Âge, Chercheur au CNRS. Université de Paris 1 Panthéon-Sorbonne, UMR 8589.* **Perrine MANE**, *Directrice de Recherche au CNRS, UMR-19, Responsable du Groupe d'Archéologie Médiévale, EHESS.* **Philippe BON**, *Attaché Territorial de Conservation du Patrimoine, Directeur des Chantiers Archéologiques des sites de Mehun-sur-Yèvre.* **Denis CAILLEAUX**, *Maître de Conférences d'Histoire de l'Art et d'Archéologie du Moyen-Âge à l'Université de Bourgogne.* **Pierre AQUILON**, *Ancien Maître de Conférences de l'Université François-Rabelais de Tours, Chercheur au CNRS, Centre d'Études Supérieures de la Renaissance.* **Jean DHOMBRES**, *Directeur d'Études à l'EHESS, Centre Alexandre Koyré, Histoire des Sciences et des Techniques, CNRS, UMR 8560.* **Richard DUMBRILL,** *Professeur en Archéomusicologie, Directeur d'ICONEA, Institute of Musical Research, School of Advanced Study, University of London.* **Marie-Hélène GUELTON**, *Spécialiste en Analyse textile du Musée des Tissus de Lyon, Secrétaire Générale Technique du CIETA, Lyon.* **Éric RAULT**, *Responsable Technique du Dépôt Légal de la Radio et de la Télévision, INA (Institut National de l'Audiovisuel), Inathèque de France, Bry-sur-Marne.* **Jean CAZENOBE**, *ancien Directeur de Recherche au CNRS, section Philosophie, Histoire des Sciences, Spécialiste de l'Histoire des Technologies de l'Audio-visuel.*

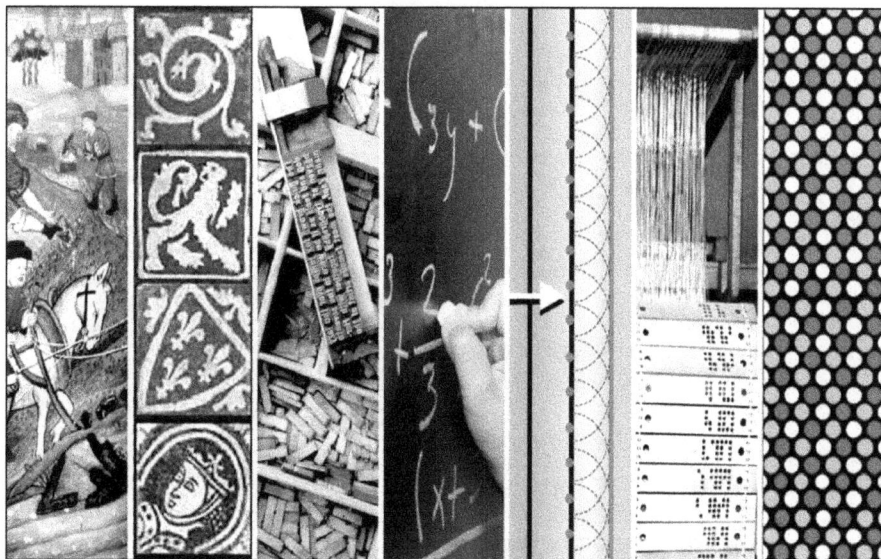

ÉVOLUTION SENSORIELLE DES TECHNIQUES AU 4ᵉ MILLÉNAIRE AV. NOTRE ÈRE		
	3200 – 3000 *L'image de cônes*	
	3300 – 3200 *Le métier à tisser vertical*	
	3400 – 3300 *La harpe*	
	3500 – 3400 *La comptabilité*	
	3600 – 3500 *L'écriture*	
	3800 – 3600 *Le moule à briques normalisé*	
	4000 – 3800 *L'araire*	

À lire de bas en haut

ÉVOLUTION SENSORIELLE DES TECHNIQUES AU 2ᵉ MILLÉNAIRE DE NOTRE ÈRE		
	19ᵉ – 20ᵉ siècles *L'image télévisuelle*	
	18ᵉ siècle *Le métier à tisser Jacquard*	
	17ᵉ siècle *Le principe de Huygens*	
	16ᵉ siècle *L'algèbre nouvelle de Viète*	
	15ᵉ siècle *L'imprimerie à caractères mobiles*	
	13ᵉ – 14ᵉ siècles *Le moule à carreaux de pavement*	
	11ᵉ – 12ᵉ siècles *La charrue à soc*	

À lire de bas en haut

Il semblerait qu'une séquence sensorielle puisse se reproduire au cours des années, des siècles ou des millénaires suivants. Nous avons découvert en effet que la séquence des sept inventions mésopotamiennes du 4e millénaire avant notre ère – à savoir : l'araire, le moule à briques normalisé, l'écriture, la comptabilité, la harpe, le métier à tisser vertical et l'image de cônes – semble s'être répétée en France au 2e millénaire de notre ère avec les inventions de la charrue, du moule à carreaux de pavement, des caractères mobiles d'imprimerie, de la nouvelle algèbre de Viète, du principe de Huygens, du métier à tisser Jacquard et de l'image télévisuelle.

Il est intéressant de noter que ces inventions se succèdent au même rythme que celles du 4e millénaire et dans le même ordre. Toutefois, il est encore trop tôt pour en tirer des conclusions et plusieurs séquences récurrentes devront être identifiées avant d'énoncer quelque hypothèse. Dans l'immédiat, nous proposons une description sommaire de chacune de ces inventions ainsi qu'un tableau permettant de les mettre en parallèle avec les découvertes urukéennes.

La charrue à soc

En France, à partir du 11e siècle (1000-1100) et tout au long du 12e siècle (1100-1200) l'araire est remplacé, dans les zones septentrionales, par la charrue. Ses caractéristiques sont définitivement fixées lorsque se trouvent réunies, sur le même instrument, trois pièces exécutant successivement trois opérations essentielles du labour : le coutre qui découpe la terre, le soc symétrique ou dissymétrique qui la soulève et le versoir qui la renverse en mottes sur le côté. Si certaines charrues ne comportent pas d'avant-train pour faciliter la traction, la plupart d'entre elles sont dotées d'un petit char à deux roues placé à l'avant du timon qui renforce la stabilité de l'instrument et rend sa conduite plus aisée. Grâce à la charrue, les terres lourdes, mais riches peuvent être labourées en profondeur permettant une meilleure exploitation du terroir.

Le moule à carreaux de pavement

Les carreaux de pavement estampés bicolores constituent au Moyen-Âge les éléments majeurs de la décoration des sols des châteaux, des églises et des nobles demeures. Ancêtres des carrelages contemporains, ils sont inventés en France au 13e siècle (1200-1300), et s'étendent au 14e (1300-1400) dans l'Europe du Nord. Ils sont fabriqués en argile, à l'aide d'un moule en bois à tenons et mortaises, posé sur une tablette dont on prend soin de cendrer ou sabler la surface pour faciliter le démoulage. Les carreaux sont ensuite ornés de motifs obtenus par l'impression d'une matrice, puis les creux sont enduits de barbotine, de l'argile délayée dans de l'eau. Après séchage, une glaçure plombifère est appliquée à leur surface et une cuisson à plus de mille degrés leur confère leurs belles couleurs jaune et brun-rouge. Associés à des carreaux monochromes, ils sont ensuite assemblés en panneaux et en bandes pour former un tapis coloré et brillant.

L'imprimerie à caractères mobiles

Trois inventions ont permis l'apparition de l'imprimerie. Tout d'abord, celle des caractères métalliques mobiles et recyclables selon les besoins de la composition des formes, autrement dit de l'ensemble des pages ; puis la conception de l'encre visqueuse à base d'huile de lin, de noir de fumée et de composants divers, une encre plus dense et plus noire que celle employée par les copistes ; enfin, celle de la presse à levier et à vis dont le plateau exerce une pression uniforme lorsqu'il s'abaisse sur la feuille de papier posée sur la page encrée que forme la juxtaposition des caractères. C'est à Johann Gutenberg que l'on attribue la mise au point de ces inventions au 15e siècle (1400-1500), plus précisément entre 1430 et 1450, à Strasbourg d'abord puis à Mayence. Après avoir imprimé des livrets pédagogiques élémentaires, des calendriers et des lettres d'indulgence, il réalise entre 1454 et 1455, les deux volumes de la Bible « à 42 lignes » que l'on considère aujourd'hui comme le premier livre exécuté grâce à l'art typographique.

L'algèbre nouvelle de Viète

Au 16e siècle (1500-1600), François Viète invente l'algèbre moderne, au sens de l'algèbre portant sur les expressions polynomiales. C'est à lui en effet, que l'on doit l'idée de désigner par des lettres les quantités que l'on veut soumettre au calcul, les inconnues pouvant être désignées par des voyelles et les données par des consonnes. Ce repérage permet de les suivre à la trace dans diverses opérations, elles aussi indiquées par des signes particuliers qui nous sont désormais familiers pour les quatre opérations élémentaires (+, −, X ,et ——— pour diviser). Selon l'inconnue adoptée, on déduit des formules qui indiquent les règles à suivre pour parvenir à la solution. Autrement dit, c'est ce que Viète appelle le fait de « résoudre ». L'identité des formules atteintes permet de considérer comme identiques des problèmes apparemment différents. Ainsi, Viète a pu caractériser la forme algébrique de questions géométriques, ce qui lança Descartes sur la piste de la géométrie analytique, qui lie la forme à la formule.

Le principe de Huygens

Il n'est guère envisageable que les Mésopotamiens de la culture d'Uruk aient inventé la harpe au 4ᵉ millénaire sans étudier les sons produits par deux cordes vibrantes, faites de la même matière et tendues de la même façon, mais de longueurs différentes. Ils auraient alors constaté que si la corde était longue, il y avait peu de vibrations et le son qu'elle produisait était grave, et que si la corde était courte, les vibrations étaient plus nombreuses et le son généré était aigu. C'est ce que les physiciens appelleront six mille ans plus tard la fréquence. Il est probable que les Urukéens aient aussi constaté qu'une corde plus épaisse faite de boyau torsadé produisait un son plus grave qu'une corde mince, également faite de boyau torsadé et que, en augmentant la tension de la corde, le son devenait plus aigu. C'est en variant finement la tension des cordes qu'ils apprirent vraisemblablement à accorder leur harpe comme l'atteste la présence de chevilles fixées au sommet de la console de leurs instruments. Au cours de ces expériences, on peut supposer qu'ils constatèrent que l'association de sons était agréable à l'ouïe uniquement dans deux cas. Tout d'abord, lorsque certains rapports de longueurs de cordes permettaient d'obtenir des sons qui s'accordaient entre eux. Ensuite lorsque le rapport des longueurs des cordes équivalait à 2/1; 3/2; 4/3; 5/4 et 6/5, ce qui permettait d'obtenir une consonance parfaite. C'est ce que la tradition hellénique appellera bien plus tard – lorsque les Grecs assimileront les connaissances babyloniennes – les intervalles justes ou pythagoriciens. Ainsi, les premières études physiques des sons par les Urukéens et la théorie musicale suméro-babylonienne furent attribuées aux Grecs alors que ces derniers ne firent que la transmettre, quelquefois en l'améliorant, parfois en l'appauvrissant.

La nature sinusoïdale des ondes sonores n'étant cependant pas perceptible par l'ouïe ou par la vue, contrairement au mouvement des cordes, son étude approfondie ne s'est imposée que tardivement, au 17ᵉ siècle (1600-1700), avec les travaux du Hollandais Christian Huygens. Celui-ci rédigea en 1678, durant son séjour en France, son célèbre *Traité de la lumière* (qui ne sera publié qu'en 1690 à Leyde) dans lequel il expose une théorie ondulatoire appliquée au son que lui aurait suggéré le Britannique Robert Hooke en 1664. Hooke expérimentait alors un dispositif acoustique mécanique constitué par deux tubes de carton dont un côté était fermé par une membrane au centre de laquelle était fixée une ficelle qui les reliait. Ce 'téléphone à ficelle' était capable de transmettre des paroles et de la musique sur une distance supérieure à la portée de la voix.

Le métier à tisser Jacquard

Au 18ᵉ siècle (1700-1800) et plus précisément en 1725, Basile Bouchon invente le papier perforé afin d'automatiser le tissage d'étoffes façonnées. Celui-ci commande la levée ou non des fils de chaîne selon qu'il est traversé par des aiguilles. Mais l'appareil ne permet que des motifs sommaires. De 1728 à 1732, Jean-Baptiste Falcon perfectionne l'invention. Il conçoit un système de cartons perforés liés entre eux pour correspondre au dessin et multiplie par quatre la rangée d'aiguilles afin de produire des motifs de plus grande dimension. À partir de 1744, Jacques Vaucanson imagine un métier entièrement automatisé par un système de cames actionné par une manivelle, mais le cylindre perforé dont il se sert ne permet de réaliser que des petits motifs. Vers 1804, Joseph-Marie Jacquard réunit les inventions de ses prédécesseurs auxquelles il ajoute une lanterne qui fait tourner le cylindre (d'un quart de tour) et augmente en grand nombre aiguilles et cartons pour réaliser des dessins d'une hauteur illimitée. En 1812, on compte 11 000 métiers Jacquard à travers la France.

L'image télévisuelle

Le concept technique de l'image télévisuelle – transmission instantanée d'images en mouvement – est le résultat d'un croisement de techniques optiques, mécaniques, électriques et électroniques, que l'on doit à plusieurs inventeurs du 19ᵉ siècle (1800-1900) et du 20ᵉ siècle (1900-2000). La télévision est donc une œuvre collective à laquelle les Français ont largement contribué. On trouve son origine dans le pantélégraphe, un appareil qui permettait de transmettre à distance et très rapidement entre une station émettrice et une station réceptrice des images au trait, de petit format (dessins, lettres manuscrites, plan, etc). Le pantélégraphe réunissait les deux principes fondamentaux – à part l'effet photoélectrique – du fax et de la télévision : l'analyse et la recomposition de l'image par balayage et la synchronisation des temps de balayage entre l'émetteur et le récepteur. Puis, une étape importante est franchie avec l'emploi de la cellule au sélénium capable de convertir la lumière en électricité. L'analyse et la recomposition de l'image se font alors avec des procédés électrophotographiques. Le bélinogramme, par exemple, permet d'envoyer des images photographiques à distance sur les lignes graphiques. Il faut attendre ensuite près d'un demi-siècle pour que le concept de vision à distance en temps réel commence à devenir réalité. Il suppose en effet que soient résolus des problèmes plus simples, mais apparentés, tels que la transmission des photographies et des signes graphiques, grâce au pantélégraphe inventé en 1856. La transmission présente, en outre, des difficultés qui lui sont propres et qui seraient restées insurmontables sans les apports de la radioélectricité, de la photoélectricité et de l'électro-optique. Un des précurseurs est un notaire du Pas-de-Calais, inventeur du télectroscope. Dans un article publié en 1879, il expose le principe général de la transmission séquentielle des signaux, et permet la prise de conscience des problèmes techniques. L'année suivante, un célèbre électrotechnicien fait paraître une étude sur la transmission électrique des impressions lumineuses qui sera longtemps une référence. Mais c'est à un physicien de l'École Normale Supérieure qu'il appartient d'établir les contraintes de temps auxquelles doit obéir la transmission des images animées. Dans un article de 1891, il établit que le pouvoir séparateur de l'œil et la persistance rétinienne exigent que le capteur d'entrée et les organes de transmission répondent aux variations de luminosité à une vitesse que ne peuvent atteindre ni l'inertie de la cellule au sélénium, ni l'auto-induction de la ligne téléphonique. En d'autres termes, la télévision exige des moyens nouveaux ! L'avenir confirme cette analyse. La téléphotographie, qui n'est pas soumise aux mêmes contraintes de temps, voit le jour en Allemagne en 1907, puis en France en 1911. Par la suite, les obstacles quant à la mise en place de la télévision sont franchis successivement. Les courants très faibles, produits par une cellule au potassium presque sans inertie mise au point en Allemagne en 1890, peuvent être largement amplifiés avec le tube de radio en 1914. Puis, le remplacement des fils de ligne par des ondes courtes de radio produites électroniquement permet de supprimer, après 1920, l'obstacle de la bande passante qui limite la quantité d'informations transmises par seconde. En absence de réel dispositif de synthèse, des tentatives pour réaliser une télévision électromécanique ont lieu alors un peu partout dans le monde. Elles se prolongent jusqu'en 1937, en faisant de plus en plus appel à des procédés purement électroniques. C'est d'abord l'oscilloscope cathodique, un instrument de laboratoire que l'on perfectionne lentement depuis 1897. Il remplace bientôt à la réception tous les autres synthétiseurs d'images. À l'émission, la solution électronique est plus tardive. Il s'agit en effet d'associer à un oscilloscope analyseur une mosaïque de minuscules cellules photoélectriques soumises au balayage cathodique. L'iconoscope de 1931 et les divers caméscopes qui vont suivre appliqueront tous ce principe tel qu'il était suggéré par le télectroscope en 1879. Seul le cathoscope récepteur y échappe tant que la télévision est en noir et blanc. Mais à l'avènement de la couleur en 1949, son écran est restructuré en groupements de points fluorescents de trois couleurs différentes : bleus, verts et rouges.

COMMENTAIRES DES CONTRIBUTEURS ET DES RELECTEURS

Forest, J.-D.[†]   *CNRS, Université Paris 1 Panthéon-Sorbonne.*
Valla, F.R.   *CNRS, Université Paris X, Université Paris 1.*
Bessou, P.   *Faculté de Médecine de Toulouse.*
Goldcher, A.   *Faculté de Médecine de Paris VI.*
Huot, J.-L.   *Université Paris 1 Panthéon-Sorbonne.*
Lemerle, J.-P.   *Hopital Européen Georges Pompidou.*
Thomine, J.-M.   *Professeur Émérite des Universités.*
Le Viet, D.   *Société Française de Chirurgie de la Main.*
André-Salvini, B.   *Musée du Louvre, Paris.*
Faurion, A.   *École Pratique des Hautes Études.*
Englund, R.K.   *UCLA (University of California, Los Angeles).*
Holley, A.   *CNRS, Centre Européen des Sciences du Goût.*
Dumbrill, R.   *University of London, British Museum.*
Leibovici, M.   *CNRS, Institut Cochin, INSERM.*
Breniquet, C.   *Université Blaise Pascal de Clermont-Ferrand.*
Chabbert, C.   *INSERM, Institut des Neurosciences de Montpellier.*
Sans, A.   *INSERM, Université de Montpellier II.*
van Ess, M.   *Deutsches Archäologisches Institut, Berlin.*
Marzahn, J.   *Vorderasiatisches Museum, Berlin.*
Couchot, E.   *Professeur Émérite des Universités, Université Paris 8.*
Picaud, S.   *INSERM, Institut de la Vision, Paris.*
Sahel, J.-A.   *Quinze-Vingts, Centre Hospitalier d'Ophtalmologie.*
Rochet, C.   *Institut de Management Public, Aix-en-Provence.*
Gineste, M.-D.   *Université Paris 13, UFR LSHS.*
Vitalis, T.   *ESPCI, Laboratoire de Neurobiologie.*
Mounier-Kuhn, P.   *Université Paris 4 Sorbonne.*
Flores, J.   *Association Française d'Horlogerie Ancienne.*
Soto, E.   *Instituto de Fisiologia, Université de Puebla.*
Bourin, M.   *CNRS, Université Paris 1 Panthéon-Sorbonne.*
Bon, P.   *Musée Charles VII de Mehun-sur-Yèvre.*
Aquilon, P.   *CNRS, Université François Rabelais, Tours.*
Dhombres, J.   *EHESS, CNRS, Centre Alexandre Koyré.*
Guelton, M.-H.   *Centre International d'Étude des Textiles Anciens.*
Cazenobe, J.   *CNRS, École des Hautes Études en Sciences Sociales.*

**UFR 03 - HISTOIRE DE L'ART
ET ARCHÉOLOGIE**

3, RUE MICHELET
75006 PARIS
TEL. 01 53 73 71 11
FAX. 01 53 73 71 13

Je, soussigné, Jean-Daniel Forest, chercheur au CNRS, enseignant à Paris 1, atteste avoir participé à la rédaction du texte sur le Levant et l'avoir relu. L'état définitif me semble correspondre à ce que l'on sait aujourd'hui du phénomène de néolithisation et constituer une synthèse satisfaisante de cette période.

Fait à Paris, le
16.05.2002

J.D. FOREST

MAISON RENÉ GINOUVÈS
ARCHÉOLOGIE & ETHNOLOGIE

Le 22 janvier 2003

Monsieur ROI

Je soussigné F.R.Valla atteste avoir lu et corrigé le texte intitulé "Le Levant". Il est difficile de mettre au point dans ce domaine une synthèse générale. Dans l'optique choisie par les auteurs, le texte me semble fiable par rapport à l'état actuel des connaissances.

En terminant cette attestation je tiens à vous remerçier de votre confiance et à vous dire l'intérêt que j'ai trouvé à travailler avec vous.

F.R.Valla

CNRS - Université de Paris X - Université de Paris I

UNIVERSITÉ PARIS **1**
– PANTHÉON - SORBONNE –

**UFR 03 - HISTOIRE DE L'ART
ET ARCHÉOLOGIE**

3, RUE MICHELET
75006 PARIS
TEL : 01 53 73 71 11
FAX : 01 53 73 71 13
ufr03sec@univ-paris1.fr

Je soussigné Jean-Louis Huot, Professeur d'archéologie orientale à l'UFR 03 de l'Université de Paris I, atteste avoir relu et corrigé le texte consacré à la Mésopotamie préhistorique. Ce dernier représente une bonne synthèse des connaissances actuelles sur l'évolution des premières cultures sédentaires de Mésopotamie jusqu'à l'époque de l'apparition des premières villes (6e au 3e millénaire av. J-C).

J'autorise la mention de mon nom comme expert à propos de cette dernière version.

Paris, le 25 juillet 2003

Université PARIS 1 . PANTHÉON-SORBONNE
Sciences Économiques et de Gestion . Sciences Humaines . Sciences Juridiques et Politiques

**UFR 03 - HISTOIRE DE L'ART
ET ARCHÉOLOGIE**

3, RUE MICHELET
75006 PARIS
TEL   01 53 73 71 11
FAX   01 53 73 71 13

Je, soussigné, Jean-Daniel Forest, chercheur au CNRS, enseignant à Paris 1, atteste avoir relu le texte sur l'araire dans sa version définitive. Celui-ci me paraît être une bonne synthèse sur la question, liée au développement de l'agriculture.

Fait à Paris,
le 2.05.2002

J.D. FOREST

Paul BESSOU

Professeur Honoraire
à la
Faculté de Médecine
de
Toulouse
———
27, rue des Potiers
31000 TOULOUSE

Toulouse, le 31.05.2002

Certificat

L'hypothèse proposée pour saisir le processus mental qui a permis à l'homme d'inventer l'araire est fondée sur la connaissance des propriétés anatomiques et fonctionnelles du pied et sur l'observation des empreintes qu'il laisse sur un sol mou, dans des conditions de déplacement particulières. Cette hypothèse est séduisante. Par ailleurs, elle est persuasive, car la présentation des arguments suivant le mode de pensée de la physiologie fournit à l'exposé une grande cohérence.

Trois données, faciles à recevoir, peuvent être dégagées de cette rédaction :

1) Les organes et les outils.

Les besoins nécessaires au maintien des équilibres caractéristiques de la vie sont satisfaits par le développement des divers organes qui constituent tout être vivant ; l'outil élémentaire conçu en particulier par l'homme est le prolongement de l'organe. Il donne plus d'habileté et de force à la fonction de celui-ci qu'il peut même parfois remplacer. Dans sa forme et dans sa fonction l'outil s'écarte souvent peu de celles de l'organe qu'il sert. Cette notion est retrouvée dans l'araire auquel l'homme va conférer la forme de deux pieds accotés ensemble.

2) Le pied, le sillon et l'araire.

Lorsque l'homme marche normalement sur un sol limoneux son pied laisse derrière lui une trace faite d'empreintes discontinues.
Cette trace est formée d'une empreinte continue lorsqu'il traîne le pied d'une certaine manière : pointe en avant. Si le coup de talon du pied sur le sol, qui engendre un trou, fournit l'idée d'outils à percussion lancée, la traînée du pied équin qui provoque la séparation continue du sol sous forme de sillon, donna naissance à l'idée d'araire.

3) L'heureuse fortune de l'araire

Le développement et la longévité d'un outil reposent sur l'équilibre parfait de l'individu avec celui-ci. Outre le fait d'avoir contribué à la naissance de l'araire, le pied a été de plus capable de faire face aux besoins particuliers de l'équilibre corporel dynamique et coopératif que nécessite l'usage de l'araire. Il a donc permis la longue survie de cet outil et par là a eu un rôle non négligeable de facteur d'organisation sociale.

En conclusion, la conception qui est exposée pour rendre compte de l'origine de l'araire mérite, du fait de sa présentation sous l'angle de la physiologie humaine, de la longueur et de la rigueur de son argumentation ainsi que des développements qu'elle suggère, une attention toute particulière.

Docteur Alain GOLDCHER
Attaché de Consultation à l'Hôpital Pitié-Salpétrière de Paris
Directeur d'Enseignement à la Faculté de Médecine de Paris VI
Membre de la Société Française de Médecine et Chirurgie du Pied
Diplômé en Biologie et Médecine du Sport
Diplômé en Réparation Juridique du Dommage Corporel

131, avenue du Centenaire
94210 La Varenne Saint Hilaire
Tél. : 01 48 89 40 40
Portable : 06 60 69 40 40

94 1 03867 1 - Conventionné Honoraires libres Secteur 2
Membre d'une association agréée, le règlement par chèque est accepté

Je soussigné, Docteur Alain GOLDCHER, médecin spécialiste des maladies du pied, certifie avoir participé à rédaction et à la correction du texte consacré à l'invention de l'araire.

Je remercie les auteurs de ce travail de m'avoir permis d'y participer. Il s'agit d'une étude sérieuse dont l'une des originalités est d'associer différents spécialistes en sociologie, archéologie, ethnologie et médecine.

Tout médecin sait que la machine humaine est certainement la plus perfectionnée que l'on puisse imaginer. La comparaison entre le pied et l'araire montre que très tôt dans l'évolution, l'homme avait conscience de sa perfection et a, de tout temps, cherché à l'imiter. Il est logique que l'homme ai commencé par produire des instruments simples comme l'araire et que grâce à la technologie actuelle, il cherche à reproduire le fonctionnement plus complexe du système nerveux avec l'informatique.

Fait à La Varenne Saint Hilaire, le jeudi 4 juillet 2002

U.F.R. 03
HISTOIRE DE L'ART
ET ARCHÉOLOGIE

3, RUE MICHELET
75006 PARIS
TEL : 01 53 73 71 11
FAX : 01 53 73 71 13

J'atteste avoir relu les deux textes ci-joints (l'araire ; le moule à briques). J'ai proposé quelques corrections mineures (texte et illustrations). Celles-ci effectuées, ces textes et illustrations, dont la matière a été puisée aux meilleures sources disponibles, sont excellents.

Paris, le 23 avril 2004,

Jean-Louis HUOT
Professeur émérite d'archéologie orientale à l'Université de Paris I

HOPITAL EUROPEEN
GEORGES POMPIDOU

ASSISTANCE HÔPITAUX
PUBLIQUE DE PARIS

20 rue Leblanc
75908 PARIS Cedex 15
Tel : 01.56.09.32.61
Fax : 01.56.09.23.96

Monsieur Philippe ROI

SERVICE D'ORTHOPEDIE-
TRAUMATOLOGIE
ET CHIRURGIE DU MEMBRE
SUPERIEUR

Paris, le 2 Juillet 2001

Pr. Jean Pierre LEMERLE
Chef de Service

Cher Ami,

Je répond à votre lettre du 25 Juin 2001.

Je suis très heureux du travail réalisé ensemble et je vous autorise à me citer comme Expert là où je puis prétendre à quelques lumières : la main.

Mon apport dans le chapitre du moule à briques est double :

-   Vérification et validation des données physiologiques et anatomiques de la main utilisées dans le texte.
-   Mise en situation de la proportionnalité entre certaines dimensions de la main et celles du moule à briques.

Cette proportionnalité avait déjà été notée par les auteurs, illustrée par la décroissance des rayons des têtes de M1, P1 et P2 des doigts longs.

Notre contribution a consisté ici à proposer un schéma de positionnement des quatre mains de deux individus face à face, de telle sorte qu'ils reproduisent à la fois la proportionnalité et la forme du moule à briques.

L'on est frappé par l'évidence et la simplicité de ce modèle à quatre mains qui en fait un candidat très plausible à l'origine de la découverte du moule à briques. Il en a, en tous cas, toutes les qualités : naturel, reproductibilité, disponibilité.

Bien amicalement à vous.

Professeur J.P. LEMERLE

DOCTEUR JEAN-MICHEL THOMINE

Professeur Emérite des Universités

106, boulevard Saint-Germain

75006 Paris

01 43 25 03 43

Ancien Président de
la Société Française de
Chirurgie de la Main

Le 6/06/2002

Messieurs

Ces quelques lignes sont destinées à vous dire le plaisir et l'intérêt que j'ai trouvé à découvrir le texte dont vous m'avez confié la révision au motif que les fonctions et l'architecture de la main s'y trouvaient impliquées. J'ai été heureux de pouvoir contribuer à la mise en forme des données anatomiques et fonctionnelles qui soutiennent la proposition selon laquelle la brique moulée mésopotamienne a trouvé ses proportions dans l'utilisation d'une posture particulière de la main, propre à en définir à la fois dimensions et contours. J'ai regretté de n'avoir pas pu vous fournir les données anthropométriques qui apporteraient une cohérence chiffrée entre les mesures de la main et celles de l'artefact; mais en toute hypothèse , ces données ne pourraient être que nos contemporaines de sorte qu'elles ne constitueraient pas un *réel renforcement scientifique de la* description faite . Une illustration actuelle , confrontant des mains modernes avec des briques de fouille , devrait mettre facilement en évidence .la congruence main objet . Je n'ai pas été surpris de trouver dans ce travail les prémices de l'utilisation de dimensions corporelles comme unités de mesure . Ce que le langage et les usages anciens de mensuration nous en ont laissé rappelle que la main humaine y a joué un rôle prééminent ; ainsi le" travers de doigt"empirique , resté longtemps utilisé en médecine clinique ,désignait déjà une mesure égyptienne de longueur de même que la"paume" a été longtemps unité de mesure pour la taille des chevaux.

Souhaitant avoir répondu à votre attente, je vous adresse mes meilleures salutations

J.M.Thomine

PROFESSEUR DOMINIQUE LE VIET

PROFESSEUR ASSOCIÉ À LA FACULTÉ COCHIN PORT ROYAL
MEMBRE DE L'ACADÉMIE DE CHIRURGIE
EXPERT PRÈS LA COUR D'APPEL DE PARIS
CHIRURGIE ORTHOPÉDIQUE ET RÉPARATRICE
CHIRURGIE DE LA MAIN, MICROCHIRURGIE

105, AVENUE DE LA BOURDONNAIS
75007 PARIS
TÉL. : (33) 01-45-55-03-38
FAX : (33) 01-47-53-83-89

Monsieur ROI

DLV/FM   Paris, le 03 Juillet 2002

Monsieur,

J'ai été amené à collaborer à l'élaboration du texte sur les rapports entre les mains et la conception du moule à briques. La théorie du rectangle déterminée par deux individus face à face permettant de définir la longueur, la largeur et la hauteur des briques de l'Obeid me semble très séduisante. En effet il s'agit d'une théorie tout à fait logique et les mains de placées, comme cela est expliqué dans le rapport, peuvent très bien avoir servi à définir et à fixer les dimensions du moule à briques.

La main a toujours été, et est toujours, un formidable instrument de mesure et sans qu'on puisse l'affirmer de façon formelle, il semble logique de considérer que le moule à briques a été défini dans sa forme et ses dimensions à l'aide des mains et ce d'autant que l'on retrouve les rapports 4,1 et 2 comme dans les briques de l'Obeid final.

Fait à Paris, le 3 juillet 2002

Professeur Dominique LE VIET
Président de la Société Française de Chirurgie de la Main

MINISTÈRE DE LA CULTURE, DE LA COMMUNICATION, DES GRANDS TRAVAUX ET DU BICENTENAIRE

LOUVRE

Département
des Antiquités
Orientales

3 juillet 2002

Je, soussignée, Béatrice André Salvini, spécialiste des textes mésopotamiens, atteste avoir corrigé le texte sur la naissance de l'écriture qui m'a été soumis.

Je me permets de féliciter tous les participants de ce projet pour le magnifique travail qu'ils ont accompli.

[signature]

Musée du Louvre
34-36 Quai du Louvre
75058 Paris Cedex 01
Téléphone (1) 40 20 50 50
Télécopie (1) 42 60 39 06

A. Faurion
Laboratoire de Neurobiologie Sensorielle, Ecole Pratique des Hautes Etudes
1, Avenue des Olympiades, 91744 Massy cedex[2]
&
Laboratoire de Physiologie de la Manducation, Physiologie Oro-Faciale, EA 359, Université Paris 7
4 Place Jussieu Bât. A, 75252 Paris cedex France

ATTESTATION

Le texte « le goût et l'écriture » s'applique à mettre en parallèle le principe du codage de la nature du stimulus gustatif et l'origine de l'écriture pictographique en Mésopotamie. Plus exactement, il compare l'évolution de notre compréhension du mécanisme de codage gustatif et l'évolution d'un code d'écriture apparaissant en Mésopotamie. En effet, la physiologie de la gustation est un domaine de recherches assez récent et l'on peut retracer la progression chronologique de l'évolution de notre compréhension du système. Dans un but didactique d'apprentissage par comparaison, les deux domaines, « l'écriture du stimulus dans un cerveau » et « l'écriture du produit dans une jarre du grenier» peuvent être mis en parallèle. Comme toujours, les concepts évoluent en se complexifiant et l'évolution de ces deux activités intellectuelles ira d'une appréhension monofactorielle vers la prise en compte de facteurs multiples, ce qui représente un saut qualitatif. Dans les deux cas, le lecteur regarde le développement chronologique d'une activité intellectuelle dans une population. Dans les deux cas, la nécessité de coder un grand nombre d'items, voire un nombre infini d'items nécessite de franchir ce saut qualitatif par un mécanisme combinatoire. Nous espérons que cette réflexion permettra de mieux appréhender le concept de codage de l'information.

à Massy, le 9 avril 2002

A. Faurion
Docteur d'Etat ès Sciences
Chargée de Recherche au CNRS

---

[22] *Tél : 33 (0) 1 69 20 66 50   -   Fax : 33 (0) 1 60 11 61 94*

**UFR 03 - HISTOIRE DE L'ART
ET ARCHÉOLOGIE**

3, RUE MICHELET
75006 PARIS
TEL 01 53 73 71 11
FAX 01 53 73 71 13

Je, soussigné, Jean-Daniel Forest, chercheur au CNRS, enseignant à Paris 1, atteste avoir participé à la rédaction du texte sur la comptabilité, puis l'avoir relu et corrigé. L'état définitif reflète bien l'état de la question, et la rédaction est globalement satisfaisante.

Fait à Paris, le
17.12.2001

J.D. FOREST

UNIVERSITY OF CALIFORNIA, LOS ANGELES   UCLA

PROFESSOR ROBERT K. ENGLUND
NEAR EASTERN LANGUAGES AND CULTURES
405 HILGARD AVENUE
LOS ANGELES, CA 90095-1511

email: englund@ucla.edu

Mr Philippe Roi

Rapport à M. Roi

27 février 2004

Je soussigné Robert K. Englund, Professeur d'assyriologie à l'université UCLA, langues et cultures du Proche-Orient, atteste avoir participé à la correction du texte relatif à la comptabilité. La partie de ce texte concernant les textes de la période d'Uruk récent annexée ci-dessous correspond, avec les corrections faites en bleu, à l'état actuel des connaissances sur ce sujet.

Fait à Los Angeles, Californie, Etats-Unis d'Amérique, le 27 février 2004

Signature

Robert K. Englund
Director, Cuneiform Digital Library Initiative
Professor of Assyriology, UCLA

Les bulles / enveloppes d'argile se généralisent dans toute la Mésopotamie pendant la seconde moitié du 4e millénaire. On en trouve à Uruk, Jemdet Nasr, Habuba Kabira, mais aussi à Choga Mish. En fait, les enveloppes / bulles d'argile se situent à la base de l'enregistrement comptable. Elles servent à enregistrer les marchandises utilisées pour le travail des : KUR (ouvrier), « ERIM » (travailleurs esclaves) et « SZE-NAM » (chargés de surveiller et d'engraisser le bétail), qui œuvrent dans les « AB » (grandes maisons) et les « TUR3 » (enclos à bétail). Après avoir vérifié les produits, on pense que les responsables des AB et des TUR3 portent les enveloppes / bulles d'argile et leurs calculis au : « GAL KISAL » (contremaître des greniers de la cour), au « DILMUN ZAG » (répartiteur pour le commerce de longue distance (Dilmun)) et au GAL TUR3 (contremaître de l'enclos à bétail), qui devait les enregistrer sur des « DUB » (petites tablettes) longues d'environ cinq à dix centimètres et d'une largeur équivalente à la moitié de leur longueur. Ces tablettes, rangées dans des paniers, sont ensuite remises à un « SANGA » (administrateur) (probablement assisté d'un élève qui apprend à écrire et à compter, qu'on appelle SANGA TUR) qui les consolide au verso de comptes plus longs, ancêtres des « NIG2 KA9 AKA » (comptes courants à long terme sumériens). Ce document permet de définir la quantité de marchandises stockées dans la Cité, que le « GAL SANGA » (Administrateur en chef) se charge ensuite de répartir entre plusieurs hauts fonctionnaires, parmi lesquels figurent les suivants : 1) « NAMESHDA » (qui correspond à une très haute fonction à Uruk du fait de sa première position dans la liste des métiers. Cette fonction, mentionnée avec des mesures de grains, signifie peut-être que le personnage est chargé de la redistribution) ; 2) « NAM2 KAB », en deuxième position dans la liste des métiers, il désigne un personnage jouissant d'un statut élevé, peut-être chargé de superviser les travaux agricoles, si on se réfère aux larges quantités de céréales attribuées à sa fonction. Une meilleure lecture de la désignation « KAB » semble être « TUKU » (= « avoir »), on pourrait donc traduire cette fonction par « ministre des finances ». 3) « NAM2 DI », troisième sur la « liste des métiers », désigne une autre personne de haut rang, qui pourrait avoir été responsable des tribunaux (ensuite, en sumérien, DI = « justice »). 4) « NAM2 NAM2 », quatrième sur la « liste des métiers », désigne une autre personne de haut rang, peut-être un co-ordinateur de toutes les fonctions d'Uruk. 5) « NAM2 URU », cinquième dans la « liste des métiers », désigne une autre personne figurant dans ce groupe de hauts responsables, peut-être le maire de la cité. Enfin, quand plusieurs bordereaux économiques sont disponibles, ils sont résumés sous la forme d'un rapport incluant les totaux et sous-totaux, et parfois un total général qualifié par le signe « NIGIN2 » (représenté en dessin par un simple carré) envoyé au « EN » (le dirigeant, probablement la même personne que celle qui est représentée par un homme à demi-nu portant une barbe et un bonnet que l'on trouve souvent sur les motifs des sceaux-cylindres de cette époque). Cet « EN » semble en tous les cas être le plus haut responsable politique de la période si l'on se base sur son importance dans les textes de Jemdet Nasr, selon lesquels il reçoit deux fois plus de champs cultivés que les cinq premiers hauts fonctionnaires de son administration réunis.

CENTRE NATIONAL
DE LA RECHERCHE
SCIENTIFIQUE

Messieurs,

J'ai eu plaisir à participer à la rédaction du texte présentant de façon comparée l'organisation du système olfactif et celle du système comptable urukien. Je dois constater que, si extraordinaire que cela puisse paraître, la comparaison que vous m'avez suggérée s'est trouvée justifiée dans ses grandes lignes et dans de nombreux détails. Il s'agit, pensera-t-on au premier abord, d'une heureuse coïncidence. Quoi de commun, en effet, entre l'anatomie d'un système sensoriel et le schéma de transfert du flux d'informations économiques dans une société humaine archaïque? "Information" est peut-être le terme important. Je ferai donc l'hypothèse que les deux systèmes se rejoignent à un niveau élevé d'abstraction, au niveau formel. Tous les deux ont à recueillir de l'information, à la mettre en forme et à la transférer vers des instances qui peuvent la mettre à profit. Que l'information porte sur des molécules odorantes présentes dans l'environnement ou sur des biens économiques, les mêmes opérations s'imposent. C'est la nature du problème formel à résoudre, indépendamment des supports, qui contraint les solutions et produit leur convergence. Mais j'avoue que je n'aurai jamais songé à un tel rapprochement.

André Holley

18 - 01 - 02

CAMPUS DE L'UNIVERSITÉ DE BOURGOGNE · 15, RUE HUGUES-PICARDET · 21000 DIJON
TEL.: (33) 3 80 68 16 00 - FAX : (33) 3 80 68 16 01

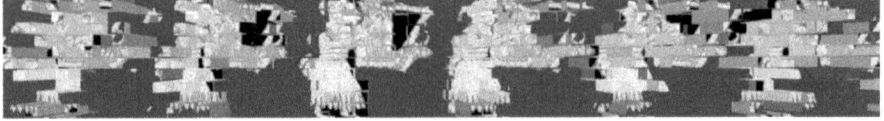

ICONEA

International conference of Near Eastern Archaeomusicology
Institute of Musical Research, School of Advanced Study
University of London
Senate House, Malet Street
London WC1E 7HU

Londres le 25 juin 2012

       Cette lettre afin de donner mon approbation en ce qui concerne la qualité du contenu archéomusicologique des travaux de recherche de Messieurs Philippe Roi et Tristan Girard, que j'ai lu et auxquels j'ai suggéré des ajustements organologiques, chronologiques, et autres. Je leur accorde le droit de me citer en référence des nombreux échanges et conversations entretenus sur un sujet passionant qui est le leur.

       Ces deux chercheurs indépendants ont mené leurs travaux avec une méthodologie exemplaire remettant en question le matériel et les sources dont ils se sont instruits n'hésitant jamais à contester certaines interprétations quand elles leur semblaient instables. Nous avons particulièremnt apprécié leur usage d'une protase raisonnée sans la laisser jamais sans son apodose judicieuse.

       Il m'est particulièrement agréable de les féliciter.

Richard Dumbrill
Directeur fondateur d'ICONEA
Professeur d'archaeomusicologie

Contact at: rdumbrill@iconea.org www.iconea.org

institut **cochin**
CENTRE DE RECHERCHE

Paris, le 24/09/2012

CNRS UMR 8104/INSERM U1016/Université Paris-Descartes
24, rue du Faubourg Saint-Jacques
75014 Paris
Expression Génétique, Développement et Pathologies
Tél : (33) 01 53 73 27 45
E-mail: michel.leibovici@inserm.fr

Il y a six ans de cela, Messieurs Roi et Girard m'avaient demandé de réaliser deux relectures concernant des analogies sensorielles portant sur « le métier à tisser vertical et une cellule de type I vestibulaire » ainsi que sur « l'horloge à foliot et une cellule de type II vestibulaire ».Ils m'avaient sollicité car appartenant à l'équipe du Professeur Christine Petit à l'Institut Pasteur, mon domaine d'expertise couvrait à la fois la génétique et la physiologie de l'oreille interne qui renferme les organes de l'audition et de l'équilibre. A l'époque, d'abord surpris par cette approche par analogie sensorielle, j'avais rapidement été conquis par l'originalité et la rigueur de la démarche. Aussi, lorsqu'ils m'ont contacté en Août 2012 pour participer, en tant que corédacteur, à l'élaboration d'une analogie entre la harpe urukéenne et l'oreille, j'ai tout de suite accepté. La partie concernant l'archéomusicologie était menée en collaboration avec le professeur Richard Dumbrill de l'Université de Londres et j'ai moi-même demandé au professeur Paul Avan, spécialisé en acoustique et directeur du laboratoire de biophysique neurosensorielle de Clermont-Ferrand de me prêter main forte pour la partie concernant l'audition.

Lors de l'un de nos premiers échanges, j'ai confié à Mr Roi être dubitatif quant à la possibilité d'établir une analogie solide entre la harpe qui est de prime abord un instrument simple et la cochlée dont le fonctionnement est d'une complexité extrême. Messieurs Roi et Girard m'ont alors soumis une série de modèles d'analogie, partant du plus simple vers le plus complexe. J'en ai réfuté un certain nombre car ils présentaient des incohérences évidentes jusqu'au jour où ils m'ont envoyé une analogie assez osée mais vraiment subtile. Nous avons alors travaillé dessus pour la faire évoluer jusqu'à l'analogie présentée ici. Je dois avouer que le travail a été prenant mais surtout passionnant. L'analogie présentée est originale et surtout solide. Enfin, parce qu'elle concerne un organe sensoriel dans son ensemble (la cochlée) elle présente un niveau d'élaboration que je n'avais pas eu l'occasion de lire jusqu'alors.

C'est avec beaucoup de plaisir et de satisfaction que je certifie le travail de Messieurs Philippe Roi et Tristan Girard auquel j'ai eu le bonheur d'être convié.

Michel Leibovici
Chargé de recherche au CNRS

Inserm   UNIVERSITÉ PARIS DESCARTES   Cnrs

Je, soussignée Catherine BRENIQUET, Professeur des Universités à l'Université Blaise Pascal de Clermont-Ferrand, certifie avoir été consultée par MM. Roi et Girard, pour la description du métier à tisser vertical à pesons. Archéologue orientaliste, je travaille sur des sources de natures diverses, mises au jour par des travaux de terrain, mais pourtant difficiles à appréhender dans ce contexte, et qui imposent une analyse critique permanente qui, elle seule, permet de produire d'autres types de données. A l'époque de cette consultation, mon travail était en cours et portait sur la mise en évidence de cet instrument dans le monde mésopotamien des IVe et IIIe millénaires avant J.-C., ainsi que sur la reconnaissance de la chaîne opératoire du travail du fil, principalement de la laine. Cette recherche a été publiée depuis de façon plus approfondie, nuancée et argumentée, avec tout l'appareil scientifique nécessaire à la bonne compréhension de la démarche. Pour des raisons d'homogénéité du discours, le texte communiqué a été réécrit. Je puis attester que la description que donnent MM. Roi et Girard est conforme à la version que je leur ai soumise, soulignant les particularités techniques de cet instrument et les étapes du travail.

Fait à Clermont-Ferrand, le 20 mars 2013

UNIVERSITÉ BLAISE-PASCAL
U.F.R. L.L.S.H.
29, Boulevard Gergovia
63037 CLERMONT-FERRAND CEDEX 1
DÉPARTEMENT D'HISTOIRE DE L'ART
ET D'ARCHEOLOGIE

Catherine BRENIQUET
Pr. Histoire de l'art et archéologie antiques
UFR LLSH
Université Blaise-Pascal
29, boulevard Gergovia
F - 63037 CLERMONT-FERRAND cedex 1

Unité de recherche 583

Physiopathologie et Thérapie
Des Déficits Sensoriels et Moteurs

Inserm

Institut national
de la santé et de la recherche médicale

Dr. Christian Chabbert
Chargé de Recherche au CNRS
INSERM U 583
UM II - CP 089   Place Bataillon
34095 Montpellier cedex 05, France

Montpellier, le 11 Mars 2006

      C'est avec circonspection que j'ai tout d'abord accepté de réfléchir aux possibilités de parallèles pouvant exister entre le métier à tisser vertical utilisé par la société Mésopotamienne du quatrième millénaire avant notre ère et le fonctionnement du système vestibulaire. Au terme de deux années d'une analyse minutieuse de la mécanique intime de ces deux modèles, nous avons mis en évidence à ce jour, six niveaux d'analogies associant des comparaisons structurelles à des analogies fonctionnelles. Un tel niveau d'analogie constitue une source de données précieuses qui permettent de soulever de nouvelles questions sur le fonctionnement des organes sensoriels, mais également sur les mécanismes de régulation de leur fonctionnement. Ce travail devrait rapidement servir de source pour l'ouverture de nouveaux axes de recherche dans le domaine de la physiologie humaine et pourrait orienter de manière forte la recherche dans certains types de pathologies des organes sensoriels.

      Au vue de cette étude comparative, le modèle du métier à tisser vertical apparait clairement comme l'exemple parfait de la projection inconsciente des facultés intrinsèques de l'homme sur les objets qu'il est amené à créer. Outre l'impact de la pesanteur terrestre sur sa structure biologique, on constate que l'action de l'homme sur son environnement est régie par des règles strictes qui ne peuvent être transgressées. Ainsi, comme la création des objets usuels, son habitat, ses créations artistiques, ses codes de représentations hiérarchiques ou ses déplacements à la surface de la terre sont tous soumis aux règles de la verticalité. Une réflexion poussée sur la relation étroite entre notre mode de vie, notre interaction avec l'environnement et notre représentation égocentrée de la verticalité devrait être entreprise. La méthode utilisée pour la rédaction de cet ouvrage, permettant de confronter les points de vue de scientifiques, d'historiens, de sociologues me semble tout à fait propice à enrichir nos connaissances sur ce sujet. Ce type de réflexion devrait apporter beaucoup d'enseignements sur l'essor des civilisations passées et les règles à ne pas transgresser dans le futur pour un développement en harmonie avec notre environnement.

Christian Chabbert

Tel: (33) (0)4 99 63 60 31   -   Fax: (33) (0)4 99 63 60 20   -   E-mail: chabbert@univ-montp2.fr

Inserm

**Institut national
de la santé et de la recherche
médicale**

Unité de Recherche 583

*Physiopathologie et Thérapie
Des Déficits Sensoriels et Moteurs*

Directeur : Christian Hamel

Montpellier le 9 avril 2006

Je soussigné Alain Sans, professeur honoraire de Neurobiologie Sensorielle à l'Université Montpellier II, atteste avoir relu et corrigé le texte sur l'analogie entre le métier à tisser vertical, du quatrième millénaire et les récepteurs vestibulaires.

Les auteurs établissent un parallélisme étroit entre le fonctionnement de la cellule de type I sacculaire et le métier à tisser vertical, en prenant en compte leur moteur commun : la *gravité*. Outre une ressemblance morphologique dans l'agencement entre les fils de chaîne du métier à tisser et les stéréocils de la touffe ciliaire d'une cellule vestibulaire, il existe un mimétisme certain entre le transfert de l'information vestibulaire et l'élaboration d'un tissu, sur un métier à tisser vertical . Bien sur ce mimétisme n'exclu pas des caractéristiques propres à chaque modèle. C'est ainsi qu'il faut noter l'existence d'un découplage entre l'établissement du message par la cellule vestibulaire et son traitement par le système nerveux central. Ce dernier va procéder à sa mise en forme et à son interprétation comme « image cérébrale » alors que le tissu est formé directement sur le métier à tisser.

La comparaison peut se poursuivre, comme il est suggéré dans le document, par un parallélisme entre les récepteurs vestibulaires dans leur ensemble et un métier à tisser de haute lisse .

Il s'agit d'un travail remarquable, très original et tout à fait convaincant .

A.Sans
Pr. hon. de Neurobiologie Sensorielle
Université Montpellier II

UM1
UNIVERSITE MONTPELLIER I

UNIVERSITE MONTPELLIER II

Inserm : U 583
INM-Hôpital St Eloi
80, rue Augustin FLICHE
BP 74103
34091 MONTPELLIER Cedex 5
Tél : [+33] (0)499 63 60 69
Fax : [+33] (0)499 63 60 20
E-mail : alainsans@univ-montp2.fr

République française

**DEUTSCHES ARCHÄOLOGISCHES INSTITUT
ORIENT-ABTEILUNG**

DAI, Podbielskiallee 69-71, D-14195 Berlin

Philippe Roi - Tristan Girard

Dr. Dr. h.c. Margarete van Ess
Wissenschaftliche Direktorin
Deutsches Archäologisches Institut
Orient-Abteilung
Podbielskiallee 69-71
14195 Berlin

Tel.: ++49 (0)3018 7711-170
Fax: ++49 (0)3018 7711-189
mve@orient.dainst.de
www.dainst.de

Berlin, 24. Oct. 2003

Certificat

Chers Messieurs,

Je soussignée, Dr Margarete van Ess, certifie par la présente que j'ai lu et corrigé l'article « *L'image de cônes et la Rétine* » que Messieurs Philippe Roi et Tristan Girard ont bien voulu partager avec moi, ainsi que leurs différentes hypothèses, au sujet des mosaïques des cônes d'Uruk.

L'analogie entre les mosaïques de cônes utilisées pour la décoration des façades des édifices d'Uruk et le fonctionnement de la rétine de l'œil humain est une théorie remarquable qui projette une nouvelle lumière sur cette technique de décoration. Elle ajoute une surprenante manière, mais cependant crédible, de comprendre cette technique.

(Dr. Margarete van Ess)

STAATLICHE MUSEEN ZU BERLIN
PREUSSISCHER KULTURBESITZ

VORDERASIATISCHES MUSEUM

DR. JOACHIM MARZAHN

Vorderasiatisches Museum, Bodestr. 1-3, D-10178 Berlin

Bodestraße 1-3
D-10178 Berlin (Mitte)
Telefon (030) 2090 - 5304
Telefax (030) 2090 – 5302
e-mail   vam@smb.spk-berlin.de

1.12.2003

Mr Philippe Roi

FAX 00 33 1-43 27 01 04

Commentaires relatifs à un texte concernant les cônes d'argile d'Uruk

Cher M. Roi,

Je soussigné, Joachim Marzahn, chercheur au Staatliche Museen zu Berlin, Vorderasiatesches Museum, et maître de conférence à la Freie Universität Berlin, certifie que j'ai relu l'article concernant l'image et les mosaïques de cônes d'Uruk, à la rédaction duquel j'ai participé, à travers des consultations et des discussions sur le rôle des cônes d'argile à Uruk (en utilisant le matériel que nous avions respectivement à disposition).

Le fait que le texte évoque l'idée selon laquelle les cônes d'argile d'Uruk pourraient à l'époque avoir constitué une méthode très novatrice et complexe de restitution des images me semble tout à fait remarquable. Cette hypothèse va au-delà des hypothèses ayant cours jusqu'à présent, selon lesquelles ces mosaïques ne constituent que de simples représentations de motifs décoratifs. L'introduction de l'observation de la pixélisation comme étant une sorte de restitution de l'image décomposée permettant sa mémorisation en vue d'une reproduction exacte en un autre endroit est une précieuse contribution à la somme des études menées sur les décors de cônes d'argile. La solution proposée permet d'introduire de façon novatrice des considérations modernes et technologiques dans le débat scientifique relatif au Proche-Orient antique.

Vous en souhaitant bonne réception, je vous prie d'agréer, monsieur, mes salutations respectueuses.

Dr. J. Marzahn
Kustos

**UFR 03 - HISTOIRE DE L'ART
ET ARCHÉOLOGIE**

3, RUE MICHELET
75006 PARIS
TEL : 01 53 73 71 11
FAX : 01 53 73 71 13

Je, soussigné, Jean-Daniel Forest, chercheur au CNRS, enseignant à Paris 1, atteste avoir relu le texte sur l'image et les mosaïques de cônes que j'avais contribué à rédiger. Ce texte montre bien que les Urukiens ont inventé l'image dans le sens où l'entendent les spécialistes, c'est-à-dire avec pixellisation.

Fait à Paris, le
3.09.2003

J.D. FOREST

U N I V E R S I T E

Paris 8

SAINT-DENIS

Tristan Girard

Paris le 9 octobre 2003

Je soussigné, Edmond Couchot, Professeur émérite des universités, spécialiste des relations entre les arts visuels et les techniques, atteste avoir lu l'article intitulé « L'Image-mosaïque » et suggéré quelques rectifications à propos de certains termes qui faisaient problème, tels que « pixel », « pixellisation », « représentation », « image ».

Ce travail sur les mosaïques d'Uruk m'a donné l'occasion de prendre connaissance d'une découverte archéologique de première importance dont l'article rend très clairement compte. J'ai apprécié aussi l'hypothèse audacieuse et très convaincante concernant les relations entre la perception et la production des images.

E. Couchot

Edmond Couchot
Professeur émérite des universités
Ancien directeur du Département Arts et Technologies de l'Image
de l'Université Paris-8

Laboratoire de physiopathologie cellulaire et moléculaire de la rétine
INSERM U-592

Inserm

Institut national
de la santé et de la recherche médicale

Dr Serge Picaud

Mr Philippe Roi

Paris, le 17 juillet 2003

Monsieur,

Avant notre rencontre, il ne m'était jamais venu à l'esprit que l'étude des mécanismes intimes de notre vision puisse un jour m'amener à travailler avec des archéologues. Cependant, les mosaïques d'Uruk m'ont séduit par leur beauté et par l'intelligence de leurs concepteurs. En effet, comme la nature réalisant le système visuel ou l'homme moderne produisant des images vidéo, les habitants d'Uruk avaient trouvé des solutions analogues pour résoudre le problème posé par la reproduction de l'image. Dans tous les cas, l'élément créateur de l'image est la transformation du décor en une mosaïque de points ou pixels, à l'exemple des tableaux des pointillistes ou des photographies composées de grains d'argent. Mais les habitants d'Uruk étaient allés bien plus loin. Ils avaient mis au point une méthode de compression de l'image ouvrant ainsi la voie à son codage comme c'est le cas pour la vidéo ou l'informatique. Le texte sur l'analogie entre la vision et les mosaïques d'Uruk devrait permettre à chacun d'apprécier ce degré de complexité atteint par les habitants d'Uruk dans le traitement de l'image. Ce travail montre que les hommes d'Uruk pourraient en quelque sorte prendre leur place parmi les inventeurs de la société de communication par l'image.

En vous remerciant très sincèrement pour m'avoir fait partager la primeur de ces découvertes archéologiques, je vous prie, Monsieur, d'agréer l'expression de mes sentiments les meilleurs.

Serge Picaud
Directeur de recherche INSERM

LPCMR
INSERM/ULP U-592
Bâtiment Kourilsky
184 rue du Faubourg Saint-Antoine
75571 PARIS Cedex 12
France
phone: (33) 1 49 28 46 09
picaud@st-antoine.inserm.fr

QUINZE-VINGTS
CENTRE HOSPITALIER NATIONAL D'OPHTALMOLOGIE

**Centre Hospitalier
National d'Ophtalmologie
des Quinze-Vingts**

28, rue de Charenton
75571 Paris Cedex 12

**Service d'ophtalmologie IV
Chef de service
Pr José-Alain SAHEL**

Praticiens hospitaliers
Dr Moïse Assaraf
Dr Pierre-Olivier Barale
Dr Michel Berche
Dr Nicole Ounnas
Dr Éric Tull

Assistants
Dr Sébastien Bonnel
Dr Karine Dayma-Loison
Dr Jean-François Girmens

Cadres supérieurs de santé
Agnès Berda
01 40 02 14 03
aberda@quinze-vingts.fr
Brigitte Nagelin
01 40 02 13 52

Cadre de santé
Marie-José Briand
01 40 02 14 21

Secrétariat
Gilda Amar
Lydia Corbin
Nelly Jacquot
01 40 02 14 04

Françoise Gorins
(recherches cliniques)
01 40 02 14 15

Centre de recherches cliniques
Dr Saddek Mohand-Saïd

Mr Tristan-Girard,

Paris, le 12 septembre 2003

Je soussigné, Pr José-Alain Sahel atteste avoir relu et amendé le texte concernant l'image écrit en collaboration par Mr Philippe Roi, Mr Tristan Girard et le Dr Serge Picaud. Ce texte décrit une analogie étonnante mais néanmoins justifiée entre les mécanismes de la vision et la structure des mosaïques de cônes de la cité d'Uruk. La connaissance du système visuel, ou tout au moins de l'importance du contraste coloré et de luminance traduit le haut niveau de développement de cette société. Ce niveau de développement avancé est bien mis en relief dans ce texte par la clarté de la synthèse présentée sur les étapes majeures du traitement de l'information visuelle dans la rétine. Enfin, si la signification de ces mosaïques simples et élaborées nous échappe, leur résurgence contemporaine ne peut que susciter notre admiration.

José-Alain Sahel .

UFR 03 - HISTOIRE DE L'ART
ET ARCHÉOLOGIE

3. RUE MICHELET
75006 PARIS
TEL : 01 53 73 71 11
FAX : 01 53 73 71 13

Je, soussigné, Jean-Daniel Forest, chercheur au CNRS, enseignant à Paris 1, atteste avoir relu, après avoir participé à sa rédaction, le texte de synthèse sur les inventions du 4e millénaire à Uruk. Le texte, tel qu'il est, me semble correspondre à ce que l'on sait, et j'adhère à la synthèse proposée.

Fait à Paris, le
11.12.2004

J.D. FOREST

Institut de Management Public

Monsieur Philippe ROI

ATTESTATION

Je soussigné, Claude Rochet, Professeur associé en sciences de gestion à l'Université d'Aix-Marseille III, Institut de Management Public, certifie avoir corrigé, relu et approuvé le texte « le raisonnement, l'analogie et la complexité » en ce qu'il paraît, après intégration de mes corrections, conforme à l'état de l'art de la recherche dans la discipline concernée.

Fait pour servir et valoir ce que de droit
Aix-en-Provence le 25 mars 2005

Claude Rochet

Institut de Management Public - Aix - 21, rue Gaston de Saporta - 13625 Aix-en-Provence Cedex 1
Tél. 04 42 17 05 50 - Fax 04 42 17 05 56 - Mel : iup.mp@univ.u-3mrs.fr
Institut de Management Public - Marseille - 110, boulevard de la Libération - 13004 Marseille
Tél. 04 91 36 56 90 - Fax 04 91 36 56 94

UFR
des
LETTRES
des
SCIENCES de l'HOMME
et des
SOCIÉTÉS

jeudi 17 février 2005

Marie-Dominique Gineste
Maître de Conférences HDR
Psychologie Cognitive
Spécialité : langage, analogie et cognition

Attestation d'expertise

Je, soussignée, Marie-Dominique Gineste, maître de conférences habilitée à diriger des recherches, confirme avoir pris connaissance du texte sur l'analogie par Philippe Roi. Après une première lecture, j'ai proposé quelques modifications et réécritures concernant notamment la description de l'analogie. Le texte remanié me convient tout à fait sur ce point.

Fait à Villetaneuse,

M.D. GINESTE

Université Paris 13 - UFR LSHS
99, avenue Jean-Baptiste Clément - F 93430 Villetaneuse
Téléphone + 33 (0)1 49 40 30 00 - Télécopie + 33 (0)1 49 40 37 06

PARIS 13

ESPCI

CENTRE NATIONAL
DE LA RECHERCHE
SCIENTIFIQUE

Ecole Supérieure de Physique et de Chimie Industrielles
Laboratoire de Neurobiologie et Diversité Cellulaire

Je soussignée, Tania Vitalis, chargée de recherche INSERM, travaillant dans l'unité mixte de recherche CNRS-UMR 7637, atteste avoir relu le texte sur le non-conscient. Après correction, ce texte m'apparaît satisfaisant et explicite. Ce texte regroupe de nombreux exemples bien connus qui ont orienté différents groupes de chercheurs à formuler de nouvelles hypothèses concernant le non-conscient.

Fait à Paris, le
07.02.2007

Dr Tania Vitalis

Dr Tania Vitalis, MDVet, PHD
CR1-INSERM
UMR 7637
Laboratoire de neurobiologie
E.S.P.C.I
10 rue Vauquelin,
75005 Paris

en Sorbonne, le 24 mai 2006

Mr Tristan Girard

Je soussigné Pierre Mounier-Kuhn, ingénieur CNRS à l'Université de Paris-Sorbonne, spécialiste de l'histoire de l'informatique, certifie avoir lu et approuvé, après quelques modifications, le texte établissant une filiation sur la longue durée entre le métier à tisser vertical et les machines modernes de traitement de l'information.

Association Française des Amateurs
d'Horlogerie Ancienne
Reconnue d'utilité publique

Joseph FLORES
5 rue des Essarts
F – 25130 VILLERS-LE-LAC

Tél. 03.81.68.05.66
Courriel : flores.joseph@libertysurf.fr

Attestation de relecture et modification d'un texte technique horloger

Je soussigné, Joseph Flores, horloger, historien, rédacteur et amateur d'horlogerie ancienne, agissant pour l'Association Française des Amateurs d'Horlogerie Ancienne (AFAHA) dont le siège se trouve à Besançon, atteste avoir pris connaissance du texte de MM. Philippe Roi et Tristan Girard sur la description du fonctionnement d'une horloge à foliot telle qu'elles étaient construites aux environs de XVème siècle.

Après avoir proposé quelques modifications, je confirme que la description faite me convient parfaitement.

Fait à Villers-le-Lac, le 12 janvier 2006

Institut des neurosciences de montpellier

Inserm U1051, Pathologies Sensorielles, Neuroplasticité et Thérapies

Dr Christian Chabbert
Chargé de Recherche CNRS
Physiopathologie et Thérapie des Déficits Vestibulaires
U1051 INSERM
Institut des Neurosciences de Montpellier   Montpellier, 14 Juin 2013

Ce présent travail d'étude des analogies qui existent entre l'horloge mécanique et la cellule ciliée de type 2 fait suite à une précédente analyse de celles existant entre le métier à tisser vertical utilisé par la société Mésopotamienne du quatrième millénaire avant notre ère et le fonctionnement du système vestibulaire.

La stratégie de recherche employée lors de la première étude réalisée sous la direction de Tristan Girard et Philippe Roi consistait à comparer pièce à pièce les éléments du métier à tisser vertical avec les éléments cellulaires du vestibule qui concourent à la mise en forme du message sensoriel vestibulaire, afin d'en faire ressortir les analogies morphologiques et fonctionnelles. Nous avons ainsi pu mettre en évidence des analogies frappantes entre ces deux systèmes que rien ne rapprochait de prime abord.

Lors de ce deuxième travail d'étude sous la direction de Tristan Girard et Philippe Roi, j'ai eu l'impression de ne plus travailler en aveugle. Il est clair, que l'assimilation du concept de Théorie Sensorielle, c'est-à-dire de la prise en compte de la projection inconsciente des facultés intrinsèques de l'hommes sur les objets qu'il est amené à concevoir, nous a permis d'identifier beaucoup plus vite les analogies entre les deux systèmes. Dans de nombreux cas elle nous a même guidé vers cette identification.

La mise en évidence grâce à la Théorie Sensorielle d'une horloge vestibulaire ouvre un champ d'investigation important qui devra être exploré sans délai par des recherches en laboratoire (implications physiologiques de cette horloge, rôle des voies efférentes, archivage des mouvements dans le temps au cours de la vie...). En attendant, force est de constater que la Théorie Sensorielle est un concept fondamental qui gouverne notre créativité. Il devient essentiel d'évaluer son implication dans les productions scientifiques et technologiques, dans la conception de notre système éducatif ainsi que dans les relations que l'homme entretient avec ses congénères et avec son environnement.

christian.chabbert@inserm.fr

80, rue Augustin Fliche, 34095 Montpellier cedex
Tel secrétariat : 00 33 (0)4 99 63 60 05 ; Fax : 00 33 (0)4 99 63 60 20
U1051@inserm.fr - www.inmfrance.com

Inserm

Institut national
de la santé et de la recherche
médicale

Unité de Recherche 583

*Physiopathologie et Thérapie
Des Déficits Sensoriels et Moteurs*

Directeur : Christian Hamel

Montpellier le 14 avril 2006

J'ai lu et amendé le texte sur la comparaison entre l'horloge à foliot et la cellule vestibulaire de type II. L'idée est de montrer qu'il existe de nombreux points de convergence entre le fonctionnement d'une horloge à foliot et le fonctionnement d'une cellule sacculaire de type II , toute deux soumises à une même force motrice, la *pesanteur*.

Il existe en effet certaines analogies entre le poids qui actionne une horloge et la membrane otoconiale, les oscillations de la roue de rencontre et celles de la touffe ciliaire, ou encore, le contrôle de la vitesse de la pendule par les régules et le contrôle de l'activité de la cellule par les fibres efférentes.

Les auteurs ont magnifiquement illustré leur thèse qui m'est apparue convaincante.

A.Sans
Pr. hon. de Neurobiologie Sensorielle
Université Montpellier II

UM1
UNIVERSITÉ MONTPELLIER I

UNIVERSITÉ MONTPELLIER II

Inserm : U 583
INM-Hôpital St Eloi
80, rue Augustin FLICHE
BP 74103
34091 MONTPELLIER Cedex 5
Tél : [+33] (0)499 63 60 69
Fax : [+33] (0)499 63 60 20
E-mail : alainsans@univ-montp2.fr

République française

BENEMÉRITA UNIVERSIDAD
AUTÓNOMA DE PUEBLA

INSTITUTO DE FISIOLOGÍA

L'horloge mécanique à foliot et l'appareil vestibulaire

par Philippe Roi, Tristan Girard et Christian Chabbert.

La force gravitationnelle varie dans une échelle très limitée et ses variations ne sont pas détectables par les systèmes biologiques. Elles n'influencent pas non plus la majeure partie des processus physiques en nature. Pour les systèmes biologiques, la force gravitationnelle apparaît comme l'une, voire la seule, des variables les plus constantes du monde. Elle est constante dans sa magnitude (1 g à la surface de la planète) et sa direction (le vecteur de cette force est toujours perpendiculaire au plan horizontal). D'autres formes d'énergie, ainsi que le vent, les ondes océaniques ou encore les odeurs, sont très variables, et, par conséquent, elles ne sont pas utiles en tant que signaux d'organisation. Le son peut varier un million de fois en quelques millisecondes. Au contraire, la constance de la force gravitationnelle est un élément qui contribue de manière significative à l'organisation structurelle des systèmes biologiques. Sa direction différencie le dessus du dessous, et les systèmes biologiques l'ont utilisée comme principe d'organisation. Déjà au début de l'évolution, les organes de détection de la force gravitationnelle permettaient aux organismes d'évaluer leur mouvement, vitesse et direction principale. La compréhension par l'homme que la force gravitationnelle serait utile, grâce à sa constance, pour actionner une machine apte à mesurer le temps, constitue une avancée importante dans le développement des instruments techniques.

Les analogies découvertes entre les nombreux mécanismes fonctionnels de l'appareil vestibulaire et l'horloge mécanique sont passionnantes. Au premier regard, l'analogie établie entre les fibres efférentes de l'appareil vestibulaire et les régules du foliot m'a laissé perplexe. Mais il est pourtant bien accepté par la théorie de commande qu'un signal de commande impose une règle qu'un système dynamique devrait suivre (les éléments régulateurs mesurent les variables qui permettent au système de suivre la règle). Ainsi, les régules du foliot introduisent exactement un paramètre de contrôl dans la fonction de l'horloge en en définissant la cadence, ainsi que les fibres efférentes acheminent des signaux de commande vers le vestibule.

14 Sur 6301 San Manuel Apartado Postal 406 Puebla,Pue. México C.P. 72001
Tels.: (01222) 2 44 16 57　2 44 88 11　2 29 55 00 Ext. 7300 Fax: (01222) 2 33 45 11

BENEMÉRITA UNIVERSIDAD
AUTÓNOMA DE PUEBLA   INSTITUTO DE FISIOLOGÍA

Une question très intéressante concerne les processus cognitifs impliqués dans les réalisations humaines, telles que l'horloge mécanique. Il n'y a pas de réponse qui dise si les facultés inhérentes à l'homme sont inconsciemment projetées dans les objets qu'il crée, ou si, du simple fait de l'évolution, la logique des processus naturels est en quelque sorte incorporée dans les réseaux neuraux du cerveau humain, d'où l'origine de la pensée logique. Ainsi, la coïncidence entre les processus naturels et les lois qui régissent les créations humaines est inévitable puisqu'ils ont la même origine.

L'utilisation d'analogies pour comprendre la fonction de l'appareil vestibulaire a contribué de manière significative à la connaissance de cette dernière. En 1931, Steinhausen élabora la première description mathématique de la fonction des canaux semi-circulaires basée sur l'analogie de ce système avec celui de la pendule de torsion. Nous sommes aujourd'hui sur le point de réaliser un certain nombre d'organes artificiels, y compris l'appareil vestibulaire. Des modèles de prothèse du vestibule sont en cours de réalisation dans de nombreux laboratoires. Ainsi, l'étude de systèmes mécaniques simples, tels que l'horloge à foliot, dont les fonctions sont les mêmes que celles recherchées dans les appareils de prothèse, contribuera significativement à notre capacité de développer des capteurs techniques stimulateurs des organes naturels.

Enrique Soto
Puebla, México
February, 2006
email: esoto@siu.buap.mx

14 Sur 6301 San Manuel Apartado Postal 406 Puebla,Pue. México C.P. 72001
Tels.: (01222) 2 44 16 57   2 44 88 11   2 29 55 00 Ext. 7300 Fax: (01222) 2 33 45 11

Paris, le 22/05/06

INSTITUT PASTEUR

Unité de Génétique
des Déficits Sensoriels
INSERM U587

Dr. Michel Leibovici
Chargé de Recherche au CNRS

J'ai été agréablement surpris à la lecture de ce texte car le développement de l'analogie porte sur deux systèmes assez élaborés et n'est donc pas intuitivement évidente. Il s'agit de l'horloge mécanique à foliot et de la cellule ciliée de type II de la macule sacculaire. Les auteurs mettent en évidence trois niveaux de comparaison qui concernent i) la transformation de la gravité en énergie à « l'entrée » de chacun des deux systèmes, ii) la régulation de la transduction de cette énergie en signal et iii) la modulation fine assurant la fiabilité du signal « en sortie » (vitesse de rotation de l'aiguille ou taux de libération de neurotransmetteurs). Ces trois points sont remarquablement exposés et illustrés renforçant à travers ce nouvel exemple la thèse de l'analogie sensorielle.

Michel Leibovici

25-28, Rue du Docteur Roux
75724 Paris Cedex 15
Téléphone: +33 (0)1 45 68 88 90 /50
Télécopie: +33 (0)1 45 67 69 78
(0)1 45 68 87 90

UMR. 8589 - **Laboratoire de Medievistique occidentale de Paris**
CNRS - UNIVERSITE DE PARIS 1 -PANTHÉON - SORBONNE
17 rue de la Sorbonne 75231 Paris Cedex 05 - tel/fax 33 (0)1 40 46 27 60

UNIVERSITÉ PARIS **1**
– PANTHÉON - SORBONNE –

**CENTRE DE RECHERCHES SUR L'HISTOIRE
DE L'OCCIDENT MÉDIÉVAL**

17, RUE DE LA SORBONNE
75231 PARIS CEDEX 05
TÉL. / FAX. : 33 (0)1 40 46 27 60

Je soussignée, Monique Bourin, atteste avoir lu et légèrement modifié le texte consacré à la charrue, rédigé par M. Roi. Malgré sa concision obligée, son texte explique avec justesse et efficacité ce que sont les caractéristiques cruciales de la charrue, la lenteur probable de sa mise au point, l'époque à laquelle il est sûr qu'elle a vraiment commencé à se répandre et l'intérêt de cet instrument de labour en comparaison des outils antérieurs. C'est une mise au point très utile dans ce domaine fondamental qu'est l'histoire des techniques.

Le 10 novembre 2004

Monique Bourin
Professeur d'histoire du moyen âge

VILLE DE
MEHUN
SUR YEVRE

Monsieur Philippe Roi

Mehun-sur-Yèvre, le 19 novembre 2004

N/réf. : Ph. B. (Sc. 702)
Objet : Attestation de relecture

Je soussigné, Philippe Bon, Attaché territorial de conservation du patrimoine, en charge des collections du musée Charles VII de Mehun-sur-Yèvre, Directeur des chantiers archéologiques des sites de Mehun-sur-Yèvre et plus particulièrement celui du château, certifie avoir lu le texte de M. Philippe Roi sur *les carreaux de pavement en France médiévale* et, moyennant quelques corrections minimes, l'avoir approuvé.

J'ai tenu à attirer l'attention sur le fait que ces carreaux ont participé à l'évolution et à la diffusion de certaines techniques de fabrication et qu'ils ont été des éléments d'ostentation, de prestige, voire des modèles.

Fait à Mehun-sur-Yèvre le, vendredi 19 novembre 2004, pour valoir et servir ce que de droit.

Philippe Bon,

MUSÉE CHARLES VII
Place Général Leclerc
18500 MEHUN sur YÈVRE

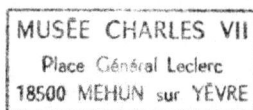

VILLE ET MÉTIERS D'ART

Université François-Rabelais, Tours
Centre National de la Recherche Scientifique

CENTRE D'ÉTUDES SUPÉRIEURES DE LA RENAISSANCE

Unité de Formation et de Recherche
Unité mixte de Recherche

Je, soussigné, Pierre AQUILON, maître de conférences retraité
de l'Université François-Rabelais de Tours, certifie avoir lu le texte
de Monsieur ROI consacré à l'invention de l'**imprimerie** et,
moyennant quelques corrections, en avoir approuvé le contenu.

Tours, le 2 décembre 2004

Pierre Aquilon

Centre Alexandre KOYRÉ

Histoire des Sciences et des Techniques
EHESS - CNRS (UMR 8560) - MNHN

Direction et Administration :
Muséum National d'Histoire Naturelle, Pavillon Chevreul
57 rue Cuvier, 75231 PARIS Cedex 05
Tél. : 33 01 43 36 70 69 - Fax 33 01 43 31 34 49

Secrétariat Scientifique et Chercheurs :
27 rue Damesme, 75013 PARIS
Tél. : 33 01 45 65 97 42 ou / 97 46
Fax : 33 01 45 81 16 47

Je, soussigné, Jean DHOMBRES, Directeur d'Etudes à l'Ecole des Hautes Etudes en Sciences Sociales, considère que le texte relatif à l'apport de François Viète représente en quelques phrases ce qu'il est le plus utile de dire sur l'invention de la méthode algébrique, une invention dont l'importance pratique peut se comparer à celle de la comptabilité en partie double.

Ce 18 décembre 2005

ICONEA

International Conference of Near Eastern Archaeomusicology

Institute of Musical Research
School of Advanced Study
University of London
Senate House
Malet Street
London WC1E 7HU

University of London

CERTIFICAT

Londres le 23 Août 2013

Cette lettre confirme que j'ai lu le texte de Monsieur Roi qui fait partie d'un article intitulé **'Une séquence française'**, au sujet des premières études physiques des sons par les Urukéens au 4e millénaire ainsi que leurs évolutions au 17e siècle à travers les travaux de Huygens et Hooke. Après quelques corrections mineures, j'ai le plaisir de certifier que l'hypothèse avancée me semble conforme dans la limite de nos connaissances actuelles.

Richard Dumbrill
Professor of Near and Middle Eastern Archaeomusicology
Founder-Director of ICONEA

CENTRE INTERNATIONAL D'ETUDE DES TEXTILES ANCIENS

Le 7 décembre 2004,

Je, soussignée Marie-Hélène Guelton, secrétaire générale technique du CIETA et spécialiste en analyse textile du Musée des Tissus de Lyon, certifie avoir relu avec intérêt et apporté quelques modifications au texte concernant la mécanisation du métier à tisser au XVIIIe siècle écrit par Philippe Roi.

Marie-Hélène Guelton

34, rue de la Charité - 69002 Lyon - France - Tél. 33 (0)4 78 38 42 10 - Fax 33 (0)4 72 40 25 12 - Email cieta@lyon.cci.fr

MINISTÈRE DES UNIVERSITÉS

ÉCOLE DES HAUTES ÉTUDES EN SCIENCES SOCIALES

**CENTRE PLURIDISCIPLINAIRE
DE LA VIEILLE CHARITÉ**

5, RUE DES CONVALESCENTS
13001 MARSEILLE

TÉLÉPHONE (91) 39.49.10

Je, soussigné Jean Cazenobe, ancien Directeur de recherche au CNRS, section Philosophie, Histoire des Sciences, certifie avoir rédigé pour Monsieur Tristan Girard un bref exposé sur les origines de la Télévision et ensuite avoir revu et corrigé ce texte modifié par Monsieur Girard qui reçoit ainsi mon approbation.

Fait à Avignon le 11 décembre 2003

BIBLIOGRAPHIE

Chapitre I

Orignes : Levant, Mésopotamie

Abay, E., 'The Neolithic Figurines from Ulucak Höyuk: Reconsideration of the Figurine Issue by Contextual Evidence. *Neo-lithics*. The Newsletter of Southwest Asian Neolithic Research. Vol 2/03. Published by Ex Oriente, The Free University Press (2003) pp. 16-22.

Abboud Jasim, S., 'Excavations at tell Abada a preliminary report.' *Iraq*. British school of archaeology in Iraq. Vol 45/2. Published by the British Institute for the Study of Iraq (1983) pp. 165-186.

Akkermans, P.M.M.G., 'Tradition and Social Change in Northern Mesopotamia during the Later Fifth and the Fourth Millennium B.C.' *Upon this Foundation – The Ubaid Reconsidered*. CNI Publications 10. Published by the Carsten Niebuhr Institute of Ancient Near Eastern Studies (1989) pp. 339-367.

Akkermans, P.M.M.G., 'New Radiocarbon Dates for the Later Neolithic of Northern Syria.' *Paléorient*. Vol 17/1. Éditions du CNRS (1991).

Akkermans, P.M.M.G., 'Tell Sabi Abyad, the Late Neolithic Settlement. Report on the University of Amsterdam (1991) and the National Museum of Antiquities (1991-1993).' *Syria*. Nederlands Historisch-Archaeologisch Instituut te (1996).

Akkermans, P.M.M.G., 'The Neolithic of the Balikh Valley, Northern Syria: a First Assessment.' *Paléorient*. Vol 15/1. Éditions du CNRS (1989).

Akkermans, P.M.M.G., 'Villages in the Steppe:Late Neolithic Settlement and Subsistence in the Balikh Valley, Northern Syria.' International Monographs in Prehistory. *Archaeological Series* 5. Published by International Monographs in Prehistory (1993).

Akkermans, P.M.M.G.; Cappers, R.; Cavallo, C.; Nieuwenhuyse, O.; Nilhamn, B.; Otte, I.N., 'Investigating the Early Pottery Neolithic of Northern Syria: New Evidence from Tell Sabi Abyad.' *American Journal of Archaeology*. Vol 110. Published by the Archaeological Institute of America (2006) pp. 123-156.

Akkermans, P.M.M.G.; Schwartz, G.M., 'Continuity and Change in the Late Sixth and Fifth Millennia BC.' *The Archaeology of Syria: From Complex Hunter-Gatherers to Early Urban Societies (c. 16,000-300 BC)*. Published by Cambridge University Press (2003) pp. 154-180.

Algaze, G., 'The Uruk Expansion: Cross-Cultural Exchange in Early Mesopotamian Civilization.' *Current Antropology*. Vol. 30. Published by the University of Chicago Press (1989) pp. 571-608.

Alizadeh, A., 'Administrative technology at Tall-e Bakun. The origins of State Organizations in Prehistoric Highland Fars, Southern Iran. Excavations at Tall-e Bakun.' *Oriental Institute Publications*. Vol. 128. Published by the Oriental Institute, University of Chicago (2006) pp. 83-88.

Alizadeh, A., 'Excavations at the prehistoric mound of Chogha Bonut, Khuzestan, Iran.' *Oriental Institute Publications*. Vol. 120. Published by the Oriental Institute, University of Chicago (2006).

Al-Kazar A., 'Tell Abu Qasim Excavation.' *Sumer*. Vol. 40. Published by the Governement of Iraq, Directorate General of Antiquities (1985) pp. 59-60.

Alley, R. et al., 'Abrupt Climate Change.' *Science*. Vol. 299. Published by AAAS (2003) pp. 2005-2010.

Amiet, P., *Glyptique Susienne. Des origines à l'époque des Perses Achéménides. Cachets, sceaux-cylindres et empreintes antiques découverts à Suse de 1913 à 1967*. Vol. 1/2. Éditions Geuthner (1972).

Amiet, P., *La Glyptique Mésopotamienne Archaïque*. Éditions du CNRS (1980).

Amiet, P., *L'Art Antique du Proche-Orient*. Éditions d'art Lucien Mazenod (1977).

Anati, E., 'Prehistoric Trade and the Puzzle of Jericho. *Bulletin of the American Scholls of Oriental Research - BASOR*. Vol. 167. Published by ASOR (1962) pp. 25-31.

Anderson-Gerfaud, P., 'Consideration of the Uses of Certain Backed and "lustred" Stone Tools from the Late Mesolithic and Natufian Levels of Abu Hureyra and Mureybet (Syria).' *Travaux de la Maison de l'Orient : Traces d'utilisation sur les outils néolithiques du Proche Orient*. Table ronde du CNRS tenue à Lyon du 8 au 10 juin 1982 (1983) pp. 77-105.

Aqrawi, A.A.M., 'Stratigraphic signatures of climatic change during the Holocene evolution of the Tigris-Euphrates delta, lower Mesopotamia.' *Global and Planetary Change*. Vol. 28. Published by Elsevier (2001) pp. 267-283.

Astruc, L.; Abbès, F.; Ibanes Estévez, J.; Gonzalez Urquijo, J., 'Dépôts, réserves et caches de matériel lithique taillé au Néolithique précéramique au Proche-Orient : quelle gestion de l'outillage ?' *Paléorient*. Vol. 29/1. Éditions du CNRS (2003) pp. 59-78.

Aurenche, O., 'L'Architecture mésopotamienne du 7ᵉ au 4ᵉ millénaire.' *Paléorient*. Vol. 7/2. Éditions du CNRS (1981) pp. 43-55.

Aurenche, O., 'Un exemple de l'architecture domestique en Syrie au VIIIᵉ millénaire : la maison XLVII de Tell Mureybet.' *Le Moyen Euphrate, Zone de contacts et d'échanges, Actes du Colloque de Strasbourg, 10-12 mars 1977*. Travaux du Centre de Recherche sur le Proche-Orient et la Grèce antiques (1980) pp. 35-53.

Aurenche, O., *La Maison Orientale. L'Architecture du Proche-Orient ancien des origines au milieu du 4ᵉ millénaire*. Éditions Geuthner (1981).

Aurenche, O., *Nomades et sédentaires. Perspectives ethnoarchéologiques*. Éditions Recherche sur les Civilisations (1984).

Aurenche, O.; Bazin, M.; Sadler, S., *Villages engloutis. Enquête ethnoarchéologique à Cafer Höyük (vallée de l'Euphrate)*. Éditions Maison de l'Orient méditerranéen. Diffusion de Boccard (1997).

Aurenche, O.; Desfarges, P., 'Travaux d'ethnoarchéologie en Syrie et en Jordanie. Rapports préliminaires.' *Syria*. Vol. 60/1. Éditions IFPO (1983) pp. 147-185.

Aurenche, O.; Galet, P.; Régagnon-Caroline, E.; Évin, J., 'Proto-Neolithic and Neolithic Cultures in the Middle East - The Birth of Agriculture, Livestock Raising, and Ceramics: A Calibrated ¹⁴C Chronology 12,500-5,500 cal BC.' *Radiocarbon*. Vol. 43. Published by the Department of Geosciences, University of Arizona (2001) pp. 1191-1202.

Aurenche, O.; Kozlowski, S., *La naissance du néolithique au Proche-Orient*. Éditions Errance (1999).

Baca, M.; Molak, M., 'Research on ancient DNA in the Near East.' *Bioarchaeology of the Near East.* Vol. 2. Published online on www.anthropology.uw.edu.pl (2008) pp. 39-61.

Balossi, F., 'New Data for the Definition of the DFBW Horizon and its Internal Developments. The Earliest Phases of the Amuq Sequence Revisited.' *Anatolica.* Vol. 30. Peeters Online Journals (2004) pp. 109-151.

Baltali, S., 'Culture Contact, Integration and Architectural Style: Archaeological Evidence from Northern Mesopotamia.' *Stanford journal of Archaeology.* Vol. 5. Published by the Stanford Archaeology Center (2006) pp. 1-17.

Banning, E. B.; Byrd, B.F., 'The Architecture of PPNB 'Ain Ghazal, Jordan'.' *Bulletin of the American Schools of Oriental Research - BASOR.* Vol. 255. Published by ASOR (1984) pp. 15-20.

Banning, E. B.; Rahimi, D.; Siggers, J., 'The Late Neolithic of the Southern Levant: hiatus, settlement shift or observer Bias ? The perspective from Wadi Ziqlab.' *Paléorient.* Vol. 20/2. Éditions du CNRS (1994) pp. 151-164.

Banning, E.B., 'The Neolithic Period. Triumphs of Architecture, Agriculture and Art.' *Near Eastern Archaeology.* Vol. 61/4. Published by ASOR (1998) pp. 188-237.

Banning, E.B., 'Time and Tradition in the Transition from Late Neolithic to Chalcolithic : Summary and Conclusions.' *Paléorient.* Vol. 33/1. Éditions du CNRS (2007) pp. 137-142.

Bartl, K., 'Zur Datierung der "altmonochromen" Ware von Tell Halaf.' *To the Euphrates and Beyond. Archaeological Studies in Honour of Maurits N. van Loon.* Published by A.A. Balkema (1989) pp. 257-274.

Bar-Yosef, O., 'The Natufian Culture in the Levant, Threshold to the Origins of Agriculture.' *Evolutionary Anthropology: Issues, News, and Reviews.* Vol. 6/5. Published by Wiley-Blackwell (1998) pp. 159-177.

Bar-Yosef, O.; Valla, F., 'The Natufian Culture in the Levant.' *Archaeological Series 1.* Published by International Monographs in Prehistory (1991).

Becker, A.; *Uruk. Kleinfunde I. Deutsches archälogisches Institut.* Verlag Philipp Von Zabern (1993).

Bellwood, P. ; Oxenham, M., 'The Expansions of Farming Societies and the Role of the Neolithic Demographic Transition.' *The Neolithic Demographic Transition and its Consequences.* J.-P. Bocquet-Appel, O. Bar-Yoseph (ed.) Published by Springer Science+Business (2008) pp. 13-34.

Bergier, J.-F., *Une histoire du sel.* Éditions Office du livre (1982).

Bernbeck, R., 'Migratory Patterns in Early Nomadism : A Reconsideration of Tepe Tula'i.' *Paléorient.* Vol. 18/1. Éditions du CNRS (1992) pp. 77-88.

Bodet, C., *L'apparition de l'élevage en Anatolie : un reflet de la structure économique et sociale du Néolithique d'Asie antérieure.* Thèse de doctorat, sous la direction de Jean-Daniel Forest, présentée à l'Université de la Sorbonne (2008).

Boserup, E., *Évolution agraire et pression démographique.* Éditions Flammarion (1970).

Bounni, A., 'La Djezireh syrienne pays aux mille Tells.' *Dossiers d'Archéologie.* N°155. Éditions Faton (1990) pp. 2-3.

Boyer, F., *Le monde nomade : du pastoralisme aux migrations temporaires. Regards géopolitiques sur les frontières.* Éditions L'Harmattan (2007) pp. 191-204.

Brenet, M.; Der Aprahamian, G.; Roux, J. C.; Stordeur, D., 'Les bâtiments communautaires de Jerf el Ahmar et Mureybet Horizon PPNA (Syrie).' *Paléorient.* Vol. 26/1. Éditions du CNRS (2000) pp. 29-44.

Breniquet, C., 'Figurines ophidiennes.' *Études Mésopotamiennes. Recueil de textes offert à Jean-Louis Huot.* Éditions Recherche sur les Civilisations (2001) pp. 45-55.

Breniquet, C., 'Tell es Sawwan, réalités et problèmes.' *Iraq.* Vol. 53. Published by the British Institute for the Study of Iraq (1991) pp. 75-90.

Breniquet, C., *La disparition de la culture de Halaf. Les origines de la culture d'Obeid dans le nord de la Mésopotamie.* Éditions Recherche sur les Civilisations (1996).

Budja, M., 'Early Neolithic pottery dispersals and demic diffusion in Southeastern Europe.' *Documenta Praehistorica.* XXXVI/7 . Published by the Department of Archaeology, Faculty of Arts, University of Ljubljana (2009) pp. 117-137.

Butterlin, P., 'A propos de Tepe Gawra, le monde proto-urbain de Mésopotamie.' *Subartu.* Vol. 23. Published by Brepols (2009).

Butterlin, P., *Les temps proto-urbains de Mésopotamie. Contacts et acculturation à l'époque d'Uruk au Moyen-Orient.* Éditions du CNRS (2003).

Campbell, S., 'The Halaf Culture Pottery from the 1983 Season.' *Excavations at Kharabeh Shattani.* Vol. 1. Department of Archaeology, Occasional Paper 14. University of Edinburgh (1986) pp. 37-62.

Casajus, D., 'La tente et le campement chez les Touaregs Kel Ferwan.' *Revue de l'Occident Musulman et de la Méditerranée.* N°32. Éditions Association pour l'Étude des Sciences Humaines en Afrique du Nord et au Proche-Orient (1981) pp. 53-70.

Cassin, E., *Le semblable et le différent. Symbolisme du pouvoir dans le Proche-Orient ancien.* Éditions La Découverte (1987).

Cauvin, J., 'Les fouilles de Mureybet (1971-1974) et leur signification pour les origines de la sédentarisation du Proche-Orient.' *Bulletin of American Schools of Oriental Research – BASOR.* Vol. 44. Published by ASOR (1977) pp. 19-48.

Cauvin, J., *Les premiers villages de Syrie-Palestine du XIe au VIIe millénaire.* Éditions Maison de l'Orient. Diffusion de Boccard (1978).

Cauvin, J., *Naissance des divinités - Naissance de l'agriculture. La révolution des symboles au Néolithique.* Éditions du CNRS (1997).

Cauvin, J., *The Birth of the Gods and the Origins of Agriculture.* Published by Cambridge University Press (2000).

Cauvin, M.-C., 'Les faucilles préhistoriques du Proche-Orient. Données morphologiques et fonctionnelles.' *Paléorient.* Vol. 9/9-1. Éditions du CNRS (1983) pp. 63-79.

Cauvin, M.-C., 'Tello et l'origine de la houe au Proche-Orient.' *Paléorient.* Vol. 5. Éditions du CNRS (1979) pp. 193-206.

Cauvin M.-C., 'L'obsidienne dans le Proche-Orient Préhistorique : État des recherches en 1996.' *Anatolica.* Vol. 22. Peeters Online Journals (1996) pp. 1-33.

Cavalli-Sforza, L.L.; Menozzi, P.; Piazza, A., *The History and Geography of Human Genes*. Published by Princeton University Press (1994).

Charles, M., 'Irrigation in lowland Mésopotamia.' *Bulletin on Sumerian agriculture*. Vol. 4. University of Cambridge, Sumerian Agriculture Group (1988) pp. 1-39.

Childe, V.G., *Man makes Himself*. Published by Watts and Co. (1936).

Chomsky, N., *La Fabrication du Consentement*. Éditions Agone (2009).

Chomsky, N., *Manufacturing Consent: The Political Economy of the Mass Media*. Published by Pantheon Books (1988).

Christensen, P., 'The decline of Iranshahr – irrigation and Environments in the history of the middle East, 500 B.C. to A.D. 1500.' *The Crisis of the Seven century; Environmental and Demographic disaster*. Museum Tusculanum Press: University of Copenhagen (1993) pp. 73-76.

Collon, D., *First Impression - Cylinder Seals in the Ancient Near East*. Published by University of Chicago Press/British Museum Publications (1987).

Collon, D., *Interpreting the Past - Near Eastern Seals*. Published by University of California Press, Berkeley/British Museum Publications (1990).

Connan, J., 'Use and trade of bitumen in antiquity and prehistory: molecular archaeology reveals secrets of past civilizations.' *Philosophical Transactions of the Royal Society B: Biological Sciences*. Vol. 354. The Royal Society Pubilshing (1999) pp. 33-50.

Cruells, W.; Nieuwenhuyse, O., 'The Proto-Halaf period in Syria. New sites, new data.' *Paléorient*. Vol. 30/1. Éditions du CNRS (2004) pp. 47-68.

Dardel, E., *L'homme et la terre. Nature de la réalité géographique*. Éditions du CTHS (1990).

Darwin, C., *La filiation de l'homme et la sélection liée au sexe*. Éditions Syllepse (1874).

De Morgan, J., *La Préhistoire Orientale. Tome 3. L'Asie Antérieure*. Éditions Paul Geuthner (1927).

Demangeot, J., *Les milieux naturels du globe*. Éditions Armand Colin (2009).

Dezuari, E., *La tente et ses transformations au seuil du relogement chez les Bédouins du Neguev. Les transformations de la maison des Bédouins du Neguev. Le cas de Tel Shéva, 1968-2002*. Thèse N°2864. EPFL (2003) pp. 107-110.

Diamond, J., *De l'inégalité parmi les sociétés*. Éditions Gallimard (1997).

Diel, P., *La peur et l'angoisse*. Éditions Payot & Rivages (2004).

Digard, J.-P., *Techniques des nomades Baxtyâri d'Iran*. Éditions de la Maison des Sciences de l'Homme (1981).

Doumet, C., *Sceaux et cylindres orientaux : la collection Chiha*. Éditions Universitaires de Fribourg (1992).

Doussinault, G. ; Pavoine, M-T. ; Jaudeau, B. ; Jahier, J., 'Évolution de la variabilité génétique chez le blé.' *Les Dossiers de l'environnement de l'INRA*. N°21. Éditions INRA (2001) pp. 91-93.

Duclos, J.-C. ; Mallen, M., 'Transhumance et biodiversité : du passé au présent.' *Revue de géographie alpine*. N°4. Éditions Association pour la Diffusion de la Recherche Alpine (1998) pp. 89-90.

Ducos, P., 'Archéozoologie quantitative. Les valeurs numériques immédiates à Çatal Hüyük.' *Cahiers du quaternaire*. N°12. Éditions du CNRS (1988).

Ducos, P., 'Proto-élevage et élevage au Levant sud au VIIe millénaire B.C. Les données de la Damascène.' *Paléorient*. Vol. 19/1. Éditions du CNRS (1993) pp. 153-173.

Dumont, L., *Homo hierarchicus. Le système des castes et ses implications*. Éditions Gallimard (1966).

Dumont, L., *Homo aequalis I. Genèse et épanouissement de l'idéologie économique*. Éditions Gallimard (1985).

Duru R.; De Cupere, B., 'Faunal remains from Neolithic Höyücek (SW-Turkey) and the presence of early domestic cattle in Anatolia.' *Paléorient*. Vol. 29/1. Éditions du CNRS (2003) pp. 107-120.

Enriquez, E., *De la horde à l'État*. Éditions Gallimard (1983).

Fairbanks, R.G., 'A 17,000-year glacio-eustatic sea level record: influence of glacial melting rates on the Younger Dryas event and deep-ocean circulation.' *Nature*. Vol. 342. Nature Publishing Group (1989) pp. 637-642.

Farchakh, J., 'Le massacre du patrimoine irakien. Une enquête au cœur du pillage.' *Archéologia*. N°402. Éditions Faton (2003) pp. 12-35.

Fonbaustier, L., *John Locke. Le droit avant l'État*. Éditions Michalon (2004).

Forest, J.-D., 'Aux Origines de l'Architecture Obeidienne : les plans de type Samarra.' *Akkadia*. Vol. 34. Éditions Fondation Assyriologique Georges Dossin (1983) pp. 1-47.

Forest, J.-D., 'Çatal Hüyük et son décor : pour le déchiffrement d'un code symbolique.' *Anatolia Antiqua Eski Anadolu II*. Éditions Maisonneuve (1993) pp. 1-42.

Forest, J.-D., 'La culture d'Obeid (7e et 5e millénaires).' *Clio :* www.*Clio.fr*. (2009).

Forest, J.-D., 'La Grande Architecture Obeidienne, sa forme et sa fonction.' *Préhistoire de la Mésopotamie*. Éditions du CNRS (1987) pp. 385-423.

Forest, J.-D., 'La Mésopotamie au 5e et 4e millénaires.' *Archéo-Nil*. N°14. Éditions Cybèle (2004).

Forest, J.-D., 'L'architecture obeidienne et le problème de l'étage.' *Préhistoire de la Mésopotamie*. Éditions du CNRS (1987) pp. 437-445.

Forest, J.-D., 'Le rôle de l'irrigation dans la dynamique évolutive en Mésopotamie.' *Archéo-Nil*. N°5. Éditions Cybèle (1995) pp. 67-77.

Forest, J.-D., 'Le système de mesures de longueur obeidien, sa mise en France, sa signification.' *Paléorient*. Vol. 17/2. Éditions du CNRS (1991) pp. 161-172.

Forest, J.-D., 'L'Expansion Urukéenne : Notes d'un Voyageur.' *Paléorient*. Vol. 25/1. Éditions du CNRS (2000) pp. 141-149.

Forest, J.-D., 'Oueili et les Origines de l'Architecture Obeidienne.' *Oueili Travaux de 1987 et 1989 sous la direction de Jean-Louis Huot*. Éditions Recherche sur les Civilisations (1996) pp. 141-147.

Forest, J.-D., *Mésopotamie. L'apparition de l'Etat VIIe-IIIe millénaires*. Éditions Paris-Méditerranée (1996).

Frankfort, H., *Stratified cylinder seals from the Diyala region*. University of Chicago press (1955).

Galili, E., 'The submerged Pre-Pottery Neolithic water well of Atlit-Yam, northern Israel, and its palaeoenvironnemental implications.' *The Holocene*. Vol. 3/3. Published by SAGE (1993) pp. 265-270.

Garelli, P. ; Durand, J-M. ; Gonnet, H. ; Breniquet, C., *Le Proche-Orient asiatique. Des origines aux invasions des peuples de la mer*. Éditions Presses Universitaires de France (1997).

Garfinkel, Y., 'Yiftahel: A Neolithic Village from the Seventh Millennium BC in Lower Galilee, Israel.' *Journal of Field Archaeology*. Vol. 14. Maney Publishing (1987) pp. 199-212.

Gast, M. ; Sigaut, F., *Les techniques de conservation des grains à long terme*. Tome 2. Éditions du CNRS (1981).

Gate, P., *Ecophysiologie du blé*. Éditions Lavoisier (1995).

Gentelle, P., *Traces d'eau. Un géographe chez les archéologues*. Éditions Belin (2003).

Geyer, B., *Techniques et pratiques hydro-agricoles traditionnelles en domaine irrigué. Approche pluridisciplinaire des modes de culture avant la motorisation en Syrie*. Actes du colloque de Damas du 27 juin au 1er juillet 1987. Éditions Geuthner (1990).

Guilaine, J., *Communautés villageoises du Proche-Orient à l'Atlantique*. Séminaire du Collège de France. Éditions Errance (2001).

Guilaine, J., *Premiers paysans du monde. Naissances des agricultures*. Séminaire du Collège de France. Éditions Errance (2000).

Hamès, C., 'De la chefferie tribale à la dynastie Étatique.' *Al ansâb, la quête des origines. Enquête anthropologique de la société tribale arabe*. Éditions de la Maison des sciences de l'homme (1991) pp. 101-137.

Helbaek, H., 'Samarran Irrigation Agriculture at Choga Mami.' *Iraq*. Vol. 24 Published by the British Institute for the Study of Iraq (1972) pp. 35-48.

Helmer, D. ; Gourichon, L. ; Stordeur, D., 'À l'aube de la domestication animale.' *Anthropozoologica*. Vol. 39/1. Publications Scientifiques du Muséum National d'Histoire Naturelle (2004) pp. 143-163.

Helmer, D.; Gourichon, L.; Vila, E., 'The development of the exploitation of products from Capra and Ovis (meat, milk and fleece) from the PPNB to the Early Bronze in the northern Near East (8700 to 2000 BC cal.).' *Anthropozoologica*. Vol. 42/2. Publications Scientifiques du Muséum National d'Histoire Naturelle (2007) pp. 41-69.

Henrickson, E F.; Thuesen, I., *Upon this foundation. The Ubaid reconsidered, Proceedings from the Ubaid symposium Elsinore may 30th-june 1st 1988*. Published and distributed by Museum Tusculanum Press (1989).

Hole, F., 'Irrigation. Studies in the Archeological History of the Deh Luran Plain. The Excavation of Chagha Sefid.' *Memoirs of the Museum of Antropology*. Vol. 9. University of Michigan (1977) pp. 10-37.

Hole, F., *Studies in the archeological history of the Deh Luran plain. The excavation of Chagha Sefid*. Published by the Museum of Anthropology, University of Michigan (1977).

Hole, F., 'Symbols of Religion and Social Organization at Susa.' *The Hilly Flanks and Beyond : Essays on the Prehistory of Southwestern Asia*. T.C. Young,

P.E.L. Smith and P. Mortenson (ed.) Published by the Oriental Institute of Chicago (1983) pp. 315-333.

Homès-Fredericq, D., 'Les Cachets Mésopotamiens Protohistoriques.' Éditions Brill (1970).

Horwitz, L.K.; Goring-Morris, N., 'Animals and ritual during the Levantine PPNB: a case study from the site of Kfar Hahoresh, Israel.' *Anthropozoologica*. Vol. 39/1. Publications Scientifiques du Muséum National d'Histoire Naturelle (2004) pp. 165-178.

Hours, F. ; Aurenche, O. ; Cauvin, J., *Atlas des sites du Proche-Orient (14000-5700 BP). [Données non corrigées].* Édité par la Maison de l'Orient Méditerranéen, Lyon. Diffusé par de Boccard (1994).

Hrouda, B., *L'Orient ancien. Histoires et civilisations.* Éditions Bordas (1991).

Huot, J.-L., 'Des villes existent-elles en Orient à l'époque Néolithique ?' *Annales.* N° 4. EHESS. Éditions Armand Colin (1970) pp. 1091-1101.

Huot, J.-L., 'Ubaid villages of lower Mesopotamia - Permanence and Evolution from 'Ubaid 0 to 'Ubaid 4 as seen from Tell el'Oueili.' *Upon this Foundation – The 'Ubaid reconsidered.* Elizabeth F., Henrickson and Ingolf Thuesen (éd.) Published by Museum Tusculanum Press (1989) pp. 19-42.

Huot, J.-L., 'Vers l'apparition de l'État en Mésopotamie. Bilan des recherches récentes.' *Annales.* N° 5. EHESS. Éditions Armand Colin (2005) pp. 953-973.

Huot, J.-L., *Les premiers villageois de Mésopotamie. Du village à la ville.* Éditions Armand Colin (1994).

Huot, J.-L., *Oueili. Travaux de 1987 et 1989.* Éditions Recherche sur les Civilisations (1996).

Huot, J.-L., *Une archéologie des peuples du Proche-Orient. Tome 1. Des premiers villageois aux peuples des cités États.* Éditions Errance (2004).

Issar, A.S., 'Climate Changes during the holocene in the Levant.' *Climate changes during the Holocene and their impact on Hydrological systems.* Cambridge University Press (2003) pp. 6-11.

Issar, A S.; Zohar, M., *Climate Change – Environment and Civisilization in the Middle East.* Springer Publishers (2004).

Joannès, F., *Dictionnaire de la civilisation Mésopotamienne.* Éditions Robert Laffont (2001).

Kamada, H.; Ohtsu, T. , 'Fourth Report on the Excavations at Tell Songor A: Samarra Period.' *Al-Rafidan.* Vol. 16. Published by Kokushikan University, institute for Cultural Studies of Ancient Iraq (1995) pp. 275-334.

Kamada, H.; Ohtsu, T., 'Second report on the excavations at songor a ubaid graves.' *Al-Rafidan.* Vol. 12. Published by Kokushikan University, institute for Cultural Studies of Ancient Iraq (1991) pp. 221-238.

Kennett, D.J.; Kennett, J.P., 'Early State Formation in Southern Mesopotamia: Sea Levels, Shorelines, and Climate Change.' *Journal of Island & Coastal Archaeology.* Vol. 1. Published by Routledge (2006) pp. 67-99.

Kennett, D.J.; Kennett, J.P., 'Influence of Holocene marine transgression and climate change on cultural evolution in southern Mesopotamia.' *Climate Change and Cultural Dynamics: A Global Perspective on Mid-Holocene Transitions.* David G. Anderson, Kirk A. Maasch and Daniel H. Sandweiss (ed.) Elsevier (2007) pp. 229-264.

Kenyon, K.M., 'Some Observations on the Beginnings of Settlement in the Near East.' *The Journal of the Royal Anthropological Institute of Great Britain and Ireland.* Vol. 89/1. Published by the Royal Anthropological Institute (1959) pp. 35-43.

Kislev, M.E., 'Emergence of Wheat Agriculture.' *Paléorient.* Vol. 1/2. Éditions du CNRS (1984) pp. 61-70.

Kropotkine, P., *L'entraide, un facteur d'évolution.* Éditions Écosociété (2001).

Kuijta, I.; Finlaysonb,B.; 'Evidence for food storage and predomestication granaries 11,000 years ago in the Jordan Valley.' *Proceedings of the National Academy of Sciences.* Vol. 106/127. Published by the National Academy of Sciences of the United States of America (2009) pp. 10966-10970.

Laborit, H., *L'agressivité détournée.* Éditions UGE (1970).

Laborit, H., *L'homme et la ville.* Éditions Flammarion (1994).

Larsen, M. T., 'Seal Use in the Old Assyrian Period.' *Seals and Sealing in the Ancient Near East.* Bibliotheca Mesopotamica (1977) pp. 89-106.

Lawler, A., 'Murder in Mésopotamia ?' *Science.* Vol. 317. Published by AAAS (2007) pp. 1164-1165.

Leroi-Gourhan, A., *Le geste et la parole. Technique et langage.* Éditions Albin Michel (1964).

Leroi-Gourhan, A., *L'homme et la matière.* Éditions Albin Michel (1971).

Leroi-Gourhan, A., *Milieu et technique.* Éditions Albin Michel (1973).

Lévi-Strauss, C., *Les structures élémentaires de la parenté.* Éditions Mouton (1981).

Lévi-Strauss, C., *L'identité.* Éditions Presses Universitaires de France (1983).

Lindemeyer, E.; Martin, L., *Uruk. Kleinfunde III.* Deutsches archälogisches Institut. Verlag Philipp Von Zabern (1993).

Liverani, M., *Uruk, the first City.* Published by Equinox (2006).

Madjarian, G., *L'invention de la propriété. De la terre sacrée à la société marchande.* Éditions L'Harmattan (1991).

Maffesoli, M., *Du nomadisme.* Éditions la Table Ronde (2006).

Maisels, C.K., *The emergence of civilization. From hunting and gathering to agriculture, cities and the state in the Near East.* Routledge Publishers (1990).

Maisels, C.K., *The Near East. Archaeology in the Cradle of Civilization.* Published by Routledge (1993).

Margueron, J.-C., 'Notes d'archéologie et d'architecture orientales.' *Syria.* Vol. 60/1-2. Éditions IFPO (1983) pp. 1-24.

Margueron, J.-C., *Les Mésopotamiens.* Éditions Picard (2003).

Margueron, J.-C.; Pfirsch, L., *Le Proche-Orient et l'Egypte antiques.* Éditions Hachette (2001).

Mazoyer, M.; Roudart, L., *Histoire des agricultures du monde. Du néolithique à la crise contemporaine.* Édition revue et corrigée. Éditions du Seuil (1998).

Mellaart, J., *Çatal Hüyük - Une des premières cités du monde.* Éditions Tallandier (1971).

Meyer, P., *L'homme et le sel.* Éditions Fayard (1982).

Mill, J.S., *L'asservissement des femmes.* Éditions Payot (2005).

Miller, N., 'The Macrobotanical Evidence for Vegetation in the Near East, c. 18 000/16 000 BC to 4 000 BC.' *Paléorient*. Vol. 23/2. Éditions du CNRS (1998) pp. 197-207.

Moorey, R., *Ancient Mésopotamian materials and industries. The archaeological evidence*. Published by Oxford University Press (1999).

Morgan, J.; *La Préhistoire Orientale. Tome III, l'Asie antérieure*. Éditions Geuthner (1927).

Morley, I.; Renfrew, C., *The archaeology of measurement. Comprehending Heaven, Earth and Time in Ancient Societies*. Cambridge University Press (2010).

Mottier, Y.; Stucky, R., *Trésors du musée de Bagdad. 7000 ans d'histoire Mésopotamienne*. Catalogue de l'exposition au Musée d'art et d'histoire de Genève du 10 décembre 1977 au 12 février 1978. Éditions Verlag Philipp von Zabern (1977).

Müller, V., *En Syrie avec les Bédouins. Les tribus du désert*. Éditions Ernest Leroux (1931).

Nemet-Nejat, K. R., *Daily life in ancient Mesopotamia*. Greenwood Press (1998).

Nicholas, I. M., 'The Function of Bevelled-Rim Bowls : A Case Study at the TUV Mound, Tal-e Malyan, Iran.' *Paléorient*. Vol. 13/2. Éditions du CNRS (1987) pp. 61-72.

Nissen, H. J., *The early history of the ancient Near East 9000-2000 B.C.* University of Chicago Press (1988).

Oates, J., 'A radiocarbon date from Choga Mami.' *Iraq*. Vol. 34/1. Published by the British Institute for the Study of Iraq (1972) pp. 49-53.

Oates, J., 'Choga Mami, 1967-68: A Preliminary Report.' *Iraq*. Vol. 31/2. Published by the British Institute for the Study of Iraq (1969) pp. 115-152.

Oppenheim, L., *Ancient Mesopotamia. Portrait of a dead civilization*. University of Chicago Press (1964).

Oppenheim, L., *La Mésopotamie. Portrait d'une Civilisation*. Éditions Gallimard (1970).

Ourisson, G.; Connan, J., 'De la géochimie pétrolière à l'étude des bitumes anciens : l'archéologie moléculaire.' *Comptes-rendus des séances de l'Académie des inscriptions et belles-lettres*. Volume 137/4. Éditions De Boccard (1993) pp. 901-921.

Ozbal, H.; Adriaens, A.; Earl, B., 'Hacinebi Metal Production and Exchange.' *Paléorient*. Vol. 25/1. Éditions du CNRS (2000) pp. 57-65.

Paquot, T.; Lussault, M.; Younès, C., *Habiter, le propre de l'humain. Villes, territoires et philosophie*. Éditions La Découverte (2007).

Parker, B.J.; Dodd,L.; Creekmore,A.; Healey, E.; Painter, C., 'The Upper Tigris Archaeological Research Project. A Preliminary Report from the 2003 and 2004 Field Seasons at Kenan Tepe.' *Anatolica*. Vol. 32. Peeters Online Journals (2006) pp. 71-151.

Parrot, A., *Archéologie Mésopotamienne. Les étapes*. Éditions Albin Michel (1946).

Peasnall, B.; Rothman, M.S., 'Societal Evolution of Small, Pre-state Centers and Polities : the example of Tepe Gawra in Northern Mesopotamia.' *Paléorient*. Vol. 25/1. Éditions CNRS (1999) pp. 101-114.

Perrot, J., 'Aux origines de la civilisation orientale.' *Bulletin du Centre de Recherche Français de Jérusalem*. Vol. 12. Centre de Recherche français à Jérusalem – CRFJ (2003) pp. 9-22.

Perrot, J., 'Réflexions sur l'état des recherches concernant la préhistoire récente du Proche-Orient et du Moyen-Orient.' *Paléorient*. Vol. 26/1. Éditions du CNRS (2001) pp. 5-28.

Pétrequin, P., *Gens de l'eau, Gens de la terre : Ethno-archéologie des communautés lacustres*. Éditions Hachette (1984).

Pétrequin, P.; Arbogast, R.-M., *Premiers chariots, premiers araires. La diffusion de la traction animale en Europe pendant les IVe et IIIe millénaires avant notre ère*. Monographies du CRA n° 29. Éditions du CNRS (2006).

Piel-Desruisseaux, J.-L., *Outils Préhistoriques. Du galet taillé au bistouri d'obsidienne*. Éditions Dunot (2007).

Pollock, S., *Ancient Mésopotamia*. Cambridge University Press (1999).

Porter, A., *Mobile Pastoralism and the Formation of Near Eastern Civilizations: Weaving Together Society*. Cambridge University Press (2012).

Pournelle, J., 'The Littoral Foundations of the Uruk State : using Satellite Photography toward a new Understanding of the 5th/4th millenium BCE Landscapes in the Warka Area, Iraq.' *Chalcolithic and Early Bronze Hydrostrategies*. Published by Archaeo-Press-BAR (2003) pp. 5-23.

Roffelson, G.O., 'Ain Ghazal (Jordan): Ritual and Ceremony III.' *Paléorient*. Vol. 24. Éditions du CNRS (1998) pp. 43-58.

Rollefson, G. O., 'Neolithic 'Ain Ghazal (Jordan) : Ritual and Ceremony, II.' *Paléorient*. Vol. 12/1. Éditions du CNRS (1986) pp. 45-52.

Rollefson, G. O., 'Ritual and Ceremony at Neolithic Ain Ghazal (Jordan).' *Paléorient*. Vol. 9/2. Éditions du CNRS (1983) pp. 29-38.

Rollefson, G. O., 'Ain Ghazal (Jordan) : Ritual and Ceremony, III.' *Paléorient*. Vol. 24/1. Éditions du CNRS (1998) pp. 43-58.

Rollefson, G. O.; Köhler-Rollefson, I., 'Early Neolithic Exploitation Patterns in the Levant: Cultural Impact on the Environment.' *Population and Environment: A Journal of Interdisciplinary Studies*. Vol. 13/4. Human Sciences Press (1992) pp. 243-254.

Rothman, M.S., *Tepe Gawra : the evolution of a small prehistoric center in northern Iraq*. Published by the University of Pennsylvania (2002).

Sanlaville, P., 'Considérations sur l'évolution de la basse Mésopotamie au cours des derniers millénaires.' *Paléorient*. Vol. 15/2. Éditions du CNRS (1989) pp. 5-27.

Sanlaville, P.; Dalongeville, R., 'L'évolution des espaces littoraux du Golfe Persique et du Golfe d'Oman depuis la phase finale de la transgression post-glaciaire.' *Paléorient*. Vol. 31/1. Éditions du CNRS (2005) pp. 9-26.

Schmidt, J., 'Tell Mismar, Un site préhistorique dans le sud de l'Iraq'. *Baghdader Mitteilungen Berlin*. 9. Published by Verlag Philipp von Zabern (1978) pp. 10-17.

Schwartz, M.; Hollander, D.; Stein, G. 'Reconstructing Mesopotamian Exchange Networks in the 4th Millennium BC : Geochemical and Archaeological Analyses of Bitumen Artifacts from Hacinebi Tepe, Turkey.' *Paléorient*. Vol. 25/1. Éditions du CNRS (1999) pp. 67-82.

Semino, O.; Magri, C.; Benuzzi, G.; Lin, A.A.; Al-Zahery, N.; Battaglia, V.;
    Maccioni, L.; Triantaphyllidis, C.; Shen, P.; Oefner, P.J.; Zhivitovsky, L.A.;
    King, R.; Torroni, A.; Cavalli-Sforza, L.L.; Underhill, P.A.; Santachiara-
    Benerecetti, S., 'Origin, Diffusion, and Differentiation of Y-Chromosome
    Haplogroups E and J: Inferences on the Neolithization of Europe and Later
    Migratory Events in the Mediterranean Area.' *The American Journal of Human
    Genetics*. Vol. 74/5. Published by the Amercian Society of Human Genetics
    (2004) pp. 1023-1034.
Simmons, A.H., *The Neolithic Revolution in the Near East. Transforming the
    Human Landscape*. University of Arizona Press (2007).
Soltysiak, A., 'Physical anthropology and the "Sumerian problem".' *Studies in
    Historical Anthropology*. Vol. 4. University of Warsaw (2004) pp. 145-158.
Soltysiak, A., 'Short Fieldwork Report: Tell Ashara (Syria), seasons 1999-2007.'
    Bioarchaeology of the Near East. Vol. 2. Published online on
    www.anthropology.uw.edu.pl (2008) pp. 63-66.
Soltysiak, A., 'Short Fieldwork Report: Tell Barri (Syria), seasons 1980-2006.'
    Bioarchaeology of the Near East. Vol. 2. Published online on
    www.anthropology.uw.edu.pl (2008) pp. 67-71.
Soltysiak, A., 'Short Fieldwork Report: Tell Majnuna (Syria), seasons 2006.
    Bioarchaeology of the Near East. Vol. 2. Published online on
    www.anthropology.uw.edu.pl (2008) pp. 77-94.
Stein, G., 'Economy, Ritual, and Power in Ubaid Mesopotamia.' *Chiefdoms and
    Early States in the Near East: The Organizational Dynamics of Complexity*.
    Monographs in World Prehistory 18. G. Stein and M. Rothman (ed.) Published
    by Prehistory Press (1994) pp. 35-46.
Stein, G. J., 'Material Culture and Social Identity : the Evidence for a 4th
    Millennium BC Mesopotamian Uruk Colony at Hacinebi, Turkey.' *Paléorient*.
    Vol. 25/1. Éditions du CNRS (1999) pp. 11-22.
Stein, G. J.; Hollander, D.; Schwart., 'Reconstructing Mesopotamian Exchange
    Networks in the 4th Millennium BC : Geochemical and Archaeological
    Analyses of Bitumen Artifacts from Hacinebi Tepe, Turkey.' *Paléorient*. Vol.
    25/1. Éditions du CNRS (1999) pp. 67-82.
Steinkeller, P., 'On Rulers, Priests and Sacred Marriage : Tracing the Evolution of
    Early Sumerian Kingship.' *Priests and Officials in the Ancient Near East*. K.
    Watanabe (éd.) Published by Heidelberg (1999) pp. 103-137.
Stordeur, D., 'Des crânes surmodelés à Tell Aswad de Damascène (PPNB - Syrie).'
    Paléorient. Vol. 29/2. Éditions du CNRS (2003) pp. 109-115.
Stordeur, D., 'El Kowm 2 Caracol et le PPNB.' *Paléorient*. Vol. 15/1. Éditions du
    CNRS (1989) pp. 102-110.
Stordeur, D., 'Sédentaires et nomades du PPNB final dans le désert de Palmyre
    (Syrie).' *Paléorient*. Vol. 19/1. Éditions du CNRS (1993) pp. 187-204.
Stordeur, D.; Khawam, R., 'Les Crânes Surmodelés de Tell Aswad (PPNB, Syrie).
    Premier regard sur l'ensemble, Premieres réflexions.' *Syria* 84. Éditions IFPO
    (2007) pp. 5-32.
Strommenger, E., *Habuba Kabira – Eine Stadt vor 5000 Jahren*. Verlag Philipp
    von Zabern (1980).

Strommenger, E.; Hirmer, M., *Cinq millénaires d'art mésopotamien*. Éditions Flammarion (1964).

Tanno, K. ; Willcox, G., 'How Fast Was Wild Wheat Domesticated?' *Science*. Vol. 311/5769. Published by AAAS (2006) p. 1886.

Valla, F.R., 'Le Natoufien - Une culture préhistorique en Palestine.' *Cahiers de la revue biblique*. N° 15. Éditions Gabalda (1975).

Valla, F.R., *L'homme et l'habitat. L'invention de la maison durant la Préhistoire*. Éditions du CNRS (2008).

Vallet, F.R., 'Habuba Kébira ou la Naissance de l'Urbanisme.' *Paléorient*. Vol. 22/2. Éditions du CNRS (1997) pp. 45-76.

Vallet, F.R., 'Habuba Kébira sud, approche morphologique de l'habitat. La maison dans la Syrie antique du IIIe millénaire aux débuts de l'islam. Pratiques et représentations de l'espace domestique.' *Actes du colloque international de Damas des 27 au 30 juin 1992*. Éditions IFPO (1997) pp. 105-119.

van Ess M., 'Eine Elfenbeinschale aus Uruk.' *Beiträge zur Kulturgeschichte Vorderasiens, Festschrift für Rainer Michael Boehmer*. U. Finkbeiner, R. Dittmann, H. Hauptmann (ed.) (1995) pp. 135-138.

van Ess, M., '1912/13: Uruk (Warka) - Die Stadt des Gilgamesch und der Ischtar.' *Zwischen Euphrat und Nil. 100 Jahre Ausgrabungen der Deutschen Orient-Gesellschaft in Vorderasien und Ägypten*. G. Wilhelm (ed.) (1998) pp. 32-41.

van Ess, M., 'Magnetic prospection of Uruk (Warka) Iraq.' *Dossiers d'Archéologie*. N°308. *La Prospection Géophysique*. Éditions Faton (2005) pp. 20-25.

van Ess, M., 'Uruk - Die Wiege der Kultur.' *Archäologische Entdeckungen. Die Forschungen des Deutschen Archäologischen Instituts im 20. Jahrhundert* (1999) pp. 156-161.

van Ess, M.; 'Uruk, la moderna Warka.' *Iraq prima e dopo la guerra. I siti archeologici*. P. Bianco (ed.) (2004) pp. 65-68.

van Ess, M. Pedde, F., *Uruk. Kleinfunde II*. Deutsches Archälogisches Institut. Verlag Philipp Von Zabern (1992).

Vigne, J.-D.; Buittenhuis.; Davis, S. 'Les premiers pas de la domestication animale à l'ouest de l'euphrate : Chypre et l'anatolie Centrale.' *Paléorient*. Éditions du CNRS. Vol. 25/2 (1999) pp. 49-62.

Vigne, J.-D.; Dollfus, G.; Peters, J., 'Les Débuts de l'Élevage au Proche-Orient : Données nouvelles et Réflexions.' *Paléorient*. Éditions du CNRS. Vol. 25/2 (1999) pp. 5-8.

Vila, E., 'L'exploitation des animaux en Mésopotamie aux IVe et IIIe millénaires avant notre ère.' *Monographies du CRA*. N°21. Éditions du CNRS (1998).

Viollet, P.-L., 'L'hydraulique dans les civilisations anciennes. 5000 ans d'histoire.' Éditions Presses de l'École Nationale des Ponts et Chaussées (2004).

Watrin, L., 'From intellectual acquisitions to political change : Egypt-Mesopotamia interaction in the fourth millenium BC.' *De Kêmi à Birit Nari, revue internationale de l'Orient Ancien*. Vol. 2. Éditions Geuthner (2004) pp. 49-94.

Weiss, E.; Kislev, M.E.; Hartmann, A., 'Autonomous Cultivation Before Domestication.' *Science*. Vol. 312. Published by AAAS (2006) pp. 1608-1610.

Westaway, M.; Sayej, G.; Meadows, J.; Edwards, P.C., 'From the PPNA to the PPNB : new views from the Southern Levant after excavations at Zahrat adh-Dhra' 2 in Jordan.' *Paléorient*. Vol. 30/2. Éditions du CNRS (2004) pp. 21-60.

Wilkinson, T.J., 'On the Margin of the Euphrates. Settlement and Land use at Tell es-Sweyhat and in the Upper Lake Assad Aera, Syria. Excavations at Tell es-Sweyhat.' *Syria*. Vol. 1. Éditions IFPO (2004) pp. 1-276.

Woolley, C.L., *Ur Excavations - The Royal Cemetery. Volume II*. Published for the Trustees of the two Museums by the Aid of a Grant from the Carnegie Corporation of New York (1934).

Youkana, D-G., *Tell es-Sawwan, the architecture of the sixth millenium B.C.* Published by Nabu (1997).

Zohary, D., 'Unconscious Selection and the Evolution of domesticated Plants.' *Economic Botany*. Vol. 58/1. Published by The New York Botanical Garden Press (2004) pp. 5-10.

Zohary, D.; Tchernov, E.; Kolska Horwitz, L., 'The role of unconscious selection in the domestication of sheep and goats.' *Journal of Zoology*. Vol. 245. Published by The Zoological Society of London (1998) pp. 129-135.

Chapitre II

L'Araire

Anderson, P.C., 'La tracéologie comme révélateur des débuts de l'agriculture.' J. Guilaine (ed.) *Premiers paysans du monde – Naissances des agricultures*. Éditions Errance (2000) pp. 99-122.

Astill, G.; Langdon, J., 'Ploughing, Harrowing and Hauling.' *Medieval Farming and Technology: The Impact of Agricultural Change in Northwest Europe. Technology and Change in History*. Published by Brill (1997) pp. 126-134.

Barker, G., 'Prehistoric Farming in Europe.' *New Studies in Archaeology*. Cambridge University Press (1985).

Bogaard, A., 'Extensive ard cultivation in the later Neolithic.' *Neolithic Farming in Central Europe: An Archaeobotanical Study of Crop Husbandry Practices*. Published by Routledge (2004) pp. 31-34.

Brumont, F., 'Le labour tracté : la charrue (l'araire).' *L'outillage agricole médiéval et moderne et son histoire : Actes des XXIIIe Journées Internationales d'Histoire de l'Abbaye de Flaran, 7, 8, 9 septembre 2001*. Collection Flaran. Gomet (ed.) Éditions Presses Universitaires du Mirail (2003) pp. 43-48.

Camps, G., 'L'Araire Berbère.' *Frontières et limites géographiques de l'Afrique du Nord antique. Hommage à Pierre Salama*. Publications de la Sorbonne (2000) pp. 46-47.

Cauvin, M.-C., 'Tello et l'origine de la houe au Proche-Orient.' *Paléorient*. Vol. 5. Éditions CNRS (1979) pp. 193-206.

Coles, J.M., 'Experimental Archaeology.' *Proceedings of the Society of Antiquaries of Scotland*. Vol. 99. Published by Edinburgh University Press (1966) pp. 1-20.

Delamarre, M.J.-B.; Hairy, H., *La vie agricole et pastorale dans le monde, techniques et outils traditionnels*. Éditions Joël Cuénot (1985).

Delamarre, M.J.-B.; Hairy, H., *Techniques de production : l'agriculture, guides ethnologiques, musée national des Arts et Traditions populaires*. Éditions des Musée Nationaux (1971) pp. 20-24.

Evans, L.T., 'The Plough.' *Feeding the Ten Billion: Plants and Population Growth.* Cambridge University Press (1998) pp. 54-57.

Guilaine, J., *La France d'avant la France : du néolithique à l'âge du fer.* Éditions Hachette (1980) pp. 190-246.

Halstead, P., 'Plough and Pastoralism: Aspects of the Secondary Products Revolution.' *Pattern of the Past: Studies in Honour of David Clarke.* Cambridge University Press (1981) pp. 266-271.

Haudricourt, A.G.; Delamarre, M.J.-B., 'Mésopotamie et Egypte, les plus anciens témoignages d'araires à deux mancherons.' *L'homme et la Charrue à travers le Monde.* Éditions la Renaissance du livre (2000) pp. 84-102.

Herman, A.; Ranke, H., 'L'agriculture.' *La Civilisation Egyptienne.* Éditions Payot (1985) pp. 580-581.

Hésiode, 'Les travaux des champs (l'Araire).' *Les travaux et les jours. Vers 385 à 615.* Texte établi et traduit par Paul Mazon. Éditions Les Belles lettres (2001) pp. 100-108.

Hopfen, H.J., 'Ploughs.' *Farm implements for arid and tropical regions.* Published by Food and Agriculture Organization of the United Nations - FAO (1969) pp. 44-56.

Isager, S.; Skydsgaard, J.E., *Ancient Greek Agriculture: An Introduction.* Published by Routledge (1995) p. 46.

Kaplan, M., 'Le train de culture : l'Araire.' *Les hommes et la terre à Byzance du VIe au XIe siècle.* Publications de la Sorbonne (1992) pp. 48-50.

Magail, J.; Giaume, J-M. , 'Les Araires.' *Le site du Mont Bégo : de la protohistoire à nos jours : Actes du colloque de Nice, 15-16 mars 2001.* Éditions Serre (2005) pp. 85-90.

Marbach, A., *Les instruments aratoires des Gaules et de Germanie Supérieure : Catalogue des pièces métalliques.* British Archaeological Reports (2004).

Mazoyer, M.; Roudart, L., 'True Plowing and Ard-Tilling.' *A History of World Agriculture: From the Neolithic Age to the Current Crisis.* Earthscan Ltd (2006) pp. 236-238.

Nysse, J.; Govaerts,B.; Weldeslassie, T.A.; Cornelis, W.; Bauer, H.; Haile, M.; Sayre, K.; Deckers, J., 'The use of the marasha ard plough for conservation agriculture in Northern Ethiopia.' *Agronomy for Sustainable development.* Vol. 31/2. Published by Springer (2011) pp. 287-297.

Paillet, A., *Archéologie de l'agriculture en Bourbonnais : Paysages, outillages et travaux agricoles de la fin du Moyen Age à l'époque industrielle.* Éditions Créer (1999).

Pline l'Ancien., *Histoire naturelle (Livre XVIII).* Les Belles Lettres (Paris 1972).

Potts, D.T., 'Draught Animals and the Use of the Ard.' *Mesopotamian Civilization: The Material Foundations.* Cornell University Press (1997) pp. 73-80.

Riad, M., 'Native Plough in Egypt.' *Bulletin de la Société de Géographie d'Egypte.* Vol. 33. Publication du CEDEJ (1960) pp. 241-277.

Rival, M., 'L'araire et la charrue. 4e millénaire.' *Les Grandes Inventions.* Éditions Larousse (1994) pp. 30-31.

Seignobos, C.; Marzouk, Y.; Sigaud, F., 'L'Araire, un outil toujours vivant au Maroc.' *Outils aratoires en Afrique. Innovations, normes et traces.* Éditions Karthala (2000) pp. 267-282.

Sigaut F., 'Les conditions d'apparition de la charrue.' *Journal d'Agriculture Tropicale et de Botanique Appliquée (JATBA)*. Vol. 19/10-11 (1972) pp. 442-478.

Sivéry, G. 'L'Araire et la Charrue.' *Terroirs et communautés rurales dans l'Europe occidentale au Moyen Âge*. Éditions Presses universitaires de Lille (1995) pp. 17-27.

Tracq, F., 'Les charrues d'autrefois.' *La mémoire du vieux village. La vie quotidienne à Bessans*. Éditions La Fontaine de Siloé (2000) pp. 252-255.

Trochet, J.R. , *Catalogue des Collections agricoles, Araires*. Musée National des Arts et Traditions populaires (1987).

Valensi, L., 'Les Araires.' *Fellahs tunisiens. L'économie rurale et la vie des campagnes aux 18ᵉ et 19ᵉ siècles*. Éditions Mouton (1977) pp. 184-190.

Vandier, J., 'L'Attelage et la charrue.' *Manuel d'Archéologie Egyptienne*. Tome VI. Scènes de la vie agricole à l'Ancien et au Moyen Empire. Éditions Picard (1978) pp. 28-57.

White, K.D., *Agricultural Implements of the Roman World*. Cambridge University Press (2010) pp. 123-145.

Le Pied

Abitbol, M.M., 'Lateral view of Australopithecus afarensis : primitive aspects of bipedal positional behavior in the earliest hominids.' *Journal of Human Evolution*. Vol. 28. Published by Elsevier (1995) pp. 211-229.

André-Deshays, C.; Revel, M., 'Rôle sensoriel de la plante du pied dans la perception du mouvement et le contrôle postural.' *Médecine et Chirurgie du Pied*. Vol. 4. Published by Springer (1988) pp. 217-223.

Bénichou, J.; Libotte, M., 'Le Pied comment ça marche ? ' *Le livre du pied et de la marche*. Éditions Odile Jacob (2002) pp. 35-64.

Berthoz, A., 'Rôle de la proprioception dans le contrôle de la posture et du geste.' *Du contrôle moteur à l'organisation du geste*. Éditions Masson (1978) pp. 89-224.

Bessou, M.; Dupui, Ph.; Séverac, A.; Bessou, P., 'Le pied organe de l'équilibration.' *Pied équilibre et posture. Troisièmes journées de posturopédie*. Éditions Frison-Roche (1996) pp. 21-32.

Bessou, M.; Séverac Cauquil, A.; Dupui, P.; Montaya, R.; Bessou, P., 'Specificity of the monocular crescent of the visual fiels in postural control.' *Life Sciences*. Vol. 322. Published by Elsevier (1999) pp. 749-757.

Bessou, P.; Costes-Salon, M.C.; Dupui, P.H.; Montaya, R.; Pages, B., 'Analyse de la fonction d'équilibration dynamique chez l'homme.' *Archives Internationales de Physiologie et de Biochimie*. Vol. 96. Publication de l'Association des Physiologistes (1988) A103.

Bessou, P.; Dupui, P.; Cabelguen, J.M.; Joffroy, M.; Montoya, R.; Pagès, B., 'Chapter 4 Discharge patterns of γ motoneurone populations of extensor and flexor hindlimb muscles during walking in the thalamic cat.' *Progress in Brain Research. Afferent Control of Posture and Locomotion*. Vol. 80. Allum, J.H.J. and Hulliger, M. (ed.) Published by Elevier (1989) pp. 37-45.

Bessou, P.; Pagès, B., 'Cinematographic analysis of contractile events produced in intrafusal muscle fibres by stimulation of static and dynamic fusimotor axons.' *The Journal of Physiology*. Vol. 252. Published by the Cambridge University Press (1975) pp. 397-427.

Bessou, P.; Cabelguen, J.M.; Montoya, R.; Pagès, B., 'Efferent and afferent activity in a gastrocnemius nerve branch during locomotion in the thalamic cat.' *Experimental Brain Research*. Vol. 64/3. Published by Springer (1986) pp. 553-568.

Bonnel, F.; Fabri, S.; Hamoui, M., 'Contraintes mécaniques au cours de la réception plantigrade chez l'homme.' *Le pied du marcheur*. Éditions Sauramps Médical (2008) pp. 11-20.

Bril, B., 'Apprendre à marcher, ou l'apprentissage d'un équilibre dynamique.' *Pied équilibre et posture. Troisièmes journées de posturopédie*. Éditions Frison-Roche (1996) pp. 33-41.

Bril, B.; Brenière, Y., 'Postural requirements and progression velocity in young walkers.' *Journal of motor Behavior*. Published by Heldref Publications (1992) pp. 105-116.

Chevrot, A., *Imagerie du pied*. Collection radiologique. Éditions Masson (Paris 1997).

Clarke, R.J.; Tobias, P.V., 'Sterkfontein Member 2 foot bones of the Oldest South African Hominid.' *Science*. N° 269. Published by AAAS (1995) pp. 521-524.

Cornu, J.Y.; Jeunet, A.; Dussaucy, A., 'Le contact pied-sol au cours de la marche : analyse biomécanique et podométrique.' *Le pied du marcheur*. Éditions Sauramps Médical (2008) pp. 21-34.

Corrucini, R.S.; McHenry, H.M., *Knuckle-Walking hominid ancestors. Journal of Human Evolution*. Vol. 40. Elsevier (2001) pp. 507-511.

Darmana, R., 'Étude biomécanique du déroulement du pas : intérêt pratique des moyens modernes de mesure.' *Le pied du marcheur*. Éditions Sauramps Médical (2008) pp. 50-64.

Deloison, Y., 'Description d'un talus fossile de Primate et sa comparaison avec des astragales de Chimpanzés, d'Hommes et d'Hominidés fossiles : Australopithecus et Homo habilis. Note présentée par Yves Coppens.' *Comptes Rendus de l'Académie des Sciences*. Vol. 324/2a. Institut de France (1997) pp. 685- 692.

Deloison, Y., 'L'Homme ne descend pas d'un Primate arboricole ! Une évidence méconnue. *Revue Biométrie Humaine et Anthropologie*. Vol. 17. Publication de la Société de Biométrie Humaine (1999) pp. 147-150.

Deloison, Y., 'New hypothesis on hominoid bipedalism.' *American Journal of Physical Anthropology*, Sup/30. Published by Wiley (2000) p. 137.

Deloison, Y., 'Nos ancêtres n'ont jamais été ni arboricoles, ni quadrupèdes : ils se tenaient debout.' *Bipédie contrôle postural et représentation corticale*. Éditions Solal (2005) pp. 19-34.

Deloison, Y., *La Préhistoire du piéton*. Éditions Plon (2004).

Enjalbert, M.; Garros, J.C.; Albarghouti, S.; Pelessier, J., 'Sensibilité plantaire et troubles de l'équilibre du sujet âgé.' *Le pied du sujet âgé*. Éditions Masson (1992) pp. 23-27.

Enjalbert, M.; Rabischong, P.; Micallef, J.-P.; Peruchon, E.; Pelissier, J., 'Sensibilité plantaire et équilibre.' *Pied, équilibre et posture. Troisièmes journées de posturopédie.* Éditions Frisson-Roche (1996) pp. 43-59.

Enjalbert, M.; Tintrelin, I.; Toutlemonde, M.; Kotzki, N.; Garros, J.C.; Pelessier, J., *Sensibilité plantaire et pied diabétique.* Éditions Masson (1993) pp. 38-43.

Gilhodes, J.C.; Kavounoudias, A.; Roll,R.; Roll, J.P., 'Orientation et régulation de la posture chez l'homme : Deux fonctions de la proprioception musculaire ?' *Pied, Équilibre et Posture.* Éditions Frison-Roche (1996) pp. 3-20.

Goldcher, A., 'Notions biomécaniques'. *Podologie.* Éditions Elsevier-Masson (2007) pp. 5-25.

Goldcher, A., *Podologie - Abrégés.* 3ème édition. Éditions Masson (1996).

Goldcher, A., *Podologie du sport.* Éditions Elsevier Masson (2002).

Hérisson, C.; Simon, L., *Le pied neurologique de l'adulte.* Éditions Elsevier Masson (1996).

Ivanenko, Y.P.; Talis, V.L.; Kazennikov, O.V., 'Support stability influences postural responses to muscle vibration in humans.' *European Journal of Neuroscience.* Vol. 11/2. Published by Federation of European Neuroscience Societies in collaboration with Wiley-Blackwell (1999) pp. 647-654.

Ker, R.F.; Bennet, M.B.; Bibby, S.R.; Kester, R.C.; McN, A.R., 'The spring in the arch of the human foot.' *Nature.* Vol. 325. Published by Nature Publishing Group (1987) pp. 147-149.

Lacour, M.; Barthelemy, J.; Borel, L. et al., 'Sensory strategies in human postural control before and after unilateral vestibular neurotomy.' *Experimental Brain Research.* Vol. 115. Published by Springer (1995) pp. 300-310.

Maestro, M. et al., 'Biomécanique et repères radiologiques du sésamoïde latéral de l'hallux par rapport à la palette métatarsienne.' *Médecine et Chirurgie du Pied.* Vol. 11/3. Published by Springer (1995) pp. 145-154.

Magnusson, M.; Endom, H.; Johasson, R.; Pyykkö, I., 'Significance of Pressor Input from the Human Feet in Anterior-Posterior Postural Control: The Effect of Hypothermia on Vibration-Induced Body-sway.' *Acta Oto-laryngologica.* Vol. 110/3-4. Published by Informa Healthcare (1990) pp. 182-188.

Magnusson, M.; Endom, H.; Johasson, T.; Wiklund, J., 'Significance of Pressor Input from the Human Feet in Lateral Postural Control: The Effect of Hypothermia on Galvanically Induced Body-sway.' *Acta Oto-laryngologica.* Vol. 110/3-4. Published by Informa Healthcare (1990) pp. 321-327.

Okubo, J.; Watanabe, I.; Baron, J.B.; 'Study on influence of the plantar mechanoreceptor on body sways'. *Agressologie : revue internationale de physio-biologie et de pharmacologie appliquées aux effets de l'agression.* Vol. 21D. Éditions Masson (1980) p. 61-69.

Paillard, J., ' Les Déterminants Moteurs de l'Organisation de l'Espace.' *Cahiers de Psychologie.* Vol. 14/4 (1971) pp. 261-316.

Thonnard, J.L.; Bragard, D.; Willems, P.; Plaghki, L., 'Stability of the braced ankle. A biomechanical investigation.' *The American Journal of Sports Medicine.* Vol. 24/3. Published by The American Orthopaedic Society for Sports Medicine (1996) pp. 356-361.

Le Moule à Briques

Araguas, P., 'Architecture de brique et architecture mudéjar.' *Mélanges de la Casa de Velázquez*. Vol. 23/23. Éditions Casa de Velázquez (1987) pp. 173-200.

Araguas, P., *Brique et architecture dans l'Espagne médiévale (XIIe-XVe siècle)*. Éditions Casa de Velázquez (2004).

Aurenche, O., 'L'Architecture mésopotamienne du 7e au 4e millénaire.' *Paléorient*. Vol. 7/2 (1981) pp. 43-55.

Aurenche, O., 'Les éléments préfabriqués (briques).' *La Maison Orientale. L'Architecture du Proche-Orient ancien des origines au milieu du quatrième millénaire*. Vol. 1. Éditions Paul Geuthner (1981) pp. 60-70.

Bertman, S., *Bricks' Handbook to Life in Ancient Mesopotamia*. Published by Oxford University Press (2005) pp. 186-188.

Campbell, J.W.; Pryce, W., *Brick: A World History*. Published by Thames & Hudson (2005).

Chazelles, C.A.; Klein, A.; *Pousthomis, N., Les cultures constructives de la brique de terre crue - Échanges transdiciplinaires sur les constructions en terre crue – 3*. Éditions de l'Esperou (2011).

Cucciniello, R., *Mythes en terre cuite : Les temples en brique du Bengale occidental XVIe XIXe siècles*. Éditions Kailash (2006).

Ellis, R. S., 'Foundation Deposits in Ancient Mesopotamia.' *Yale Near Eastern Research*, Vol. 2. Published by Yale University Press (1968) pp. 21-22.

Foster, C.P., 'The Uruk Countryside'. *Household Archaeology and the Uruk Phenomenon: A Case Study from Kenan Tepe, Turkey*. University of California (2009) pp. 32-34.

Guiheux, A., *L'ordre de la brique*. Éditions Mardaga (1995).

Gurcke, K., *Bricks and Brickmaking: A Handbook for Historical Archaeology*. University of Idaho Press (1987).

Hansen, D.P., *Art of the Early City-States' Art of the First Cities: The Third Millennium B.C. from the Mediterranean to the Indus*. Metropolitan Museum of Art (2003) p. 21.

Hérodote., *Au sujet des briques mésopotamiennes*. Clio Livre 1 (vers 179 et 186). Texte établi et traduit par Legrand. Ph.E. Éditions les Belles Lettres (1995) p. 176 et p. 181.

Huot, J.-L., 'L'urbanisation (3500-2700 av. J.C.).' *Une archéologie des Peuples du Proche-Orient. Tome 1*. Éditions Errance (2004) pp. 73-104.

Jaquin, P., 'How Mud Bricks Work- Using Unsaturated Soil Mechanics Principles to Explain the Material Properties of Earth Buildings – A year of research.' *EWB-UK Research Conference 2010. From Small Steps to Giant Leaps...putting research into practice*. Hosted by The Royal Academy of Engineering 19th February 2010. Engineers Without Borders UK (2010) pp. 49-51.

Jacobsen, T., 'The Cylinders of Gudea'. *The Harps that Once: Sumerian Poetry in Translation*. Published by Yale Inversity Press (1987) pp. 410-420.

Leick, G., 'Uruk.' *Mesopotamia. The Invention of the City*. Published by Penguin Books (2003) pp. 30-60.

Malbran-Labat, F., 'Les briques inscrites de Suse (époque pré-achéménide).' *Syria*. Vol. 66/1-4. Institut Français du Proche-Orient. Éditions IFPO (1989) pp. 281-310.

McIntosh, J.R. 'Mud.' *Ancient Mesopotamia: New Perspectives*. Published by ABC-CLIO Ltd (2005) p. 237.

Moorey, P.R.S., 'Towards the standard rectangular brick.' *Ancient Mesopotamian Materials and Industries. The Archaeological Evidence*. Oxford University Press (1994) pp. 306-309.

Oates, D., 'Innovations in Mud-Brick: decorative and structural techniques in ancient Mesopotamia.' *World Archaeology. Architectural Innovation*. Vol. 21/3. Published by Taylor & Francis, Ltd (1990) pp. 388-406.

Peirs, G.; Daniel, F.; Bourreau, F., *La brique : Fabrication et traditions constructives*. Éditions Eyrolles (2004).

Rebuffat, R.; Leriche, P.; Coarelli, F. et al., *La brique antique et médiévale. Production et commercialisation*. Publications de l'École Française de Rome (2000).

Sauvage, M., *La brique. La brique et sa mise en oeuvre en Mésopotamie. Des origines à l'époque Achéménide*. Éditions Recherches sur les Civilisations (1998) pp. 17-26.

Sauvage, M., 'Construction Work in Mesopotamia in the Time of the Third Dynasty of Ur (End of the Third Millennium BC).' Ar*chaeological and Textual Evidence. 2011 International Conference on Earthen Architecture in Asia*. Terrakorea Publishers (2011) pp. 55-65.

Sauvage, M., 'Les briques de grande taille à empreintes de doigts : le Choga Mami Transitional et la culture de Oueili.' *Études mésopotamiennes : Recueil de textes offert à Jean-Louis Huot*. Éditions Recherches sur les Civilisations (2001) pp. 417-447.

Wright, G.R.H., 'Mesopotamian brick construction.' *Ancient Building Technology: Construction*. Vol. 3. Published by Brill (2009) pp. 338-351.

La Main

An, K.N.; Chao, E.Y.; Cooney, W.P.; Linscheid, R.L., 'Normative model of human hand for biomechanical analysis.' *Journal of Biomechanics*. Vol. 12/10. Published by Elsevier (1979) pp. 775-788.

Barbotin, E., 'La Main.' *Humanité de l'Homme. Étude de philosophie concrète*. Série Théologie, 77. Éditions Aubier (1970) pp. 173-207.

Bonola,, A.; Caroli, A.; Celli, L. , *La Main. Phylogenèse, Embryologie, Anatomie descriptive et fonctionnelle, Anatomie topographique et chirurgicale, Anatomie radiologique*. Éditions Piccin (1988).

Boutan, M.; Casoli, V., *Mains et Préhensions. Entre fonctions et anatomie*. Éditions Sauramps Medical (2005).

Craig, L.; Taylor, Ph.D.; Robert, J.; Schwarz, M.D., 'The Anatomy and Mechanics of the Human Hand.' *Artificial Limbs*. Vol. 2/2. Published by The Orthotics & Prosthetics Community (1955) pp. 22-35.

Flanagan, J. R., Haggard, P., Wing, A. M., 'The Task at Hand.' *Hand and Brain. Neurophysiology and Psychology of Hand Movement.* Elsevier Academic Press (1996) pp. 5-13.

Focillon, H., 'Éloge de la Main.' *Vie des formes.* Éditions Presses Universitaires de France (Paris 1996) pp. 103-128.

Gentaz, E., *La Main, le Cerveau et le Toucher.* Éditions Dunod (2009).

Guillaud, E., *Contribution vestibulaire au contrôle des mouvements du bras lors d'une rotation du corps.* Thèse de doctorat présentée à la faculté des Études Supérieures de l'Université Laval Québec (2006).

Hatwell, Y.; Streri, A.; Gentaz, E., *Toucher pour Connaître. Psychologie cognitive de la perception tactile manuelle.* Éditions Presses Universitaires de France (2000).

Hatwell, Y.; Streri, A.; Gentaz, E., *Touching for Knowing.* John Benjamins Publishing Company (2003).

Jacobson, M.D.; Raab, R.; Fazeli, B.M.; Abrams, R.A.; Botte, M.J.; Lieber, R.L., 'Architectural design of the human intrinsic hand muscles.' *The journal of Hand Surgery.* ASSH. Vol. 17/5. Elsevier (1992) pp. 804-809.

James R. Doyle, M.D., 'Anatomy and function of the palmar aponeurosis pulley.' *The Journal of Hand Surgery.* Vol. 15/ 1. Published by Elsevier (1990) pp. 78-82.

Johansson, R. S., 'Sensory input and control of grip.' *Sensory Guidance of Movement. Novartis Foundation Symposium.* Vol. 218. Published by Wiley & Sons (1998) pp. 45-59.

Jones, L.A.; Lederman, S.J., *Human Hand Function.* Published by Oxford University Press (2006).

Köhler, W., *Psychologie de la forme.* Éditions Gallimard (2000).

Lardry, J-M.; Raupp, J.-C.; Damas, P., 'Étude Morphologique du Poignet et de la Main.' *Kinésithérapie, la Revue.* Vol. 6/56-57. Published by Elsevier (2006) pp. 42-52.

Lazorthes, G., 'Le toucher.' *L'ouvrage des sens, fenêtre étroite sur le réel.* Éditions Flammarion (1986) pp. 23-45.

Le Nen, D., *L'anatomie au creux des mains. Au confluent des sciences et de l'art.* Éditions L'Harmattan (2007).

Lederman, S.J.; Klatzky, R.L., 'Extracting object properties through haptic exploration.' *Acta Psychologica.* Vol. 84. Published by Elsevier Science (1993) pp. 29-40.

Leroi-Gourhan, A., 'Le cerveau et la main.' *Le Geste et la Parole. Technique et langage.* Éditions Albin Michel (1964) pp. 40-89.

Molina, M.; Jouen, F., 'Modulation of manual activity by vision and in human newborns.' *Developmental Psychobiology.* Vol. 38/2. Published by Wiley-Intersciences (2001) pp. 123-132.

Molina, M.; Jouen, F., 'Modulation of the palmar grasp behavior in neonates according to texture property'. *Infant Behavior and Development.* Vol. 21. Published by Elsevier (1998) pp. 659-666.

Montagu, A., *La Peau et le Toucher. Un premier langage.* Éditions du Seuil (1979).

Montagu, A., *Touching : The Human Significance of the Skin*. Columbia University Press (1971).

Moran, C.A., 'Anatomy of the Hand.' *The Journal of the American Physical Therapy Association*. Vol. 69. Published by the APTA (1989) pp. 1007-1013.

Mountcastle, V.B., *The Sensory Hand. Neural Mechanisms of Somatic Sensation.* Published by Harvard University Press (2005).

Napier, J.R., 'The Prehensile Movements of the Human Hand.' *The Journal of Bone and Joint Surgery*. Vol. 38B/4. Published by JBSB (1956) pp. 902-913.

Piveteau, J., *La Main et l'Hominisation*. Éditions Masson (1991).

Putz, R.V.; Tuppek, A., 'Evolution of the hand.' *Handchir Mikrochir Plast Chir Journal*. Vol. 31/6. Published by Thieme (1999) pp. 357-361.

Schieber, M.H., 'Individuated Finger Movements: Rejecting the Labeled-Line Hypothesis.' *Hand and Brain. Neurophysiology and Psychology of Hand Movement*. Published by Academic Press (1996) pp. 81-98.

Schieber, M.H.; Santello, M., 'Hand function: peripheral and central constraints on performance.' APS. *Journal of Applied Physiology*. Vol. 96/6. Published by the American Physiological Society (2004) pp. 2293-2300.

Semjen, A.; Summers, J. J.; Cattaert, D., 'Hand coordination in bimanual circle drawing.' *Journal of Experimental Psychology: Human Perception and Performance*. Vol. 21/5. Published by the American Psychological Association (1995) pp. 1139-1157.

Servos, P., 'The Visual Pathways Mediating Perception and Prehension.' *Hand and Brain. Neurophysiology and Psychology of Hand Movement*. Published by Academic Press (1996). pp. 15-31.

Shimizu, Y.; Saida, S.; Shimura, H., 'Tactile pattern recognition by graphic display: importance of 3D information for haptic perception of familiar objects.' *Perception et Psychophysics*. Vol. 53. Published by Springer (1993) pp. 43-48.

Smith, A.M., 'Finger Movements: Control.' *Encyclopedia of Neuroscience*. Published by Academic Press (2009) pp. 221-225.

Steven, F.; Viegas, M.D.; Satoshi Yamaguchi, M.D.; Nolan, L.; Boyd, M.S.; Rita, M.; Patterson, Ph.D., 'The Dorsal Ligaments of the Wrist: Anatomy, Mechanical Properties, and Function.' *The Journal of Hand Surgery*. Vol. 24/3. Elsevier (1999) pp. 456-468.

Streri, A.; Gentaz, E. 'Cross-modal recognition of shape from hand to eyes and handedness in human newborns.' *Neuropsychologia*. Vol. 42/10. Elsevier (2004) pp. 1365-1369.

Thieffry, S., *La Main de l'homme*. Éditions Hachette (1973).

Thomine, J-M., 'Examen Clinique de la main'. *Traité de chirurgie de la main*. Éditions Masson (1980) pp. 663-698.

Thoumie, P.; Pradat-Diehl, P., *La Préhension*. Éditions Springer-Verlag France (2000).

Tubiana, R.; Thomine, J-M., *La Main. Anatomie Fonctionnelle et Examen Clinique*. Éditions Masson (1990).

Tubiana, R.; Thomine, J-M.; Mackin, E., *Functional Anatomy'. Examination of the Hand and Wrist*. Published by Martin Dunitz Ltd (1996) pp. 1-156.

L'Écriture

André-Salvini, B., 'L'écriture ses diverses origines. L'écriture cunéiforme.' *Dossiers d'Archéologie.* N° 260. Éditions Faton (2001) pp. 16-19.

André-Salvini, B., *ABCdaire des écritures.* Éditions Flammarion (1999).

André-Salvini, B., *L'invention de l'écriture.* Édition Nathan (1995).

André-Salvini, B., 'Les tablettes du monde cunéiforme.' *Les tablettes à écrire de l'Antiquité à l'époque moderne. Bibliologia 12.* Lalou, E. (ed.) Published by Brepols (1992) pp. 15-33.

Bonfante, L.; Chadwick, J.; Cook, B.F.; Davies, W.V.; Healey, J.F.; Hooker, J.T.; Walker, C.B.F., *Reading the Past, Ancient Writing from Cuneiform to the Alphabet.* Barnes & Noble. Trustees of the British Museum. Published by British Museum Press (1998).

Bonfante, L.; Chadwick, J.; Cook, B.F.; Davies, W.V.; Healey, J.F.; Hooker, J.T.; Walker, C.B.F., *La naissance des écritures. Du cunéiforme à l'Alphabet.* Éditions du Seuil (1994).

Bord, L.-J.; Mugnaioni, R., *L'écriture Cunéiforme. Syllabaire Sumérien, Babylonien, Assyrien.* Librairie Orientaliste Paul Geuthner (2002).

Bordreuil, P.; Briquel-Chatonnet, F.; Michel, C., *Les débuts de l'Histoire : Le Proche-Orient, de l'invention de l'écriture à la naissance du monothéisme.* Éditions de La Martinière (2008).

Bottero, J., *Mesopotamia: Writing, Reasoning, and the Gods.* Published by University of Chicago Press (1995).

Breniquet, C., 'Sceaux et scellements.' *La disparition de la culture de Halaf. Les origines de la culture d'Obeid dans le nord de la Mésopotamie.* ERC - Éditions Recherche sur les Civilisations (1996) pp. 106-115.

Butterlin, P., 'Le problème de l'invention de l'écriture.' *Les temps Proto-Urbains de Mésopotamie. Contact et acculturation à l'époque d'Uruk au Moyen-Orient.* Éditions du CNRS (2003) pp. 80-87.

Charpin, D., *Reading and Writing in Babylon.* Published by Harvard University Press (2011).

Cohen, S., *Enmerkar and the lord of Aratta.* Ph.D. Dissertation. Published by the University of Pennsylvania (1973).

Donoughue, C., *The Story of Writing.* Published by Firefly Books (2007).

Duistermaat, K., 'Tell Sabi Abyad. The Late Neolithic Settlement. 2 Volumes. Report on the Excavations of the University of Amsterdam (1988) and the National Museum of Antiquities Leiden (1991-1993).' *Syria.* Nederlands-Historisch Archaeologisch Instituut, Istanbul, Akkermans (ed.) Vol. 2/5. Éditions IFPO (1996) pp. 339-401.

Englund, R.K., 'Grain accounting practices in archaic Mesopotamia.' *Changing Views on Ancient Near Eastern Mathematics.* Hoyrup et Damerow (ed.) Dietrich Reimer Verlag (2001) pp. 1-35.

Faublée-Urbain, M., 'Sceaux de Magasins Collectifs (Aurès).' *Journal de la Société des Africanistes.* Vol. 25/25. Éditions de la Société des Africanistes (1955) pp. 19-23.

Forest, J.-D.; Vallet, R.; Breniquet, C., 'Les greniers.' *Stratigraphie et architecture de Oueili, Obeid 0 et 1. Travaux de 1987 et 1989, sous la direction de Jean-Louis Huot*. Éditions Recherche sur les Civilisations (1996) pp. 42-44.

Friedrich, J., *Entzifferung verschollener Schriften und Sprachen*. Springer-Verlag (1954).

Garelli, P., 'Le Proche-Orient asiatique, des origines aux invasions des peuples de la mer.' *Collection Nouvelle Clio*. N° 2. Éditions Presses Universitaires de France (1969).

Gate, P., *Ecophysiologie du blé*. Éditions Lavoisier (1995).

Glassner J.-J., 'Les premiers usages de l'écriture en Mésopotamie.' *Les premières cités et la naissance de l'écriture. Actes du colloque du 26 septembre 2009. Musée d'Archéologie de Nice-Cenenelum, sous la présidence de Pascal Vernus*. Éditions Actes Sud/Alphabets (2011) pp. 9-25.

Glassner, J.-J., *Écrire à Sumer. L'invention du Cunéiforme*. Éditions du Seuil (2000).

Glassner, J.-J., *The Invention of Cuneiform Writing in Sumer*. Published by Johns Hopkins University Press (2003).

Gnanadesikan, A. E., *The Writing Revolution: Cuneiform to the Internet*. Published by Wiley-Blackwell (2008).

Godart, L., 'Les premières écritures.' *Le pouvoir de l'écrit*. Éditions Armand Colin (1997) pp. 19-38.

Goody, J., *La raison graphique. La domestication de la pensée sauvage*. Les Éditions de Minuit (1977) pp. 140-196.

Goody, J., *The domestication of the savage mind*. Published by Cambridge University Press (1977).

Higounet, C., *L'Écritur*e. Que Sais-je n°653. Éditions Presses Universitaires de France (2003).

Homès-Fredericq, D., *Les cachets Mésopotamiens Protohistoriques*. Published by Brill (1970).

Houston, S.D., *The First Writing: Script Invention as History and Process*. Published by Cambridge University Press (2004).

Hrouda, B., 'L'économie et la société.' *L'Orient Ancien*. Planche des jarres dans les greniers. Éditions Bordas (1991) p. 195.

Hrouda, B., 'L'Écriture et la littérature.' *L'Orient Ancien*. Éditions Bordas (1991) pp. 271-297.

Huot, J.-L., 'Au sujet des greniers de Oueili.' *Les premiers villageois de Mésopotamie. Du village à la ville*. Éditions Armand Colin (1994) pp. 167-168.

Huot, J.-L., 'Au sujet des greniers de Tell Songor, Choga Mami et Tell Abada.' *Les premiers villageois de Mésopotamie. Du village à la ville*. Éditions Armand Colin (1994) pp. 105-106.

Jasim, S.A., 'Structure and Function in an Ubaid Village.' *Upon this Foundation – The 'Ubaid reconsidered*. Elizabeth F. Henrickson and Ingolf Thuesen (ed.) Published by Museum Tusculanum Press (1989) pp. 78-90.

Kramer, S.N., *History Begins at Sumer: Thirty-Nine Firsts in Recorded History*. Published by University of Pennsylvania Press (1988).

Kramer, S.N., *L'histoire commence à Sumer*. Éditions Arthaud (1986).

Labat, R., 'Manuel d'Epigraphie Akkadienne'. *Signe, Syllabaire, Idéogrammes. Revu et augmenté par Florence Malbran-Labat*. 6ᵉ édition. Librairie Orientaliste Paul Geuthner (1999).

Leick, G., *Mesopotamia*. Published by Penguin Books (2003).

Lieberman, S.J., 'Of Clay Pebbles, Hollow Clay Balls and Writing : Sumerian View.' *American journal of Archeology*. Vol. 84/3. Published by the Archaeological Institute of America (1980) pp. 339-358.

Liverani, M., 'The Scribe and the Administration of the Storage House.' *Uruk, The first City*. Published by Equinox (2006) pp. 53-57.

Maisels, C.K., 'Corporate Citizenship.' *The Emergence of Civilization. From hunting and gathering to agriculture, cities, and the state in the Near East*. Published by Routledge (1999) pp. 169-172.

Margueron, J.-C., 'La création d'un outil de transmission de la pensée : l'écriture.' *Les Mésopotamiens*. Éditions A. et J. Picard (2003) pp. 361-385.

Martin, H.-J., 'Naissance de l'écriture : les systèmes idéographiques.' *Histoire et pouvoirs de l'écrit*. Éditions Albin Michel (1996) pp. 24-31.

Matthews, R., *The archaeology of Mésopotamia*. Published by Routledge (2003) pp. 56-64.

Meunié, J., 'Les greniers collectifs au Maroc.' *Journal de la Société des Africanistes*. Vol. 14/14. Éditions de la Société des Africanistes (1944) pp. 1-16.

Monaco, S.F., *Unusual Accounting Practices in Archaic Mesopotamian Tablets*. Published online by the Cuneiform Digital Library Initiative (2005).

Nissen, H. J., 'The Archaic Texts from Uruk.' *World Archaeology*. Vol. 17/3. Published by Routledge (1986) pp. 317-334.

Nissen, H. J.; Damerow, P.; Englund, R.K., *Archaic Bookkeeping: Early Writing and Techniques of Economic Administration in the Ancient Near East*. Published by University of Chicago Press (1993).

Parrot, A., *Archéologie Mésopotamienne. Les Étapes*. Éditions Albin Michel (1946).

Parrot, A., *Sumer*. Collection L'univers des formes. Éditions Gallimard (Paris 1960).

Peignot, J.; Cohen, M., *Histoire et art de l'écriture*. Éditions Robert Laffont (2005).

Pittman, H., 'Administrative Evidence from Hacinebi Tepe : An Essay on the Local and the Colonial.' *Paléorient*. Vol. 25/1. Éditions CNRS (1999) pp. 43-50.

Rival, M., 'L'écriture au 4ᵉ millénaire.' *Les grandes inventions*. Éditions Larousse (1994) pp. 34-35.

Robinson, A., *The Story of Writing: Alphabets, Hieroglyphs, & Pictograms*. Éditions Thames & Hudson (2007) pp. 70-90.

Sampson, G., *Writing Systems: A Linguistic Introduction*. Published by Stanford University (1990).

Sans, A., 'De l'écriture à la lecture.' *Bulletin de l'Académie des Sciences de Montpellier*. Tome 42. Publication de l'Académie des Sciences de Montpellier (2011).

Schmandt-Besserat, D., 'The token system of the ancient Near East: Its role in counting, writing, the economy and cognition.' *The Archaeology of Measurement. Comprehending Heaven, Earth and Time in Ancient Societies.* Iain Morley, Colin Renfrew (ed.) Published by Cambridge University Press (2010) pp. 27-34.

Thomsen, M.L., *The Sumerian Language: An Introduction to Its History and Grammatical Structure.* Akademisk Forlag Denmark (1984).

Van De Mieroop, M., *Cuneiform Texts and the Writing of History - Approaching the Ancient World.* Published by Routledge (1999).

Walker, C. B. F., *Cuneiform.* Published by University of California Press (1987).

Woods C., Emberling, G.; Teeter, E., 'Cuneiform in Mesopotamia and Anatolia.' *Visible language. Inventions of Writing in the Ancient Middle East and Beyond.* Oriental Institute Museum Publications. Vol. 32. Published by the University of Chicago (2010) pp. 29-109.

Le Système Gustatif

Adler, E.; Hoon, M.A.; Mueller, K.L.; Chandrashekar, J.; Ryba, N.J.; Zuker, C.S., 'A novel family of mammalian taste receptors.' *Cell.* Vol. 100/6. Published by Cell Press (2000) pp. 693-702.

Aristote., 'Le goût et la saveur.' *De l'âme.* II 9-10. Éditions Les Belles Lettres (1966) pp. 58-60.

Azerad, J., 'Gustation.' *Physiologie de la Manducation.* Éditions Masson (1992) pp. 101-117.

Behrens, M.; Meyerhof, W., 'Mammalian Bitter Taste Perception.' *Chemosensory Systems in Mammals, Fishes, and Insects (Results and Problems in Cell Differentiation).* Published by Springer-Verlag (2009) pp. 203-220.

Brata Singha, K.; Konar, S.; Kumar Mondal, M.; Das, J., 'Scanning Electron Microscopy Study of the Human Fungiform Papillae.' *Journal of the Anatomical Society of India.* Vol. 59/2. Published by the Anatomical Society of Inda (2010) pp. 154-157.

Brillat-Savarin, J.A., *Physiologie du Goût.* Éditions Flammarion (1982).

Buser, P.; Imbert, M., 'La Gustation.' *Psychophysiologie Sensorielle. Neurophysiologie Fonctionnelle.* Éditions Hermann (1982) pp. 291-337.

Carleton, A.; Accolla, R.; Simon, S.A., 'Coding in the Mammalian Gustatory System.' *Trends in Neurosciences.* Vol. 33/7. Published by Elsevier (2010) pp. 326-334.

Cheng, L.H.H.; Robinson, P.P., 'The distribution of fungiform papillae and taste buds on the human tongue.' *Archives of Oral Biology.* Vol. 36/ 8. Published by Elsevier (1991) pp. 583-589.

Farbman, A.I., 'Electron microscope study of the developing taste bud in rat fungiform papilla.' *Developmental Biology.* Vol. 11/1. Published by Elsevier (1965) pp. 110-135.

Faurion, A., 'La physiologie de la perception du goût sucré et la relation entre les structures moléculaires et le goût.' *Le sucre, les sucres, les édulcorants et les glucides de charge dans les IAA.* Éditions Lavoisier (1992) pp. 13-51.

Faurion, A., 'Physiologie de la Gustation.' *Physiologie sensorielle à l'usage des IAA.* Éditions Lavoisier (2004) pp. 129-182.

Finger, T.E., 'Cell Types and Lineages in Taste Buds.' *Chemical Senses.* Vol. 30/1. Published by Oxford University Press (2005) pp. i54-i55.

Hallock, R.M.; Di Lorenzo,P.M., 'Temporal Coding in the Gustatory System.' *Neuroscience & Biobehavioral Reviews.* Vol. 30/8. Published by Elsevier (2006) pp. 1145-1160.

Holley, A., 'La Réception des Saveurs.' *Le Cerveau Gourmand.* Éditions Odile Jacob (2006) pp. 69-90.

Hoon, M.A.; Adler,E.; Lindemeier, J.; Battey, J.F.; Ryba, N.J.P.; Zuker, C.S., 'Putative Mammalian Taste Receptors: A Class of Taste-Specific GPCRs with Distinct Topographic Selectivity.' *Cell.* Vol. 96/4. Published by Cell Press (1999) pp. 541-551.

Imbert, M., 'La Sensibilité Gustative. Description du système gustatif des mammifères.' *Traité du Cerveau.* Éditions Odile Jacob (2006) pp. 288-291.

Inglis, J.; Miller, Jr.; Frank, E.; Reedy, Jr., 'Variations in human taste bud density and taste intensity perception.' *Physiology & Behavior.* Vol. 47/6. Published by Elsevier (1990) pp. 1213-1219.

Ishimaru. Y., Abe, M.; Asakura, T.; Imai, H.; Abe, K., 'Expression Analysis of Taste Signal Transduction Molecules in the Fungiform and Circumvallate Papillae of the Rhesus Macaque, Macaca mulatta.' *Plos One: www.plosone.org.* Vol. 7/9. Published online (2012) pp. 1-9.

Kanazawa, H.; Yoshie, S., 'The taste bud and its innervation in the rat as studied by immunohistochemistry for PGP 9.5.' *Archives of Histology and Cytology.* Vol. 59/4. Published by the International Society of Histology and Cytology (1996) pp. 357-367.

Kataoka, S.; Baquero, A.; Yang, D.; Shultz, N.; Vandenbeuch, A.; Ravid, K.; Kinnamon, S.C.; Finger, T.E., 'A2BR Adenosine Receptor Modulates Sweet Taste in Circumvallate Taste Buds.' *Plos One: www.plosone.org.* Vol. 7/1. Published online (2012) pp. 1-13.

Kinnamon, J.C.; Taylor, B.J.; Delay, R.J.; Roper, S.D., 'Ultrastructure of mouse vallatetaste buds. I. Taste cells and their associated synapses.' *Journal of Comparative Neurology.* Vol. 235. Published by Wiley Periodicals, Inc. (1985) pp. 48-60.

Lazorthes, G., 'Le sens du goût.' *L'Ouvrage des Sens.* Éditions Flammarion (1986) pp. 79-90.

Li, F.; Zhou, M., 'Local Microenvironment Provides Important Cues for Cell Differentiation in Lingual Epithelia.' *Plos One: www.plosone.org.* Vol. 7/4. Published online (2012) pp. 1-11.

Lugaz, O.; Pillias; A.-M.; Boireau-Ducept, N.; Faurion, A., 'Time-Intensity Evaluation of Acid Taste in Subjects with Saliva High Flow and Low Flow Rates for Acids of Various Chemical Properties.' *Chemical Senses.* Vol. 30/1. Published by Oxford University Press (2005) pp. 89-103.

Matsunami, H.; Montmayeur, J.-P.; Buck, L,B., 'A family of candidate taste receptors in human and mouse.' *Nature.* Vol. 404. Published by Nature Publishing Group (2000) pp. 601-604.

Medler, K.F.; Margolskee, R.F.; Kinnamon, S.C., 'Electrophysiological Characterization of Voltage-Gated Currents in Defined Taste Cell Types of Mice.' *The Journal of Neuroscience*. Vol. 23/7. Published by The Society for Neuroscience (2003) pp. 2608-2617.

Meiselman, H.L.; Bartoshuk, L.; Bruce P. Halpern, B.P.; Moskowitz, H.R., 'Human taste perception.' *CRC Critical Reviews in Food Technology*. Vol. 3/1. Published by CRC Press (1972) pp. 89-119.

Multon, J.-L., *Le sucre, les sucres, les édulcorants et les glucides de charge dans les IAA.* Éditions Lavoisier (1992).

Nelson, G.M., 'Biology of Taste Buds and the Clinical Problem of Taste Loss.' *The Anatomical Record*. Published by Wiley-Liss, Inc. (Wilmington 1998) pp. 70-78.

Perea-Martinez, I.; Takatoshi Nagai, T.; Nirupa Chaudhari, N., 'Functional Cell Types in Taste Buds Have Distinct Longevities.' *Plos One: www.plosone.org*. Vol. 8/1. Published online (2013) pp. 1-9.

Rouby, C.; Schaal, B.; Dubois, D.; Gervais, R.; Holley, A., *Olfaction, Taste, and Cognition*. Published by Cambridge University Press (2002).

Sato, T., 'Recent advances in the physiology of taste cells.' *Progress in Neurobiology*. Vol. 14/I. Published by Elsevier (1980) pp. 25-67.

Seth M. Tomchik, S.M.; Berg, S.; Kim, J.W.; Chaudhari, N.; Roper, S.D., 'Breadth of Tuning and Taste Coding in Mammalian Taste Buds.' *The Journal of Neuroscience*. Vol. 27/40. Published by The Society for Neuroscience (2007) pp. 10840-10848.

Shepherd, G.M., *Neurogastronomy: How the Brain Creates Flavor and Why It Matters.* Published by Columbia University Press (2011).

Skrandies, W.; LeMagnen, J.; Faurion., 'Physiology of the Sweet Taste.' *Progress in Sensory Physiology 8*. Published by Springer-Verlag (2011).

Thines, A.-C., 'Le Codage : les images Sensorielles.' *La Place de la Stevia Rebaudiana au sein des Edulcorants d'Origine Naturelle*. Thèse. UHP - Université Henri Poincaré (2011) pp. 13-14.

Trivedi, B.P., 'The finer points of taste.' *Nature*. Vol. 486. Published by Nature Publishing Group (2012) pp. 2-3.

Wager-Pagé, S.A.; Mason, J.R.; Epple, G., 'The Role of Sensory Cues and Feeding Context in the Mediation of Pine-Needle Oil's Repellency in Prairie Voles.' *National Wildlife Research Center Repellents Conference 1995*. Proceedings of the Second DWRC Special Symposium, Denver, Colorado, August 8-10, 1995. DigitalCommons@University of Nebraska (1997) pp. 301-311.

Wilson, D.M.; Boughter, J.D.; Lemon, C.H., 'Bitter Taste Stimuli Induce Differential Neural Codes in Mouse Brain.' *Plos One: www.plosone.org.* Vol. 7/7. Published online (2012) pp. 1-15.

Zhao, G.Q.; Zhang, Y.; Hoon, M.A.; Chandrashekar, J.; Erlenbach, I., 'The receptors for mammalian sweet and umami taste.' *Cell*. Vol. 115. Cell Press (2003) pp. 255-266.

Sclafani, A., 'The sixth taste?' *Appetite*. Vol. 43/1. Published by Elsevier (2004) pp. 1-3.

La Comptabilité

Abboud Jasim, S., 'Excavations at Tell Abada – a Preliminary Report.' *Iraq*. Vol. XLV Part 2. Published by the British Institute for the Study of Iraq (1983) p. 165.

Abusch, T., 'Notes on a Pair of Matching Texts : A Sheperd's Bulla and an Owner's Receipt.' *Studies on the Civilization and Culture of Nuzi and the Hurrians*, in Honor of Ernest R. Lacheman on His Seventy-fifth Birthday. Published by Eisenbrauns (April 29, 1981) pp. 1-9.

Amiet, P., 'Approche physique de la comptabilité à l'époque d'Uruk – Les bulles-enveloppes de Suse.' *Préhistoire de la Mésopotamie*. Colloque International du Centre National de la Recherche Scientifique. Éditions du CNRS (1987) pp. 331-344.

Beale, T.W., 'Beveled Rim Bowls and their Implications for Change and Economic Organization in the Later Fourth Millennium B.C.' *Journal of Near Eastern Studies*. Vol. 37/4. Published by The University of Chicago Press (1978) pp. 289-313.

Bruins, E. M.; and Rutten, M., *Textes mathématiques de Suse*. Published by MDP. Vol. 34 (1961). See 'Around 30 mathematical tablets from late OB Susa, in SW Iran, with unsatisfactory and idiosycratic translation and commentary.' *Bibliotheca Orientalis*. Vol. 21. Published by Netherlands Institute for the Near East (1964) pp. 44-50.

Collon, D., 'Cylinder Seals in History. Period I, The Beginnings, before 3000 B.C.' *First Impressions. Cylinder Seals in the Ancient Near East*. Published by the University of Chicago Press (1987) pp. 13-19.

Damerow, P., 'Individual Development and Cultural Evolution of Arithmetical Thinking.' *Ontogeny, Phylogeny and Historical Development*. Published by Praeger (1988) pp. 125-152.

Damerow, P.; Englund, R., *Die Zahlzeichensystem der Archaischen Texten aus Uruk. Archaischen Texte aus Uruk*. Éditions M. Green and H.J. Nissen (1987) pp. 117-166.

Delougaz, P.P.; Kantor, H.J., 'New Evidence for the Prehistoric and Protoliterate Culture development of Khuzestan.' *The Memorial Volume of the Vth International Congress of Iranian Art and Archaeology: Tehran - Isfahan - Shiraz (11th-18th April 1968)*. Ministère de la Culture et des Arts (1972) pp. 14-33.

Diakonoff, I.M., 'Some Reflexions on Numerals in Sumerian towards a History of Mathematical Speculations.' *Journal of the American Oriental Society*. Vol. 103/1. Published by the American Oriental Society (1983) pp. 78-98.

Dolce, R., 'Ebla before the achievement of Palace G culture: an evaluation of the Early Syrian Archaic Period.' *Proceedings of the 4th International Congress of the Archaeology of the Near East, 29 March – 3 April 2004, Freie Universität Berlin*. Vol. 2. Social and Cultural Transformation: The Archaeology of Transitional Periods and Dark Ages. Excavation Reports. Kühne, H.; Czichon, R.M. and Kreppner, F.J, (ed.) Harrassowitz Verlag (2008) pp. 65-80.

Edzard, D.O., 'Eine altsumerische Rechentafel (OIP 14, 70).' *lishan mithurti, Festschrift von Soden*. Éditions W. Röllig (1969) pp. 101-104.

Englund, R.K., 'Accounting in Proto-Cuneiform.' *The Oxford Handbook of Cuneiform Culture*. Published by Oxford University Press (2011) pp. 32-50

Englund, R.K., 'Administrative Timekeepting in Ancient Mesopotamia.' *Journal of the Economic and Social History of the Orient*. Vol. 31/2. Published by Brill (1988) pp. 121-185.

Englund, R.K., 'An Examination of the 'Textual' Witnesses to Late Uruk World Systems.' *A Collection of Papers on Ancient Civilizations of Western Asia, Asia Minor and North Africa*. Y. Gong and Y. Chen (ed.) (2006) pp. 1-38.

Englund, R.K., 'Grain Accounting Practices in Archaic Mesopotamia.' *Changing Views on Ancient Near Eastern Mathematics*. Published by Dietrich Reimer Verlag (2001) pp. 1-35.

Englund, R.K., 'Proto-Cuneiform Account-Books and Journals.' *Creating Economic Order: Record-keeping, Standardization and the Development of Accounting in the Ancient Near East*. Published by CDL Press (2004) pp. 23-46.

Englund, R.K., 'Texts from the Late Uruk Period.' Mesopotamien : Späturuk-Zeit und Frühdynastische Zeit. *Orbis Biblicus et Orientalis*. Vol. 160/1. Universtätsverlag, Vandenhoeck & Ruprecht (1998) pp. 151-233.

Forest, J.-D., 'Gestion.' *Mésopotamie, L'apparition de l'État*. Éditions Paris-Méditerranée (1996) pp. 150-163.

Friberg, J., 'Mathematik.' *Reallexikon der Assyriologie und Vorderasiatischen Archäologie*. Published by Walter de Gruyter (1990) pp. 531-585.

Friberg, J., *Babylonian mathematics. The history of mathematics from antiquity to the present: a selective bibliography*. Published by Garland (1987-90) pp. 37-51.

Glassner, J.-J., 'Les idées reçues : l'origine comptable de l'écriture cunéiforme.' *Écrire à Sumer*. Éditions du Seuil (2000) pp. 87-112.

Hoyrup, J., 'Algebra and Naive Geometry. An Invention of some Basic Aspects of Old Babylonian Mathematical Thought.' *Altorientalische Forschungen*. Vol. 17. Akademie Verlag (1993) pp. 27-69 ; 262-354.

Hoyrup, J., 'Investigations of an early Sumerian division problem.' *Historia Mathematica*. Vol. 9. Published by Elsevier (1982) pp. 19-32.

Hoyrup, J., *In Mesure, Number and Weight. Studies in Mathematic and Culture*. Published by State University of New York Press (1994) pp. 45-57.

Ifrah, G.; Bello, D., *The Universal History of Numbers : from Prehistory ot the Invention of Computer*. Published by John Wiley & Sons (2000) pp. 23-46 ; 77-90.

Lieberman, S.J., 'Of Clay Pebbles, Hollow Clay Balls, and Writing : a Sumerian View.' *American Journal of Archaeology*. Vol. 84/3. Published by the Archaeological Institue of America (1980) pp. 339-358.

Liverani, M., *Uruk, The First City. The Administration of a Complex Economy*. Published by Equinox Publishing Ltd (2006) pp. 32-52.

Maisels, C.K., 'Corporate Citizenship.' *The Emergence of Civilization. From hunting and gathering to agriculture, cities, and the state in the Near East*. Published by Routledge (1999) pp. 169-172.

Margueron, J.-C., 'Le temps des *calculi*.' *Les Mésopotamiens*. Éditions Picard (2003) pp. 362-366.

Nissen, H .J ; Damerow, P.; Englund, R.K., *Archaic Bookkeeping – Writing and Techniques of Economic Administration in the Ancient Near East.* Translated by Paul Larsen. Published by The University Chicago Press (1993) pp. 125-151.

Opeinheim, A.L., 'On an Operational Device on Mesopotamian Bureaucracy.' *Journal of Near Eastern Studies.* Vol. 18. Published by the University of Chicago Press (1959) pp. 121-128.

Poincaré, H., 'L'invention mathématique.' *Les Grands Classiques Gauthiers-Villars.* Éditions Jacques Gabay (1993) pp. 141-151.

Pollock, S., *Ancient Mesopotamia, The Eden that Never was.* Published by Cambridge University Press (2008) pp. 78-115.

Powell, M.A., 'Metrology and mathematics in ancient Mesopotamia.' *Civilizations of the ancient Near East III.* Published by Scribner (New York 1995) pp. 1941-1958.

Powell, M.A. *Sumerian numeration and metrology.* University Microfilms. Vol. 72/14. Published by UMI (1971) p. 445.

Powell, M.A., *Masse und Gewichte, in Reallexikon der Assyriologie VII.* Published by De Gruyter (1987-1990) pp. 457-530.

Robson, E., *From Uruk to Babylon: 4500 years of Mesopotamian mathematics.* História e Educação Matemática - Proceedings I (1996) pp. 35-44.

Schmandt-Besserat, D., 'The Token System of the Ancien Near East : its Role in Counting, Writing, the Economy and Cognition.' *The Archaeology of Measurement.* Published by Cambridge University Press (Cambridge 2010) pp. 27-34.

Schmandt-Besserat, D., *Strings of Tokens and Envelopes. How Writing Came About.* Published by University of Texas Press (1996) pp. 39-54.

Woods, C., 'Visible Language, Inventions of Writing in the Ancient Middle East and Beyond.' *Oriental Institute Museum Publication*, Number 32. Published by The Oriental Institute of the University of Chicago (2010) pp. 29-69.

Le Système Olfactif

Adrian, E.D., 'Olfactory reactions in the brain of the hedgehog.' *The Journal of Physiology.* Vol. 100/4. Published by Cambridge University Press (1942) pp. 459-473.

Aristote, 'L'olfaction'. *De l'âme.* II, 9. Texte établi par A. Jannone. Traduction et notes de Barbotin. Éditions Les Belles Lettres (1995) pp. 57-58.

Aristotle, 'The Sense of Smell.' *Aristotle. In Twenty-Three Volumes. VIII. On the Soul.* With an english translation by W.S. Hett. Published by the Harvard University Press (1957) pp. 121-125.

Aubaile-Sallenave, F., 'Le Souffle des Parfums : un essai de classification des odeurs chez les Arabo-musulmans.' *Odeurs et parfums.* D. Musset et C. Fabre-Vassas. Éditions du CTHS (1999) pp. 93-115.

Ayer-Le Lièvre, C., 'Développement du Système olfactif principal.' *Physiologie sensorielle à l'usage des IAA.* Éditions TEC & Doc Lavoisier (2004) pp. 59-89.

Baccino, T.; Cabrol-Bass, D.; Candau, J.; Meyer, C.; Sheer, T.; Vuillaume, M.; Wathelet, O., 'Sharing an Olfactory Experience: The Impact of Oral

Communication.' *Food Quality and Preference*. Vol. 21/5. Published by Elsevier (2010) pp. 443-452.

Bartoshuk, L.M.; Beauchamp, G.K., 'Chemical senses.' *Annual Review of Psychology*. Vol. 45. Published by Annual Reviews (1994) pp. 419-449.

Bear, M.F.; Connors, B.W.; Paradiso, M.A.; Nieoullon, A., 'Olfaction.' *Neurosciences. À la découverte du cerveau*. 2ᵉ édition. Éditions Pradel (2002) pp. 275-287.

Beauchamp, G.K.; Katahira, K.; Yamazaki, K.; Mennela, J.A.; Bard, J; Boyse, E.A., 'Evidence suggesting that the Odortypes of Pregnant Women are a Compound of Maternal and Fetal Odortypes.' *Proceeding of the National Academy of Sciences*. Vol. 92/7. Published by the National Academy of Sciences of the United States of America (1995) pp. 2617-2621.

Bossy, J., 'Voies olfactives.' *Anatomie clinique. Neuro-anatomie*. Éditions Springer-Verlag France (1990) pp. 412-414.

Brand, G., *L'olfaction de la molécule au comportement*. Éditions Solal (2001).

Brand, G.; Millot, J.L.; Henquell, D., 'Olfaction and Hemispheric Asymmetry: Unilateral Stimulation and Bilateral Electrodermal Recordings.' *Neuropsychobiology*. Vol. 39/3. Published by Karger (1999) pp. 160-164.

Brand, J.G.; Bruch, R.C., 'Molecular Mechanisms of Chemosensory Transduction : Gustation and Olfaction.' *Fish Chemoreception*, Fish & Fisheries Series. Vol. 6. Published by Chapman & Hall (1992) pp. 126-149.

Brand, J.G.; Teeter, J.H.; Cagan, R.; Kare, M.R., *Chemical Senses : Receptor Events and Transduction in Taste and Olfaction*. Published by Dekker (1989).

Brennan, P.; Kaba, H.; Keverne, E.B., 'Olfactory Recognition: a Simple Memory System.' *Science*. Vol. 250/4985. Published by AAAS (November 1990) pp. 1223-1226.

Briand, L.; Eloit, C.; Nespoulous, C.; Bézirard, V.; Huet, J.-C.; Henry, C.; Blon, F.; Trotier, D.; Pernollet, J.-C., 'Evidence of an Odorant-Binding Protein in the Human Olfactory Mucus: Location, Structural Characterization, and Odorant-Binding Properties.' *Biochemistry*. Vol. 41/23. Published by BioMed Central (2002) pp. 7241-7252.

Brossut, R., *Phéromones. La Communication Chimique chez les Animaux*. Éditions du CNRS (1997).

Buck, L.; Axel, R., 'A Novel Multigene Family may encode Odorant Receptors: a Molecular Basis for Odor Recognition.' *Cell*. Vol. 65/1. Published by Cell Press (April 5, 1991) pp. 175-187.

Buonviso, N.; Amat, C.; Litaudon, P.; Roux, S.; Royet, J.-P.; Farget, V.; Sicard, G., 'Rhythm sequence through the olfactory bulb layers during the time window of a respiratory cycle.' *European Journal of Neuroscience*. Vol. 17. Published by the Federation of European Neuroscience Societies (2003) pp. 1811-1819.

Buonviso, N.; Chaput, M.A.; Scott, J.W., 'Mitral cell-to-glomerulus connectivity: an HRP study of the orientation of mitral cell apical dendrites.' *The Journal of comparative neurology*. Vol. 307/1. Published by the Wistar Institute of Anatomy and Biology (1991) pp. 57-64.

Buonviso, N.; Revial, M.F.; Jourdan, F., 'The Projections of Mitral Cells from Small Local Regions of the Olfactory Bulb: An Anterograde Tracing Study Using PHA-L (Phaseolus vulgaris Leucoagglutinin).' *The European journal of neuroscience.* Vol. 3/6. Published on behalf of the European Neuroscience Association by Oxford University Press (1991) pp. 493-500.

Buonviso, N.; Chaput, M.A.,'Response similarity to odors in olfactory bulb output cells presumed to be connected to the same glomerulus: electrophysiological study using simultaneous single-unit recordings.' *Journal of neurophysiology.* Vol. 63/3. Published by the American Physiological Society (1990) pp. 447-454.

Buser, P.; Imbert, M., 'L'olfaction.' *Psycho-physiologie sensorielle, Neurophysiologie fonctionnelle II.* Éditions Hermann (1982) pp. 339-381.

Cain, W.S., 'Bilateral Interaction in Olfaction.' *Nature.* Vol. 268. Published by Nature Publishing Group (1977) pp. 50-52.

Candau, J., 'Shared memory, odours and sociotransmitters or: 'Save the interaction!'' *Outlines. Critical Practice Studies.* Vol. 2. Published by Aarhus Universitet (2010) pp. 29-42.

Candau, J., 'Un sens méconnu.' *Mémoire et Expériences Olfactives : Anthropologie d'un savoir-faire Sensoriel.* Éditions Presses Universitaires de France (2000) pp. 9-32.

Candau, J., 'Quel partage des savoirs et savoir-faire olfactifs.' *Sentir. Pour une anthropologie des odeurs.* Éditions L'Harmattan (2004) pp. 59-76.

Candau, J., *Fragrances, du Plaisir au Désir.* Éditions Jeanne Laffitte (2002).

Candau, J., *The Olfactory Experience: constants and cultural variables.* Water Science & Technology. Vol. 49/9. Published by IWA Publishing (2004) pp. 11-17.

Candau, J.; Wathelet, O., 'Les catégories d'odeurs en sont-elles vraiment ?' *Pour une linguistique des odeurs, Paris.* Langages Vol. 181. Éditions Armand Colin (2011) pp. 37-52.

Chaput, M.; Holley, A., 'Olfactory Bulb Responsiveness to Food Odour during Stomach Distention in the Rat.' *Chemical Senses.* Vol. 2/2. Published by Oxford University Press (1976) pp. 189-201.

Classen, C.; Howes, D.; Synnott, A., *Aroma: the Cultural History of Smell.* Published by Routleedge (1995).

Condillac, 'Des opérations de l'entendement dans un homme borné au sens de l'odorat.' *Traité des Sensations, Traité des Animaux.* Éditions Fayard (1984) pp. 17-36.

Conzelmann, S.; Levai, O.; Bode, B.; Eisel, U.; Raming, K.; Breer, H.; Strotmann, J., 'A novel brain receptor is expressed in a distinct population of olfactory sensory neurons.' *The European Journal of neuroscience.* Vol. 12. Published by Wiley-Blackwell (2000) pp. 3926-3934.

Corbin, A., *Le Miasme et la Jonquille.* Éditions Flammarion (1998).

Davidson, R.J.; Irwin, W., 'The Functional Neuroanatomy of Emotion and Affective Style.' *Trends in Cognitive Sciences.* Vol. 3/1. Published by Elsevier Science (1999) pp. 11-21.

DeMaria, S.; Ngai, J., 'The cell biology of smell.' *Journal of Cell Biology.* Vol. 191/3. Published by the Rockefeller University Press (2010) pp. 443-452.

Dhallan, R.S.; Yau, K.W.; Schrader, K.A.; Reed, R.R., 'Primary structure and functional expression of a cyclic nucleotide-activated channel from olfactory neurons.' *Nature*. Vol. 347/6289. Published by Nature Publishing Group (1990) pp. 184-187.

Doty, R.L., *Handbook of Olfaction and Gustation*. Doty, R.L. (ed.) Published by CRC Press (2003).

Doty, R.L., 'Olfactory Communication in Humans.' *Chemical Senses*. Vol. 6/4. Published by Oxford University Press (1981) pp. 351-376.

Doty, R.L.; Gregor, T.P.; Settle, R.G., 'Influence of intertrial interval and sniff-bottle volume on phenyl ethyl alcohol odor detection thresholds.' *Chemical Senses*. Vol. 11/2. Published by Oxford University Press (1986) pp. 259-264.

Dryer, L.; Berghard, A., 'Odorant receptors : a plethora of G-protein-coupled receptors.' *Trends in Pharmacological Sciences*. Vol. 20/10. Published by Elsevier (1999) pp. 413-417.

Dulau, R.; Pitte, J.R., *Géographie des Odeurs*. Éditions L'Harmattan (1999).

Ehrlichman, H.; Bastone, L., 'Olfaction and emotion.' *Science of Olfaction*. M. Serby & K.L Chobor (ed.) Published by Springer-Verlag (1992) pp. 410-438.

Engen, T., 'La Mémoire des Odeurs.' *La Recherche*. N° 207. Éditions Sophia Publications (1989) pp. 170-177.

Engen, T., 'The acquisition of odour hedonics.' *Perfumery: the Psychology and Biology of Fragrance*. G.H. Van Toller & G.H Dodd (ed.) Chapman & Hall (1988) pp. 79-90.

Engen, T., *The Perception of Odors*. Published by Academic Press (1982).

Faivre, H., *Odorat et Humanité en Crise à l'Heure du Déodorant parfumé*. Éditions L'Harmattan (2003).

Fan, J.; Francis, F.; Liu, Y.; Chen, J.L.; Cheng, D.F., 'An Overview of Odorant-Binding Protein Functions in Insect Peripheral Olfactory Reception.' *Genetic and Molecular Research*. Vol. 10/4. Published by The Ribeirão Preto Foundation for Scientific Research (FUNPEC) (December 8, 2011) pp. 3056-3069.

Felten, D.L.; Józefowicz, R.F.; Netter, F.H., 'Le nerf olfactif et les nerfs de la cavité nasale.' *Atlas de Neurosciences humaines de Netter*. Éditions Elsevier Masson (2007) pp. 210.

Felten, D.L.; Józefowicz, R.F.; Netter, F.H., 'Les voies olfactives.' *Atlas de Neurosciences humaines de Netter*. Éditions Elsevier Masson (2007) pp. 298.

Firestein, S., 'How the olfactory system makes sense of scents.' *Nature*. Vol. 413. Nature Publishing Group (2001) pp. 211-218.

Firestein, S.; Shepherd, G.M.; Werblin, F.S., 'Time course of the membrane current underlying sensory transduction in salamander olfactory receptor neurones.' *The Journal of Physiology*. Vol. 430. Published by Cambridge University Press (1990) pp. 135-158.

Freeman, W., *Mass Action in Nervous System*. Published by Academic Press (1975).

Fulbright, R.K.; Skudlarski, P.; Lacadie, C.M.; Warrenburg, S.; Bowers, A.A.; Gore, J.C.; Wexler, B.E., 'Functional MR Imaging of Regional Brain Responses to Pleasant and Unpleasant Odors.' *American Journal of Neuroradiology*. Vol. 19/9. Published by the American Society of Neuroradiology (1998), pp. 1721-1726.

Getchell, T.V.; Bartoshuk, L.M.; Doty, R.L.; Snow, J.B., *Smell and Taste in Health and Disease*. Published by Raven Press (1991) pp. 851-862.

Ghozland, F.; Fernandez, X.; de Feydeau, E., *L'herbier parfumé : Histoires humaines des plantes à parfum*. Éditions Plume de carotte (2010).

Gibbons, B., 'The Intimate Sense of Smell.' *National Geographic Magazine*. Vol. 170/3. Published by National Geographic Society (1986) pp. 324-361.

Haberly, L.B., 'Neuronal circuitry in olfactory cortex : anatomy and functional implications.' *Chemical Senses*. Vol. 10/2. Published by Oxford University Press (1985) pp. 219-238.

Hajjar, E.; Perahia, D.; Débat, H.; Nespoulous, C.; Robert, C.H., 'Odorant-binding and Conformational Dynamics in the Odorant-binding Protein.' *The Journal of Biological Chemistry*. Vol. 281/40. Published by The American Society for Biochemistry and Molecular Biology, Inc. (2006) pp. 29929-29937.

Hanaway, J.; Woosley, T.A.; Gado, M.H.; Roberts, M.P., 'Voies olfactives.' *Atlas du cerveau. Un guide visuel du système nerveux central humain*. Éditions De Boeck Université (2001) p. 204.

Henion, K.E., 'Odor Pleasantness and Intensity: a Single Dimension?' *Journal of Experimental Psychology*. Vol. 90/2. Published by the American Psychological Association (1971) pp. 275-279.

Holley, A., 'Système olfactif et neurobiologie.' *Terrain*. Revue d'éthnologie de l'Europe. Vol. 47 URL : http://terrain.revues.org/4271 ; DOI : 10.4000/terrain.4271 (2006) pp. 107-122.

Holley, A., *Éloge de l'odorat*. Éditions Odile Jacob (1999).

Holley, A.; Sicard, G., 'Les récepteurs olfactifs et le codage neuronal de l'odeur.' *Médecine Sciences*. Vol. 11/10. Éditions EDK (1994) pp. 1091-1098.

Hudson, R.; Distel, H., 'Regional autonomy in the peripheral processing of odor signals in newborn rabbits.' *Brain Research*. Vol. 421/1-2. Published by Elsevier (1987) pp. 85-94.

Imbert, M., 'La sensibilité olfactive.' *Traité du cerveau*. Éditions Odile Jacob (2006) pp. 276-288.

Jacquet , C., 'L'esprit qui nous vient par le nez : Condillac et la statue.' *Philosophie de l'odorat*. Éditions Presses Universitaires de France (2010) pp. 367-394.

Jehl, C.; Royet, J.P.; Holley, A., 'Role of Verbal Encoding in Short – and Long – Term Odor Recognition.' *Perception and Psychophysics*. Vol. 59/1. Published by Springer (1997) pp. 100-110.

Jourdan, F.; Duveau, A.; Astic, L.; Holley, A., 'Spatial distribution of [^{14}C]2-deoxyglucose uptake in the olfactory bulb of rats stimulated with two different odours.' *Brain Research*. Vol. 188/1. Published by Elsevier (1980) pp. 139-154.

Kamina, P., 'Voies olfactives.' *Anatomie clinique*. Tome 5. Éditions Maloine (2008) pp. 78-81.

Kirk-Smith, M.D.; Van Toller, S.; Dodd, G.H., 'Unconscious Odour Conditioning in Human Subjects.' *Biological Psychology*. Vol. 17/2-3. Published by Elsevier (September-November 1983) pp. 221-231.

Krautwurst, D.; Yau, K.W.; Reed, R.R., 'Identification of ligands for olfactory receptors by functional expression of a receptor library.' *Cell*. Vol. 95/7. Published by Cell Press (1998) pp. 917-926.

Kurahashi, T., 'Activation by odorants of cation-selective conductance in the olfactory receptor cell isolated from the newt.' *The Journal of Physiology*. Published by Cambridge University Press (1989) Vol. 419, pp. 177-192.

Lacazette, E.; Gachon, A.-M.; Pitiot, G., 'A novel Human Odorant-Binding Protein Gene Family resulting from Genomic Duplicons at 9q34: Differential Expression in the Oral and Genital Spheres.' *Human Molecular Genetics*. Vol. 9/2. Published by Oxford University Press (2000) pp. 289-301.

Lardellier, P., *A Fleur de Peau. Corps, Odeurs, Parfums*. Éditions Belin (2003).

Lazorthes, G., 'Le sens de l'odorat.' *L'Ouvrage des Sens*. Éditions Flammarion (1986) pp. 47-78.

Le Bon, A.-M.; Tromelin, A.; Thomas-Danguin, T.; Briand, L. , 'Les récepteurs olfactifs et le codage des odeurs.' *Cahiers de Nutrition et de Diététique*. Vol. 43/6. Éditions Elsevier Masson (2008) pp. 282-288.

Le Guérer, A., 'Un sens mal aimé.' *Les Pouvoirs de l'Odeur*. Éditions Odile Jacob (2005) pp. 252-262.

Li, X.; Lu, D.; Liu X.; Zhang, Q.; Zhou, X., 'Ultrastructural Characterization of Olfactory Sensilla and Immunolocalization of Odorant-Binding and Chemosensory Proteins from an Ectoparasitoid Scleroderma Guani (Hymenoptera: Bethylidae).' *International Journal of Biological Sciences*. Vol. 7/6. Published by Ivyspring (2011) pp. 848-868.

Lu, X.-C.M.; Slotnick, B.M., 'Olfaction in Rats with Extensive Lesions of the Olfactory Bulbs : Implications for Odor Coding.' *Neuroscience*. Vol. 84/3. Published by Elsevier (1998) pp. 849-866.

Malnic, B.; Hirono, J.; Sato,T.; Buck, L.B., 'Combinatorial Receptor Codes for Odors.' *Cell*. Vol. 96. Published by Cell Press (1999) pp. 713-723.

Marieb, E.N., 'Epithélium de la région olfactive et odorat.' *Anatomie et physiologie humaines*. Adaptation de la 6ᵉ édition américaine par R. Lachaîne. Éditions Pearson Education France (2005) pp. 575-577.

Marieb, E.N.; Hoehn, K., 'The Olfactory Epithelium and the Sense of Smell.' *Human Anatomy and Physiology*. Seventh Edition. Published by Pearson Education (2004) pp. 578-580.

McClintock, M., 'Menstrual Synchrony and Suppression.' *Nature*. Vol. 229/5282. Published by Nature Publishing Group (1971) pp. 244-245.

Meierhenrich, U.J.; Golebiowski, J.; Fernandez, X., 'De la molécule à l'odeur. Les bases moléculaires des premières étapes de l'olfaction.' *L'Actualité Chimique*. Recherche et développement. N° 289. Éditions de la Société Chimique de France (2005) pp. 29-40.

Menini, A.; Lagostena, L.; Boccaccio, A., 'Olfaction : From Odorant Molecules to the Olfactory Cortex.' *News Physiological Sciences*. Vol. 19/3. Published by International Union of Physiological Sciences and the American Physiological Society (2004) pp. 101-104.

Picimbon, J.-F., 'Les péri-récepteurs chimiosensoriels des insectes.' *Médecine Sciences*. Vol. 18. Éditions EDK (2002) pp. 1089-1094.

Pritchard, T. C.; Alloway, K.D., 'Overview of Olfaction.' *Medical Neuroscience*. First Edition. Fence Creek Publishing (1999) pp. 266-272.

Pritchard, T. C.; Alloway, K.D., 'Vue d'ensemble de l'olfaction.' *Neurosciences médicales. Les bases neuroanatomiques et neurophysiologiques.* Éditions De Boeck Université (2002) pp. 319-326.

Proust, B., 'Vous avez dit odeur ?' *Petite géométrie des parfums.* Éditions du Seuil (2006) pp. 11-20.

Purves, D.; Augustine, G.J.; Fitzpatrick, D.; Hall, W.C.; Lamantia, A.-S.; McNamara, J.O., 'The Organization of the Olfactory System.' *Neuroscience.* Third Edition. Published by Sinaur Associates, Inc. (2004) pp. 337-354.

Purves, D.; Augustine, G.J.; Fitzpatrick, D.; Hall, W.C.; Lamantia, A.-S.; McNamara, J.O., 'L'organisation du système olfactif.' *Neurosciences.* 3e édition. Éditions De Boeck Université (2005) pp. 337-354.

Ramus, S.J.; Eichenbaum, H., 'Neural Correlates of Olfactory Recognition Memory in the Rat Orbitofrontal Cortex.' *The Journal of Neuroscience.* Vol. 20/21. Published by Society for Neuroscience (2000) pp. 8199-8208.

Rindisbacher, H. J., *The Smell of Books: A Cultural-historical Study of Olfactory Perception in Literature.* Published by University of Michigan Press (1992).

Ronnet, G.V.; Moon, C., 'G Proteins and Olfactory Signal Transduction.' *Annual Review of Physiology.* Vol. 64. Published by Annual Reviews (2002) pp. 189-222.

Sauvageot, A., 'L'olfaction.' *L'épreuve des sens. De l'action sociale à la réalité virtuelle.* Éditions Presses Universitaires de France (2003) pp. 57-59.

Schoenbaum, G.; Setlow, B., 'Integrating Orbitofrontal Cortex into Prefrontal Theory : Common Processing Themes across Species and Subdivisions.' *Learning Memory.* Vol. 8. Published by Cold Spring Harbor Laboratory Press (2001).

Sicard, G.; Holley, A. 'Receptor Cell Responses to Odorants: Similarities and Differences among Odorants.' *Brain Research.* Vol. 292/2. Published by Elsevier (1984) pp. 283-296.

Stoddart, D.M. *The Ecology of Vertebrate Olfaction.* Published by Chapman and Hall (1980).

Stoller, P., *The taste of Ethnographic Things: The Senses in Anthropology.* Published by University of Pennsylvania Press (1989).

Treolar, H.B.; Feinstein, P.; Mombaerts, P.; Greer, C.A., 'Specificity of Glomerular Targeting by Olfactory Sensory Axons.' *The Journal of Neuroscience.* Vol. 22/7. Published by The Society for Neuroscience (2002) pp. 2469-2477.

Trotier, D., 'Détection et codage de l'information des molécules odorantes par les neurones olfactifs.' *Physiologie sensorielle à l'usage des IAA.* Éditions TEC & Doc Lavoisier (2004) pp. 45-57.

Vassar, R.; Chao, S.K.; Sitcherau, R.; Nunez, J.M.; Vosshall, L.B.; Axel, R., 'Topographic Organization of Sensory Projections to the Olfactory Bulb.' *Cell.* Vol. 79/6. Published by Cell Press (1994) pp. 981-991.

Vernet-Maury, E.; Alaoui-Ismaïli, O.; Dittmar, A.; Delhomme, G.; Chanel, J., 'Basic emotions induced by odorants: a new approach based on autonomic pattern results.' *Journal of the Autonomic Nervous System.* Vol. 75/2-3. Published by Elsevier (1999) pp. 176-183.

Vieira, F.G.; Sánchez-Garcia, A.; Rozas, J., 'Comparative Genomic Analysis of the Odorant-Binding Protein Family in 12 Drosophila Genomes : purifying

Selection and Birth-and-Death Evolution.' *Genome Biology*. Vol. 8/11/R235. Published online by BioMed Central (2007).

Young, J.M.; Trask, B.J., 'The sense of smell : genomics of vertebrate odorant receptors.' *Human Molecular Genetics*. Vol. 11/10. Published by Oxford University Press (2002) pp. 1153-1160.

La Harpe

Areni, C.S.; Kim, D., 'The influence of background music on shopping behavior: Classical versus top-forty music in a wine store.' *Advances in Consumer Research*. Vol. 20. Published by the Academic Resource Center (1993) pp. 336-340

Biggs, R.D., 'The Sumerian Harp.' *The American Harp Journal*. Vol. 1/3. Published by The American Harp Society (1968) pp. 6-12.

Caubet, A., 'La Musique à Ougarit : nouveaux témoignages matériels.' *Ugarit, Religion and Culture: Proceedings of the International Colloquium on Ugarit, Religion and Culture, Edinburgh, July 1994. Essays presented in honour of Professor John C.L. Gibson.* N. Wyatt ; W. G.E. Watsonand ; J.B. Lloyd (ed.) (1996) pp. 9-31.

Chadefaux, D.; Le Carrou, J.-L.; Fabre, B.; Daudet, L.; Quartier, L., 'Experimental Study of the Plucking of the Concert Harp.' *Proceedings of 20th International Symposium on Music Acoustics* (Associated Meeting of the International Congress on Acoustics) 25-31 August, Sydney and Katoomba (2010) pp. 1-5.

Chadefaux, D.; Le Carrou, J.-L.; Buys, K.; Fabre, B.; Daudet, L., 'Étude expérimentale du pincement d'une corde de harpe.' *Actes du 10ème Congrès Français d'Acoustique, Lyon, 12-16 Avril 2010.* Publié en ligne (2010).

Chadefaux, D.; Le Carrou, J.-L.; Fabre, B.; Daudet, L., 'Experimentally based description of harp plucking.' *Journal of Acoustical Society of America*. Vol. 131/1. Published by the Acoustical Society of America, Melville (2012) pp. 844-855.

Collon, D., 'La musique dans l'art mésopotamien.' *Dossiers d'Archéologie*. N° 310. Éditions Faton (2006) pp. 6-15.

Delalleau, A.; Josse, G.; Lagarde, J.M., 'Un modèle hyperélastique à réorientation de fibres pour l'analyse des caractéristiques mécaniques de la peau.' *9ème Colloque Nationale en Calcul des Structures, Giens 2009.* Communication publiée en ligne.

Delougaz, P.; Kantor, H., 'Choga Mish - Volume I - The First Five Seasons of Excavations, 1961-1971.' *The University of Chicago – Oriental Institute Publications*. A. Alizadeh (ed.) Vol. 101. Published by the Oriental Institute of Chicago (1996) Plate 45-N.

Delougaz, P.P.; Kantor, H.J., 'New Evidence for the Prehistoric & Protoliterate culture development of Khuzestan.' *The Memorial Volume of the Vth International Congress of Iranian Art & Archaeology*. Tehran - Isfahan - Shiraz. 11th - 18th April 1968. Vol. 1. Special Publication of the Ministry of Culture and Arts, Tehran (1972) pp. 14-33.

Dubé, L.; Chebat, J.-C.; Morin, S., 'The effects of background music on consumers desire to affiliate in buyer-seller interactions.' *Psychology and Marketing*. Vol. 12/4. Published by Wiley-Blackwell (1995) pp. 305-319.

Dumbrill, R., 'Appendix.' *A Queen's Orchestra at the Court of Mari: New Perspectives on the Archaic Instrumentarium in the Third Millenium*. M. Marcetteau. ICONEA Proceedings 2008 (2008) pp. 73-75.

Dumbrill, R., 'Harps.' *The Archaeomusicology of the Ancient Near East*. Trafford Publishing (2005) pp. 179-226.

Dumbrill, R., *Götterzahlen and Scale Structure* (1997).

Dumbrill, R., *Music Theorism in Ancient World*. ICONEA Proceeding 2009-2010 (2010) pp. 107-132.

Erman, A.; Ranke, H., 'Les divertissements.' *La civilisation égyptienne*. Éditions Payot (1985) p. 318.

Farmer, H.G., 'The Music of Ancient Mesopotamia.' *New Oxford History of Music. Ancient and Oriental Music*. Vol. 1. Published by Oxford University Press (1957) pp. 228-254.

Frankfort, H., *Kingship and the Gods, a Study of Ancient Near Eastern religion as the Integration of Society and Nature*. Published by the University of Chicago Press (1948).

Galpin, F.W., 'The Sumerian Harp of Ur.' *Music & Letters*. Vol. 10/2. Published by the Oxford University Press (1929) pp. 108-123.

Glattauer, A., *À l'origine de la harpe*. Éditions Buchet-Chastel (1999) pp. 13-23.

Guéguen, N.; Jacob, C.; Lourel, M.; Le Guellec, H., 'Effect of Background Music on Consumer's Behavior: A Field. Experiment in a Open-Air Market.' *European Journal of Scientific Research*. Vol. 16/2. Published by the Scientific Research Platform – SRP (2007) pp. 268-272.

Hartmann, H., *Die Musik der Sumerischen Kultur*. Frankfurt am Main (1960).

Helmholtz, H.L.F., *On the sensations of tone, as a physiological basis for the Theory of Music*. Third Edition. Published by Longmans, Green and Co. (1865) reprinted by permission of Dover Publication, Inc. (1954).

Ivanov, V.V., 'An Ancient Name of the Lyre.' *Archiv Orientální*. Vol. 67. Published by the Oriental Institute, Academy of Sciences of the Czech Republic (1999) pp. 585-600.

Joannès, F., 'Musique.' *Dictionnaire de la civilisation mésopotamienne*. Éditions Robert Laffont (2001) pp. 545-546.

Kilmer, A., 'The Cult Song with Music from Ancient Ugarit: Another Interpretation.' *Revue d'Assyriologie et d'Archéologie Orientale*. Vol. 68. Éditions Presses Universitaires de France (1974) pp. 69-82.

Kilmer, A., 'The Discovery of an Ancient Mesopotamian Theory of Music.' *Proceedings of the American Philosophical Society*. Vol. 115. The American Philosophical Society (1971) pp. 131-149.

Kilmer, A., 'Musik. A. I. In Mesopotamien.' *Reallexikon der Assyriologie und Vorderasiatischen Archäologie*. Vol. 8. De Gruyter (1997) pp. 463-482.

Kilmer, A.; Crocker, R.L.; Brown, R.R., *Sounds from Silence: Recent Discoveries in Ancient Near Eastern Music*. Bit Enky Publications (1976).

Koitabashi, M., 'Music in the Texts from Ugarit.' *Ugarit-Forschungen*. Vol. 30. Ugarit-Verlag, Münster. Hubert & Co (1996) pp. 363-396.

Krispijn, T.J.H., 'Beitrage zur altorientalischen Musikforschung 1. Âulgi und die Musik.' *Akkadica*. Vol. 70. Assyriological Center Georges Dossin (1990) pp. 1-27.

Lawergren, B., 'Acoustics and Evolution of Arched Harps.' *The Galpin Society Journal*. Vol. 34. Published by the Galpin Society (Oxford 1981) pp. 110-129.

Lawler, A., 'Murder in Mesopotamia.' *Science*. Vol. 317/5842. Published by AAAS (2007) pp. 1164-1165.

Lupton, C.J.; Huston, J.E.; Craddock, B.F.; Pfeiffer, F.A.; Polk, W.L., 'Comparison of three systems for concurrent production of lamb meat and wool.' *Small Ruminant Research*. Vol. 62/2. Official Journal of the International Goat Association. Published by Elsevier (2007) pp. 133-140.

Malamat, A., 'Musicians from Hazor and Mari.' *Semitic and Assyriological studies presented to Pelio Fronzaroli*. Harrassowitz Verlag (2003) pp. 355-357.

Marcetteau, M., 'La musique au Proche-Orient ancien : l'approche des musicologues.' *Dossiers d'Archéologie*. N° 310. Éditions Faton (2006) pp. 4-5.

Marcetteau, M., *A Queen's Orchestra at the Court of Mari : New Perspectives on the Archaic Instrumentarium in the Third Millenium*. ICONEA proceedings 2008 (2008) pp. 67-73.

McMahon, A., 'Report on the Excavations at Tell Brak, 2008.' *Newsletter of the British Institute for Study of Iraq*. Vol. 22. Published by the British Institute for Study in Irak (2008) pp. 6-12.

McMahon, A., 'Tell Brak 2007.' *Final Report*. Published online (2007) pp. 1-7.

Menze, B.H.; Ur, J.A., 'Mapping patterne of long-term settlement in Northern Mesopotamia at a large scale.' *Proceeding of the National Academy of Sciences – PNAS*. Early Publication. Published by the National Academy of Sciences of the United States of America (2011) pp. 1-10.

Muldma, M., 'La musique comme langue de communication dans le dialogue des cultures.' *Synergies - Pays Riverains de la Baltique*. N° 6. Revue de Gerfint (2009) pp. 249-262.

Muldma, M., 'Music as a Meeting Point of Cultures'. *Education in Multicultural Environment, Dialogue of Cultures - Possibility or Inevitability ?* Tome II. Tallinn University (2009) pp. 287-299.

Nemet-Nejat, K.R., 'Music.' *Daily life in Ancient Mesopotamia*. Published by Greenwood Press (1998) pp. 167-170.

Oates, J., 'Archaeology in Mesopotamia: Digging Deeper at Tell Brak.' *Albert Reckitt Archaeological Lecture*. Published by the British Academy (2004).

Oates, J.; Oates, D., 'The Reattribution of Middle Uruk Materials at Brak.' *Leaving No Stones Unturned, Essays on the Ancient Near East and Egypt in Honor of Donald P. Hansen*. Published by Eisenbrauns (2002) pp. 145-154.

Oates, J.; Oates, D., 'The Role of Exchange Relations in the Origins of Mesopotamian Civilization.' *Explaining social change: studies in honour of Colin Renfrew*. Published by the McDonald Institute for Archaeological Research, University of Cambridge (2004) pp. 177-192.

Oates, J.; Oates, D., 'An Open Gate: Cities of the Fourth Millennium BC (Tell Brak 1997).' *Cambridge Archaeological Journal*. N° 7. Published by The Cambridge University Press (1997) pp. 287-297.

Osses Adams, L., 'Sumerian Harp from Ur.' *The American Harp Journal*. Vol. 19/2. Published by the American Harp Society (2003) pp. 9-13.

Rebatet, L., *Les Orchestres de Sumer. Une histoire de la musique*. Éditions Robert Laffont (1973) pp. 17-29.

Risset, J.-C., 'La musique et les sons ont-ils une forme ?' *La Recherche*. Vol. 305. Éditions Sophia Publications (1998) pp. 98-102.

Rival, M., 'Les instruments de musique au 4ᵉ millénaire.' *Les grandes inventions*. Éditions Larousse (1994) pp. 40-41.

Ruwet, N., 'Musicologie et linguistique.' *Étude international sur les tendances principales de la recherche dans les sciences de l'homme*. Unesco/SS/41/3.244.1/h/24 (1966).

Schaeffner, A., 'Travail et jeu.' *Origine des instruments de musique*. Éditions EHESS (1994) pp. 95-108.

Seidel, H., 'Musik und Religion. Altes und Neues Testament.' *Theologische Realenzyklopädie*. Vol. 23. Éditions de Gruyter (1994) pp. 441-446.

Selz, G.J., 'The Holy Drum, the Spear, and the Harp: Towards an Understanding of the Problems of Deification in Third Millennium Mesopotamia.' *Sumerian Gods and Their Representations*. Published by STYX Publications (1997) pp. 167-213.

Shehata, D., 'Les instruments de musique au Proche-Orient Ancien.' *Dossiers d'Archéologie*. N° 310. Éditions Faton (2006) pp. 16-22.

Sloboda, J.A. 'The Musical Mind, The Cognitive Psychology of Music.' *Oxford Psychology Series*. N° 5. Published by Clarendon Press (1994).

Soltysiak, A., 'Preliminary Report on Human Remains from Tell Majnuna (spring 2007).' *Excavations at Tell Brak 2006-2007*. Published by the British Institute for Study in Irak (2007) pp. 161-163.

Soltysiak, A., 'Short Fieldwork Report: Tell Majnuna (Syria), Season 2006.' *Bioarchaeology of the Near East*. Vol. 2. Published online on www.anthropology.uw.edu.pl (2008) pp. 77-94.

Spycket, A., 'La musique instrumentale mésopotamienne.' *Journal des savants*. Vol. 3. Publication de l'Académie des Inscriptions et Belles Lettres. Diffusion De Boccard (1972) pp. 158-162.

Tillmann, B., 'La musique, un langage universel ?' *Pour la Science*. N° 373. Éditions Belin (2008) pp. 124-138.

Valette, C.; Cuesta, C., *Mécanique de la corde vibrante*. Éditions Hermès (1993).

Wilson, S., 'The effect of music on perceived atmosphere and purchase intentions in a restaurant.' *Psychology of Music*. Vol. 31/1. Published by Sage Publications (2003) pp. 93-112.

Le Système Auditif

Alexander C.; Meyer, A.C. et al., 'Tuning of synapse number, structure and function in the cochlea.' *Nature Neuroscience*. Vol. 12/4. Nature Publishing Group (2009) pp. 444-453.

Arnold, W.; Anniko, M., 'Supporting and membrane structures of human outer hair cells: evidence for an isometric contraction.' *ORL - Journal for Oto-Rhino-*

Laryngology and its related specialties. Vol. 51/6. Published by Karger (1989) pp. 339-353.

Ashmore, J., 'Cochlear Outer Hair Cell Motility.' *The American Physiological Society.* Vol. 88. Published by Wiley & Sons (2008).

Ashmore, J. et al., 'The remarkable cochlear amplifier.' *Hearing Research. Vol.* 266. Published by Elsevier (2010) pp. 1-17.

Bear, M.F.; Connors, B.W.; Paradiso, M.A.; Nieoullon, A., 'Physiologie de la cochlée.' *Neurosciences. À la découverte du cerveau.* 2e édition. Éditions Pradel (2002) pp. 370-389.

Bremond, G. A., 'Aspect général du labyrinthe et de son contenu conjonctif.' *L'oreille dans le temporal. Anatomie descriptive, topographique et systématisation.* Éditions Solal (1994) pp. 14-44.

Breuskin, I.; Bodson, M.; Thelen, N.; Thiry, M.; Nguyen, L.; Belachew, S.; Lefebvre, P.P.; Malgrange, B., 'Strategies to regenerate hair cells: Identification of progenitors and critical genes.' *The Journal of Hearing Research.* Vol. 236/1-2. Published by Elsevier (2007) pp. 1-10.

Brownell, W.E., 'Outer Hair Cell Electromotility and Otoacoustic Emissions.' *Ear Hear.* Vol. 11/2. Published by Williams & Wilkins (1990) pp. 82-92.

Brownell, W.E.; Spector, A. A.; Raphael, R. M.; Popel, A. S., 'Micro and nanomechanics of the cochlear outer hair cell.' *Annual Review Biomedical Engineering.* Vol. 3. Published by Annual Reviews (2001) pp. 169-194.

Buser, P.; Imbert, M., 'General structure of the sounds of musical instruments.' *Audition. The Physiological Psychology of Hearing.* Vol. 3. Massachusetts Institute of Technology (1992) pp. 95-111.

Cai, H.; Shoelson, B.; Chadwick, R.S., 'Evidence of Tectorial Membrane Radial Motion in a Propagating Mode of a Complex Cochlear Model.' *PNAS (Proceedings of the National Academy of Sciences).* Vol. 1/16. Published by the National Academy of Sciences of the United States of America (2004) pp. 6243-6248.

Corey, D. P.; Hudspeth, A. J., 'Ionic basis of the receptor potential in a vertebrate hair cell.' *Nature.* Vol. 281/5733. Published by Macmillan Journals Ltd (1979) pp. 675-677.

Dallos, P., 'The Active Cochlea.' *The Journal of Neuroscience.* Vol. 12/12. Published by The Society for Neuroscience (Washington 1992) pp. 4575-4585.

DeRosier,; D. J. Tilney, L. G., 'The Structure of the Cuticular Plate, an In Vivo Actin Gel.' *The Journal of Cell Biology.* Volume 109/6. Published by the Rockefeller University Press (1989) pp. 2853-2867.

Dulguerov, P.; Brownell, W. E., 'Physiologie cochléaire.' *Précis d'audiophonologie et de déglutition. L'oreille et les voies de l'audition.* Vol. 1. Éditions Solal (2005) pp. 57-79.

Eddine, C.A.; Williams, M.; Ayache, D., 'Radio-anatomie utile de l'oreille.' *Journal of Radiology.* Vol. 87. Éditions Elsevier Masson (2006) pp. 1728-1742.

Edeline, J.-M., 'Anatomie et physiologie des voies auditives centrales : le système thalamo-cortical - L'oreille et les voies de l'audition'. *Précis d'audiophologie et de déglutition.* Tome I. Éditions Solal (2005) pp. 97-110.

Etournay, R.; Lepelletier, L.; Boutet de Monvel, J.; Michel, V.; Cayet, N.; Leibovici, M.; Weil, D.; Foucher, I.; Hardelin, J.-P.; Petit, C., 'Cochlear outer hair cells indergo an apical circumference remodeling constrained by the hair bundle shape.' *Development.* Vol. 137. Published by The Company of Biologists Ltd (2010) pp. 1373-1383.

Fettiplace, R.; Hackney, C.M., 'The sensory and motor roles of auditory hair cells.' *Nature Reviews Neuroscience.* Vol. 7. Published by Macmillan Journals Ltd (2006). pp. 19-29.

Forge. A.; Wright, T., 'The molecular architecture of the inner ear.' *British Medical Bulletin.* Vol. 63. Published by The British Council (2002) pp. 5-24.

Fraisse, P., 'L'anticipation des stimuli rythmiques. Vitesse d'établissement et précision de la synchronisation.' *L'année psychologique.* Vol. 66/1. Éditions Armand Colin (1966) pp. 15-36.

Fridberger, A.; Boutet de Monvel, J.; Zheng, J.; Hu,N.; Zou, Y.; Ren, T.; Nuttall,A., 'Organ of Corti Potentials and the Motion of the Basilar Membrane.' *The Journal of Neuroscience.* Vol. 2/45. Published by Wiley & Sons (2004) pp. 10057-10063.

Fuchs, P.A., 'Time and intensity coding at the hair cell's ribbon synapse.' *Journal of Physiology.* Vol. 566/1. Published by The Physiological Society (2005) pp. 7-12.

Furness, D.N.; Mahendrasingam, S.; Ohashi, M.; Fettiplace, R.; Hackney, C.M., 'The Dimensions and Composition of Stereociliary Rootlets in Mammalian Cochlear Hair Cells: Comparison between High- and Low-Frequency Cells and Evidence for a Connection to the Lateral Membrane.' *The Journal of Neuroscience.* Vol. 28/25. Published by the Society for Neuroscience (2008) pp. 6342-6353.

Ghaffari, R.; Aranyosi, A.J.; Freeman, D.M., 'Longitudinaly propagating traveling waves of the mammalian tectorial membrane.' *PNAS (Proceedings of the National Academy of Sciences).* Vol. 104/42. Published by the National Academy of Sciences of the United States of America (2007) pp. 16510-16515.

Ghaffari, R.; Aranyosi, A.J.; Richardson, G.P.; Freeman, D.M., 'Tectorial membrane travelling waves underlie abnormal hearing in Tectb mutant mice.' *Nature Communications.* Vol. 1/96. Published by Nature Publishing Group (2010) pp. 1-6.

Gummer, A.W.; Hemmert, W.; Zenner, H.P., 'Resonant tectorial membrane motion in the inner ear: Its crucial role in frequency tuning.' *PNAS* (*Proceeding of the National Academy of Sciences) Neurobiology.* Vol. 93. Published by the National Academy of Sciences of the United States of America (1996) pp. 8727-8732.

Hanaway, J.; Woosley, T.A.; Gado, M.H.; Roberts, M.P., 'Voies de l'audition.' *Atlas du cerveau. Un guide visuel du système nerveux central humain.* Éditions De Boeck Université (2001) pp. 206-207.

Helmholtz, H.L.F., *On the Sensations of Tone as a Physiological basis for a Theory of Music.* Third Edition. Published by Longmans, Green, and Co. Aberdeen University Press (1895) reprinted by permission of Dover Publication, Inc. (1954).

Hemmert, W.; Zenner, H-P.; Gummer, A. W., 'Three-Dimensional Motion of the Organ of Corti.' *Biophysical Journal.* Vol. 78. Published by Cell Press (2000) pp. 2285-2297.

Imbert, M., 'L'oreille et l'audition.' *Traité du cerveau*. Éditions Odile Jacob (2006) pp. 233-248.

Kamina, P., 'Voies cochléaires.' *Anatomie clinique*. Tome 5. Éditions Maloine (2008) pp. 78-81.

Lewald, J.; Karnath, H-O., 'Vestibular Influence on Human Auditory Space Perception.' *Journal of Neurophysiology*. Vol. 84/2. Published by The American Physiological Society (2000) pp. 1107-1111.

Lim, D., 'Cochlear anatomy related to cochlear micromechanics'. *Journal of Acoustical Society of America*. Vol. 67/5. Published by the Acoustical Society of America, Melville (1980) pp. 1686-1695.

Lim, K.M.; Steele, C.R., 'A three-dimensional nonlinear active cochlear model analyzed by the WKB-numeric method.' *Hearing Research*. Vol. 170. Published by Elsevier (2002) pp. 190-205.

Augusto, L.S.C.; Kulay, L.A.; Franco, E.S., 'Audition and exhibition to toluene - a contribution for the theme.' *International Archives of Otorhinolaryngology*. Vol. 16/2. Open Access Journal (2012) pp. 246-258.

Lukashkin, A.N.; Lukashkina, V.A.; Legan, P.K.; Richardson, G.P.; Russell, I.J.; 'Role of the Tectorial Membrane Revealed by Otoacoustic Emissions.' *Journal of Neurophysiology*. Vol. 91/1. Published by The American Physiological Society (2004) pp. 163-171.

Marieb, E.N., 'Oreille : ouïe et équilibre.' *Anatomie et physiologie humaines*. Adaptation de la 6e édition américaine par R. Lachaîne. Éditions Pearson Education France (2005) pp. 599-608.

Marieb, E.N.; Hoehn, K., 'The Ear: Hearing and Balance.' *Human Anatomy and Physiology*. Seventh Edition. Published by Pearson Education (2004) pp. 583-592.

Nam, J.H.; Fettiplace, R., 'Force Transmission in the Organ of Corti Micromachine.' *Biophysical Journal*. Vol. 98. Published by Cell Press (2010) pp. 2813-2821.

Nilsen, K.E.; Russell, I.J., 'Timing of cochlear feedback: spatial and temporal representation of atone across the basilar membrane.' *Nature Reviews Neuroscience*. Vol. 2/7. Published by Macmillan Journals Ltd (1999) pp. 642-648.

Pritchard, T. C.; Alloway, K.D., 'Système auditif.' *Neurosciences médicales. Les bases neuroanatomiques et neurophysiologiques*. Éditions De Boeck Université (2002) pp. 277-298.

Pritchard, T.C.; Alloway, K.D., 'Auditory System.' *Medical Neuroscience*. First Edition. Fence Creek Publishing (1999) pp. 229-247.

Purves, D. Augustine, G. J. Fitzpatrick, D. Katz, L. C. Lamantia, A.S. McNamara, J.O., 'Le système auditif.' *Neurosciences*. Traduction de la 3e édition américaine par Jean-Marie Coquery. Éditions De Boeck (2005) pp. 283-314.

Purves, D.; Augustine, G.J.; Fitzpatrick, D.; Hall, W.C.; Lamantia, A.-S.; McNamara, J.O., 'The Auditory System.' *Neuroscience*. Third Edition. Published by Sinaur Associates Inc. (2004) pp. 283-314.

Purves, D.; Augustine, G.J.; Fitzpatrick, D.; Hall, W.C.; Lamantia, A.-S.; McNamara, J.O., 'Le système auditif.' *Neurosciences*. 3e édition. Éditions De Boeck Université (2005) pp. 283-314.

Raphael, Y.; Altschuler, R.A., 'Structure and innervation of the cochlea.' *Brain Research.* Vol. 60. Published by Elsevier (2003) pp. 397-422.

Ren, T., 'Longitudinal pattern of basilar membrane vibration in the sensitive cochlea.' *Proceeding of the National Academy of Sciences.* Vol. 99/26. Published by the National Academy of Sciences of the United States of America (2002) pp. 17101-17106.

Richardson, G.P.; Lukashkin, A.N.; Russell, I.J., 'The tectorial membrane: One slice of a complex cochlear sandwich.' *Current Opinion in Otolaryngology & Head and Neck Surgery.* Vol. 16/5. Published by Lippincott Williams & Wilkins (2008) pp. 458-464.

Rival, M., 'Musique et mathématiques.' *Les grandes inventions.* Éditions Larousse (1994) p. 40.

Safieddine, S.; El-Amraoui, A.; Petit, C., 'The Auditory Hair Cell Ribbon Synapse: From Assembly to Function.' *Annual Review of Neuroscience.* Vol. 35. Published by Annual Reviews (2012) pp. 509-528.

Santos-Sacchi, J., 'Functional motor microdomains of the outer hair cell lateral membrane.' *Pflügers Archiv European Journal of Physiology.* Vol. 445. Published by Springer (2002) pp. 331-336.

Shoelson, B.; Dimitriadis, E.K.; Cai,H.; Kachar, B.; Chadwick, R.S., 'Evidence and Implications of Inhomogeneity in Tectorial Membrane Elasticity.' *Biophysical Journal.* Vol. 87. Published by Rockefeller University Press (2004) pp. 2768-2777.

Stepanyan, R.; Belyantseva, I.A.; Griffith, A.J.; Friedman. T,B.; Frolenkov. G.I., 'Auditory mechanotransduction in the absence of functional myosin-Xva.' *The Journal of Physiology.* Vol. 576/3. Published by the Cambridge University Press (2006) pp. 801-808.

Temchin, A.N.; Recio-Spinoso, A.; Cai, H.; Ruggero, M.A., 'Traveling Waves on the Organ of Corti of the Chinchilla Cochlea: Spatial Trajectories of Inner Hair Cell Depolarization Inferred from Responses of Auditory-Nerve Fibers.' *The Journal of Neuroscience.* Vol. 32/31. Published by The Society for Neuroscience (2012) pp. 10522-10529.

Tilney, L.G.; Derosier, D.J.; Mulroy, M.J., 'The Organization of Actin Filaments in the Stereocilia of Cochlear Hair Cells.' *The journal of Cell biology.* Vol. 86/1. Published by the Rockefeller University Press (1980) pp. 244-259.

Tsuprun, V.; Santi, P., 'Ultrastructural organization of proteoglycans and fibrillar matrix of the tectorial membrane.' *Hearing Research.* Vol. 110/1-2. Published by Elsevier (1997) pp. 107-118.

Ulfendahl, M.; Flock, A., 'Outer Hair Cells Provide Active Tuning in the Organ of Corti.' *Physiology. News in Physiological Sciences.* Vol. 13. Published by Waverly Press (1998) pp. 107-111.

Verpy, E.; Leibovici, M.; Michalski, N.; Goodyear, R.; J. Houdon, C.; Weil, D.; Richardson, G. P.; Petit, C., 'Stereocilin connects outer-hair-cell stereocilia to one another and to the tectorial membrane.' *The Journal of Comparative Neurology.* Vol. 519/2. Published by the Wistar Institute of Anatomy and Biology (2011) pp. 194-210.

Vranceanu, F.; Perkins, G.A.; Terada, M.; Chidavaenzi, R.L.; Ellisman, M.H.; Lysakowski, A., 'Striated organelle, a cytoskeletal structure positioned to modulate hair-cell transduction.' *PNAS (Proceeding of the National Academy of Sciences)*. Vol. 109/12. Published by the National Academy of Sciences of the United States of America (2012) pp. 4473-4478.

Yu, N.; Zhao, H-B., 'Modulation of Outer Hair Cell Electromotility by Cochlear Supporting Cells and Gap Junctions.' *Plos One : www.plosone.org*. Vol. 4/11. Published online (2009).

Zetes, D.E.; Steele, C. R., 'Fluid-structure interaction of the sterocilia bundle in relation to mechanotransduction.' *Journal of Acoustical Society of America*. Vol. 101/6. Published by the Acoustical Society of America (1997) pp. 3593-3601.

Zheng, J.; Shen, W.; He, D.Z.Z.; Long, K.B.; Madison, L.D.; Dallos, P., 'Prestin is the motor protein of cochlear outer hair cells.' *Nature*. Vol. 405. Nature Publishing Group (2000) pp. 149-155.

Le Métier à Tisser Vertical

Algaze, G., 'The Prehistory of Imperialism: The Case of Uruk Period Mesopotamia.' *Uruk Mesopotamia and Its Neighbors*. Mitchell Rothman. School of American Research Press (2001) pp. 27-84.

Algaze, G., 'The Uruk expansion: Cross-Cultural Exchange in Early Mesopotamian Civilization.' *Current Anthropology*. Vol. 30. Published by the University of Chicago Press (1989) pp. 571-608.

Algaze, G., *The Uruk World-System: The Dynamics of Expansion of Early Mesopotamian Civilization*. The University of Chicago Press (1993).

Amiet, P., *Glyptique susienne. Des origines à l'époque des Perses Achéménides. Cachets, sceaux-cylindres et empreintes antiques découverts à Suse de 1913 à 1967*. Empreintes de sceaux cylindres représentant un métier à tisser horizontal. Vol. 1 - Pl. 105/673 ; Vol. 2 - Pl. 82/673. Vol. I/II. Éditions Geuthner (1972).

Amiet, P., *La glyptique mésopotamienne archaïque*. Illustrations d'empreintes de sceaux-cylindres représentant des scènes de tissage et de filage. Pl. 16/275 ; Pl. 18/306 ; Pl. 19/319. Éditions du CNRS (1980).

Badler, R.V., 'The Chronology of Uruk Artifacts from Godin Tepe in Central Western Iran and Implications for the Interrelationships Between the Local and Foreign Cultures.' Artifacts of Complexity: Tracking the Uruk in the Near East. J.N. Postgate (ed.) *Iraq Archaeological Reports*. Vol. 5. Published by the British Institute for the Study of Iraq (2002) pp. 79-109.

Baltali, S., *Domestic Architecture, Use of Space and Social Organization in Uruk PeriodNorthern Mesopotamia*. ASOR (American Schools of Oriental Research Newsletter). Vol. 55/2. Published by ASOR (2005) pp. 15-16.

Barber, E.W., *Prehistoric Textiles. The Development of Cloth in the Neolithic and Bronze Ages, with special reference to the Aegean*. Princeton University Press (1991).

Barber, E.W., *The First 20,000 Years: Women, Cloth, and Society in Early Times*. Published by W.W. Norton & Company (1995).

Blackman M. J., 'Chemical Characterization of Local Anatolian and Uruk Style Sealing Clays from Hacinebi.' *Paléorient*. Vol. 25/1. Éditions CNRS (1999) pp. 51-56.

Bodet, C., *L'apparition de l'élevage en Anatolie : un reflet de la structure économique et sociale du Néolithique d'Asie antérieure.* Thèse de doctorat, sous la direction de Jean-Daniel Forest, présentée à l'Université de la Sorbonne (2008).

Braidwood, L.S.; Braidwood, R.J.; Howe, B.; Reed, C.A.; Watson, P.J., *Prehistoric Archeology Along the Zagros Flanks.* Oriental Institute of the University of Chicago. OIP 105 (1983).

Breniquet, C., 'Le métier à tisser à pesons.' *Essai sur le tissage en Mésopotamie. Des premières communautés sédentaires au milieu du IIIe millénaire.* Éditions de Boccard (2008) pp. 149-175.

Breniquet, C.; Mintsi, E., 'Le peintre d'Amasis et la glyptique Mésopotamienne pré et protodynastique. Réflexions sur l'iconographie du tissage et sur quelques prototypes orientaux méconnus.' *Revue des Études Anciennes*. Vol. 102/3-4. Éditions Maison de l'Archéologie (2000) pp. 333-360.

Broudy, E., 'The Warp-weighted Loom.' *The Book of Looms*. Published by University of New England (1979) pp. 23-37.

Cardon, D.; Feugère, M., (dir.), 'Archéologie des textiles : méthodes, acquis, perpectives.' *Archéologie des textiles des origines au Ve siècle. Actes du colloque de Lattes, octobre 1999.* Éditions Mergoil (1999) pp 5-14.

Diderot, D., *A Diderot Pictorial Encyclopedia of Trades and Industry: Manufacturing and the technical Arts in Plates Selected from 'L'Enclyclopédie, ou dictionnaire Raisonné des Sciences des Arts et des Métiers'.* 2 Vols. Edited by Charles Coulston Gillispie (1959).

Ducos, P., 'Archéozoologie quantitative. Les valeurs numériques immédiates à Çatal Hüyük.' *Cahiers du quaternaire*. N° 12. Éditions du CNRS (1988).

Ducos, P., 'Proto-élevage et élevage au Levant sud au VIIe millénaire B.C. Les données de la Damascène.' *Paléorient*. Vol. 19/1. Éditions du CNRS (1993) pp. 153-173.

Forest, J.-D., 'L'expansion urukéenne : notes d'un voyageur.' *Paléorient*. Vol. 25/1. Éditions du CNRS (2000) pp. 141-149.

Frankfort, H., 'Winding the warp' scene. Impression for seal N° 344, Pl. 34. Impression from seal N° 344 Pl. 34.' *Stratified cylinder seals from the Diyala region.* Published by the University of Chicago press (1955).

Galice, R., *La technique de A... à X... de la tapisserie de haute et basse lice et du tapis de Savonnerie.* Éditions Lettres Libres (1990).

Gleba, M., 'Textile Production in Early Etruscan Italy: Working Towards a Better Understanding of the Craft in its Historic, Social, and Economic Contexts.' *Etruscan Studies. Journal of the Etruscan Foundation.* Vol. 10/1. University of Copenhagen (2007) pp. 3-9.

Hoffmann, M., 'The living tradition of the warp-weighted loom in Nordic countries.' *The warp-weighted loom. Studies in the History and Technology of an Ancient Implement.* Robin and Russ Handwearvers. Reprint of the 1964 edition. Universitetsforlaget – Norwegian Research Council for Science and the Humanities (1974) pp. 23-150.

Huot, J.-L., 'La Mésopotamie du Nord à l'époque de Gawra.' *Une archéologie des Peuples du Proche-Orient. Tome 1.* Éditions Errance (2004) pp. 92-94.

Jarry, M., *La Tapisserie des origines à nos jours.* Éditions Hachette (1968).

Joannès, F.; Michel, C., 'Tissage.' *Dictionnaire de la civilisation Mésopotamienne.* Éditions Robert Laffont (2001) pp. 854-856.

Jurgens, M. H., *Animal Feeding and Nutrition.* 9th (ed.) Published by Kendall Hunt (2002).

Kliot. J., *The Vertical Loom: Principles and Construction.* Lacis publication (1989).

Kott, R., 'Sheep Nutrition.' *Livestock Feeds and Feeding.* Kellems, R. O., and D. C. Church. 4th (ed.) Published by Prentice Hall Career & Technology (1998).

Lindemeyer, E.; Martin, L., *Uruk. Kleinfunde III.* Deutsches archälogisches Institut. Verlag Philipp Von Zabern (1993).

Ling Roth, H., *Studies in Primitive Looms.* 3rd Edition. Published by Ruth Bean Publishers (1977).

Liverani, M., *Uruk, the first City.* Published by Equinox (2006).

Maisels, C.K., *The Near East. Archaeology in the Cradle of Civilization.* Published by Routledge (1993).

Maisels, C.K., *The emergence of civilization. From hunting and gathering to agriculture, cities and the state in the Near East.* Published by Routledge (1990).

Martensson, L.; Andersson, E.; Nosch, M.-L.; Batzer, A., 'Technical Report Experimental Archaeology.' 'Part 4 Spools.' *Tools and Textiles. Texts and Contexts.* The Danish National Research Foundation's Centre for Textile Research. University of Copenhagen - CTR (2007) pp. 1-16.

Martensson, L.; Andersson, E.; Nosch, M-L.; Batzer, A., 'Technical Report Experimental Archaeology.' 'Part 2:2 Whorl or bead ?' *Tools and Textiles – Texts and Contexts.* The Danish National Research Foundation's Centre for Textile Research. University of Copenhagen - CTR (2006) pp. 1-13.

Martensson, L.; Andersson, E.; Nosch, M-L.; Batzer, A., 'Technical Report Experimental Archaeology.' Part 2:1 flax.' *Tools and Textiles. Texts and Contexts.* The Danish National Research Foundation's Centre for Textile Research. University of Copenhagen (2006) pp. 1-18.

Matthews, R., *The archaeology of Mésopotamia. Theories and approaches.* Published by Routledge (2003).

Mausieres, A.; Ossart, E.; Lapeyrie, C., *Au fil du désert. Tentes et tissages des pasteurs nomades de Méditerranée.* Éditions Édisud (1996).

Mazoyer, M.; Roudart, L., *A History of World Agriculture: From the Neolithic Age to the Current Crisis.* Published by Monthly Review Press (2006).

Moret, P.; Gorgues, A.; Lavialle, A., 'Un métier à tisser vertical du VIe siècle av. J.-C. dans le Bas Aragon (Espagne).' *Archéologie des textiles des origines au Ve siècle. Actes du colloque de Lattes, octobre 1999.* Éditions Mergoil (1999) pp. 141-148.

NRC-National Research Council, *Nutrient Requirements of Sheep.* 6th revised (ed.) Published by National Academy Press (1985).

Oates, J., 'Trade and Power in the Fifth and Fourth Millennia BC: New Evidence from Northern Mesopotamia.' *World Archaeology.* Vol. 28/3. Published by Routledge (1993) pp. 305-323.

Oppenheim, L., *La Mésopotamie. Portrait d'une civilisation.* Éditions Gallimard (1970) p. 324.

Pfister, R., *Textiles de Halabiyeh (Zenobia) découverts par le service des antiquités de la Syrie dans la nécropole de Halabiyeh sur l'Euphrate.* Éditions Geuthner (1951).

Philip, G., 'Contact Between the Uruk World and the Levant During the Fourth Millennium BC: Evidence and Interpretation.' *Artefacts of complexity. Tracking the Uruk in the Near East.* Published by Aris and Phillips (Warminster 2002) pp. 207-235.

Pollock, S., *Ancient Mésopotamia.* Published by Cambridge University Press (1999) p. 93; pp.122-123.

Postgate, J.N., 'Artefacts of Complexity: Tracking the Uruk in the Near East.' *Iraq Archaeological Reports.* Vol. 5. Published by the British School of Archaeology in Iraq (2002).

Pournelle, J., 'The Littoral Foundations of the Uruk State : using Satellite Photography toward a new Understanding of the 5th/4th millenium BCE Landscapes in the Warka Area, Iraq.' *Chalcolithic and Early Bronze Hydrostrategies.* Published by Archaeopress-BAR (2003) pp. 5-23.

Ræder Knudsen, L., 'La tessitura con le tavolette nella tomba 89.' *Guerriero e sacerdote. Autorita e comunità nell'età del ferro a Verucchio. La Tomba del Trono.* Firenze: All'Insegna del Giglio. P. Von Eles (ed.) (2002) pp. 230-243.

Rothman, M S., *Tepe Gawra: the Evolution of a Small Prehistoric Center in Northern Iraq.* Published by the University of Pennsylvania (2002).

Rothman, M., *Uruk Mesopotamia & Its Neighbors: Cross cultural Interactions in the Era of State Formation.* Published by the School of American Research Press (2001).

Scheid, J.; Svenbro, J., *The Craft of Zeus: Myths of Weaving and Fabric.* Harvard University Press (2001).

Schwartz, M.; Hollander, D.; Stein, G., 'Reconstructing Mesopotamian Exchange Networks in the 4th Millennium BC : Geochemical and Archaeological Analyses of Bitumen Artifacts from Hacinebi Tepe, Turkey.' *Paléorient.* Vol. 25/1. Éditions du CNRS (1999) pp. 67-82.

Stein, G., 'From Passive Periphery to Active agents: Emerging Perspectives in the archaeology of interregional Interaction.' *American Anthropologist.* Vol. 104/3. Published by Blackwell Publishing on behalf of the American Anthropologist Association (2002) pp. 903-916.

Stein, G., *The Political Economy of Mesopotamian Encounters. The Archaeology of Colonial Encounters.* Published by School of American Research Press (2005) pp. 143-172.

Viallet, N., *Tapisserie. Principes d'analyse scientifique.* Ministère des affaires culturelles. Imprimerie Nationale (1971).

Vila, E., *L'exploitation des animaux en Mésopotamie aux IVe et IIIe millénaires avant notre ère.* Monographies du CRA n° 21. Éditions du CNRS (1998).

Le Système Vestibulaire

Alfons Rüsch, A.; Lysakowski,A.; Eatock, R.A., 'Postnatal Development of Type I and Type II Hair Cells in the Mouse Utricle: Acquisition of Voltage-Gated Conductances and Differentiated Morphology.' *The Journal of Neuroscience.* Vol. 18/18. Published by The Society for Neuroscience (1998) pp. 7487-7501.

Beitz, A.J.; Anderson, J.H., *Neurochemistry of the Vestibular System.* Published by CRC Press (1999).

Bok, J.; Chang, W.; Wu, D.K., 'Patterning and morphogenesis of the vertebrate inner ear.' *The International Journal of Developmental Biology.* Vol. 51. Published by the University of Basque country Press (2007) pp. 521-533.

Boyle, R.; Mesinger, A.F.; Yoshida, K.; Usui, S.; Intravaia, A.; Tricas, T.; Highstein, S., 'Neural Readaptation to Earth's Gravity Following Return From Space.' *Journal of Neurophysiology.* Vol. 86. Published by The American Physiological Society (2001) pp. 2118-2122.

Bracchi, F. et al., 'Multi-day Recordings from the Primary Neurons of the Statoreceptors of the Labyrinth of the Bullfrog: the Effect of an Extended Period of Weightlessness on the rate of Firing at Rest and in Response to Stimulation by Brief Periods of Centrifugation (OFO-A Orbiting Experiment).' *Acta Oto-laryngologica.* Supl. 334. Published by Informa Healthcare (1975) pp. 1-26.

Brandt, T.; Schautzer, F.; Hamilton, D.A.; Brüning, R.; Markowitsch, H.J.; Kalla, R.; Darlington, C.; Smith, P.; Strupp, M., *Vestibular loss causes hippocampal atrophy and impaired spatial memory in humans.* Vol. 128/11. Published by Oxford University Press (2005) pp. 2732-2741.

Bruce, L.L.; Burke, J.M.; Dobrowolska, J.A., 'Effects of hypergravity on the prenatal development of peripheral vestibulocerebellar afferent fibers.' *Advances in Space Research.* Vol. 38. Published by Elsevier (2006) pp. 1041-1051.

Castellano-Muñoz, M.; Israel, S.A.; Hudspeth, A.J., 'Efferent Control of the Electrical and Mechanical Properties of Hair Cells in the Bullfrog's Sacculus.' *Plos One: www.plosone.org.* Vol. 5/10. e13777. Published online (October 2010) pp. 1-11

Chan, Y.S.; Lai C.H.; Shum D.K.Y., 'Bilateral Otolith Contribution to Spatial Coding in the Vestibular System.' *Journal of Biomedical Science.* Vol. 9. Published by Springer (2002) pp. 574-586.

Choe, Y.; Magnasco, M. O.; Hudspeth, A.J., 'A model for amplification of hair-bundle motion by cyclical binding of Ca^{2+} to mechanoelectrical-transduction channels.' *Proceeding of the National Academy of Sciences – PNAS.* Vol. 95. Published by the National Academy of Sciences of the United States of America (1998) pp. 15321-15326.

Corey, D.P.; Hudspeth, A.J., 'Ionic basis of the receptor potential in a vertebrate hair cell.' *Nature.* Vol. 281. Published by Nature Publishing Group (1979) pp. 675-677.

Corey, D.P.; Hudspeth, A.J., 'Ionic basis of the receptor potential in a vertebrate hair cell.' *Nature.* Vol. 281. Published by Macmillan Journals Ltd (1979).

Curthoys, I.S.; Halmagyi, G.M., 'Vestibular compensation: a review of the oculomotor, neural and clinical consequences of unilateral vestibular loss.'

Journal of vestibular research: equilibrium & orientation. Vol. 5. Published by Pergamon Press (1995) pp. 67-107.

Demêmes, D.; Dechesne, C.J.; Venteo, S.; Gaven, F.; Raymond, J., 'Development of the rat efferent vestibular system on the ground and in microgravity.' *Developmental Brain Research.* Vol. 128. Published by Elsevier (2001) pp. 35-44.

DeRosier, D.J.; Tilney, L.G., 'The Structure of the Cuticular Plate, an In Vivo Actin Gel.' *The Journal of Cell Biology.* Volume 109/6 Pt. 1. Published by the Rockefeller University Press (1989) pp. 2853-2867.

Dieringer, N., 'Vestibular compasation: neural plasticity and its relations to functional recovery after labyrinthine function in frogs and other vertebrates.' *Progress Neurobiology.* Vol. 46. Published by Elsevier (1995) pp. 97-129.

Fitzpatrick, R.C.; Day,BL., 'Probing the human vestibular system with galvanic stimulation.' *Journal of Applied Physiology.* Vol. 96. Published by the American Physiological Society (2004) pp. 2301-2316.

Flock, A.; Duvall, A.J., 'The ultrastructure of the kinocilium of the sensory cells in the inner ear and lateral line organs.' *The journal of Cell Biology.* Vol. 25 Published by the Rockefeller University Press (1965) pp. 1-8.

Furness, D.N.; Mahendrasingam, S.; Ohashi, M.; Fettiplace, R.; Hackney, C.M., 'The Dimensions and Composition of Stereociliary Rootlets in Mammalian Cochlear Hair Cells: Comparison between High- and Low-Frequency Cells and Evidence for a Connection to the Lateral Membrane.' *The Journal of Neuroscience.* Vol. 28/25, June 18. Published by the Society for Neuroscience (2008) pp. 6342-6353.

Ghaffari, R.; Aranyosi, A.A.; Freeman, D.M., 'Longitudinally propagating traveling waves of the mammalian tectorial membrane.' *Proceedings of the National Academy of Sciences - PNAS.* Vol. 104/42. Published by the National Academy of Sciences (2007). pp. 16510-16515.

Goldberg, J.M.; Wilson, V.J.; Cullen, K.E.; Angelaki, D.E.; Broussard, D.M.; Buttner-Ennever, J.; Fukushima, K.; Minor, L.B., *The Vestibular System: A Sixth Sense.* Oxford University Press (2012).

Grant, W.; Best, W., 'Otolith-organ mechanics: lumped parameter model and dynamic response.' *Aviation Space and Environmental Medicine.* Vol. 58/10. Published by the Aerospace Medical Association (1987) pp. 970-976.

Harada Y.; Kasuga S.; Mori N., 'The process of otoconia formation in guinea pig utricular supporting cells.' *Acta Oto-laryngological.* Vol. 118/1. Published by Informa Healthcare (1998) pp. 74-79.

Hudspeth, A.J.; Choe, Y.; Mehta, A.D.; Martin, P., 'Putting ion channels to work: Mechanoelectrical transduction, adaptation, and amplification by hair cells.' *Proceeding of the National Academy of Sciences – PNAS.* Vol. 97/22. Published by the National Academy of Sciences of the United States of America (2000) pp. 11765-11772.

Hurley, K.M.; Gabooyard, S.; Zhong, M.; Price, S.D.; Wooltorton, J.R.A.; Lysakowski, A.; Eatock, R.A., 'M-Like K+ Currents in Type I Hair Cells and Calyx Afferent Endings of the Developing Rat Utricle.' *The Journal of Neuroscience.* Vol. 26/40. Published by The Society for Neuroscience (2006) pp. 10253-10269.

Jia, S.; He, D.Z.Z., 'Motility-associated Hair Bundle Motion in Mammalian Outer Hair Cells.' *Nature Neuroscience*. Vol. 8/8. Published by Nature Publishing Group (2006). pp. 1028-1034.

Leblanc, A., *Atlas des organes de l'Audition et de l'Equilibration*. Springer Publisher (1998).

Lins, U.; Farina, M.;   Kurc, M.; Riordan, G.; Thalmann, R.; Thalmann, I.; Kachar,B., 'The Otoconia of the Guinea Pig Utricle: Internal Structure, Surface Exposure, and Interactions with the Filament Matrix.' *Journal of Structural Biology*. Vol. 131/1. Published by Elsevier (2000) pp. 67-78.

Lopez, C.; Lacour, M.; Borel L., 'Perception de la verticalité et représentation spatiales dans les aires corticales vestibulaires.' *Bipédie, contrôle postural et représentation croticale*. Éditions Solal (2005) pp. 35-86.

Lundberg, Y.W.; Zhao, X.; Yamoah, E.N., 'Assembly of the otoconia complex to the macular sensory epithelium of the vestibule.' *Brain Research*. Vol. 1091/1. Published by Elsevier (2006) pp. 47-57.

Lysakowski, A.; Goldberg, J.M., 'Anatomy and Physiology of the Central and Péripheral Vestibular System: Overview.' *The Vestibular System* Stephen M. Highstein, Richard R. Fay and Arthur N. Popper (ed.) Published by Springer (2004). pp. 57-152.

Nam, J.-H.; Cotton, J.R.; Grant, W., 'A Virtual Hair Cell, I: Addition of Gating Spring Theory into a 3-D Bundle Mechanical Model.' *Biophysical Journal*. Vol. 92. Published by Rockefeller University Press (2007) pp.1918-1928.

Naunton, R.F., *The Vestibular System*. Academic Press (1975).

Petit, C.; Richardson, G.P., 'Linking Deafness Genes to Hair-Bundle Development and Function.' *Nature Neuroscience*. Vol. 12/6. Published by Nature Publishing Group (2009) pp. 703-710.

Rabbitt, R.D.; Damiano, E.R.; Grant, J.W., 'Biomechanics of the Semicircular Canals and Otolith Organs.' *The Vestibular System*. S. Highstein. Published by Springer (2004) pp. 153-201.

Ryugo, D.K.; Fay, R.R.; Popper, A.N., *Auditory and Vestibular Efferents*. Published by Springer (2011).

Sans A., Dechesne, C. J.; Demêmes, D., 'The Mammalian otolithic receptors: a complex morphological and biochemical organization. Otolith functions and disorders.' *Advances in oto-rhino-laryngology*. Vol. 58. Published by Karger (2001) pp. 1-14.

Sans, A., 'Les macules, les otoconies et la membrane otoconiale. Le métabolisme des otoconies.' 'Le vertige positionnel paroxystique bénin. Apport de la recherche fondamentale.' *Bulletin de l'Académie des Sciences et Lettres de Montpellier*. Vol. 39. Publication de l'Académie des Sciences de Montpellier (2008) pp. 103-110.

Sans, A.; Deschesne, C.J., 'Afferent nerve ending development and synaptogenesis in the vestibular epithelium of human fetuses.' *Hearing Research*. Vol. 28/1. Published by Elsevier (1987) pp. 65-72.

Sans, A.; Sauvage, J. P.; Chays, A.; Gentine, A., 'Les Otoconies. Vertiges Positionnels.' *Rapport de la Société Française d'ORL et de Chirurgie Cervico-faciale*. (2007) pp. 63-70.

Sans, A.; Scarfone, E., 'Afferent Calyces and Type I Hair Cells during development. A new morphofunctional hypothesis.' *Annals of the New York Academy of Sciences.* Vol. 781. Published by the New York Academy of Sciences (1996) pp. 1-12.

Thalmann, R.; Ignatova, E.; Kachar, B.; Ornitz, D.; Thalmann, I., 'Development and maintenance of otoconia.' 'Biomedical considerations.' *Annals of the New York Academy of Sciences.* Vol. 942. Published by the New York Academy of Sciences (2001) pp. 161-178.

Verpy, E.; Leibovici, M.; Petit, C., 'Characterization of otoconin-95, the major protein of murine otoconia, provides insights into the formation of these inner ear biominerals.' *Proceeding of the National Academy of Sciences.* Vol. 96. Published by the National Academy of Sciences of the United States of America (1999) pp. 529-534.

L'Image de Cônes

Akkermans, P.M.M.G.; Schwartz, G.M., *The Archaeology of Syria: From Complex Hunter-Gatherers to Early Urban Societies* (c.16,000-300 BC). Published by the Cambridge University Press (2003) p. 191.

Becker, A., *Uruk. Kleinfunde I. Deutsches archälogisches Institut.* Verlag Philipp Von Zabern (1993).

Brandes, M.A., *Untersuchungen zur Komposition der Stiftmosaiken an der Pfeilerhalle der Schicht IVa in Uruk-Warka.* Mann Verlag (1968).

Charvat, P., *Mesopotamia Before History.* Published by Routledge (2002) pp. 124-125.

Crawford, H., 'The Uruk Period.' *Sumer and the Sumerians.* Cambridge University Press (2004) p. 90.

Curcio, C.A.; Sloan, K.R.; Kalina, R.E.; Hendrickson, A.E., 'Human Photoreceptor Topography.' *The Journal of Comparative Neurology.* Vol. 292. Published by Wiley (1990) pp. 497-523.

Edwards, I.E.S.; Gadd, C.J.; Hammond, N.G.L., *Early History of The Middle East.* Vol. 1/2. Cambridge University Press (1971) pp. 75-78.

Forest, J.-D., 'La Mésopotamie aux 5e et 4e millénaires.' *Archéo-Nil.* N° 14. Éditions Cybele (décembre 2004) pp. 59-80.

Forest, J.-D., *Mésopotamie - L'apparition de l'État – VIIe-IIIe Millénaires.* Éditions Paris Méditerranée (1996) pp. 128-138.

Giovino, M., 'The Assyrian Sacred Tree: A History of Interpretations.' *Orbis Biblicus et Orientalis.* Vol. 230. Published by Academic Press Fribourg (2007) p. 184-185.

Isler, M., *Mesopotamie. Sticks, Stones, and Shadows: Building the Egyptian Pyramids.* Published by University of Oklahoma Press (2001) p. 28.

Lenzen, H.J.; Brandes, M.A. et al., XXII. *vorläufiger Bericht über die von dem Deutschen Archäologischen Institut und der Deutschen Orient-Gesellschaft aus Mitteln der deutschen Forschungsgemeinschaft unternommenen Ausgrabungen in Uruk-Warka.* Winter 1963/64. Mann (1966).

Lindemeyer, E.; Martin, L., *Uruk. Kleinfunde III.* Deutsches archälogisches Institut. Verlag Philipp Von Zabern (1993).

Lloyns, C.L.; Papadopoulos, J.K., *The Archaeology of Colonialism*. Published by the Getty Trust (2002) pp. 39 ; 46.

McIntosh, J.R., *Ancient Mesopotamia: New Perspectives*. Published by ABC-CLIO Ltd (2005) p. 65.

Nissen, H.J.; 'The Period of Early High Civilization.' *The Early History of the Ancient Near East, 9000-2000 B.C.* Published by the University of Chicago Press (1990) pp. 98-99.

Nöldeke, A.; Falkeinstein, A.; v. Haller, A.; Heinrch, E. ; Lenzen, H., *Abhandlungen der Preußischen Akademie der Wissenschaften.* N° 11. Verlag der Akademie der Wissenschaften (1938).

Stein, G.J., 'Material Culture and Social Identity : the Evidence for a 4th Millennium B.C. Mesopotamian Uruk Colony at Hacinebi, Turkey.' *Paléorient.* Vol. 25/1. Published by Éditions du CNRS (1999) pp. 11-22.

Trokay, M., 'Les cônes d'argile du Tell Kannâs.' *Syria.* Vol. 58/1-2. Éditions IFPO (1981) pp. 149-171.

Van Buren, E.D., 'Archaic Mosaic Wall Decoration.' *Artibus Asiae.* Vol. 9/4. Published by Artibus Asiae (1946) pp. 323-345.

van Ess, M., *E. Weber-Nöldeke, Arnold Nöldeke - Briefe aus Uruk-Warka 1931-1939* (2008).

van Ess, M., *Die ausgrabungen in Uruk-Warka, Deutsches Archäologisches Institut, Orient-Abteilung - Außenstelle Baghdad, 50 Jahre Forschungen im Irak 1955-2005* (2005) pp. 31-39.

von Dassow, E., 'A cone in a Shoebox and a Clay Nail from Uruk.' *Journal of Cuneiform Studies.* Vol. 61. Published by The American Schools of Oriental Research (2009) pp. 63-91.

Le Système Visuel

Ahnelt, P.K.; Kolb, H., 'The mammalian photoreceptor mosaic-adaptive design.' *Progress in Retinal and Eye Research.* Vol. 19/6. Published by Elsevier (2000) pp. 711-777.

Archer, S., 'The Outer retina.' *Molecular Biology of Visual Pigments.* Published by Chapman and Hall (1995) pp. 79-131.

Attwell, D., 'The photoreceptor output synapse.' *Progress in Retinal Research.* Vol. 9. Published by Elsevier (1990) pp. 337-362.

Barlow, H.B.; Mollon, J.D., *The Senses.* Published by the Cambridge University Press (1982).

Baylor, D.A., 'Photoreceptor signals and vision. Protor lecture.' *Investigative Ophthalmology and Visual Science.* Vol. 28. Published by Cadmus (1987) pp. 34-49.

Born, M.; Wolf, E., *Principles of optics.* 2nd (revised) edition. Published by Pergamon Press (1964).

Boucart, M. ; Hénaff, M-A. ; Belin, C., *Vision : aspects perceptifs et cognitifs.* Éditions Solal (1998).

Buser, P.; Imbert, M., *Vision.* Published by Bradford (1992).

Cohen, B.; Bodis-Wollner, I., *Vision and the Brain: The Organization of the Central Visual System.* 1st edition. Published by Springer (1998).

Couchot, E., Images. *De l'optique au numérique.* Éditions Hermès (1988).

Dowling, J.E., *The Retina: An Approachable Part of the Brain.* Revised Edition. Published by the Belknap Press of Harvard University Press (January 15th, 2012).

Gowdy, P.D.; Cicerone, C.M., 'The spatial arrangement of the L and M cones in the central fovea of the living human eye.' *Vision Research.* Vol. 38. Published by Elsevier (1998) pp. 2575-2589.

Gregory, R.L., *L'Oeil et le Cerveau.* Éditions De Boeck (2000).

Herault, J., *Vision: Images, Signals and Neural Networks: Models of Neural Processing in Visual Perception.* 1st edition. Published by World Scientific Publishing Company (2010).

Marr, D., *Vision: A Computational Investigation into the Human Representation and Processing of Visual Information.* Published by The MIT Press (2010).

Masland, R.H., 'The Functional Architecture of the Retina.' *Scientific American.* Vol. 255/6. Published by Nature Publishing Group (August 1986) pp. 102-111.

McIlwain, J.T., *An Introduction to the Biology of Vision.* Published by the Cambridge University Press (1996).

Palmer, S.E., *Vision Science: Photons to Phenomenology.* 1st edition. Published by Bradford (1999).

Purves, D.; Augustine, G.J.; Fitzpatrick, D.; Katz, L.C.; Lamantia, A.S.; McNamara, J.O., 'La vision : l'oeil – Les voies visuelles centrales.' *Neurosciences.* 3e édition. Éditions De Boeck (2005) pp. 179-222.

Reichenbach, A.; Bringmann Müller A., *Cells in the Healthy and Diseased Retina.* Published by Springer (2010).

Robert, S.; Thompson, P.; Troscianko, T., *Basic Vision: An Introduction to Visual Perception.* 2nd edition. Published by Oxford University Press (2012).

Rodieck, R.W., *La vision.* 1ère édition. Éditions De Boeck Université (2003).

Rodieck, R.W., *The first Steps in Seeing.* 1st edition. Published by Sinauer Associates (1998).

Sarthy, V.; Ripps, H., *The Retinal Muller Cell: Structure & Function.* 1st edition. Published by Springer (2001).

Schwartz, S., *Visual Perception: A Clinical Orientation.* 4th edition. Published by McGraw-Hill Medical (2009).

Tritsh, D.; Chesnoy-Marchais, D.; Feltz, A., 'Physiologie du neurone.' *Un système sensoriel à haute performance, la rétine des vertébrés.* M. Piccolint et A. Navangione. Éditions Doin (1998) pp. 605-653.

Trobe, J.D.; Leonello, T.K., *The Neurology of Vision.* 1st edition. Published by Oxford University Press (2001).

Wade, N.J., *A Natural History of Vision.* Published by The MIT Press (2000).

Wässle, H.; Boycott, B.B., 'Functional architecture of the mammalian retina.' *Physiological Reviews.* Vol. 71/2. Published by the American Physiological Society (April 1991) pp. 447-480.

Werner, J.S.; Backhaus, W.G.; Kliegl, R., *Color Vision: Perspectives from Different Disciplines.* Published by Walter de Gruyter (1998).

Chapitre III

Les Analogies Sensorielles

Abdus, S.; Taylor, J.C., *Unification of Fundamental Forces.* Published by Cambridge University Press (1990).

Abrams, R.L.; Greenwald, A.G., 'Parts Outweigh the Whole (Word) in Unconscious Analysis of Meaning.' *Psychological Science.* Vol. 11/2. Published by SAGE on behalf of the Associationn for Psychological Science (2000) pp. 118-124.

Achinstein, P., 'Models, Analogies, and Theories.' *Philosophy of Science.* Vol. 31/4. Published by The University of Chicago Press on behalf of the Philosophy of Science Association (1964) pp. 328-350.

Acker, F., 'New findings on unconscious versus conscious thought in decision making: Additional empirical data and meta-analysis.' *Judgment and Decision Making.* Vol. 3/4. Published by BPS-Blackwell (2008) pp. 292-303.

Adolphs, R.; Tranel, D.; Damasio, A. R., 'The Human Amygdala in Social Judgment.' *Nature.* Vol. 393/6684. Published by Nature Publishing Group (1998) pp. 470-474.

Allègre, C., *La Défaite de Platon ou la Science au XXe siècle.* Éditions Fayard (1995).

Amsterdamski, S.; Atlan, H.; Danchin , A.; Largeault, J.; Petitot, J.; Prigogine, I.; Stengers, I.; Thom, R.; Ruelle, D.; Pomian, K.; Morin, E.; Ekeland, I.; *La Querelle du déterminisme: Philosophie de la science d'aujourd'hui.* Éditions Gallimard (1990).

Andler, D., *Introduction aux Sciences Cognitives.* Éditions Gallimard (1992).

Arbib, M.A., *The Handbook of Brain Theory and Neural Networks.* Published by the MIT Press (2003)

Aristote, *De l'Âme.* III, 8-9 [431 b-432 a]. Éditions les Belles Lettres (1966) p. 87.

Aubusson, P.J.; Harrison, A.G.; Ritchie, S.M., *Metaphor and Analogy in Science Education.* Published by Springer-Verlag (2005).

Bain, A., *Les Sens et l'Intelligence. Traité de Psychologie 1.* Éditions L'Harmattan (2006).

Bargh, J. A.; Gollwitzer, P. M.; Lee-Chai, A.; Barndollar, K.; Trötschel, R., ' The automated will: Nonconscious activation and pursuit of behavioral goals.' *Journal of Personality and Social Psychology.* Vol. 81/6. Published by the American Psychological Association (2001) pp. 1014-1027.

Barrow, J.D., *La Grande Théorie. Les limites d'une explication globale en physique.* Éditions Flammarion (1996).

Barrow, J.D., *Theories of Everything. The quest for ultimate explanation.* Published by Oxford University Press (1991).

Bartha, P., *By Parallel Reasoning. The Construction and Evaluation of Analogical Arguments.* Published by Oxford University Press (2010).

Bavelas, J.B.; Black, A.; Lemery, C.R.; Mullet, J., 'Motor Mimicry as Primitive Empathy.' *Empathy and its Development.* Published by Cambridge University Press (1987) pp. 317-338.

Berkeley, G., *Les Principes de la Connaissance Humaine*. Librairie Armand Colin (1926).

Berthoz, A., *Le Sens du Mouvement*. Éditions Odile Jacob (1997).

Berthoz, A.; Jorland, G., *L'Empathie*. Éditions Odile Jacob (2004).

Black, M., *Models and Metaphors: Studies in Language and Philosophy*. Published by Cornell University Press (1962).

Blanc, F.; Duffosé, M., 'Les données de la psychologie et de la physiologie.' *Traitements Symboliques et Modélisation du Raisonnement Analogique*. Actes Formation des symboles dans les modèles de la cognition (1993) pp. 79-83.

Blanché, R., *Le Raisonnement*. Éditions Presses Universitaires de France (1973).

Bouquet, A.; Monnier, E., *Matière Noire et autres cachotteries de l'Univers*. Éditions Dunod (2003).

Bowers, K. S.; Regehr, G.; Balthazard, C.; Parker, K., 'Intuition in the context of discovery.' *Cognitive Psychology*. Vol. 22/1. Published by Elsevier (1990) pp. 72-110.

Boyd, R.N, 'Metaphor and Theory Change: What is "metaphor" a metaphor for?' *Metaphor and Thought*. Published by Cambridge University Press (Cambridge 1993) pp. 481-532.

Bromberg, P., 'Analogie et Métaphore Mécaniciste en Biologie Moléculaire.' *L'Analogie dans la Démarche Scientifique*. Éditions L'Harmattan (2008).

Buser, P., *L'inconscient aux mille visages*. Éditions Odile Jacob (2005).

Camac, M.K.; Glucksberg, S., 'Metaphors do not use associations between concepts, they are used to create them.' *Journal of Psycholinguistic Research*. Vol. 13/6. Published by Springer (1984) pp. 443-455.

Camu, W. Chevassus-au-Louis, N., *Quand Meurent les Neurones*. Éditions Dunod (2003).

Cauzinille-Marmèche, E.; Mathieu, J.; Weil-Barais, A., 'Raisonnement Analogique et Résolution de Problèmes.' *L'Année Psychologique*. Vol. 85/1. Éditions NecPlus (1985) pp. 49-72.

Changeux, J.-P.; Connes, A., *Matière à Pensée*. Éditions Odile Jacob (1992).

Chartrand, T. L.; Bargh, J. A., 'Automatic activation of impression formation and memorization goals: Nonconscious goal priming reproduces effects of explicit task instructions.' *Journal of Personality and Social Psychology*. Vol. 71/3. Published by the American Psychological Association (1996) pp. 464-478.

Chi, M.T.H.; Feltovich, P.; Glaser, R., 'Categorization and representation of physics problems by experts and novices.' *Cognitive science*. Vol. 5. Published by Wiley-Blackwell (1981) pp. 121-152.

Churchland, P.M., *Le Cerveau. Moteur de la raison, siège de l'âme*. Éditions De Boeck Université (1999).

Churchland, P.M., *The Engine of Reason, the Seat of the Soul : a Philosophical Journey into the Brain*. Published by the MIT Press (1996).

Cleeremans, A., 'Conscious and unconscious processes in cognition.' *International Encyclopedia of Social and Behavioral Sciences*. Vol. 4. Published by Elsevier (2001) pp. 2584-2589.

Cleeremans, A., *Mechanisms of Implicit Learning: Connectionist Models of Sequence Processing*. Published by A Bradford Book (1993).

Clement, C.A; Gentner, D., 'Systematicity as a Selection Constraint in Analogical Mapping.' *Cognitive Science*. Vol. 15. Published by Wiley-Blackwell (1991) pp. 89-132.

Clergue, G., *L'Apprentissage de la Complexité*. Éditions Hermès (1997).

Comte, C., 'Le Pouvoir Heuristique de l'Analogie en physique.' *L'Analogie dans la Démarche Scientifique*. Éditions L'Harmattan (2008).

Coquart, J., 'Les neurosciences révèlent le pouvoir de l'inconscient.' *Le journal du CNRS*. Numéro 194. Éditions du CNRS (2006) pp. 18-27.

Coquidé, M.; Tirard, S. et al., *Neuroplasticité. Enseigner de nouveaux savoirs ou un nouveau regard ?* Éditions Vuibert (2007).

Coulon , D.; Ripoll, T., 'Le Raisonnement par Analogie : une Analyse Descriptive et Critique des Modèles du Mapping.' *L'Année Psychologique*. Vol. 101/101-2. Éditions NecPlus (2001) pp. 289-323.

D'Alembert, J.L.R., *Discours préliminaire de l'Encyclopédie*. Éditions Vrin (2000) pp. 84-85.

Dalal, S.S.; Osipova, D.; Bertrand, O.; Jerbi, K., 'Oscillatory activity of the human cerebellum: The intracranial electrocerebellogram revisited.' *Neuroscience & Biobehavioral Reviews*. Vol. 37/4. Published by Elsevier (2013) pp. 585-593.

Damasio, A.R., *Descartes'Error. Emotion, reason, and the Humain Brain*. Published by the Penguin Group (1994).

Damasio, A.R., *Looking for Spinoza. Joy, Sorrow and the Feeling Brain*. Published by Harvest Book Harcourt, Inc. (2003).

Damasio, A.R., *L'Autre Moi-Même. Les nouvelles cartes du cerveau, de la conscience et des émotions*. Éditions Odile Jacob (2010).

Damasio, A.R., *L'Erreur de Descartes. La raison des émotions*. Éditions Odile Jacob (1997).

Damasio, A.R., *Le sentiment même de soi. Corps, Émotion, Conscience*. Éditions Odile Jacob (1999).

Damasio, A.R., *Self Comes to mind. Constructing the Conscious Brain*. Published by Pantheon Books (2010).

Damasio, A.R., *Spinoza avait Raison. Joie et tristesse, le cerveau des émotions*. Éditions Odile Jacob (2003).

Damasio, A.R., *The Feeling of What Happens: Body and Emotion in the Making of Consciousness*. Published by Harcourt Brace & Compagny (1999).

Daninos, F.; Astier, P.; Pain, R., 'L'énergie noire défie la cosmologie.' *La Recherche*. N° 422. Éditions Sophia Publications (2008) pp. 30-35.

Davidoff, J., 'Language and perceptual categorization.' *Trends in Cognitive Sciences*. Vol. 5/9. Published by Cell Press (2001) pp. 382-387.

Debner, J.A.; Jacoby, L.L., 'Unconscious Perception: Attention, Awareness, and Control.' *Journal of Experimental Psychology: Learning, memory and Cognition*. Vol. 20/2. Published by the American Psychological Association (1994) pp. 304-317.

Dehaene, S., *Les Neurones de la Lecture*. Éditions Odile Jacob (2007).

Dehaene, S.; Changeux, J.-P.; Naccache, L.; Sackur, J.; Sergent, C., 'Conscious, Preconscious, and Subliminal Processing: a Testable Taxonomy.' *Trends in Cognitive Sciences*. Vol. 10/5. Published by Cell Press (2006) pp. 204-211.

Dehaene, S.; Naccache, L.; Le Clerch, G.; Koechlin.; Mueller, M.; Dehaene-Lambertz, G.; Van De Moortele, P.F.; Le Bihan, D ., 'Imaging Unconscious Semantic Priming.' *Nature*. Vol. 395/6702. Published by Nature Publishing Group (1998) pp. 597-600.

Delahaye, J.-P., *Information, Complexité et Hasard.* Éditions Hermès (1994).

Depraz, N., *La Conscience. Approches croisées, des classiques aux sciences cognitives.* Éditions Armand Colin (2001).

Devauges, V.; Sara, S.J., 'Activation of the noradrenergic system facilitates an attentional shift in the rat.' *Behavioural Brain Research*. Vol. 39/1. Published by Elsevier (1990) pp.19-28.

Di Ferdinando, A.; Borghi, A.M.; Parisi, D., 'The Role of Action in Object Categorization.' *Proceedings of the Fifteenth International Florida Artificial Intelligence Research Society Conference, May 14-16, 2002, Pensacola Beach, Florida, USA*. Susan M. Haller, Gene Simmons (ed.) Published by AAAI Press (2002) pp. 138-142.

Dijksterhuis, A., 'Think different: The merits of unconscious though in preference development and decision making.' *Journal of Personality & Social Psychology*. Vol. 87/5 Published by the American Psychological Association (2004) pp. 586-598.

Dijksterhuis, A.; Nordgren, L. F., 'A Theory of Unconscious Thought.' *Perspectives on Psychological Science*. Vol. 1. Published by SAGE (2006) pp. 95-109.

Douady, A., 'Déterminisme et indéterminisme dans un modèle mathématique.' *Chaos et déterminisme*. Éditions du Seuil (1992) pp. 11-18.

Dubois, D., *Catégorisation et Cognition. De la Perception au Discours*. Éditions Kimé (1997).

Duit, R., 'On the role of analogies and metaphors in learning science.' *Science Education*. Vol. 75/6. Pubilshed by Wiley (1991) pp. 649-672.

Duvignau, K.; Gasquet, O.; Gaume, B.; Gineste, M-D., 'Categorisation of Actions by Analogy: From the Analysis of Metaphoric Utterances to a Computational Model.' *Proceedings of the Fifteenth International Florida Artificial Intelligence Research Society Conference, May 14-16, 2002, Pensacola Beach, Florida, USA*. Susan M. Haller, Gene Simmons (ed.) Published by AAAI Press (2002) pp. 143-147.

Eccles, J.C., *Comment la Conscience Contrôle le Cerveau*. Éditions Fayard (1997).

Eccles, J.C., *How the Self Controls Its Brain*. Published by Springer-Verlag, Berlin-Heidelberg (1994).

Edelman, G.M.; Tononi, G., *A Universe of Consciousness. How Matter Becomes Imagination*. Published by Basic Books (2000).

Edelman, G.M.; Tononi, G., *Comment la Matière devient Conscience*. Éditions Odile Jacob (2000).

Ellenberger, H.F., *Histoire de la Découverte de l'Inconscient*. Éditions Fayard (1994).

Ellenberger, H.F., *The discovery of the Unconscious. The history and Evolution of Dynamic Psychiatry*. Published by Basic books (1970).

Epicure., *Lettres et Maximes*. Texte établit et traduit par M. Conche. Éditions Presses Universitaires de France (2005).

Fox, M.D.; Raichle, M.E., 'Spontaneous Fluctuations in Brain Activity observed with Functional Magnetic Resonance Imaging.' *Nature*. Vol. 8. Published by Nature Publishing Group (2007) pp. 700-711.

Gayral, F.; Kayser, D., 'Inference and Categorization.' Flairs (2002) pp. 153-157.

Gineste, M.-D., *Analogie et cognition – Étude expérimentale et simulation informatique*. Éditions Presses Universitaires de France (1997).

Gineste, M.-D.; Indurkhya, B., 'Modèles mentaux, Analogie et Cognition.' *La Psychologie*. Éditions Larousse (1995) pp. 583-592.

Gleick, J., *Chaos: Making a New Science*. Published by Penguin Books (2008).

Godin, C., *La Totalité*. Éditions Champ Vallon (1999).

Gordon, T.J.; Greenspan, D., 'Chaos and Fractals: New Tools for Technological and Social Forecasting.' *Technological Forecasting and Social Change*. Vol. 34. Published by Elsevier (1988) pp. 1-25.

Goswami, U., *Analogical Reasoning in Children – Essays in Developmental Psychology*. Published by Psychology Press (1993).

Greenwald, A.G.; Klinger, M.R., Schuh; E.S., 'Activation by Marginally Perceptible ('Subliminal') Stimuli: Dissociation of Unconscious From Conscious Cognition.' *Journal of Experimental Psychology General*. Vol. 124/1. Published by the American Psychological Association (1995) pp. 22-42.

Greenwald, A.G.; McGhee, D.E.; Schwartz, J.K.L., 'Measuring Individual Differences in Implicit Cognition: The Implicit Association Test.' *Journal of Personality and Social Psychology*. Vol. 74/6. Published by the American Psychological Association (1998) pp. 1464-1480.

Hadamard, J., *Essai sur la Psychologie de l'Invention dans le Domaine Mathématique*. Suivi de : Poincaré, H., *L'invention mathématique*. Éditions Jacques Gabay (1993).

Harre, R., 'Where Models and Analogies Really Count.' *International Studies in the Philosophy of Science*. Vol. 2/2. Published by Routledge (1988) pp. 118-133.

Haynes, J.D.; Rees, G., 'Predicting the orientation of invisible stimuli from activity in human primary visual cortex.' *Nature Neuroscience*. Vol. 8/5. Published by Nature Publishing Group (2005) pp. 686-691.

Helman, D.H., *Analogical Reasoning: Perspectives of Artificial Intelligence, Cognitive Science, and Philosophy*. Published by Kluwer Academic Publishers (1988).

Holyoak, K.J.; Gentner, D.; Kokinov, B.N., 'The Place of Analogy in Cognition.' *The Analogical Mind: Perspectives from Cognitive Science*. Published by the MIT Press (2001) pp. 1-20.

Holyoak, K.J.; Thagard, P., *Mental Leaps: Analogy in Creative Thought*. Published by the MIT Press (1996).

Hume, D., *Enquête sur l'Entendement Humain*. Éditions Montaigne (1947).

Huneman, P., 'Sur la Conception Aristotélicienne de l'Analogie.' *L'Analogie dans la Démarche Scientifique*. Éditions L'Harmattan (2008).

Imbert, M., *Traité du Cerveau*. Éditions Odile Jacob (2006).

Itkonen, E., *Analogy as Structure and Process: Approaches in linguistics, cognitive psychology and philosophy of science*. Published by John Benjamins Publishing Company (2005).

James, W., *Abrégé de Psychologie*. Traduction de E. Baudin et G. Bertier. Éditions L'Harmattan (2006).

James, W., *Principles of Psychology*. Vol. 2. Published by Henry Holt & Company (1890) p. 103.

Janet, P., *L'automatisme Psychologique. Essai de Psychologie Expérimentale sur les Formes Inférieures de l'Activité Humaine*. Éditions L'Harmattan (2005).

Karli, P., *Le Cerveau et la Liberté*. Éditions Odile Jacob (1995).

Kihlstrom; J.F., 'The Cognitive Unconscious.' *Science*. Vol. 237. Published by AAAS (1987) pp. 1445-1452.

Killeen, P., 'Behavior as a Trajectory through a Field of Attractors.' *The Computer and the Brain*. Published by Elsevier Science (1989) pp. 53-82.

Klein, E.; Lachièze-Rey, M., *La Quête de l'Unité*. Éditions Albin Michel (Paris 1996).

Koch, C., *À la Recherche de la conscience. Une enquête neurobiologique*. Éditions Odile Jacob (2004).

Koch, C., *The Quest for Consciousness: A Neurobiological Approach*. Published by Roberts & Company Publishers (2004).

Koechlin, E.; Basso, G.; Pietrini, P.; Panzer, S.; Grafman, J., 'The role of the anterior prefrontal cortex in human cognition.' *Nature*. Vol. 399. Published by Nature Publishing Group (1999) pp. 148-151.

Kunde, W.; Kiesel, A.; Hoffmann, J., 'Conscious control over the content of unconscious cognition.' *Cognition. International Journal of Cognitive Science*. Vol. 88/2. Published by Elsevier (2003) pp. 223-242.

Kunimotoa, G.; Millerb, J.; Pashlerc, H., 'Confidence and Accuracy of Near-Threshold Discrimination Responses.' *Consciousness and Cognition*. Vol. 10/3. Published by Elsevier (2001) pp. 294-340.

Kunst-Wilson, W.R., Zajonc, R.B., 'Affective Discrimination of Stimuli That Cannot Be Recognized.' *Science*. Vol. 207/4430. Published by AAAS (1980) pp. 557-558.

Lachelier, J., *Du Fondement de l'Induction et autres textes*. Éditions Fayard (1992) pp. 9-88.

Lakoff, G.; Johnson, M., *Metaphors We Live By*. Published by University Of Chicago Press (2003).

Largeault, J., *Intuition et Intuitionnisme*. Éditions Vrin (1993).

Lavoisier, A.-L., 'Sur la destruction du diamant par le feu.' *Mémoires de l'Académie des Sciences*. Partie 2 (1772) p. 564.

Leatherdale, W. H., *The Role of Analogy, Model, and Metaphor in Science*. Published by Elsevier Science (1974).

Lecas, J.C., *L'attention visuelle. De la conscience aux neurosciences*. Éditions Mardaga (1995).

Lewicki, P.; Hill, T.; Czyzewska, M., 'Nonconscious acquisition of information.' *American Psychologist*. Vol. 47. Published by the American Psychological Association (1992) pp. 796-801.

Libet, B. et al., 'Unconscious cerebral initiative and the role of conscious will in voluntary action.' *Behavioural and Brain Sciences*. Vol. 8. Cambridge university Press (1985) pp. 529-566.

Locke, J., *Essai Philosophique Concernant l'Entendement Humain*. Traduit par Pierre Coste. Éditions Vrin (1972).

Loftus, E. F.; Klinger, M. R., 'Is the unconscious smart or dumb?' *American Psychologist*. Vol. 47/6. Published by the American Psychological Association (1992) pp. 761-765.

Lucrèce, *De la Nature*. Texte établit et traduit par A. Ernout. Éditions des Belles Lettres (1920).

Machamer, P., 'The Nature of Metaphor and Scientific Description.' *Metaphor and Analogy in the Sciences*. F. Hallyn. Published by Kluwer Academic (2000) pp. 35-52.

Marcel, A., 'Conscious and unconscious perception: Experiments on visual masking and word recognition.' *Cognitive Psychology*. Vol. 15. Published by Elsevier (1983) pp. 197-237.

Mason, M.F.; Norton, M.I.; Van Horn, J.D.; Wegner, D.M.; Scott T. Grafton, S.T.; Macrae, C.N., 'Wandering Minds: The Default Network and Stimulus-Independent Thought.' *Science*. Vol. 315/5810. Published by AAAS (2007) pp. 393-395.

Maxwell, C.K., 'On Faraday's Lines of Force.' *Transactions of the Cambridge Philosophical Society*. Vol. 10/1. Published by Cambridge University Press (1856) pp. 27-83.

Meheus, J., 'Analogical Reasoning in Creative Problem Solving Processes : logico-Philosophical Perspectives.' Hallyn, F. (ed.) *Metaphor and Analogy in the Sciences*. Published by Kluwer Academic (2000) pp. 17-34.

Merikle, P. M.; Reingold, E.M., *Measuring unconscious perceptual processes. Perception without awareness: Cognitive, clinical, and social perspectives*. Published by Guilford Press (1992) pp. 55-80.

Merikle, P. M., 'Psychological Investigations of Unconscious Perception.' *Journal of Consciousness Studies*. Vol. 5/1. Published by Imprint Academic (1998) pp. 5-18.

Merikle, P. M., 'Subliminal Perception.' *Encyclopedia of Psychology*. Vol. 7. Published by Oxford University Press (2000) pp. 497-499.

Miller, A.I., ' Progrès Scientifiques et Métaphores.' *Intuitions de génie. Images et créativité dans les sciences et les arts*. Nouvelle Bibliothèque Scientifique. Éditions Flammarion (2000) pp. 219-259.

Miller, A.I., 'Scientific Progress and Metaphors.' *Insights of Genius. Imagery and creativity in science and Art*. Springer-Verlag Publishers (1996) pp. 217-262.

Morin, E., *Science avec conscience*. Nouvelle édition complète. Éditions du Seuil (1990).

Morin, E., 'Complexité restreinte, complexité générale.' Intelligence de la complexité – Epistémologie et pragmatique. Colloque de Cerisy, Cerisy-La-Salle, 26 juin 2005. Éditions de l'Aube (2007) pp. 28-50.

Morin, E., *Introduction à la Pensée Complexe*. Éditions du Seuil (2005).

Morin, E., *Relier les Connaissances. Le Défi du XXIe siècle*. Éditions du Seuil (1999).

Morris, J.S.; Ohman, A.; Dolan, R.J., 'Conscious and unconscious emotional learning in the human amygdala.' *Nature*. Vol. 393/6684. Published by Nature Publishing Group (1998) pp. 467-470.

Murphy, S.T.; Zajonc, R.B., 'Affect, Cognition and Awareness: Affective Priming With Optimal and Suboptimal Stimulus Exposures.' *Journal of Personality and Social Psychology*. Vol. 64/5. Published by the American Psychological Association (1993) pp. 723-739.

Naccache, L., *Le Nouvel Inconscient*. Éditions Odile Jacob (Paris 2006).

Nicolis, G.; Prigogine, I., *Exploring Complexity: An Introduction*. Published by W.H. Freeman & Co Ltd (1989).

Nicolson, I., *Dark Side of the Universe: Dark Matter, Dark Energy, and the Fate of the Cosmos*. Published by The Johns Hopkins University Press (1997).

Olshausen, B.A., 'Sparse Codes and Spikes.' *Probabilistic Models of the Brain: Perception and Neural Function*. R.P.N. Rao, B.A. Olshausen, M.S. Lewicki, (ed.) Published by MIT Press (2002) pp. 257-272.

Ossandon, T.; Jerbi, K.; Vidal, J. R.; Bayle, D. J.; Henaff, M. A.; Jung, J.; Minotti, L.; Bertrand, O.; Kahane, P.; Lachaux, J. P., 'Transient suppression of broadband gamma power in the default-mode network is correlated with task complexity and subject performance.' *The Journal of Neuroscience*. Vol. 31/41. Published by The Society for Neuroscience (2011) pp. 14521-14530.

Perrone-Bertolotti, M.; Kujala, J.; Vidal Juan, R.; Hamame, C.M.; Ossandon, T; Bertrand, O.; Minotti, L.; Kahane, P.; Jerbi, K.; Lachaux, J.-P.; 'How silent is silent reading? Intracerebral evidence for top-down activation of temporal voice areas during reading.' *The Journal of Neuroscience*. Vol. 32/49. Published by The Society for Neuroscience (2012) 17554-17562.

Peter, P., 'Le nouvel élan de la cosmologie.' [Au sujet de la matière noire] *Pour la Science*. Vol. 361. Éditions Belin (2007) pp. 74-81.

Petitmengin, C., 'L'Oubli Scientifique de l'Expérience Intuitive.' *l'Expérience Intuitive*. Éditions L'Harmattan (2001) pp. 45-71.

Prakash, N., *Dark Matter, Neutrinos, and Our Solar System*. Published by World Scientific Publishing Company (2009).

Prigogine, I., *La fin des certitudes : Temps, Chaos et les Lois de la Nature*. Éditions Odile Jacob (2010).

Prigogine, I., *Les lois du chaos*. Éditions Flammarion (2008).

Prigogine, I., *The End Of Certainty: Time, Chaos And The Laws Of Nature*. Published by Free Press (1997).

Prigogine, I.; Stengers, I., *Order Out of Chaos: Man's New Dialogue with Nature*. Éditions Flamingo (1985).

Raichle, M.E., 'The Brain's Dark Energy.' *Science*. Vol. 314. Published by AAAS (2006) pp. 1249-1250.

Ramscar, M.; Pain, H., 'Can a real distinction be made between cognitive theories of analogy and categorization?' *Proceedings of the Eighteenth Annual Conference of the Cognitive Science Society: July 12-15, 1996 University of California, San Diego*. G.W. Cottrell. Published by Lawrence Erlbaum Associates Inc. (1996) pp. 346-351.

Reber, A.S., *Implicit Learning and tacit Knowledge. An Essay on the Cognitive Unconscious*. Published by Oxford University Press (1993).

Ricoeur, P.; Czerny, R., *The Rule of Metaphor: Multi-disciplinary Studies of the Creation of Meaning in Language*. Published by University of Toronto Press (1981).

Rosch, E., 'Principles of Categorization.' *Concepts: Core Readings.* Published by MIT Press (1999) pp. 189-206.

Rosch, E.; Lloyd, B.B., *Cognition and Categorization.* Published by Lawrence Erlbaum Associates Inc. (1978).

Rosen, R., *Theoretical Biology and Complexity: Three Essays on the Natural Philosophy of Complex Systems.* Published by Academic Press (1985).

Russel, B., *La Connaissance Humaine, sa Portée et ses Limites.* Éditions Vrin (2002).

Sahraie, A.; Weiskrantz, L.; Barbur, J.L.; Simmons, A. Williams, S.C.; Brammer, M.J., 'Pattern of neuronal activity associated with conscious and unconscious processing of visual signals.' *Proceedings of the National Academy of Sciences.* Vol. 94/17. Published by the National Academy of Sciences of the United States of America (1997) pp. 9406-9411.

Salinas, E.; Sejnowski, T.J., 'Correleted Neuronal Activity and the Flow of neural information.' *Nature Reviews Neuroscience.* Vol. 2. Published by Macmillan Journals Ltd (2001) pp. 539-550.

Sander, E., 'Les Conceptions actuelles de l'Analogie.' *L'Analogie, du Naïf au Créatif.* Éditions L'Harmattan (2000) pp. 5-44.

Sanders, R.H., *The Dark Matter Problem: A Historical Perspective.* Cambridge University Press (2010).

Schacter, D. L., *Searching for memory: The brain, the mind, and the past.* Published by BasicBooks (1996).

Schwartz, L., 'De certains Processus Mentaux dans la Découverte en Mathématiques.' *Revue des Sciences Morales et Politiques.* Éditions Gauthier-Villars (1987) pp. 327-340.

Simon, G., 'Analogies and Metaphors in Kepler.' *Metaphor and Analogy in the Sciences.* F. Hallyn (ed.) Published by Kluwer Academic (2000) pp. 71-82.

Soon, C. S.; Brass, M.; Heinze, H.-J.; Haynes, J.-D., 'Unconscious determinants of free decisions in the human brain. *Nature Neuroscience.* Vol. 11/5. Published by Nature Publishing Group (2008) pp. 543-545.

Suart Mill, J., *A System of Logic: Ratiocinative and Inductive.* Published by the University Press of the Pacific (2002).

Suart Mill, J., *Système de logique déductive et inductive. Exposé des Principes de la Preuve et des Méthodes de Recherche Scientifique.* Published by Adamant Media Corporation (2002).

Thom, R., *Esquisse d'une sémiophysique : Physique aristotélicienne et théorie des catastrophes.* Éditions Dunod (1988).

Thom, R., *Paraboles et catastrophes : Entretiens sur les mathématiques, la science et la philosophie.* Éditions Flammarion (2010).

Thom, R., *Prédire n'est pas expliquer.* Éditions Flammarion (2009).

Timmermans B.; Leonhard Schilbach, L.; Antoine Pasquali, A.; Cleeremans, A., 'Higher order thoughts in action: consciousness as an unconscious re-description process.' *Philosophical Transactions of the Royal Society B: Biological Sciences.* Vol. 367. The Royal Society Publishing (2012) pp. 1412-1423.

Underwood, G., 'Subliminal Perception on TV.' *Nature.* Vol. 370. Published by Nature Publishing Group (1994) p. 103.

Valera, F.; Thompson, E.; Rosch, E., *L'Inscription Corporelle de l'Esprit. Sciences cognitives et expériences humaine.* Éditions du Seuil (1993).

Van Bendegem, J.-P., 'Analogy and Metaphor as Essential Tools for the Working Mathematician.' Hallyn, F., *Metaphor and Analogy in the Sciences.* Kluwer Academic Publishers (2000) pp. 105-124.

Verlet, L., 'La Pensée de Dieu.' *La Théorie de Tout.* Éditions Maisonneuve et Larose (1999) pp. 72-77.

Vivicorsi, B., 'Le raisonnement : une succession de filtres à analogies.' *Copsycat : Une Théorisation de la fluidité conceptuelle basée sur la perception d'analogies.* ANRT Diffusion (1999) pp. 192-199.

Vosniadou, S.; Ortony, A., *Similarity and Analogical Reasoning.* Cambridge University Press (1989).

Waroquier, L.; Marchiori, D.; Klein, O.; Cleeremans, A., 'Is It Better to Think Unconsciously or to Trust Your First Impression? A Reassessment of Unconscious Thought Theory.' *Social Psychological and Personality Science.* Vol. 1/2. Published by SAGE (2010) pp. 111-118.

Weil-Barais, A.; Dubois, D.; Nicolas, S.; Pedinielli, J.-L.; Streri, A., *L'homme Cognitif.* Éditions Presses Universitaires de France (2001).

Weinberg, S., *Dreams of a Final Theory: The Scientist's Search for the Ultimate Laws of Nature.* Published by Vintage Books (1994).

Weinberg, S., *Le rêve d'une Théorie Ultime.* Éditions Odile Jacob (1997).

Weinreb, L.L., *Legal Reason: The Use of Analogy in Legal Argument.* Published by Cambridge University Press (2005).

Weiskrantz, L., 'Blindsight revisited.' *Current Opinion in Neurobiology.* Vol. 6. Published by Elsevier (1996) pp. 215-220.

Wittgenstein, L., *Tractatus Logico-Philosophicus.* Éditions Gallimard (1993) p. 52/4.014-4.0141.

Wittgenstein, L., *Tractatus Logico-Philosophicus.* With an Introduction by Bertrand Russel. Kegan Paul, trench, Trubner & Co. Ltd (1922) p. 108/4.014-4.0141.

Zhang, D.; Raichle, M.E., 'Disease and the brain's dark energy.' *Nature Reviews Neurology.* Vol. 6/1. Published by Macmillan Journals Ltd (2010) pp. 15-28.

Travaux Connexes

Du Métier à Tisser à la Prothèse Vestibulaire

Bell, T.F., *Jacquard Looms - Harness Weaving.* Published by Herzberg Press (2010).

Beltran, A.; Griset, P., *Histoire d'un pionnier de l'informatique : 40 ans de recherche à l'Inria.* Éditions EDP Sciences (2007).

Benson, A.; Hutt, E.C.; Brown, S.F., 'Thresholds for the perception of whole body angular movement about a vertical axis.' *Aviation, Space, and Environmental Medicine.* Vol. 60. Published by Aerospace Medical Association (1989) pp. 205-213.

Biles, G.E.; Bolton, A.A.; Dire, B.M., 'Herman Hollerith: Inventor, Manager, Entrepreneur. A Centennial Remembrance.' *Journal of Management*. Vol. 15/4. Published by SAGE (1989) pp. 603-615.

Bubbey, J.M., *The Mathematical Work of Charles Babbage*. Published by Cambridge University Press (1978).

Campbell-Kelly, M.; Aspray, W., *Computer - A History of the Information Machine*. Second Edition. Published by Westview Press (2004).

Ceruzzi, P.E., *A History of Modern Computing*. Published by the MIT Press (2003).

Ceruzzi, P.E., *Computing: A Concise History*. Published by the MIT Press (2012).

Chavance, R., *Jacquard et le Métier à Tisser*. Éditions Les Publications Techniques (1944).

Clark, B.; Stewart, J.D., 'Comparison of three methods to determine thresholds for perception of angular acceleration.' *American Journal of Psychology*. Vol. 81/2. Published by University of Illinois Press (1968) pp. 207-216.

Constandinou, T.G.; Georgiou, J.; Doumanidis, C.C.; Chris Toumazou, C., 'Towards an Implantable Vestibular Prosthesis: The Surgical Challenges.' *Proceedings of the 3rd International IEEE EMBS Conference on Neural Engineering Kohala Coast, Hawaii, USA (*2007) pp. 40-43.

Davis, M., *The Universal Computer: The Road from Leibniz to Turing*. Published by A K Peters/CRC Press (2011).

Dormehl , L., *The Apple Revolution: Steve Jobs, the Counter Culture and How the Crazy Ones Took Over the World*. Published by Virgin Books (2012).

Essinger, J., *Jacquard's Web: How a Hand-Loom Led to the Birth of the Information Age*. Published by Oxford University Press (2007).

Frauenfelder, M., *The Computer: An Illustrated History From its Origins to the Present Day*. Published by Carlton Books (2013).

Golub, J.S. et al., 'Vestibular Implant.' *Auditory Prostheses – New Horizons*. Zeng, F.G.; Popper, A.N.; Fay, R.R. (ed.) Published by Springer (2011) pp. 109-134.

Heudin, J.-C., *Le Métier à Tisser de Basile Bouchon.'* *Les créatures artificielles : Des automates aux mondes virtuels*. Éditions Odile Jacob (2008) p. 73.

Hyman, A., *Charles Babbage: Pioneer Of The Computer*. Published by Princeton University Press (1985).

Ifrah, G., *The Universal History of Computing: From the Abacus to the Quantum Computer*. Published by Wiley (2002).

Leavitt, D., *The Man Who Knew Too Much: Alan Turing and the Invention of the Computer*. Published by W. W. Norton & Company (2006).

Ligonnière, R., *Préhistoire et Histoire des Ordinateurs*. Éditions Robert Laffont (1987).

Lilen, H., *La Saga du Micro-Ordinateur*. Éditions Vuibert (2003).

Linzmayer, O.W., *Apple Confidential 2.0: The Definitive History of the World's Most Colorful Company: The Definitive History of the World's Most Colorful Company*. Published by No Starch Press (2004).

Mahoney, M.S., *Histories of Computing*. Published by Harvard University Press (2011).

McCartney, S., *ENIAC: The Triumphs and Tragedies of the World's First Computer*. Published by Walker & Company (1999).

Merritt, T., *Chronology of Tech History*. Lulu (2012).

Miller, F.P.; Vandome, A.F.; McBrewster, J., *Micral: Microprocessor, Intel 8008, André Truong Trong Thi, Institut National de la Recherche Agronomique, Microdata*. Published by VDM Publishing House (2010).

Morrison, P.; Morrison, E., *Charles Babbage and his calculating engines*. Published by Dover publications Inc (1961).

Mounier-Kuhn, P.-E., 'Comment l'Informatique devint une Science.' *La Recherche*. Vol. 465. Éditions Sophia Publications (2012) pp. 92-94.

Mounier-Kuhn, P.-E., 'French Computer Manufacturers and the Component Industry, 1952-1972.' *History and Technology*. Vol. 11/2. Published by Routledge (1994) pp. 195-216.

Mounier-Kuhn, P-E., 'L'Industrie Informatique Française de 1945 aux années soixante.' *Informatique, Politique Industrielle, Europe : entre Plan Calcul et Unidata*. P. Griset Dir. Éditions Institut d'Histoire de l'Industrie (1998) pp. 13-28.

Mounier-Kuhn, P-E., *L'informatique en France de la seconde guerre mondiale au Plan Calcul L'émergence d'une science*. Éditions Presses Universitaires Paris Sorbonne (2010).

Northrup, M., *American Computer Pioneers*. Published by Enslow Publishers (1998).

Palfreman, J., *Dream Machine: Exploring the Computer Age*. Published by BBC Books (1993).

Raum, E., *The History of the Computer – Inventions That Changed the World*. Heinemann-Raintree (2007).

Rival, M., 'L'Ordinateur.' *Les Grandes inventions*. Éditions Larousse (1994) pp. 282-283.

Rival, M., 'Le Métier Jacquard. L'industrie textile introduit la programmation.' *Les Grandes inventions*. Éditions Larousse (1994) pp. 150-151.

Rojas, R.; Hashagen, U., 'The First Computers-History and Architectures.' Published by The MIT Press (2002).

Segal, J., *Le Zéro et le Un. Histoire de la notion scientifique d'information au 20e siècle*. Éditions Syllepse (2003).

Shkel, A.M.; Liu, J.; Ikei, C.; Zeng, F-G., 'Feasibility Study on a Prototype of Vestibular Implant Using MEMS Gyroscopes.' *Proceeding of IEEE Sensors 2002*. Conference 1, Vol. II. Published by the IEEE Sensors Council (2002) pp. 1526-1531.

Shkel, A.M.; Zeng, F-G., 'An Electronic Prosthesis Mimicking the Dynamic Vestibular Function.' *Audiology and Neurotology*. Vol. 11/2. Published by Karger (2006) pp. 113-122.

Soyer, J.-P., *Ada de Lovelace et la programmation informatique*. Éditions du Sorbier (1998).

Swedin, E.G., *Computers: The Life Story of a Technology*. Published by The Johns Hopkins University Press (2007).

Toole, B.A., *Ada, the enchantress of numbers, prophet of the computer age : a pathway to the 21st century*. Published by Strawberry Press (1998).

Varenne, F., *Qu'est-ce que l'Informatique ?* Éditions Vrin (2009).

L'Horloge Mécanique à Foliot

Barnett, J.E., 'The Mechanical Clock. The Machine.' *Time's Pendulum: From Sundials to Atomic Clocks, the Fascinating History of Timekeeping and How Our Discoveries Changed the World.*' First Edition. Published by Harcourt Brace/Harvest Book (1999) pp. 62-73.

Bernstein, D.S., 'Feedback control: an invisible thread in the history of technology.' *Control Systems Magazine.* Vol. 22/2. Published by IEEE (2002) pp. 53-68.

Britten, F. J., *The Watch and Clockmaker's Handbook.* Published by W. Kent & Co. (1881) pp. 56-58

Bruton, E., 'Domestic Clocks.' *The history of clocks and watches.* Published by Chartwell Books, Inc. (2006) pp. 47-65.

Danese, B.; Oss, S., 'A medieval clock made out of simple materials.' *European Journal of Physics.* Vol. 29. Published by IOP (2008) pp. 799-814.

Dennis, M., 'Verge and Foliot Clock Escapement: A Simple Dynamical System.' *The Physics Teacher.* Vol. 48/6. Published by the American Association of Physics Teachers (2010) pp. 374-376.

Dohrn-van Rossum, G., *The Clock escapement.*' *History of the Hour: Clocks and Modern Temporal Orders.* Published by University Of Chicago Press (1998) pp. 48-51.

Feynman, R.P.; Leighton, R.B., *Six Easy Pieces: Essentials of Physics Explained by Its Most Brilliant Teacher.* Published by Basic Books (2011) pp. 112-114.

Florès, J., *Perpétuelles à Roues de Rencontre.* Publications de l'Association Française des Amateurs d'Horlogerie Ancienne - AFAHA (2009).

Gazely, W. J., *Clock and Watch Escapements.* Published by Robert Hale Ltd (1956).

Glasgow, D., *Watch and Clock Making.* Published by Cassel & Co (1885) pp. 137-154.

Gonord, A., *Le Temps.* Éditions Flammarion (2001).

Hart-Davis, A., 'Le Livre du Temps.' *De la perception humaine à la mesure scientifique.* Éditions Guy Trédaniel (2012).

Hart-Davis, A., *The Book of Time: The Secrets of Time, How it Works and How We Measure It.* Published by Firefly Books (2011).

Headrick, M. V., 'Origin and evolution of the anchor clock escapement.' Control Systems Magazine. Vol. 22 (2002) pp. 41-52.

Landes, D. S., 'Revolution in Time: Clocks and the Making of the Modern World.' Published by Belknap Press of Harvard University Press (2000).

Laviolette, J.G., 'Naissance de l'Horloge à Échappement Mécanique.' *Le Temps, ses Instruments de Mesure, leur Technique.* Publication de l'Association Française des Amateurs d'Horlogerie Ancienne – AFAHA (2003) pp. 136-147.

Libet, B., *Mind Time: The Temporal Factor in Consciousness.* Published by Harvard University Press (2000).

Lloyd, A.H., 'Mechanical Timekeepers.' *A History of Technology.* Vol. 3. Edited by Charles Joseph Singer et al. Published by Clarendon Press (1957) pp. 648-675.

Melguen, B., *La mesure du Temps.* Éditions Apogée (2009).

Milham, W. I., *Time & Timekeepers*. Published by MacMillan (1923).

Penrose, R., 'L'Etrange rôle du temps dans la perception consciente.' *L'Esprit, L'Ordinateur et les lois de la Physique*. InterÉditions (1992) pp. 482-487.

Rawlings, A. L., *The Science of Clocks and Watches*. Published by The British Horological Institute (1993).

Roup, A .V.; Bernstein, D. S.; Nersesov, S. G.; Haddad, W. M.; Chellaboina, V., 'Limit cycle analysis of the verge and foliot clock escapement using impulsive differential equations and Poincare maps.' *Proceeding of the American Control Conference 2001*. Vol. 4. Published by IEEE (2001) pp. 3245-3250.

Roup, A.V.; Bernstein, D.S.; Nersevov, S.G.; Haddad, W.M., Challaboina, V., 'Limit cycle analysis of the verge and foliot clock escapement using impulsive differential equations and Poincaré maps.' *International Journal of Control*. Vol. 76/17. Published by Taylor & Francis (2003) pp. 1685-1698.

Scattergood, J., 'Writing the clock: the reconstruction of time in the late Middle Ages.' *European Review*. Vol. 11/04. Published by the Academia Europaea, Cambridge University Press (2003) pp. 453- 474.

Simrock, S., 'Control Theory.' *Proceedings, CAS – Cern Accelerator School. Digitam Signal Processing. Sigtuna, Sweden 31 May – 9 June 2007*. Brandt, D. (ed.) Published by Organisation Européenne pour la recherche nucléaire CERN – European Organization for Nuclear Research (2008) pp. 73-130.

Stoimenov, M.; Popkonstantinović, B.; Miladinović, L.; Petrović, D., 'Evolution of Clock Escapement Mechanisms.' *FME Transactions*. Vol. 40. Published by the Faculty of Mechanical Engineering (2012) pp. 17-23.

Trelat, E., *Contrôle optimal – Théories et applications*. Éditions Vuibert (2008).

Usher, A. P., *A History of Mechanical Inventions*. Chapter 7. Published by Havard University Press (1970).

Weinert, F., *The March of Time: Evolving Conceptions of Time in the Light of Scientific Discoveries*. Published by Springer (2013).

Whitrow, G.J., 'The Advent of Mechanical Clock.' *Time in History: Views of Time from Prehistory to the Present Day*. Published by Oxford University Press (1989) pp. 99-107.

La Cellule Ciliée Vestibulaire de Type II

Alfons Rüsch, A.; Lysakowski,A.; Eatock, R.A., 'Postnatal Development of Type I and Type II Hair Cells in the Mouse Utricle: Acquisition of Voltage-Gated Conductances and Differentiated Morphology.' *The Journal of Neuroscience*. Vol. 18/18. Published by The Society for Neuroscience (1998) pp. 7487-7501.

Baird, R.A.; Desmadryl, G.; Fernandez, C.; Goldberg J. M., 'The vestibular nerve of the chinchilla. II. Relation between afferent response properties and peripheral innervation patterns in the semicircular canals.' *The Journal of Physiology*. Vol. 60/1. Published by Blackwell Publishing on behalf of the Physiological Society Published by the Physiological Society (1988) pp. 182-203.

Boyle, R.; Mesinger, A.F.; Yoshida, K.; Usui, S.; Intravaia, A.; Tricas, T.; Highstein, S., 'Neural Readaptation to Earth's Gravity Following Return From

Space.' *Journal of Neurophysiology*. Vol. 86. Published by The American Physiological Society (2001) pp. 2118-2122.

Brandt, T.; Schautzer, F.; Hamilton, D.A.; Brüning, R.; Markowitsch, H.J.; Kalla, R.; Darlington, C.; Smith, P.; Strupp, M., 'Vestibular loss causes hippocampal atrophy and impaired spatial memory in humans.' *Brain*. Vol. 128/11. Published by Oxford University Press (2005) pp. 2732-2741.

Brugeaud, A.; Travo, C.; Demêmes, D.; Lenoir, M.; Llorens, J.; Puel, J.-L.; Chabbert C., 'Control of Hair Cell Excitability by Vestibular Primary Sensory Neurons.' *The Journal of Neuroscience*. Vol. 27/13. Published by the Society for Neuroscience (2007) pp. 3503-3511.

Castellano-Muñoz, M.; Israel, S.A.; Hudspeth, A.J., 'Efferent Control of the Electrical and Mechanical Properties of Hair Cells in the Bullfrog's Sacculus.' *Plos One*. Vol. 5/10. e13777. *Plos One: www.plosone.org*. Published online (2010) pp. 1-11.

Chan, Y.S.; Lai C.H.; Shum D.K.Y., 'Bilateral Otolith Contribution to Spatial Coding in the Vestibular System.' *Journal of Biomedical Science*. Vol. 9. Published by Springer (2002) pp. 574-586.

Demêmes, D.; Dechesne, C.J.; Venteo, S.; Gaven, F.; Raymond, J., 'Development of the rat efferent vestibular system on the ground and in microgravity.' *Developmental Brain Research*. Vol. 128. Published by Elsevier (2001) pp. 35-44.

DeRosier, D.J.; Tilney, L.G., 'The Structure of the Cuticular Plate, an In Vivo Actin Gel.' The *Journal of Cell Biology*. Volume 109/6 Pt. 1. Published by the Rockefeller University Press (1989) pp. 2853-2867.

Dutia, M.B.; Johnston, A.R.; McQueen, D.S., 'Tonic activity of rat medial vestibular nucleus neurones in vitro and its inhibition by GABA.' *Experimental Brain Research*. Vol. 88. Published by Springer (1992) pp. 466-472.

Flock, A.; Cheung, H.C., 'Actin filaments in sensory hairs of inner ear receptor cells.' *Journal of Cell Biology*. Published by the Rockefeller University Press. Vol. 75/2 (1977) pp. 339-343.

Flock, A.; Duvall, A.J., 'The Ultrastructure of the Kinocilium of the Sensory Cells in the Inner Ear and Lateral Line organs.' *Journal of Cell Biology*. Vol. 25/1. Published by the Rockefeller University Press (1965) pp. 1-8.

Fuller, P.M.; Jones, T.A.; Jones, S.M.; Fuller, C.A., 'Evidence for Macular Gravity receptor Modulation of Hypothalamic, Limbic and Autonomic Nuclei.' *Neuroscience*. Vol. 129. Published by Elsevier (2004) pp. 461-471.

Goldberg, J.M., 'Afferent diversity and the organization of central vestibular pathways.' *Experimental Brain Research*. Vol. 130/3. Published by Springer (2000) pp. 277-297.

Grant, W.; Best, W., 'Otolith-organ mechanics: lumped parameter model and dynamic response.' *Aviation Space and Environmental Medicine*. Vol. 58/10. Published by the Aerospace Medical Association (Alexandria 1987) pp. 970-976.

Harada Y.; Kasuga S.; Mori N., 'The process of otoconia formation in guinea pig utricular supporting cells.' *Acta Otolaryngologia*. Vol. 118/1. Published by Informa Healthcare (1998) pp. 74-79.

Hillman, D.E.; Lewis, E.R., 'Morphological Basis for a Mechanical Linkage in Otholithic Receptor Transduction in the Frog.' *Science*. Vol. 174. Published by AAAS (1971) pp. 416-419.

Holt, J.R.;. Corey D.P.; Eatock, R.A., 'Mechanoelectrical Transduction and Adaptation in Hair Cells of the Mouse Utricle, a Low-Frequency Vestibular Organ.' *The Journal of Neuroscience*. Vol. 17/22. Published by The Society for Neuroscience (1998), pp. 8739-8748.

Lai. C.H.; Chan, Y.S., 'Development of the Vestibular System.' *Neuroembryology and Aging*. Vol. 1. Published by Karger (2002) pp. 61-71.

Lapeyre, P.; Guilhaume, A.; Cazals, Y., 'Differences in Hair Bundles Associated with Type I and Type II Vestibular Hair Cells of the Guinea Pig Saccule.' *Acta Otolaringologia*. Vol. 112/2. Published by Informa Healthcare (1992) pp. 635-642.

Lins, U.; Farina, M.; Kurc, M.; Riordan, G.; Thalmann, R.; Thalmann, I.; Kachar,B., 'The Otoconia of the Guinea Pig Utricle: Internal Structure, Surface Exposure, and Interactions with the Filament Matrix.' *Journal of Structural Biology*. Vol. 131/1. Published by Elsevier (2000) pp. 67-78.

Lundberg, Y.W.; Zhao, X.; Yamoah, E.N., 'Assembly of the otoconia complex to the macular sensory epithelium of the vestibule.' *Brain Research*. Vol. 1091/1. Published by Elsevier (2006) pp. 47-57.

Lysakowski, A.; Goldberg, J.M., 'Anatomy and Physiology of the Central and Péripheral Vestibular System: Overview.' *The Vestibular System*. Stephen M. Highstein, Richard R. Fay and Arthur N. Popper (ed.) Published by Springer (2004) pp. 57-152.

Martin, P.; Bozovic, Y.; Hudspeth, A.J., 'Spontaneous Oscillation by Hair Bundles of the Bullfrog's Sacculus.' *The Journal of Neuroscience*. Vol. 23/11. Published by The Society for Neuroscience (Washington 2003) pp. 4533-4548.

McAngus Todd,N.P.; Rosengren, S.M.; Colebatch, J.G., 'Tuning and sensitivity of the human vestibular system to low-frequency vibration.' *Neuroscience Letters*. Vol. 444. Published by Elsevier (Shannon 2008) pp. 36-41.

Naunton, R.F., *The Vestibular System*. Published by Academic Press (1975).

Petit, C.; Richardson, G.P., 'Linking Deafness Genes to Hair-Bundle Development and Function.' *Nature Neuroscience*. Vol. 12/6. Published by Nature Publishing Group (2009) pp. 703-710.

Rabbitt, R.D.; Damiano, E.R.; Grant, J.W., 'Biomechanics of the Semicircular Canals and Otolith Organs.' *The Vestibular System*. Stephen M. Highstein, Richard R. Fay and Arthur N. Popper (ed.) Published by Springer (2004) pp. 153-201.

Ricci, A.J.; Rennie, K.J.; Cochran, S.L.; Kevetter, G.A.; Correia, M.J., 'Vestibular type I and type II hair cells. 1: Morphometric identification in the pigeon and gerbil.' *Journal of Vestibular Research: Equilibrium & Orientation*. Vol. 7/5. Published by Pergamon Press (1997) pp. 393-406.

Rüsch, A.; Anna Lysakowski, A.; Eatock, R.A., 'Postnatal Development of Type I and Type II Hair Cells in the Mouse Utricle: Acquisition of Voltage-Gated Conductances and Differentiated Morphology.' *The Journal of Neuroscience*. Vol. 18/18. Published by The Society for Neuroscience (1998) pp. 7487-7501.

Rutheford, M.A.; Roberts, W.M., 'Spikes and Membrane Potential Oscillations in Hair Cells Generate Periodic Afferent Activity in the Frog Sacculus.' *The Journal of Neuroscience*. Vol. 29/32. Published by The Society for Neuroscience (2009) pp. 10025-10037.

Sans A., Dechesne, C. J.; Demêmes, D., 'The Mammalian otolithic receptors: a complex morphological and biochemical organization. Otolith functions and disorders. *Advances in oto-rhino-laryngology*. Vol. 58. Published by Karger (2001) pp. 1-14.

Sans, A., 'Les macules, les otoconies et la membrane otoconiale.' Le métabolisme des otoconies.' *Le vertige positionnel paroxystique bénin. Apport de la recherche fondamentale. Bulletin de l'Académie des Sciences et Lettres de Montpellier*. Vol. 39. Publication de l'Académie des Sciences de Montpellier (2008) pp. 103-110.

Sans, A.; Sauvage, J. P.; Chays, A.; Gentine, A., 'Les Otoconies.' *Vertiges Positionnels*. Rapport de la société française d'ORL et de chirurgie cervico-faciale (2007) pp. 63-70.

Wersäll, J.; Flock, Å.; Lundquist, P-G., 'Structural Basis for Directional Sensitivity in Cochlear and Vestibular Sensory Receptors.' *Cold Spring Harbor Symposia on Quantitative Biology*. Vol. 30. Published by Cold Spring Harbor Laboratory Press – CSHL Press (1965) pp. 115-132.

Une Séquence Française

La Charrue

Alesina, A.; Giuliano, P.; Nunn, N., 'On the Origins of Gender Roles: Women and the Plough.' *The Quarterly Journal of Economics*. Published by Oxford University Press (2011).

Andersen, T.B.; Jensen, P.S.; Skovsgaard, C.S., *The Heavy Plough and the Agricultural Revolution in Medieval Europe*. Discussion Papers on Business and Economics N° 6/2013. Department of Business and Economics. Published by the University of Southern Denmark (2013).

Astill, G.; Langdon, J., 'Ploughing, Harrowing and Hauling.' *Medieval Farming and Technology: The Impact of Agricultural Change in Northwest Europe. Technology and Change in History*. Published by Brill (Leiden 1997) pp. 126-134.

Bloch, M., *French Rural History*. Published by Routledge & Kegan Paul Ltd (1966).

Bourin, M.; Durand, R., *Vivre au village au Moyen Âge. Les solidarités paysannes du XIe au XIIIe siècle*. Éditions Presses Universitaires de Rennes (2000).

Brumont, F., 'Le labour tracté : la charrue (l'araire).' *L'outillage agricole médiéval et moderne et son histoire : Actes des XXIIIe Journées Internationales d'Histoire de l'Abbaye de Flaran, 7, 8, 9 septembre 2001*. Collection Flaran. Gomet/Ed. Éditions Presses Universitaires du Mirail (2003) pp. 43-48.

Duby, G., *L'économie rurale et la vie des campagnes dans l'Occident médiéval.* Éditions Flammarion (1977).

Eyre, R., 'Curving Plough-Strip and Its Historical Implications.' *The Agricultural History Review.* Vol. 3/2. Published by the British Agricultural History Society (1955) pp. 80-89.

Fossier, R., *Le Moyen Âge. L'éveil de l'Europe 950-1250.* Éditions Armand Colin (1982).

Fourquin, G., 'Les techniques agricoles et les rendements : le progrès et ses limites.' *Le paysan d'Occident au Moyen Âge.* Éditions Nathan (1989) pp. 90-96.

Hanawalt, B.A., *The Middles Ages.* Published by Oxford University Press (1998) pp. 64-66.

Haudricourt, A.G.; Delamarre, M.J.-B., *L'homme et la Charrue à travers le Monde.* Éditions la Renaissance du livre (2000) p. 451.

Le Goff, J., 'Économie rurale : la charrue à roues.' *La civilisation de l'occident médiéval.* Éditions Arthaud (1977) pp. 280-281.

Mane, P., 'Le labour.' *Le travail à la campagne au Moyen Âge. Étude iconographique.* Éditions A. & J. Picard (2006) pp. 96-131.

Myrdal, J., 'The agricultural transformation of Sweden,1000-1300.' *Medieval Farming and Technology: The Impact of Agricultural Change in Northwest Europe.* Langdon, J., Astill, G. (ed.) Published by Brill (1997) pp. 147-171.

Parain, C., 'The Evolution of Agricultural Technique.' *The Cambridge Economic History of Europe from the Decline of the Roman Empire Volume 1: Agrarian Life of the Middle Ages.* M.M. Postnan (ed.) Published by Cambridge University Press (1966) pp. 125-179.

Pinhasi, R.; Fort, J.; Ammermann, A., 'Tracing the Origin and Spread of Agriculture in Europe.' *PLoS Biology.* Vol. 3/12 e410. *Plos Biology: www.plosbiology.org.* Published online (2005) pp. 2220-2228.

Pryor, F.L., 'The Invention of the Plow.' *Comparative Studies in Society and History.* Vol. 27/4. Published by Cambridge University Press (1985) pp. 727-743.

Raepsaet, G., 'The development of farming implements between the Seine and the Rhine from the second to the twelfth centuries.' *Medieval Farming and Technology.* Langdon, J., Astill, G., and Myrdal, J. (ed.) Published by Brill (1997).

Sivéry, G., 'La Charrue et l'Araire'. *Terroirs et communautés rurales dans l'Europe occidentale au Moyen Âge.* Éditions Presses Universitaires de Lamiot

Tracq, F., 'Les charrues d'autrefois.' *La mémoire du vieux village. La vie quotidienne à Bessans.* Éditions La Fontaine de Siloé (2000) pp. 252-255.

Trochet, J.R., *Catalogue des Collections agricoles, Araires.* Musée National des Arts et Traditions populaires (1987).

Wailes, B., 'Plow and population in temperate Europe.' *Population growth: Anthropological implications.* B. Spooner (ed.) Published by the MIT Press (1972).

White, Jr., L., *Medieval Technology & Social Change.* Published by the Oxford University Press (1962).

Les Carreaux de Pavement

Ame, E., *Les carrelages émaillés du Moyen Age et de la Renaissance.* Éditions Morel (1859).

Amiot, M., *Étude sur les carreaux vernissés. Les pavés historiés à engobe incrusté (XIVe - XVIe s.), matériau, technique de fabrication.* M.C.A.C.O. (*Mémoires de la Commission des Antiquités de la Côte-d'Or*), T. XXV, 1959-1962. pp. 242-246.

Amouric, H., 'Les origines de l'industrie céramique à Apt : L'apport des sources écrites.' *XIVe-XVIe. Archéologie du Midi Médiéval.* Tome 4. Publication du Centre d'Archéologie Médiévale du Languedoc (1986) pp. 131-134.

André, P., 'Le pavement médiéval de Suscinio (Morbihan).' *Archéologia.* Numéro 97. Éditions Faton (1976) pp. 42-50.

Anonyme, 'Carrelage de jubé. Notre-Dame de l'Épine (Marne).' *Moniteur des Architectes.* T. V. 1852. Publications de la Société Nationale des Architectes de France (1852) pp. 119-120 ; 143-144.

Anonyme, 'Découvertes de carreaux médiévaux à Rouen et aux environs.' *Bulletin de la Commission départementale des Antiquités de la Seine – Inférieure*, T. I, 1868, p. 278, 432 ; T. II, 1871, p. 38, 212-213, 380 ; T. VI, 1882-1884, p. 476, 495 ; t. XX, 1938-1944, p. 112 ; T. XXI, 1945-1952, p. 133. Publications de la Commission départementale des Antiquités de la Seine-Inférieure (1862)(1952).

Armand-Calliat, L., 'Carreaux historiés de provenance chalonnaise.' *Mémoires de la Société d'Histoire et d'Archéologie de Chalon-sur-Saône.* Tome XXIX. Publication de la société d'Histoire et d'Archéologie de Chalon-sur-Saône (1940) pp. 125-137.

Arnoult, P., 'Les pavages en carreaux émaillés de l'abbaye de Montier-en-Der, du château de Sommevoire et d'une ancienne chapelle de Droyes.' *Annales de la Société d'histoire, d'archéologie et des beaux-arts de Chaumont.* Tome VI. Publication de la Société d'histoire, d'archéologie et des beaux-arts de Chaumont (1936) pp. 222-233.

Bange, J. de, *Notice sur les carrelages émaillés de la Champagne.* CAF Châlons-sur-Marne, 42e session (1875).

Barbier, M.; Cailleaux, D.; Chapelot, O., 'Carreaux de pavement du Moyen Age et de la Renaissance.' *Catalogue des collections des Musées de Chaumont et de Saint-Dizier.* Publication des Musées Municipaux de Chaumont et de Saint-Dizier (1987).

Barral, Y.; Altet, X., *Les mosaïques de pavement médiévales de la ville de Reims.* CAF Champagne (1977) pp. 79-108.

Barral i Altet, X., 'The mosaic pavement of the Saint Firmin chapel at Saint-Denis : Alberic and Suger.' *Abbot Suger and Saint-Denis: A Symposium.* Lieber Gerson, P., (ed.) Published by the Metropolitan Museum of Art (1986) pp. 245-255.

Barthelemy, A. de, 'Carreaux émaillés du XIVe siècle provenant du musée de Saint-Germain-en-Laye.' *Musée archéologique.* Tome I. (1875) pp. 130-134.

Baye, J., *Carreaux émaillés de la Champagne.* Tome LXI. CAF Châlons-sur-Marne. 42e session. (1875) pp. 247-253.

Bentz, B., *Les multiples facettes de l'art du carreau de faïence en France. Revue d'Archéologie moderne et d'Archéologie générale.* Numéro 13. Éditions Presses Paris Sorbonne (1999) pp. 53-63.

Bergeret, E., 'Briques et pavements émaillés. L'atelier d'Argilly sous les ducs de Bourgogne.' *Mémoires de la Société d'histoire, d'archéologie et de littérature de l'arrondissement de Beaune.* Tome XIV. Publication de la Société d'histoire, d'archéologie et de littérature de l'arrondissement de Beaune (1899) pp. 179-201.

Bergeret, E., 'Briques et pavements émaillés. L'atelier d'Argilly sous les ducs de Bourgogne.' *Mémoires de la Société d'histoire, d'archéologie et de littérature de l'arrondissement de Beaune.* Tome XV. Publication de la Société d'histoire, d'archéologie et de littérature de l'arrondissement de Beaune (1900) pp. 144-176.

Bon, P., 'Une innovation technique et artistique au XIVe siècle : les carreaux de faïence au décor peint fabriqués pour le duc de Berry (1384).' *Cahiers d'archéologie et d'histoire du Berry.* Numéro 105. Publication de la Société d'archéologie et d'histoire du Berry (1991) pp. 9-18.

Bordeaux, R., *Carreaux émaillés trouvés au château de Gisors.* CAF (1851) pp. 355-356.

Boucard J., 'Les carreaux de pavage.' *Potiers de Saintonge.* Chapelot, J. (ed.) Publication du Musée national des arts et traditions populaires (1975) pp. 65-67.

Bourbon, G., 'Carrelages du XIIIe siècle provenant de l'abbaye de Belleperche à Cordes (Tarn-et-Garonne).' *Revue des Sociétés savantes.* 6e série, Tome VI (1877) pp. 191-192.

Bouthier, A.; Courtois, L.; Martin, A.V., 'Carreaux de pavement médiévaux historiés ou non du Donziais (Nièvre).' *Terres cuites architecturales au Moyen Âge.* Musée de Saint-Omere. Colloque du 7-9 juin 1985, Arras. Deroeux, D. (ed.) Mémoires de la Commission Départementale d'Histoire et d'Archéologie du Pas-de-Calais, XXII-2. Publication de la Commision Départementale d'Histoire et d'Archéologie du Pas-de-Calais (1986) pp. 207-217.

Brut, C., 'Pavements et carreaux médiévaux du château du Louvre (fouilles de 1983-1986).' et 'Catalogue des carreaux de pavement découverts dans les fouilles du château du Louvre.' *Cahiers de la Rotonde.* Numéro 13. Publication de la Commission du Vieux Paris (1989) pp. 35-47 ; pp. 48-70.

Chapelot, O., 'Les carreaux de pavage médiévaux en Bourgogne. Carte des lieux de découverte et Carreaux de pavage provenant de sites archéologiques.' *Bourgogne médiévale, la mémoire du sol.* Catalogue d'exposition. Publication de la Section fédérée de l'Association générale des conservateurs des collections publiques de France pour la région Bourgogne (1987) pp. 228-234.

Chevallier, abbé Al., 'Étude sur les carreaux vernissés du Moyen Age.' *Almanach-annuaire de la Marne, de l'Aisne et des Ardennes.* Tome XL (1898) pp. 203-216 ; Tome XLI (1899) pp. 166-172 ; tome XLIII (1902) pp. 271-282.

Eames, E.S., 'Three groups of late medieval French tiles in the Department of Medieval and Later Antiquities, British Museum.' *Journal of the British Archaeological Association.* Tome XXXVII/3. Published by the British Archaeological Association (1974) pp. 103-112.

Eames, E.S., *Catalogue of medieval lead - glazed earthenware tiles in the department of medieval and later antiquities.* Published by the British Museum (1980).

Esperandieu, E., 'Carreaux médiévaux découverts aux Châtelliers près de Saint-Maixent (Deux-Sèvres).' *Bulletin archéologique.* (1892) pp. 1-16 ; Planche I-V.

Fontenay, H. de, 'Carreaux émaillés des XIVᵉ et XVIIᵉ siècles.' *Matériaux d'archéologie et d'histoire par messieurs les archéologues de Saône et Loire et des départements limitrophes.* Tome I. (1869) pp. 120-122.

Gaillac, A., 'Carreaux émaillés du XIIIᵉ siècle provenant de la chapelle de l'abbaye de Candeil.' *Revue historique, scientifique et littéraire du département du Tarn.* Tome XV. (1898) pp. 274-275.

Gaillac, A., 'Les carrelages émaillés et les briques au Moyen Âge.' *Magasin pittoresque.* (1873) pp. 347-350.

Hanusse, C., *Les carreaux de pavage vernissés et historiés du Moyen Âge en Gironde.* Mémoire de maîtrise. Université de Bordeaux III (Bordeaux 1978).

Kier, H., 'Der mittelalterliche Schmuckfussboden unter besonderer Berücksichtigung des Rheinlandes.' *Die Kunstdenkmäler des Rheinlandes.* N°14. Fredebeul & Koenen (1970).

Kinder, T.N., 'Briques et carreaux de pavement : un artisanat médiéval à Pontigny.' *Bulletin de la Société nationale des Antiquaires de France.* Publication de la Société nationale des antiquaires de France (1992) pp. 123-137.

Lachasse, G.; Roy, N., 'Les pavés de céramique médiévale.' *Trésors des Abbayes Normandes.* Catalogue d'exposition, Rouen (1979) pp. 308-349.

Lemmen, H., *Medieval Tiles.* Published by Shire Publications Ltd (2008).

Lienard, F., 'Les carrelages émaillés ou historiés du XIIIᵉ siècle dans le département de la Meuse.' *Bulletin monumental.* Tome XXIX. Publication de la Société Française d'Archéologie (1863) pp. 146-149.

Lutz, M.; Beyer, V., 'Un trésor de céramique strasbourgeoise du XIVᵉ siècle.' *Cahiers alsaciens d'archéologie, d'art et d'histoire.* Tome VIII. Publication de la Société pour la conservation des monuments historiques d'Alsace (1964) pp. 131-156.

Mathon, J.-B., *Carrelages du XIIIᵉ au XVIᵉ siècle, plus particulièrement de la Normandie et du Beauvaisis.* 4 vol. Bibliothèque de la manufacture de Sèvres (1850).

Mayer, J., Sous la direction de. 'La conception des carreaux de pavements du Moyen Âge et de la Renaissance.' *Pavement, carreaux de sol en Champagne au Moyen Âge et à la Renaissance.* Éditions du Patrimoine (1999) pp. 16-23.

Morant, H. de, 'Les carreaux de pavage du Moyen Age et de la Renaissance.' *Archéologia.* Numéro 38. Éditions Faton (1971) pp. 66-74.

Norton, C., 'Les carreaux de pavage de la Bourgogne médiévale.' *Archéologia.* Numéro 165. Éditions Faton (1982) pp. 34-45.

Norton, C., 'Les carreaux de pavage du Moyen Age de l'abbaye de Saint-Denis.' *Bulletin monumental.* Tome CXXXIX. Publication de la Société Française d'Archéologie (1981) pp. 69-100.

Norton, C., 'The British Museum collection of medieval tiles.' *Journal of the British Archaeological Association*. Tome CXXXIV. Published by Maney Publishing (1981) pp. 107-119.

Poulaine, F., 'Les carreaux émaillés (XIIIᵉ siècle) du vieux château de Voutenay (Yonne).' *Bulletin de la Société des sciences historiques et archéologiques de l'Yonne*. Tome 68 (1914) pp. 315-318.

Rosen, J.; Crepin-Leblond, T., 'Images du pouvoir. Pavements de faïence en France du XIIIᵉ au XVIIᵉ siècle.' *Catalogue de l'exposition de Bourg-en-Bresse*. Publication RMN et Musée de Brou (2000).

Suau, J.-P., 'Les carreaux de pavement de Notre-Dame - du - Parc, prieuré de Grandmont.' *Bulletin de la Commission des antiquités de la Seine-Maritime*. Tome XXX. (1974-1975) pp. 193-212.

Tillet, J.M., *La cathédrale Saint Mammès*. Congrès Archéologique de France (1928) pp. 483-510.

Vesly, L. de, 'La céramique ornementale en Haute-Normandie pendant le Moyen Age et la Renaissance.' *Congrès du millénaire de la Normandie, 911-1911*. Tome 2 (1912) pp. 189-263.

Viollet-le-Duc, E., 'Pavements du Moyen Age. Carrelage de l'église abbatiale de Saint-Denis.' *Annales archéologiques*. Tome IX (1849) pp. 73-77.

Les Caractères Mobiles d'Imprimerie

Baudin, F., *L'Effet Gutenberg*. Éditions du Cercle de la librairie (1993).

Bechtel, G., 'Gutenberg et l'invention de l'imprimerie.' *Bulletin des Bibliothèques de France*. Numéro 6. Publication de l'École nationale supérieure des sciences de l'information et des bibliothèques-Enssib (1992) pp. 110-111.

Blasselle, B.A., *À pleines pages. Histoire du livre*. Vol. I. Éditions Gallimard (1997).

Bourilon, F.; Bouchet, P. du, *Gutenberg*. Éditions Bayard (1988).

Briggs, A.; Burke, P., *Social History of the Media : From Gutenberg to the Internet*. Published by Polity (2010).

Briggs, A.; Burke, P., *Sociale geschiedenis van de media : van boekdrukkunst tot internet*. SUN (2003).

Chilress, D., *Johannes Gutenberg and the printing press*. Published by Twenty-First Century Books (2008).

Egger, E., *Histoire du livre depuis ses origines jusqu'à nos jours*. Published by BookSurge Publishing (2001).

Eisenstein, E.L., *The Printing revolution in early modern Europe*. Published by the Cambridge University Press (1983).

Eisenstein, E.L., *La révolution de l'imprimé à l'aube de l'Europe moderne*. Éditions Hachette Littératures (1991).

Fertel, M.-D., *La science pratique de l'imprimerie* (1723).

Friedrich, J.L., *Histoire de l'invention de l'imprimerie*. Published by Kessinger Publishing (2010).

Fussel, S., *Gutenberg and the Impact of Printing*. Published by Ashgate Publishing Ltd (2005).

304   *LA THÉORIE SENSORIELLE*

Klein, C-A., *Terre d'inventeurs. Tome 2, De Gutenberg à Bill Gates*. Éditions Tallandier (2001).
Kovarik, B., *Revolutions in Communication: Media History from Gutenberg to the Digital Age*. Bloomsbury Academic (2008).
Lamartine, A. de, *Gutenberg : Inventeur de l'imprimerie*. Éditions Folle avoine (1997).
Lee, H.J., 'Étude comparative des techniques typographiques en Occident et en Orient au XVᵉ siècle. *Le livre et l'historien*. Barbier, F. et al. *Études offertes en l'honneur du Professeur Henri-Jean Martin*. (1997) pp. 75-84.
Man, J., *The Gutenberg Revolution. How Printing changed the course of history*. Published by Bantam (2009).
Marshall, Mc. L., *La Galaxie Gutenberg. La génèse de l'homme typographique*. Tome 1 et 2. Éditions Gallimard (1977).
Melcher, F.G., *500 Years of Printing - A Collection of Articles on the History of Printing Since the Invention of Movable Type*. Published by Read Books (2012).
Needham, P., 'Johannes Gutenberg et l'invention de l'imprimerie en Europe.' *Les trois révolutions du livre*. Sous la direction de Mercier, A., Catalogue de l'exposition du musée des Arts et Métiers. Imprimerie Nationale (2002) pp. 181-187.
Perrousseaux, Y., *Histoire de l'écriture typographique de Gutenberg au XVIIᵉ siècle*. Atelier Perrousseaux (2006).
Twyman, M., *L'imprimerie : histoire et techniques*. ENS/Institut d'histoire du livre (2007).
Wagner, S., 'Bekannter Unbekannter. Johannes Gutenberg.' *Gutenberg. Aventur und kunst. Vom Geheimunternehmen zur ersten Medienrevolution*. Stadt (2000) pp. 114-143.

L'Algèbre Nouvelle de Viète

Allegret., *Éloge de Viète*. Discours prononcé à la distribution solennelle des prix du Lycée Impérial de Poitiers le 10 août 1867 suivi d'une notice relative au calendrier de Viète. Imprimerie A. Dupré (1867).
Barbin, E.; Boyé, A., *François Viète : Un mathématicien sous la Renaissance*. Éditions Vuibert (2005).
Benoit, P., 'Calcul, algèbre et marchandise.' *Éléments d'histoire des sciences*. Serres, M. Éditions Bordas (1989) pp. 196-221.
Charbonneau, L.; Lefebvre, J., *'L'introduction à l'art analytique (1591) de François Viète : programme et méthode de l'algèbre nouvelle.'* Proceedings of the Canadian Society for the History and Philosopghy of Mathematics. Société canadienne d'histoire et de philosophie des mathématiques. Vol. 4. Queen's University, Kingston (1991) pp. 103-116.
Dahan-Dalmedico, A.; Peiffer, J. *Une histoire des mathématiques*. Éditions du Seuil (1986).
Fillon, B.; Ritter, F., *Notice sur la vie et les ouvrages de François Viète*. Imprimerie Ch. Gailmard (1849).

Glushkov, S., 'An Interpretation of Viète's "Calculus of Triangles" as a Precursor of the Algebra of Complex Numbers.' *Historia Mathematica.* Vol. 4/2. Published by Elsevier – Academic Press, Inc. (1977) pp. 127-136.

Grisard, J., *François Viète, mathématicien de la fin du seizième siècle.* Thèse de doctorat de 3ème cycle. École Pratique des Hautes Études, Centre de Recherche d'Histoire des Sciences et des Techniques (1968).

Laudirac ; J., *Vie et œuvre des grands mathématiciens.* Éditions Magnard (1990).

Ritter, F., 'François Viète, inventeur de l'algèbre moderne, 1540-1603. Essai sur sa vie et son œuvre.' *La Revue occidentale philosophique, sociale et politique.* Seconde série-Tome X (1895) pp. 234-274 ; pp. 354-415.

Serfati, M., *La révolution symbolique. La constitution de l'écriture symbolique mathématique.* Éditions Pétra (2005).

Sesiano, J., *Une introduction à l'histoire de l'algèbre. Résolution des équations des Mésopotamiens à la Renaissance.* Presses polytechniques et universitaires romandes (1999).

Vaulézard, J.L., *La Nouvelle Algèbre de M. Viète.* Éditions Fayard (Paris 1986).

Viète, F., *Francisci Vietæ Opera Mathematica.* Édité par F. van Schooten, Elzevier, Leyde, 1646. Ce livre a été réédité par Georg Olms Verlag, Hildesheim-New-York (1970).

Viète, F., *Œuvres mathématiques.* Traduction littérale de J. Peyroux. Éditions Blanchard (1992).

Viète, F., *The Analytic Art: Nine Studies in Algebra, Geometry and Trigonometry from the Opus Restituate Mathematicae Analyseos, seu Algebrâ Novâ.* Translated by T. Richard Witmer. Published by The Kent State University Press, Kent (1983).

Wieslaw, W., *Quatercentenary François Viète's death, in European Mathematics in the Last Centuries.* Published by the Stefan Banach International Mathematical Center (2005).

Le Principe de Huygens

Andriesse, C.D., *Huygens: The Man Behind the Principle.* Published by Cambridge University Press (2011).

Arnol'd, V.I., *Huygens and Barrow, Newton and Hooke: Pioneers in mathematical analysis and catastrophe theory from evolvents to quasicrystals.* Birkhäuser Verlag Publishing (1990) pp. 56-58.

Bell, E.L., *Christian Huygens.* Published by Ulan Press (2012).

Berest, Y.Y.; Veselov, A.P., 'Huygens' principle and integrability.' *Russian Mathematical Surveys.* Vol. 49/6. Published jointly by the London Mathematical Society and the British Library (1994) pp. 5-77.

Block, H.; Ferwerda, H.A.; Kuiken, H.K., *Huygens' Principle 1690-1990, Theory and Applications.* Published by Elsevier Science (1992).

Borel, F. 'Huygens.' *Comprendre la physique : QCM illustré.* Éditions Eyrolles (2007) p. 82.

Brunhes, B.; Huyghers, C.; Kirchhoff, G., *Sur le principe d'Huygens et sur quelques conséquences du théorème de Kirchhoff.* Publication de la Faculté de Lille (1895).

Chareix, F., *La philosophie naturelle de Christian Huygens*. Éditions Vrin (2006).

Dijksterhuis, F.J., *Lenses and Waves: Christiaan Huygens and the Mathematical Science of Optics in the Seventeenth Century (Archimedes)*. Published by Springer (2004).

Enders, P., 'Huygens' principle and the modelling of propagation.' *European Journal of Physics*. Vol. 17. Published by IOP (1996) pp. 226-235.

Huygens, C., *Traité de la Lumière*. Introduction de Blay, M. Éditions Dunod (1992).

Miller, D.A.B., 'Huygens's wave propagation principle corrected.' *Optics Letters*. Vol. 16/18. Published by the Optical Society of America (1991) pp. 1370-1372.

Robredo, J.-F., 'Le Temps des révolutions : Huygens, la nature sous le choc.' *Du cosmos au big bang : La révolution philosophique*. Éditions Presses Universitaires de France (2006) pp. 68-74.

Tatyana Shaposhnikova, M.; Tronel, G., 'Huygens.' *Jacques Hadamard : Un mathématicien universel*. Éditions EDP Sciences (2005) pp. 428-429.

Taylor, J.C., *Huygens' Legacy: The Golden Age of the Pendulum Clock*. Published by Fromanteel Ltd (2004).

Vilain, C., *La mécanique de Christian Huygens. La relativité du mouvement au XVIIᵉ siècle*. Éditions Albert Blanchard (1996).

Le Métier à Tisser Jacquard

Bell, T.F., *Jacquard Looms - Harness Weaving*. Published by Herzberg Press (2010).

Cayez, P., *Métiers jacquard et hauts fourneaux aux origines de l'industrie lyonnaise*. Presses Universitaires de Lyon (1978).

Charlin, J.-C., *Histoire de la machine Jacquard : de l'origine à nos jours*. Stäubli Publisher (2003).

Chavance, R., *Jacquard et le Métier à Tisser*. Éditions Les Publications Techniques (1944).

Demoule, P., 'La Grande Histoire de la Soierie Lyonnaise.' *L'Atelier du Canut Lyonnais au XIXᵉ Siècle. Revue du CVMT (Conservatoire des Vieux Métiers du textile)*. 1. Troisième Partie. Publication du CVMT (2002).

Doyon, A.; Liaigre, L., *Jacques Vaucanson : Mécanicien de Génie*. Éditions Presses Universitaires de France (1966).

Endrei, W., *L'évolution des techniques du filage et du tissage du Moyen Age à la Révolution Industrielle*. Éditions de l'École des Hautes Études en Sciences Sociales. Co-éditeur Mouton and co. (1968).

Essinger, J., *Jacquard's Web: How a Hand-Loom Led to the Birth of the Information Age*. Published by the Oxford University Press (2007).

Estevenaux, J., *Charles-Marie Jacquard et la naissance de l'industrie textile moderne, 1752 1834*. Éditions LUGD (1994).

Eymard, P., *Historique du Métier Jacquard*. Imprimerie de Barret (1863).

Hilaire-Perez, L., *L'Invention technique au siècle des Lumières*. Éditions Albin-Michel (2000).

Poncetton, F., *Jacquard de Lyon*. Éditions du Milieu du Monde (1943).

Rival, M., 'Le Métier Jacquard. L'industrie textile introduit la programmation.' *Les Grandes inventions.* Éditions Larousse (1994) pp. 150-151.

Rouille, Ph., 'Trous de mémoire.' *Revue du Musée des Arts et Métiers.* Vol. 2. Éditions du CNAM (Février 1993).

Scherrer, G., 'Les Premiers cartons de Jacquard.' *La Revue du Musée des Arts et Métiers.* Vol. 45. Éditions du CNAM (2006).

L'Image Télévisuelle

Abramson, A., *The History of Television, 1880-1941.* Published by McFarland & Compagny Inc. (1987) pp. 19-72.

Amoudry, M., *René Barthélemy ou La grande aventure de la télévision française.* Éditions Presses Universitaires de Grenoble (1997).

Barthélémy, R., 'L'état actuel de la télévision.' *L'onde électrique.* Tome 14 (1935) p. 469.

Barthélémy, R., 'L'émission en télévision.' *L'onde électrique.* Conférence faite à la S.A. T.S.F., séance du 5 juin 1930. Publication des Amis de la TSF. Éditions Chiron (janvier 1931) pp. 5-35.

Bijker, W.; Hughes, T.; Pinch, T., *The Social Construction of Technological Systems.* Published by the MIT Press (1989).

Bourdon, J.; Chauveau, A.; Denel, F.; Gervereau, L.; Meadel, C., *La Grande aventure du Petit écran, la télévision française 1935-1975.* Éditions BDIC/INA (1997).

Branley, E., *La télégraphie sans fil.* Éditions Payot (1922) p. 72.

Brillouin, M., *Propagation de l'électricité – Histoire et Théorie.* Éditions Librairie Scientifique A. Hermann (1904) p. 268.

Burns, R.W., *Television : An International History of the Formative Years.* Published by the Institution of Electrical Engineers (1998).

Cazenobe, J., 'Les incertitudes d'une découverte : l'onde de Hertz de 1888 à 1900.' *Archives internationales d'histoire des sciences.* Vol. 32. Published by Brepols (1982) pp. 236-265.

Cazenobe, J., *Technogenèse de la télévision.* Éditions l'Harmattan (2001).

Chauvrière, M., *La télévision hier, aujourd'hui et demain.* Éditions SEDET (Paris 1975).

Couchot, E., *Images : de l'optique au numérique.* Éditions Hermès (1988).

Crookes, W., 'Some possibilities of electricity.' *The Fortnightly Review.* Vol. 102. Published by Chapman and Hall (1892) pp. 173-181.

Dauvillier, A., 'La télévision électrique, première partie, étude des divers procédés projetés ou réalisés.' *Revue générale de l'électricité.* Tome 23. Publication de l'Union des syndicats de l'électricité (1928) p. 5.

Dufour, A., *Oscillographe cathodique pour l'étude des basses, moyennes et hautes fréquences.* Éditions Chiron (1923).

Fleming, V.J.A., *Memories of a Scientific Life.* Published by Marshall, Morgan & Scott (1934) p. 141.

Gille, B., *Histoire des Techniques.* Éditions Gallimard (1978) pp. 39-42.

Hertz, H., 'L'identité de la lumière et de l'électricité.' *La lumière électrique.* Tome 34 (1889) p. 240.

Hertz, H., 'Recherche sur la propagation de la force électrique.' *La lumière électrique*. Tome 44. Éditions Aux bureaux du journal (1892) p. 286.

Hertz, H., 'Les formes des oscillations électriques – Traité d'après la théorie de Maxwell.' *Wiedemann's Annalen*. Tome XXXVI/1. (1889) p.1.

Hertz, H., 'Sur les rayons de force électriques.' *Wiedemann's Annalen*. Tome XXXVI/4. (1889) p. 769.

Hertz, H., 'Sur les rayons de force électriques.' *Journal de Physique Théorique Appliquée*. Vol. 8. (1889) pp. 127-137.

Hospitalier, E., 'Les propriétés électriques du Selenium.' *La lumière électrique*. Tome 2 (1880) pp. 368-370.

Jeanneney, J-N., *L'Echo du siècle. Dictionnaire historique de la radio et de la télévision en France*. Éditions Hachette (2001).

Kern, S., *The Culture of Time and Space : 1880-1918*. Published by Weidenfeld and Nicholson (1983).

Langevin, A., *La Télévision du noir à la couleur*. Éditions La Farandole (1996).

Ledos, J.-J., *Petite contribution à l'histoire de la télévision*. Éditions l'Harmattan (2012).

Lodge, V.O., 'La Télégraphie à travers l'espace par induction électromagnétique.' *L'éclairage électrique*. Tome 19 (1899) p. 68.

Mesny, R., *Télévision et transmission des images*. Éditions Armand Colin (1933).

Poincaré, H., *La Théorie de Maxwell et les Oscillations Hertziennes*. 3e édition. Éditions Carré et Naud (1908) p. 18.

Rousseau, P., *Histoire des techniques et des inventions*. Éditions Hachette (1967) p. 394.

Thomson, J.-J., *Conduction of electricity through gases*. Cambridge University Press (1906).

Thomson, J.-J., *Passage de l'électricité à travers les gaz*. Éditions Gauthier-Villars (1911) pp. 196-197.

Zworykin, V.K., 'Système de télévision par tubes à rayons cathodiques. Communication faite à la société des radioélectriciens le 26 juillet 1933.' *L'onde électrique*. Tome 12. Éditions Chiron (1933) pp. 501-539.

TABLE DES ILLUSTRATIONS

Fig. 3 Débitage des lames en pierre. Dessin de Girard, T. Représentation d'un nucléus d'obsidienne. Cauvin, J. 1997. *Naissance des divinités. Naissance de l'agriculture.* P 234. Fig 59-6. D'après Munchaev, R. Merpert, N. Bader, N. Fig. 4 Carte du croissant fertile. Girard, T. Roi, P. **P. 020** Fig. 1 Statues en chaux du PPNB d'Aïn Ghazal, Jordanie. Cauvin, J. 1997. *Naissance des divinités. Naissance de l'agriculture.* Planches IV et V. Fig 8 et 10. Rollefson, G. Musée d'Amman. Clichés Dorrell, P. Laidlaw, D. Fig. 2 Crânes surmodelés en chaux du PPNB de Jéricho. Cauvin, J. 1997. *Naissance des divinités. Naissance de l'agriculture.* Planche VI. Fig 12. Musée de la citadelle, Amman. Cliché Dorrell, P. Fig. 3 Masques en pierre d'Hébron. Cauvin, J. 1997. *Naissance des divinités. Naissance de l'agriculture.* Planche VI. Fig 14 et 15. Cliché Perrot, J. et Bar Yosef, O. Fig. 4 Représentations taurines en os de Bouqras. Cauvin, J. 1997. *Naissance des divinités. Naissance de l'agriculture.* P 243. Fig 63. P 247. Fig 1-4. D'après Akkermans, J. et al. © Éditions du CNRS, Paris. Avec l'aimable autorisation de l'éditeur. **P. 022** Fig. 1 Carte du Levant. Diffusion de l'agriculture et de l'élevage au 7e millénaire. Girard, T. Forest, J.-D. Fig. 2 Carte d'expansion de la révolution agricole du Proche-Orient via les courants danubien et méditerranéen. Girard, T. Roi, P. Fig. 3 Carte du foyer d'origine de la révolution agricole néolithique du Levant. Girard, T. 2013. D'après Cavalli-Sforza, L.L. et al. 1994. Carte 4. Fig. 4 Carte des foyers d'origine de l'agriculture dans le monde. Girard, T. Roi, P. D'après Clive Hilliker (The Australian National University). *The Expansions of Farming Societies and the Role of the Neolithic Demographic Transition.* Bellwood, P.; Oxenham, M. 2008. P 17. Fig 1. **P. 024** Fig. 1 Carte des sites de haute Mésopotamie vers 6500. Girard, T. Forest, J.-D. Fig. 2 Céramiques peintes. Période de Halaf. *Sumer.* Éditions Time-Life, Amsterdam 1993. Fig. 3 Céramiques peintes. Période de Samarra. *Sumer.* Éditions Time-Life, Amsterdam 1993. Fig. 4 Plan du niveau 5 de Yarim Tépé II. Breniquet, C. 1996. *La disparition de la culture de Halaf.* Planche 36. D'après Merpert et Munchaev, 1973. Planche IX-1. Courtoisie de l'auteur. **P. 026** Fig. 1 Plan des greniers d'Umm Dabaghiyeh. Niveau IV-III. Huot, J.-L. 1994. *Les premiers villageois de Mésopotamie.* P 71. D'après Kirkbride. 1982. Fig 2. Courtoisie de l'auteur. Fig. 2 Essai de reconstitution du village d'Umm Dabaghiyeh. Girard, T. Forest, J.-D. Fig. 3 Essai de reconstitution d'une maison de Hassuna. Girard, T. Forest, J.-D. Dessin inspiré de la restitution d'une maison de Hassuna IV. Margueron, J. Syria, LX. 1983. Fig 7. Fig. 4 Plan des niveaux II et III superposés de Tell es-Sawwan. Breniquet, C. 1991. *Tell es-Sawwan, réalités et problèmes.* P 81. Fig 4. D'après Abu es-Soof et El Wailly. 1965. Fig 31. Planche XIII. Al'Adami . 1968. Plan 2. Youkhana. 1986. P 167. Fig 9 et P 174. Fig 16. Courtoisie de l'auteur. **P. 028** Fig. 1 Grenier Obeid 4 de Tell el'Oueili. Huot, J.-L. 2004. *Une archéologie des peuples du Proche-Orient.* Tome 1. P 63. Courtoisie de l'auteur. Fig. 2 Essai de reconstitution d'une habitation de Keit Qasim III. Culture Obeid Nord dans la région de Djebel Harim. Girard, T. Forest, J.-D. Fig. 3 Plan d'une habitation tripartite de Keit Qasim dans la région du Harim, au milieu du 5e millénaire. Forest, J.-D. Foucault. 1980. *Mésopotamie.* P 57. Fig 54. Courtoisie de Nathalie Gallois-Forest. Fig. 4 Plan du niveau XII de Tepe Gawra, vers 5000 (culture de Gawra). Forest, J.-D. 1996. *Mésopotamie.* P 95. Fig 67. D'après Tobler 1950. Planche VIII. Courtoisie de Nathalie Gallois-Forest. **P. 030** Fig. 1 Plan du « Temple » du niveau VII d'Eridu (culture Obeid

4) vers 4300. Forest, J.-D. 1996. *Mésopotamie*. P 109. Fig 84. D'après Llyod et Safar. 1947. Fig 3. Courtoisie de Nathalie Gallois-Forest. Fig. 2 Habuba Kabira Sud. Photo Wolfgang Bitterle. Strommenger, E. 1980. *Habubé Kabira. Eine Stadt vor 5000 Jahren*. P 9. Tafel C. Oben rechts. Courtoisie de Wolfgang Bitterle. Fig. 3 Réseau d'évacuation pour les eaux usées reliant la cité d'Habuba Kabira à l'Euphrate. Photo Wolfgang Bitterle. Strommenger, E. 1980. *Habubé Kabira. Eine Stadt vor 5000 Jahren*. P 46. Abb 28. Courtoisie de Wolfgang Bitterle. Fig. 4A La « Ziggurat d'Anu » avec son temple blanc à Uruk (fin du 4ᵉ millénaire). Gurdjieff, en.wikipedia, CC-BY-SA-3.0, de Wikimedia Commons. Modifié, Girard, T. Fig. 4B Restitution, en infographie 3D, du « Temple blanc » sur la « Ziggurat d'Anu », à Uruk (fin du 4ᵉ millénaire) © artefacts-berlin.de; Material: German Archaeological Institute. Avec l'aimable autorisation des auteurs. Fig. 4C Plan général du site d'Uruk, et emplacement du « Quartier d'Anu ». D'après Gurdjieff, en.wikipedia, CC-BY-SA-3.0, de Wikimedia Commons. Modifié, Girard, T.
CHAPITRE II *L'Araire et le Pied* **P. 033** Photographie. Fermier avec son araire tiré par des bœufs. © BBC. **P. 034** Fig. 1 Carte des sites du Levant de la période 9500-8000 avant notre ère. Girard, T. d'après Willcox, G. 2000. 'Nouvelles données sur l'origine de la domestication des plantes au Proche-Orient.' J. Guilaine ed. *Les premiers paysans du monde*. P 130. Fig 5. Fig. 2 Reconstitution d'une faucille à manche de bois avec une lame en silex maintenue par du bitume. Photo Strich, J.-D. Anderson, P.C. 2000. 'La tracéologie comme révélateur des débuts de l'agriculture.' J. Guilaine (éd.) *Les premiers paysans du monde*. P 103. Fig 2. Fig. 3 Photographie d'un poste de mouture de céréales à Tell Faq'ous. © Jean-Claude Margueron, mission archéologique française de Meskéné/Emar. *Les Mésopotamiens*. 1991. P 95. Fig 47. Courtoisie de l'auteur. Fig. 4 Dessin d'une scène de labourage et de semailles au Proche-Orient Ancien. Girard, T. **P. 036** Fig. 1 Carte des grandes formations culturelles au 7ᵉ millénaire. Girard, T. Forest, J.-D. Fig. 2 Photographie satellite de l'ancien delta méridional du Tigre et de l'Euphrate. Fig. 3 Faucilles en terre cuite. Photographies Mission de Larsa. Huot, J.-L. 1994. *Les premiers villageois de Mésopotamie*. P 171. Courtoisie de l'auteur. Fig. 4 Instruments agricoles primitifs. Girard, T. Forest, J.-D. **P. 038** Fig. 1 Région dorsale du pied humain formant un sillon dans la boue alluviale. Girard, T. Fig. 2 Sep d'un araire. Girard, T. Fig. 3 Deux pieds côte à côte. Girard, T. Fig. 4 Araire sur un sceau sumérien. © Bibliothèque nationale. (Paris). **P. 040** Fig. 1 Squelette du pied. Girard, T. D'après Goldcher, A. 1987. *Podologie*. P 6. Fig 1. Fig. 2/3 Vue de profil des os du pied. Girard, T. Goldcher, A. Fig. 4 Types de mouvements suscités par l'emploi d'un araire. Girard, T. Bessou, P. Fig. 4A Trois types distincts des mouvements du pied. Girard, T. Goldcher, A. Fig. 4B Trois types distincts des mouvements du soc d'un araire. Girard, T. Bessou, P. **P. 042** Fig. 1/2/3 Mouvements du pied comparés à ceux du soc d'un araire. Girard, T. Goldcher, A. Bessou, P. Fig. 4A/B Mouvements du pied comparés à ceux du soc d'un araire. Girard, T. Goldcher, A. Bessou, P.
Le Moule à Briques Normalisé et la Main. **P. 045** Photographie. © BBC. **P. 046** Fig. 1 Sites mentionnés du sud mésopotamien au 4ᵉ millénaire. Girard, T. Forest, J.-D. Fig. 2 Plan de la ville urukéenne d'Habuba Kabira en Syrie. Girard, T. D'après Strommenger, E. 1980. Intérieur de couverture. Fig. 3 Plan d'un complexe résidentiel de la ville urukéenne de Djebel Aruda. Girard, T. D'après Forest, J.-D. 1996.

Mésopotamie. P 154. Fig 116. Courtoisie de Nathalie Gallois-Forest. <u>Fig. 4</u> Composition minéralogique des terres et des briques mésopotamiennes. Roi, P. et Girard, T. Source : Sauvage, M. 1998. Wright, G.R.H. 2009. **P. 048** <u>Fig. 1</u>A Dessin d'une brique modelée à la main. Girard, T. D'après Sauvage, M. 1998. *La brique et sa mise en œuvre en Mésopotamie*. P 41. Fig 20. Kenyon, K. 1981. Planche 138 b. Brique modelée de Jéricho. Aurenche, O. 1981. *La Maison Orientale*. P 61. Fig 10. Photographie de Kenyon, K. 1957. <u>Fig. 1</u>B Dessin d'une brique modelée entre deux planches de bois. Girard, T. Photographie d'une brique à rainures longitudinales. Oueili (Obeid 0), phase III. Huot, J.-L. 1994. *Les premiers villageois de Mésopotamie*. P 120. Mission de Larsa. Courtoisie de l'auteur. <u>Fig. 1</u>C Dessin d'une brique moulée dans un cadre en bois normalisé. Girard, T. Brique moulée. <u>Fig. 2</u> Dessin d'un ouvrier tassant de la terre à bâtir dans un moule à briques. Girard, T. D'après une photographie. Sauvage, M. 1998. *La brique et sa mise en œuvre en Mésopotamie*. P 21. Fig 1. Leilan, Syrie. <u>Fig. 3</u> Dessin d'un ouvrier raclant la surface du moule afin de retirer le surplus de terre. Girard, T. D'après une photographie. Sauvage, M. 1998. P 21. Fig 1. Leilan, Syrie. <u>Fig. 4</u> Écart des dimensions des briques moulées aux 6e et 4e millénaires par rapport au standard. Roi, P. Girard, T. Source : Sauvage, M. 1998. Wright, G.R.H. 2009. **P. 050** <u>Fig. 1</u> Musculature intrinsèque du pouce. Girard, T. D'après Tubiana, R. Thomine, J-M. 1990. *La Main*. P 65. Fig 40. <u>Fig. 2</u> Vue postérieure du pouce et de la première commissure. Girard, T. D'après Tubiana, R. Thomine, J-M. 1990. *La Main*. P 64. Fig 39. <u>Fig. 3</u> Angle d'écartement du pouce. Girard, T. D'après Tubiana, R. Thomine, J-M. 1990. *La Main*. P 116. Fig 56. <u>Fig. 4</u> Squelette de la main. Girard, T. D'après Bonola, A. Caroli, A. Celli, L. 1988. *La Main*. P 52. Fig 66. **P. 052** <u>Fig. 1/2/3</u> Girard, T. et Lemerle, J-P. <u>Fig. 4</u> Girard, T. Roi, P. *L'Écriture et le Système Gustatif.* **P. 055** Tablette pictographique urukéenne. © R.M.N. (Musée du Louvre) Paris. France. Photographie Raux, F. **P. 056** <u>Fig. 1</u> Carte des sites mentionnés. Girard, T. Forest, J.-D. <u>Fig. 2</u> Jetons d'argile ou de pierre du 4e millénaire, découverts sur le site d'Uruk. Girard, T. D'après des pièces conservées au Vorderasiatisches Museum de Berlin. <u>Fig. 3</u> Premiers signes d'écriture. Girard, T. D'après Labat, R. 1999. *Manuel d'Epigraphie Akkadienne*, revu et augmenté par Malbran-Labat, F. **P. 058** <u>Fig. 1</u> Translitération et traduction de pictogrammes urukéens. Girard, T. Roi, P. D'après Labat, R. 1999. *Manuel d'Epigraphie Akkadienne*, revu et augmenté par Malbran-Labat, F. ; la CDLI (*Cuneiform Digital Library Initiative*) et la contribution de Englund, R.K. **P. 060** <u>Fig. 1</u> Grenier Obeid 4 de Tell el'Oueili. Huot, J.-L. 2004. *Une archéologie des peuples du Proche-Orient.* (Tome 1). P 63. Courtoisie de l'auteur. <u>Fig. 2</u> Jarres à provisions dans le grenier d'un palais. *L'Orient Ancien*. P 195. Photographie Hauptman, H. Académie des sciences d'Heidelberg. <u>Fig. 3</u> Jarres étiquetées reposant sur des planches de bois montées sur des moellons d'argile. Girard, T. D'après Huot, J.-L. 2004. *Une Archéologie du Proche-Orient. Volume 1. Des premiers villageois aux peuples des cités-États (X^e–IIIe millénaire av. J.C.).* P 128. Fig 4. <u>Fig. 4</u>A Représentation d'une pièce contenant des tablettes administratives. Bibliothèque d'Ebla. 2005-2013© Clio La Muse. <u>Fig. 4</u>B Vue d'artiste d'un grenier avec ses jarres. Girard, T. Roi, P. **P. 062** <u>Fig. 1</u> Structure d'une langue. Girard, T. D'après Netter, F. Felten, D. L. *Atlas de Neurosciences humaines de Netter*. 2003. P 222. Fig III. 9a. <u>Fig. 2</u> Coupe transversale d'une papille caliciforme et de ses bourgeons du goût ouvrant dans le sillon circulaire. Faurion, A. 2004. *Physiologie sensorielle à l'usage des IAA*. P 142. Fig F. Nagy et al. 1982. Courtoisie de l'auteur. Fig. 3 Photographie en microscopie optique d'un bourgeon du goût. Purves, D. et al. 2005. *Neurosciences*. P 358. Fig 14.14c. Fig. 4A Codage neuronal de la qualité gustative. Faurion, A. 2004. *Physiologie sensorielle à l'usage des IAA*. P 162. Fig 17b. D'après Yamamoto, T. Kawamura, Y. 1972. Courtoisie de l'auteur. Fig. 4B Anatomie et principales voies du système gustatif humain. Girard, T. D'après *The Mind's Machine*. Fig 6.17. **P. 064** Fig. 1 Denrées conservées en jarres. Girard, T. Fig. 2 Codage des saveurs selon l'hypothèse des lignes dédiées. Girard, T. Faurion, A. Fig. 3/4 Estimation des stocks pour une organisation de type dédié. Girard, T. Roi, P. **P. 066** Fig. 1A Modèle d'images gustatives. Faurion, A. 1992. *Le sucre, les sucres, les édulcorants et les glucides de charge dans les IAA*. P 24. Fig 5. Courtoisie de l'auteur. Fig. 1B Diagramme de Venn. Ishimaru, Y et al. 2012. *Expression Analysis of Tate Signal Transduction Molecules in the Fungiform and Circumvallate Papillae of the Rhesus Macaque, Macaca Mulatta*. Vol 7/9. P 7. CCAL (Creative Commons Attribution Licence). Fig. 2 Organisations des greniers urukéens. Girard, T. Roi, P. Fig. 3 Organisation des greniers engendrant le concept de l'écriture. Girard, T. Roi, P. Tablette n° CDLI P002086 et n° CDLI P005406. © Vorderasiatisches Museum. Berlin. Germany. Tablette n° CDLI P005094 © National Museum of Iraq, Baghdad. *La Comptabilité et le Système Olfactif.* **P. 069** Photographie d'une bulle d'argile et ses calculi. CDLI n° P00235737. © The Schøyen Collection, MS 4631. Avec l'aimable autorisation de Mr Martin Schøyen. **P. 070** Fig. 1 Carte des sites mentionnés. Girard, T. Forest, J.-D. Fig. 2 A ; B ; C respectivement. Scellements de Khirbet Derak. Breniquet, C. 1996. *La disparition de la culture de Halaf.* P 208. Planche 56. Fig 4. ; P 207. Planche 55. Fig 3. ; P 209. Planche 57. Fig 4. Courtoisie de l'auteur. Fig. 3 Sceau-cylindre à bélière et son déroulé représentant des greniers et des enclos à bétail. Forest, J.-D. 1996. *Mésopotamie*. P 124. Fig 39. AN1964.744 Cylinder Seal © Ashmolean Museum, University of Oxford. Fig. 4 Plan du village d'Abadah. 1983. Abboud Jasim, S. *Excavations at Tell Abadah. A preliminary report*. P 174. Fig 7. Courtoisie du British Institute for the Study of Iraq (Gertrude Bell Memorial). Fig. 4A Photographie de la maison du niveau II du village d'Abadah. 1983. Abboud Jasim, S. *Excavations at Tell Abadah. A preliminary report*. Plate XXIII. Fig a. Courtoisie de l'auteur. **P. 072** Fig. 1 Liste des *calculi*. Girard, T. Forest, J.-D. Fig. 2 Bulle et jetons d'argile. © R.M.N. Musée du Louvre. Fig. 3A Image 3D par tomographie numérique d'une boule d'argile de Choga Mish. The Oriental Institute. 2012. Woods, C. *New Technology and the earliest writing.* P 6. Fig 9. Avec l'aimable autorisation de l'éditeur. Fig. 3B Encoches géométriques réalisées avec deux calames sur la surface d'une bulle d'argile. Girard, T. Forest, J.-D. Fig. 4A Tablettes numériques urukéennes : n° CDLI P001182, n° P001252, n° P001203, n° P001239. © Vorderasiatisches Museum. Berlin. Germany. Fig. 4B Tablettes numériques urukéennes : CDLI n° P005369 R/V et n° P005375 R/V. © Collection Land. Berlin. Germany. Fig. 4C Tablette numérique urukéenne : CDLI n° P005362 verso. © Musée du Louvre. Paris. France. **P. 074** Fig. 1 Organisation du système comptable urukéen. Girard, T. Roi, P. Englund, R.K. Torse d'une statuette d'Uruk représentant « EN » le roi. Troisième quart du 4e millénaire. © Iraq Museum. Bagdad. **P. 076** Fig. 1 Organisation du système olfactif chez l'homme. Girard, T. Roi,

P. D'après Purves, D. et al. 2005. *Neurosciences.* P 338. Fig 14.1 a et b. Savic, I. et al. 2001. Fig. 2/3 Schéma d'une molécule odorante transportée par un OBP jusqu'aux chémorécepteurs. Girard, T. D'après Hajjar, E. et al. 2006. *Odorant Bindind and conformational Dynamics in the Odorant-binding Protein.* Vol 281/40. Fig 2. Fig. 4A/B Schéma des mécanismes de transduction des signaux olfactifs à l'intérieur d'un cil. Girard, T. D'après Faurion, A. 2004. *Structures des protéines réceptrices olfactives.* P 49. Fig 4. Fig. 4C Codage combinatoire des récepteurs olfactifs. Girard, T. D'après Malnic, B. et al. 1999. *Combinatorial Receptor Codes for odors.* Vol 96. P 720. Fig 8. Fig. 4D Tableau représentant les profils de reconnaissance de cinq récepteurs olfactifs. Demaria, S. Ngai, J. 2010. *The cell biology of smell.* Vol 191/3. P 446. Fig 3. © 2010 DeMaria and Ngai. Originally published in Journal of Cell Biology. 191:443-452. doi: 10.1083/jcb.201008163. **P. 078** Fig. 1A Projections des cellules olfactives de l'épithélium olfactif au niveau du bulbe olfactif. Girard, T. d'après Bear, M.F. 2002. *Neurosciences.* P 283. Fig 8.18. Fig. 1B Représentation schématique d'un glomérule olfactif. Holley, A. *Neurosciences et Olfactions.* UCB-CNRS UMR 5020. D'après Valverde et al. 1992. Courtoisie de l'auteur. Fig. 2 Image caractéristique de la réponse d'une cellule mitrale. Holley, A. *Neurosciences et Olfactions.* UCB-CNRS UMR 5020. Courtoisie de l'auteur. Fig. 3A Vues ventrales et latérale du cerveau indiquant l'emplacement des bulbes olfactifs. Girard, T. D'après Bear, M.F. 2002. *Neurosciences.* P 283. Fig 8.18. Fig. 3B Exemple d'une carte d'activité évoquée dans le cortex piriforme par la stimulation électrique du bulbe olfactif. Holley, A. *Neurosciences et Olfactions.* UCB-CNRS UMR 5020. Courtoisie de l'auteur. Fig. 3C Exemple de relation entre l'activité du cortex orbito-frontal, le comportement et la valeur affective des odeurs. Girard, T. D'après Ramus, S.J. et Eichen, H. 2000. *Neural correlates of olfactory recognition memory in the rat orbitofrontal cortex.* Vol 20/21. P 8204. Fig 5. **P. 080** Fig. 1 Organisation du système olfactif chez l'homme. Girard, T. Roi, P. Holley, A. *La Harpe Urukéenne et le Système Auditif.* **P. 083** Illustration. Reconstitution d'une harpe urukéenne. © Tristan Girard. **P. 084** Fig. 1 Carte de la Mésopotamie du 4ᵉ millénaire indiquant les principales routes empruntées par les Urukéens lors des échanges. Girard, T. D'après Butterlin, P. 2003. *Les temps proto-urbains de Mésopotamie.* P 100. Fig 16. Fig. 2   Carte de la zone de Tell Brak et Hamoukar. Menze, B. & Ur, J. 2011. *Mapping patterns of long-term settlement in northen Mesopotamia at a large scale.* P 2 Fig 1. Courtoisie des auteurs. Fig. 3 Dépôt d'ossements (humain et animal) entassés dans une fosse. McMahon, A. 2008. *Report on the excavations at Tell Brak.* P 2 Fig 2. Tell Brak Project. Courtoisie de l'auteur. Fig. 4A Reproduction d'une empreinte de sceau-cylindre, période d'Uruk. Amiet, P. 1980. *La glyptique mésopotamienne archaïque.* P 337. Planche 43, n° 637-B. Courtoisie de l'auteur. Fig. 4B Sceau-cylindre surmonté d'une sculpture en forme d'ovin. Becker, A. 1993. *Uruk – Kleinfunde, I.* Tafel 98-1075. Fig. 4C/D/E Vase d'Uruk ou d'Inanna. Oriental Institute University of Chicago. © Hirmer Verlag Munich. Gros plans : Lindemeyer, E. & Martin, L. 1993. *Uruk – Kleinfunde, III.* Tafel 24. Nr 226. Fig J. **P. 086** Fig. 1A Reproduction de l'empreinte d'un sceau-cylindre de Choga Mish du 4ᵉ millénaire. Delouzag, P.P. Kantor, H.J. 1972. *New evidence for the prehistoric and protoliterate culture development of Khuzestan.* Planche X. Fig b. Fig. 1B Empreinte partielle de sceau de Choga Mish. Delougaz, P. et Kantor, H.J. 1971.

Choga Mish. Alizadeh, A. (ed.) Vol 101. Plate 45, N. Avec l'aimable autorisation de The Oriental Institute of the University of Chicago. Fig. 2/3 Reproduction de l'empreinte d'argile d'un sceau-cylindre du 4ᵉ millénaire, et son dessin. Amiet, P. 1980. *La glyptique mésopotamienne archaïque.* P 439. Planche 90, n° 1192. Courtoisie de l'auteur. Fig. 4A Empreinte d'un sceau-cylindre du 4ᵉ millénaire. Amiet, P. 1980. *La glyptique mésopotamienne archaïque.* P 435. Planche 88, n°1160. Courtoisie de l'auteur. Fig. 4B Empreinte d'un sceau-cylindre du début du 3ᵉ millénaire. Amiet, P. 1980. *La glyptique mésopotamienne archaïque.* P 379. Planche 63, n° 845. Courtoisie de l'auteur. Fig. 4C Tablette de la période d'Uruk. CDLI n° P003174. © German Archaeological Institute (DAI). Berlin. Germany. Fig. 4D Tablette de la période d'Uruk. CDLI n° P001443. © German Archaeological Institute (DAI). Berlin. Germany. Fig. 4E Tablette de la période d'Uruk. CDLI n° P000887. © German Archaeological Institute (DAI). Berlin. Germany. Fig. 4F Tablette de la période d'Uruk. CDLI n° P001401. © German Archaeological Institute (DAI). Berlin. Germany. **P. 088** Fig. 1 Représentation schématique des principales étapes de fabrication d'une harpe urukéenne. Girard, T. Dumbrill, R. Fig. 2 Essai de représentation d'une harpe du 4ᵉ millénaire possédant une console en bois. Girard, T. Dumbrill, R. Fig. 3A Reproduction d'une empreinte de sceau-cylindre. Amiet, P. 1980. *La glyptique mésopotamienne archaïque.* P 441. Planche 91, n° 1199. Courtoisie de l'auteur. Fig. 3B Reproduction d'une empreinte de sceau-cylindre. Amiet, P. 1980. *La glyptique mésopotamienne archaïque.* P 377. Planche 62, n° 830. Courtoisie de l'auteur. Fig. 3C Dalle de calcaire en provenance de Khafadja commémorant une scène de banquet. © Iraq Museum. Bagdad. Fig. 3D Dalle de calcaire commémorant un festin lors d'échanges. © R.M.N. Photographie Galland, J. **P. 090** Fig. 1A Dessin illustrant la longueur d'onde. Girard, T. D'après Marieb, E.N. *Anatomie et physiologie humaines.* 2005. P 604. Fig 15.29. Fig. 1B Illustration et photographie d'un tympan. Girard, T. Fig. 2 Illustration des osselets de l'oreille moyenne. Girard, T. D'après la photographie de Leblanc, A. 1998. *Atlas des organes de l'audition et de l'équilibration.* P 41. Fig 26 b. Fig. 3A Illustration de l'oreille interne. Girard, T. D'après Kamina, P. 1996. P 168. Fig. 3B Photographie de la cochlée. Inserm. Pujol, R. Site Internet *Promenade autour de la cochlée.* Fig. 4A Coupe longitudinale de l'appareil auditif humain. Girard, T. Fig. 4B Coupe schématique de la cochlée. Girard, T. D'après un dessin du site Internet de l'Inserm, *Promenade autour de la cochlée.* Fig. 4C Trajet des vibrations à l'intérieur de la cochlée. Girard, T. D'après Kamina, P. 1996. *Anatomie. Tête et cou.* P 170. Fig. 4D Schéma de la cochlée déroulée. Girard, T. D'après Dulguerov, P. Brownell, M.E. 2005. *Précis d'audiophonologie et de déglutition.* P 57. Fig 4.1. Imbert, M. Buser, P. 1987. P 6. Fig 1.2. P 184. Fig 2.55. **P. 092** Fig. 1A Section du tour basal d'une cochlée humaine. Carrat, R. 2009. P 41. Fig 2.10. Netter, F. Myers, D. 1962. Fig. 1B Organe de Corti dans son ensemble. Girard, T. Fig. 2 Organisation des touffes ciliaires d'une CCI. Dulguerov, P. Brownell, M.E. 2005. *Précis d'audiophonologie et de déglutition.* P 52. Fig 3.7. Photograph by Chevallier, J-M.; De Bonfils, P. Avec l'aimable autorisation des éditions De Boeck-Solal. Fig. 3A Cellule ciliée interne. Kros, C.J. Crawford, A.C. 1990. P 266. Fig 1. Courtoisie des auteurs. Fig. 3B Cellule ciliée externe. Frolenkov, G.I. 2006. *Regulation of electromotility in the cochlear outer hair cell.* P 44. Fig 1-C. Courtoisie de l'auteur.

Fig. 3c Touffe ciliaire d'une CCI de souris. Leibovoci, M. 2006. Institut Pasteur. Courtoisie de l'auteur. Fig. 3d Touffe ciliaire d'une CCE. Maltby, M. 2005. *Occupational Audiometry.* P 8. Fig 1.3. Courtoisie de l'auteur. Fig. 4a Vue en 2D d'une portion de l'organe de Corti. Girard, T. et Leibovici, M. et Sans. A. Fig. 4b Vue en 3 D d'une portion de l'organe de Corti. Girard, T. et Leibovici, M. Fig. 4c Section transversale de l'organe de Corti d'un cobaye. Reconstituée par Girard, T. à partir d'une photographie de Lenoir, M. Inserm. *Promenade autour de la cochlée.* Fig. 4d Coupe en biais de l'organe de Corti. Girard, T. Leibovici, M. Sans. A. **P. 094** Fig. 1a Position des doigts du harpiste. "La Harpiste" dessin modifié © 2011 Swaze - site : www.swaze.fr. Courtoisie de l'auteur. Fig. 1b Modèles d'ondulations de la membrane basilaire. Girard, T. Leibovici, M. Fig. 2 Chevilles enchâssées dans la console. Reconstitution Girard, T. Dumbrill, R. Fig. 3 Cellules de Deiters. Photographie à gauche : Parsa, A. et al. 2012. *Deiters cells tread a narrow path – The Deiters cells-basilar membrane junction –* P 14. Fig 2-C. Photographie à droite : Leibovici, M. 2012. Courtoisie des auteurs. Fig. 4a Cordes tendues entre la console et la table d'harmonie. Girard, T. Dumbrill, R. Photographies Chadefaux, D. et al. 2010. *Experimental study of the plucking of the concert harp.* P 2. Fig 2. Courtoisie de l'auteur. Fig. 4b Vibrations d'une corde de harpe. Girard, T. Dumbrill, R. Fig. 4c CCEs tendues entre la membrane basilaire et la membrane tectoriale. Girard, T. Leibovici, M. Photographies Frolenkov, G. et al. 1998. *The Membrane-based Mechanism of Cell Motility in Cochlear Outer Hair Cells.* P 1962. Fig 1. Fettiplace, R. Hackney, C.M. 2006. *The sensory and motor roles of auditory hair cells.* P 26. Fig 5. Fig. 4d Modes vibratoires d'une CCE. Girard, T. Leibovici, M. D'après Frolenkov, G. et al. 1998. Ashmore, J. 2008. **P. 096** Fig. 1a/b Modèle dynamique de la partie active d'une harpe. Girard, T. Dumbrill, R. Ondulations 3D d'après Yang, J. et al. 2012. *Interaction of highly nonlinear solitary waves with thin plates.* P 1465. Fig 2. Photographie : Delalleau, A. et al. 2009. *Un modèle hyperélastique à réorientation de fibres pour l'analyse des caractéristiques mécaniques de la peau.* Fig 1-III. Fig. 2/3 Modèle dynamique de la partie active de l'organe de Corti. Girard, T. Leibovici, M. Ondulations 3D d'après Yang, J. et al. 2012. *Un modèle hyperélastique à réorientation de fibres pour l'analyse des caractéristiques mécaniques de la peau.* P 1465. Fig 2. Photographie : Shoelson, B. 2004. *Evidence and Implications of Inhomogeneity in Tectorial Membrane Elasticity.* P 2772. Fig 8 © Elsevier. Schéma : Girard, T. d'après Meaud, J. Grosh, K. 2011. *Coupling Active Hair Bundle Mechanics, Fast Adaptation, and Somatic Motility in a Cochlear Model.* P 2579. Fig 1A. Fig. 4 Analogie entre la table d'harmonie d'une harpe et la membrane tectoriale de l'organe de Corti. Girard, T. Roi. P. Fig. 4f Shoelson, B. et al. 2004. *Coupling Active Hair Bundle Mechanics, Fast Adaptation, and Somatic Motility in a Cochlear Model.* P 2769 Fig 2. © Elsevier. **P. 098** Fig. 1a Caisse de résonance d'une harpe. Girard, T. Dumbrill, R. Fig. 1b Corps d'une cellule ciliée interne. Girard, T. et Leibovici, M. Fig. 2 Réflexion des ondes sonores à l'intérieur de la caisse de résonance. Girard, T. Dumbrill, R. Fig. 3 Conversion d'un signal d'entrée simple en message auditif par une CCI. Girard, T. Leibovici, M. Sans, A. D'après Safieddine, S. 2012. *The Auditory Hair Cell Ribbon Synapse: From Assembly to Function.* P 511. Fig 1-D. Fig. 4 Schéma synthétisant l'analogie entre une harpe urukéenne et l'organe de Corti. Girard, T. Roi. P.

Biochemical Organization. P 3. Fig 2b. Cellule ciliée de la macule sacculaire. Girard, T. D'après Sans, A. Fig. 2 Schéma d'une cellule vestibulaire type I. Girard, T. Sans, A. Fig. 3 Vue de profil d'une cellule type I. Photo Furness, D. Fig. 4 Girard, T. Roi, P. (haut) Photographie : Hoffmann, M. 1964. *The Warp-Weighted Loom.* P 142. Fig 63. NKM, Copenhagen. (bas) Stéréocils ; plaque cuticulaire. **P. 112** Fig. 1 Lices d'un métier à tisser. Girard, T. Fig. 2 Système d'ouverture et de fermeture des canaux de transduction. Girard, T. D'après Huspeth, A.J. et al. 2000. *PNAS.* P 11 766. Fig 1. Fig. 3 Analogie entre la touffe ciliaire d'une cellule type I et les nappes d'un métier à tisser vertical. Girard, T. Roi, P. **P. 114** Fig. 1 Illustration du tassage des duites. Fig. 2 Fibre efférente. Girard, T. Sans, A. Fig. 3A Portion d'une macule sacculaire. Photographie Sans, A. Courtoisie de l'auteur. Fig. 3B Macule sacculaire. Girard, T. D'après un dessin de Sans, A. et al. 2001. *The Mammalian Otolithic Receptors: A Complex Morphological and Biochemical Organization.* P 10. Fig 7a. Fig. 3C Métier à tisser de hautes lices de la Manufacture des Gobelins. Fig. 3D Tissage d'une tapisserie sur un métier de hautes lices. Jarry, M. *La Tapisserie des origines à nos jours.* 1968. P 342.

L'Image de Cônes et le Système Visuel **P. 117** Reconstitution en 3 D d'un bâtiment d'Uruk orné de cônes d'argile. © Artefacts. Scientific Illustration & Archaeological Reconstruction. German Archaeological Institute. Berlin. Allemagne. Courtoisie des auteurs. **P. 118** Fig. 1 Plan des principaux bâtiments de l'Eanna d'Uruk. Forest, J.-D. 1996. *Mésopotamie.* P 131. Fig 91. Courtoisie de Nathalie Gallois-Forest. Fig. 2 Cônes d'argile. Source inconnue. Fig. 3 Technique de mise en place des cônes. Forest, J.-D. 1996. *Mésopotamie.* P 132. Fig 93. Courtoisie de Nathalie Gallois-Forest. Fig. 4 Cônes d'argile ornant un bâtiment de l'Eanna d'Uruk. Fig. 4A Revêtement de cônes vus de profil. **P. 120** Fig. 1 Niches de cônes du hall aux piliers. *Catalogue du musée de Berlin* (Das Vorderasiatische Museum). 1992. P 33. Fig. 2 Position des cônes. Girard, T. Forest, J.-D. Fig. 3 Motifs et couleurs des cônes. Girard, T. Forest, J.-D. D'après Brandès, M.A. 1968. Fig. 4 Plan du hall aux piliers. Girard, T. Forest, J.-D. D'après Brandès, M.A. 1968. **P. 122** Fig. 1 Structure interne de l'œil. Girard, T. Picaud, S. Fig. 2 Schéma des circuits fondamentaux de la rétine. Girard, T. et Picaud, S. D'après Bear, M.F. et al. 2002. *Neurosciences.* P 303. Fig 912. Fig. 3 Schéma d'une coupe de la fovéa. Girard, T. Picaud, S. D'après Purves, D. 2005. *Neurosciences.* P 585. Fig 10.11. Fig. 4 Diagramme montrant la distribution des cônes, suivant une coupe horizontale de la rétine. Girard, T. Picaud, S. D'après Rodieck, R.W. 1988. Osterberg, G. 1935. Micrographies : Curcio, C. et al. 1990. © 1990 Wiley-Liss, Inc. Avec l'aimable autorisation de John Wiley & Sons, Inc. **P. 124** Fig. 1 Cônes d'argile d'un mur vue de face. Forest, J.-D. Courtoisie de Nathalie Gallois-Forest. Fig. 2 Visualisation par les cônes des bords d'un objet. Girard, T. Picaud, S. Fig. 3 Conception urukéenne de la visualisation des couleurs. Girard, T. Picaud, S. D'après Brandès, M.A. 1968. Beilage 3. Fig c. Fragment 20. Fig. 4 Schéma représentant les principales classes de neurones rencontrées dans la rétine. Girard, T. Picaud, S. D'après Rodieck, R.W. 2003. P 39. **P. 126** Fig. 1 Partitions des mosaïques de cônes. Girard, T. D'après Brandès. 1968. *Untersuchungen zur Komposition der Stiftmosaiken an der Pfeilerhalle der Schicht IVa in Uruk-Warka.* Fig. 2 Cellules ganglionnaires. Girard, T. Picaud, S. Rodieck, R.W. 2003. *La vision.* P 39. Fig. 3A Projection centrale des cellules ganglionnaires de la rétine dans le cerveau. Girard, T. Picaud, S. D'après

Purves, D. 2005. *Neurosciences*. P 261. Fig 11.02. Fig. 3B Voie visuelle allant de l'œil au cerveau. Girard, T. Picaud, S. D'après Rodieck, R.W. 2003. *La vision*. P 18. Fig. 4 Transcription numérique d'une image de cônes. Girard, T. Roi, P.
CHAPITRE III *Les Analogies Sensorielles.* **P. 129** Montage photographique. Girard, T. D'après une photo de Jurveston, S. 2013. © Nikon. Avec l'aimable autorisation de la firme Nikon. Coupe du cerveau : thewayeyeseesit.com. **P. 130** Les sept inventions urukéennes. Dessins Girard, T.
TRAVAUX CONNEXES *Du métier à Tisser Vertical à la Prothèse Vestibulaire.* **P. 157** (gauche) Maquette de la mécanique Jacquard. © Musée des arts et métiers. (droite) Prothèse vestibulaire implantable. Nucleus® Vestibular implant. Neuro TechZone. Avec l'aimable autorisation de Pikov, V. HMRI. **P. 158** Fig. 1 Métier à tisser Jacquard et son principe de programmation par cartes perforées. © Musée des arts et métiers. Fig. 2 Machine analytique de Charles Babbage. © Science Museum / Science & Society Picture Library. Fig. 3 Machine mécanographique de Hollerith, H. Documentation IBM. Courtoisie de la firme. **P. 160** Fig. 1 U.S. Army Photo, from K. Kempf, *Historical Monograph: Electronic Computers Within the Ordnance Corps* The ENIAC, in BRL building 328. Left: Glen Beck Right: Frances Elizabeth Snyder Holberton. Fig. 2A Premier microprocesseur Intel. Lilen, H. 2003. *La saga du micro-ordinateur*. P 58. Fig. 2B Apple IIe. Fig. 3A L'IBM-PC. Courtoisie de la firme. Fig. 3B Space Cut. © Shimafuji Electric Inc. Courtoisie de la firme. Fig. 3C Steve Jobs présentant l'ordinateur ultra-portable Mac Book Air, développé par Apple. Courtoisie de la firme. Fig. 4A/B Modèle conceptuel de neuroprothèse vestibulaire totalement implantable. Girard, T. d'après Shkel, A.M. et al. 2002. *Feasibility Study on a Prototype of Vestibular Implant using MEMS gyroscopes*. P 1526. Fig 1.
L'Horloge Mécanique et la Cellule Vestibulaire. **P. 163** Montage photographique. Girard, T. Arrière plan, courtoisie du Dr John Lienhard, photographie de Mike Helfrich. Premier-plan, une horloge réalisée par Fernandez-Ardavin, C. Un fond cellulaire de Furness, D. Une cellule de type II d'après Bate, L.A. Courtoisie des auteurs. **P. 164** Fig. 1 Horloge mécanique à foliot. Girard, T. **P. 166** Fig. 1 Horloge mécanique à foliot. Berthoud, F. 1802. *Histoire de la mesure du temps par les horloges*. Planche II. Fig 2. Fig. 2 Gros plan de l'horloge. Berthoud, F. 1802. Planche II. Fig 2. Fig. 3 Impulsions données par les dents de la roue de rencontre sur les palettes. Girard, T. Florès, J. Fig. 4 Mouvements d'une horloge à foliot. Girard, T. Florès, J. D'après une gravure de Berthoud, F. 1802. Planche II. Fig 2. **P. 168** Fig. 1A Oreille interne. Girard, T. D'après Leblanc, A. 1998. *Atlas des organes de l'audition et de l'équilibration*. P 30. Fig 18b. Fig. 1B Macules Girard, T. Fig. 2C Macule sacculaire. Girard, T. D'après Sans, A. et al. 2001. *The Mammalian Otolithic Receptors: A Complex Morphological and Biochemical Organization*. P 10. Fig 7 a et b. Fig. 2D Localisation de la touffe ciliaire et de la plaque cuticulaire. Girard, T. Sans, A. Fig. 3E Touffe ciliaire enracinée dans la plaque cuticulaire. Girard, T. Sans, A. D'après Flock, A. et al. 1965. *The ultrastructure of the kinocilium of the sensory cells in the inner ear and lateral line organs*. P 8. Fig 8. DeRosier, D.J. et Tilney, L.G. 1989. *The Structure of the Cuticular Plate, an In Vivo Actin Gel*. P 2854. Fig 1. Fig. 4 Analogie entre une horloge à foliot et une cellule ciliée type II. Roi, P. et Girard, T. **P. 170** Fig. 1A Représentation graphique du mouvement de la roue de rencontre.

Girard, T. Florès, J. <u>Fig. 1</u>B Graphe de l'enregistrement sonore du cadencement de la roue de rencontre. Girard, T. Florès, J. <u>Fig. 2</u>A Enregistrement d'oscillations spontanées d'une cellule ciliée type II. Girard, T. D'après Martin, P. et al. 2003. P 25. Fig 2b. et Sans, A. <u>Fig. 2</u>B Graphe de l'activité électrique spontanée de la fibre afférente d'une cellule ciliée type II au repos. Girard, T. Sans, A. <u>Fig. 3</u>A Déplacements des stéréocils. Girard, T. Sans, A. D'après Hudspeth, A.J. 2000. P 11766. Fig f1. Nam, J-H. et al. 2007. *A Virtual Hair Cell, I: Addition of Gating Spring Theory into a 3-D Bundle Mechanical Model.* P 1920. Fig 2. <u>Fig. 3</u>B Ouverture du canal de transduction. Siemens, J. et al. 2004. *Cadherin 23 is a component of the tip link in hair-cell stereocilia.* P 951. Fig 2 e-f. <u>Fig. 3</u>C/D Ralentissement de la cadence de l'horloge par les régules du foliot. Girard, T. Florès, J. <u>Fig. 3</u>E Fibre efférente d'une cellule ciliée type II. Girard, T. Sans, A. <u>Fig. 3</u>F Apex d'une touffe ciliaire. *Source inconnue.* <u>Fig. 3</u>G Image recomposée de l'enchâssement des stéréocils dans la plaque cuticulaire. Girard, T. D'après DeRosier, D.J. et Tilney, L.G. 1989. *The Structure of the Cuticular Plate, an In Vivo Actin Gel.* P 2854. Fig 1. <u>Fig. 3</u>H Kinocil entraîné par des déplacements des stéréocils régulés par l'action des fibres efférentes. Flock, A. et al. 1965. *The ultrastructure of the kinocilium of the sensory cells in the inner ear and lateral line organs.* P 8. Fig 8. DeRosier, D.J. et Tilney, L.G. 1989. *The Structure of the Cuticular Plate, an In Vivo Actin Gel.* P 3. Fig 2. © 1965 Rockefeller University Press. Originally published in Journal of Cell Biology. 25:1-28.

Une Séquence Française **P. 173** Montage photographique. Girard, T. (De gauche à droite) L'amélioration des techniques agricoles, Le régime des Princes, Gilles de Rome, miniature du XVe siècle © BnF. Carreaux de pavement, Le Moyen-Âge sur le Net, moyen-age-liens.bbfr.net. Caractères mobiles d'imprimerie, lagribouille.com. Algebra on board, CentrePAD. Front d'onde, représentation schématique Girard, T. d'après 'La physique des ondes' *Ondes déconcertantes,* Institut Don Bosco Tournai. P 15. Métier à tisser Jacquard, Musée des Arts et Métiers. Représentation d'un échantillon d'écran pixellisé type PC CRT (cathode ray tube), Girard, T. **P. 174** Évolution sensorielle des techniques au 4e millénaire. (De bas en haut, à droite) Dessin d'un araire, d'un moule à briques, d'une tablette pictographique, d'une bulle d'argile et ses *calculi*, d'une harpe urukéenne, d'un métier à tisser vertical à pesons, de cônes d'argile et d'une mosaïque de cônes urukéenne ; (à gauche) dessin des symboles sensorielles du pied, de la main, de la bouche, du nez, de l'oreille, de l'appareil vestibulaire et de l'œil. Roi, P. et Girard, T. **P. 175** Évolution sensorielle des techniques au 2e millénaire de notre ère. (De bas en haut, à droite) Photographie de charrue, La charrue en héraldique, Sinniger, M. heraldie.blogspot.be. Moule à carreaux de pavement et carreaux de pavement. Caractères mobiles d'imprimerie et page de parchemin imprimée et enluminée. Ardoise avec figures géométriques et caractères algébriques. Front d'onde, représentation schématique Girard, T. d'après 'La physique des ondes' *Ondes déconcertantes.* Institut Don Bosco Tournai. P 15. Métier à tisser Jacquard, Musée des Arts et Métiers. Représentation schématique du canon à ions, et échantillon d'écran pixellisé type PC CRT (cathode ray tube), Girard, T. (À gauche) Dessin des symboles sensorielles du pied, de la main, de la bouche, du nez, de l'oreille, de l'appareil vestibulaire et de l'œil. Roi, P. et Girard, T.

INDEX

LA THÉORIE SENSORIELLE
Codage et Traitement de l'Information Sensorielle par le Cerveau
II – Le Code Sensoriel
(À paraître)

2013

www.ingramcontent.com/pod-product-compliance
Lightning Source LLC
Chambersburg PA
CBHW061235220326
41599CB00028B/5436